国家自然科学基金重点项目
"流域水文水资源与社会耦合系统新理论新方法研究"
（批准号：51539009）

汉江流域水文模拟预报与水库水资源优化调度配置

郭生练　田晶　杨光　段唯鑫　邓乐乐　著

·北京·

内 容 提 要

本书通过大量的文献资料和汉江流域的应用示范，系统地介绍了汉江流域水文模拟预报与水库水资源优化调度配置的理论方法和研究进展。主要内容包括：汉江流域分布式水文模型，气候和土地利用变化对汉江径流的影响，丹江口水库防洪兴利综合调度，安康—丹江口梯级水库多目标联合调度，汉江中下游水质模拟和水华控制，水资源承载能力和优化配置等。书中介绍的方法客观全面，既有新理论方法介绍，又便于实际操作应用。

本书适合于水利、电力、交通、地理、气象、环保、国土资源等领域的广大科技工作者、工程技术人员参考使用，也可作为高等院校高年级本科生和研究生的教学参考书。

图书在版编目（CIP）数据

汉江流域水文模拟预报与水库水资源优化调度配置 / 郭生练等著. -- 北京 : 中国水利水电出版社, 2020.11
ISBN 978-7-5170-8957-5

Ⅰ. ①汉… Ⅱ. ①郭… Ⅲ. ①水文模拟－水文预报－湖北②水库－水资源－资源配置－湖北 Ⅳ. ①P338 ②TV697.1

中国版本图书馆CIP数据核字(2020)第196420号

审图号：GS（2020）5449 号

书　　名	汉江流域水文模拟预报与水库水资源优化调度配置 HAN JIANG LIUYU SHUIWEN MONI YUBAO YU SHUIKU SHUIZIYUAN YOUHUA DIAODU PEIZHI
作　　者	郭生练　田晶　杨光　段唯鑫　邓乐乐　著
出版发行	中国水利水电出版社 （北京市海淀区玉渊潭南路 1 号 D 座　100038） 网址：www. waterpub. com. cn E - mail：sales@waterpub. com. cn 电话：（010）68367658（营销中心）
经　　售	北京科水图书销售中心（零售） 电话：（010）88383994、63202643、68545874 全国各地新华书店和相关出版物销售网点
排　　版	中国水利水电出版社微机排版中心
印　　刷	北京博图彩印刷有限公司
规　　格	184mm×260mm　16 开本　20 印张　487 千字
版　　次	2020 年 11 月第 1 版　2020 年 11 月第 1 次印刷
印　　数	001—800 册
定　　价	**128.00** 元

作者简介：郭生练，男，1957年出生于福建省龙岩市，1982年毕业于武汉水利电力学院，1986年和1990年先后获爱尔兰国立大学硕士和博士学位，1991—1993年武汉水利电力大学博士后。1993年晋升为教授，1995年增选为博士生指导教师，享受国务院政府特殊津贴专家，2020年当选为挪威工程院外籍院士。现任武汉大学水问题研究中心主任、二级教授、博士生导师，水文水资源国家重点学科和水资源与水电工程科学国家重点实验室学科带头人，国际水文科学协会中国国家委员会名誉主席，《水资源研究》主编、《水利学报》《水科学进展》《水文》等学术刊物编委。先后主持完成国家级课题30余项和横向课题70多项；指导培养博士后10人、博士和硕士研究生100多人次；发表学术论文500多篇，其中SCI收录论文170多篇、引用6000多次，EI收录论文200多篇，授权发明专利12项，《设计洪水研究进展与评价》等著作10部，有18项成果获省部级和国家科技进步奖。第九、十、十一、十二届全国人大代表。

前　言

汉江流域水资源是国家和地区发展的重要战略资源，丹江口水库是南水北调中线工程水源地，汉江中下游是湖北省工农业生产的重要基地。经济社会的快速发展和复杂庞大的水利工程体系格局，改变了汉江流域水循环过程和水资源时空分布，给降雨径流模拟预测和水利工程调控带来巨大的不确定性，水生态文明建设和可持续发展面临严峻挑战。本书研究项目面向国家和湖北省的重大战略需求，建立汉江流域分布式水文模型和汉江中下游水资源配置模型，研究气候和土地利用变化对汉江径流的影响，分析汉江流域水文水资源与经济社会互馈关系和演变规律，开展丹江口水库暴雨洪水模拟调度和洪水资源化工作，提出基于决策因子选择的梯级水库多目标调度模型、汉江中下游水质模拟和水华控制、水资源供需平衡和优化配置。作者及其课题组积极参与该领域的多项课题研究与应用实践，与同事和研究生们一起，发表了100多篇学术论文，积累了丰富的经验和知识。本书对于汉江实施最严格水资源管理制度和生态经济带建设、确保防洪、供水和生态安全，提升我国水文水资源学科水平和国际影响力，具有理论和应用参考价值。

本书的第1章简要地概述；第2章为汉江流域降雨径流模拟分析；第3章研究气候和土地利用变化对汉江径流的影响预测；第4章为汉江流域暴雨洪水预报和丹江口水库模拟调度；第5章为丹江口水库防洪兴利调度及其对下游水文情势的影响；第6章为基于决策因子选择的梯级水库多目标调度模型；第7章为考虑预报信息的梯级水库多目标优化调度；第8章为汉江中下游河道水质模拟和水华控制；第9章为汉江流域水资源承载力研究；第10章为汉江中下游水资源供需现状和预测分析；第11章为汉江中下游水资源优化配置和水量调度。希望本书的出版能为汉江流域水文模拟预报和水库水资源优化调度配置研究起到一个抛砖引玉的作用。

全书由郭生练负责统稿，田晶、杨光、段唯鑫、邓乐乐参与了部分章节的编写。武汉大学水资源与水电工程科学国家重点实验室的周研来、李丹、洪兴骏等参与了部分研究工作。本书是在综合国内外许多资料的基础上，经过反复酝酿而写成的，其中一些章节融入了作者十多年来的主要研究成果。

由于作者水平有限，书中可能存在不妥之处，有些问题有待进一步深入探讨和研究，希望读者和有关专家批评指出，请将意见反馈给作者，以便今后改正。

本书是在国家自然科学基金重点项目“流域水文水资源与社会耦合系统新理论新方法研究”（批准号：51539009）资助下完成的。合作单位长江水利委员会水文局、湖北省水利水电规划勘测设计院许多同志参与了资料收集和分析计算工作。武汉大学王俊教授、熊立华教授、刘攀教授等专家学者对本书提出了许多宝贵的意见和建议。另外，中国水利水电出版社编辑室王晓惠主任对本书的出版付出了大量的心血。在此一并感谢。

作者

2020年6月于武汉大学珞珈山

目　录

概　　述

1.1　汉江流域概况

1.1.1　自然地理

汉江发源于秦岭南麓，襄阳以上河流总体流向东，襄阳以下转向东南，于武汉市注入长江，干流全长 1577km，流域面积约 15.9 万 km^2。汉江干流流经陕西、湖北两省，支流延展至甘肃、四川、河南、重庆四省（直辖市）。流域北部以秦岭、外方山与黄河流域分界，东北以伏牛山、桐柏山与淮河流域分隔，西南以大巴山、荆山与嘉陵江、沮漳河流域为界，东南为江汉平原、与长江无明显分界线。流域地势西高东低，西部秦巴山地海拔 1000～3000m，中部南襄盆地及周缘丘陵海拔在 100～300m，东部江汉平原海拔一般在 23～40m。西部最高为太白山主峰，海拔 3767m，东部河口高程 18m，干流总落差 1964m。

汉江流域山地约占 55%，主要分布在西部，为中低山区；丘陵约占 21%，主要分布于南襄盆地和江汉平原周缘；平原区约占 23%，主要为南襄盆地、江汉平原及汉江河谷阶地；湖泊约占 1%，主要分布于江汉平原。

汉江流域集水面积大于 1000km^2 的一级支流共有 21 条，其中面积超过 1 万 km^2 的有堵河、丹江、唐白河 3 条，面积为 0.5 万～1 万 km^2 的有旬河、夹河、南河 3 条。

汉江干流丹江口以上为上游，具有峡谷与盆地交替特点，除汉中和安康盆地外，其余均为山地，山高谷深，平均比降在 0.6‰以上，河长 925km，占干流总长的 59%，控制流域面积 9.52 万 km^2，落差占干流总落差的 95%，水能资源较丰富。主要支流左岸有褒河、旬河、夹河、丹江；右岸有任河、堵河等。地形主要为中低山区，占 79%，丘陵占 18%，河谷盆地仅占 3%。丹江口至钟祥为中游，河长 270km，占干流总河长的 17%，控制流域面积 4.68 万 km^2。流经丘陵及河谷盆地，平均比降 0.19‰。地形以平原为主，占 51.6%，山地占 25.4%，丘陵占 23%。入汇的主要支流左岸有小清河、唐白河，右岸有南河、蛮河和北河。钟祥以下为下游，长 382km，占干流总长的 24%，控制流域面积 1.7 万 km^2。河床比降小，平均比降为0.06‰。河道弯曲，洲滩较多，两岸筑有堤防。下游平原占51%，主要为江汉平原，丘陵占27%，山地占22%，入汇的主要支流为左岸的激水、汉北河等。

1.1.2 水文气象

1.1.2.1 气候特征

汉江流域属东亚副热带季风气候区，冬季受欧亚大陆冷高压影响，夏季受西太平洋副热带高压影响，气候具有明显的季节性，冬季严寒，夏季酷热。

汉江流域降水主要来源于东南和西南两股暖湿气流。流域平均年降水量为873mm。降水年内分配不均匀，流域连续最大四个月降水量占年降水量的55%～65%，总的趋势由南向北、由西向东递减，白河上游为60%～65%，白河下游为50%～60%。由于纬度和地形条件的差异，降水量呈现南岸大于北岸，上游略大于下游的地区分布规律。

流域内多年平均气温为12～16℃，极端最高气温为42.7℃（1966年7月19日发生于郧县）；极端最低气温为-17.6℃（1977年1月30日发生于房县）。全流域E601水面蒸发变化为700～1100mm，陆地蒸发为400～700mm。多年平均风速为1.0～3.0m/s，冬季以东北风为主，夏季以西南风为主，最大风速为安康的24.3m/s。

1.1.2.2 径流

汉江流域河川径流补给主要来自大气降水，地表水资源分布与降水基本一致。1956—1998年多年平均地表水资源量为566亿m^3，折合径流深为356mm，其中，丹江口以上为388亿m^3，丹江口以下为178亿m^3。径流年内分配极为不均匀，丹江口建库前皇庄站汛期（5—10月）径流量占年径流量的78%，建库后下降为70%。汉江多年平均连续最大四个月径流占全年的60%～65%，白河以上为60%，白河以下为60%～65%，出现时间由东向西推迟，襄阳以下在4—7月和5—8月，襄阳以上在7—10月。汉江径流年际变化大，以皇庄站为例，其最丰年（1964年）径流量达1060亿m^3，最枯年（1999年）径流量只有182亿m^3，极值比为5.82。汉江流域年径流变差系数C_v值为0.3～0.6，其分布趋势由西向东递增。

1.1.2.3 洪水

汉江流域洪水由暴雨产生，洪水的时空分布与暴雨时空分布一致。夏、秋季洪水分期明显是汉江流域洪水最显著的特征。汉江流域地处我国东部平原与青藏高原的过渡地带和南北气候分界的秦岭南坡，受太平洋副热带高压北进南退影响，降水量年过程线有三个峰：第一个峰自4月下旬开始，5月下旬结束，为春汛；第二个峰自6月下旬开始，于7月上中旬达到最高值，为夏汛；第三个峰自8月下旬开始，于9月上旬达到最高值，结束于10月上旬，为秋汛。其中夏汛峰值最高，秋汛次之，春汛峰值最小，春汛一般不会造成年内最大洪水。从洪水的地区组成上看，夏汛洪水的主要暴雨区在白河以下的堵河、南河、唐白河流域，洪水历时较短，洪峰较大，且常与长江洪水发生遭遇，如“35·7”洪水；而秋汛洪水则以白河以上为主要产流区，白河以上又以安康以上的任河来水量最大，并且秋季洪水常常是连续数个洪峰，其洪量也较大，历时较长，如“64·10”和“83·10”洪水。就洪水季节而言，丹江口—碾盘山区间的夏汛来水量明显大于秋汛，白河以上则是夏汛来水量与秋汛相当。前期夏季洪水发生在9月以前，往往是全流域性的，如

1935 年 7 月洪水，丹江口坝址和皇庄站洪峰流量分别为 $50000m^3/s$ 和 $57900m^3/s$。后期秋季洪水，一般来自上游地区，多为连续洪峰，历时长、洪峰大，如 1964 年 10 月和 1983 年 10 月洪水，丹江口坝址洪峰流量分别为 $26000m^3/s$ 和 $31900m^3/s$。

丹江口坝址千年一遇的设计洪峰流量为 $65000m^3/s$，相应频率 7d 洪量为 189 亿 m^3，碾盘山站（1973 年年底因断面迁移更替为皇庄站）千年一遇的设计洪峰流量为 $67800m^3/s$，相应频率 7d 洪量为 211 亿 m^3。

丹江口水库建成后，对汉江中下游防洪发挥了重要作用，皇庄站“75 • 8”“83 • 10”还原后的天然洪峰流量分别为 $27300m^3/s$ 和 $40400m^3/s$，相应的实测流量分别为 $17900m^3/s$ 和 $26100m^3/s$，削减洪峰值分别为 $9400m^3/s$ 和 $14300m^3/s$。

1.1.2.4 泥沙

汉江上游年径流量主要集中在 7—9 月，占年水量一半多。反映在输沙量的年内变化上，就更为集中，按汛期 7—9 月统计，各控制站的汛期沙量占年沙量的 70%多，且在沙量较集中的各月沙量的分配也是极不均衡的，常常集中在历时很短的几次沙峰过程中。石泉、安康、白河站多年平均输沙量分别为 554 万 t、2329 万 t、5122 万 t。

丹江口水库建成前，中下游输沙量年内分配不均匀，输沙量集中在汛期 7 月、8 月、9 月三个月，占全年来沙量的 80%以上；枯水期 12 月、1 月、2 月三个月输沙量不到全年的 1%。丹江口水库建库后，输沙情况有了较大改变。主要表现为大量泥沙被拦在库内，坝下基本上清水下泄。建库前，黄家港、襄阳、皇庄、沙洋和仙桃等站多年平均输沙量分别为 1.28 亿 t、1.13 亿 t、1.33 亿 t、1.13 亿 t 和 0.831 亿 t。蓄水后，水库基本清水下泄，各站多年平均输沙量分别减少为 66.2 万 t、494 万 t、1600 万 t、1570 万 t 和 2130 万 t，仅分别占建库前的 0.517%、4.37%、12.0%、13.9%和 25.6%。

丹江口水库 1959 年截流，经过 8 年滞洪，40 多年的蓄水运用，中下游河道的河床组成较建库前已发生了明显的粗化，且离坝越近，其粗化程度越大，粗化程度发生显著变化的河段已由黄家港水文站下延至襄阳水文站，其他河段粗化程度不显著。

1.1.3 洪水灾害

汉江干流洪水由暴雨形成，暴雨具有强度大、历时短、雨量集中的特点，极易在汉江干流形成洪水灾害。

汉江中下游干流沿江两岸约 1700 万亩耕地和 1200 万人及丹江口以下沿江城镇的堤防保护区，其地面高程低于常年洪水位，而干流河道的泄洪能力不仅小于洪水来量且自上而下递减，各河段的泄洪能力很不平衡，汉江下游干流加东荆河的泄量仅为中游皇庄河段的 1/3～1/2，加之汉江出口河段的泄量还受长江水位的严重顶托影响，致使泄洪不畅，洪水灾害频繁，特别是下游洪灾频繁而严重。据记载，1822—1955 年的 134 年中，汉江中下游干流堤防发生溃决的有 73 年，决口 130 处，平均约 2 年溃口一次，因此有“沙湖沔阳洲，十年九不收”的民谣。汉江近百余年发生特大洪灾的年份有 1832 年、1852 年、1867 年、1921 年、1935 年等。

1832 年洪水汉江两岸溃决 10 余处，其中汉江左岸王家营 1 处溃口，经过 4 年才复堵，1921 年洪水又溃，口门长达 5km，灾区遍及钟祥等县，费 75 万银元，经半年才堵成。

1935 年 7 月暴雨洪水为近百年来最严重的一次。从白河—碾盘山汉江右岸的全部地区和左岸部分地区，降雨量都在300～600mm，干支流洪水遭遇，造成峰高量大的特大洪水。该次洪水的洪峰流量，堵河13700m^3/s，丹江13700m^3/s，黄家港50000m^3/s，南河10000m^3/s，唐白河12300m^3/s，襄阳52400m^3/s，碾盘山45000m^3/s，在郧县洪水漫溢，溃口60丈（200m）；襄阳城被冲陷数十处，平地水深丈余；钟祥三四弓处堤防溃决，口门超7000m。洪水横扫汉北平原，直达汉口张公堤，从光化到武汉两岸16个县市一片汪洋。淹没耕地640万亩，受灾人口370万人，直接淹死达8万余人，灾情十分惨重，损失值约1.6亿银元。三四弓狮子口溃口后，原堤堵复困难，遂废弃旧口以上河堤54.5km，退建旧口至上罗汉寺一条长达18km的堤防作为汉北平原的屏障，历时半年，耗费300余万元。15年后钟祥以下汉江沿岸，依旧是一片荒漠惨淡、人烟罕见的迹象。

1954年长江发生了全流域性的特大洪水，汉江洪水与长江洪水遭遇，潜江市汉江右岸干堤饶家月，因洪水猛涨，连夜加高子堤不及而漫溃，造成12.8万亩农田、45.3万人受灾。8月中旬，汉口站水位达29.73m，江汉平原一片泽国，陆上交通基本瘫痪。

1964年10月汉江秋季洪水（约20年一遇），碾盘山洪峰流量29100m^3/s，最高水位52.3m；新城洪峰流量20300m^3/s，最高水位44.28m；泽口最高水位42.64m；岳口最高水位40.62m；仙桃洪峰流量14600m^3/s，最高水位36.22m；汉川最高水位31.16m；东荆河陶朱埠洪峰流量5060m^3/s，最高水位42.26m。杜家台闸10月6日17时30分开闸分洪，开闸时闸前水位35.35m，分洪持续时间7d多，最大分洪5600m^3/s，洪量25.09亿m^3，防洪形势非常紧张，虽经新中国成立后15年加培堤防的抗御及近百万人的紧张防汛抢险，仍然被迫扒口7处，分洪量达14亿m^3，淹没耕地约50万亩。

1975年8月丹江口—碾盘山（皇庄）区间的唐白河、南河发生了特大洪水，由于暴雨中心位于丹江口枢纽以下，对汉江中下游防洪属较恶劣的典型。“75·8”特大暴雨主要受台风登陆影响，暴雨出现在8月5—11日，强度大，涉及范围广。丹江口—碾盘山（皇庄）区间有两个明显的雨区：一个在唐白河上游地区，过程总降雨量以杨集站1057mm、闵在站1012mm为最大；一个在南河、北河和蛮河地区，以南河上游的白水峪站688mm为最大。“75·8”暴雨在丹江口至碾盘山形成了约40年一遇的区间特大洪水，丹江口—碾盘山（皇庄）区间洪水最大洪峰为18400m^3/s，仅次于“35·7”的洪峰流量21100m^3/s，其中，主要支流南河开峰峪站实测洪峰流量8280m^3/s，唐河郭滩站实测洪峰流量13400m^3/s，均为设站以来最大实测值，白河新店铺实测洪峰流量4630m^3/s。

1983年汉江发生了夏汛“83·7”和秋汛“83·10”两场大洪水。“83·7”洪水翻过城墙导致安康市城区遭受灭顶之灾，石泉县城西关、东关、居民街被淹，二里桥工业区被冲毁，交通中断，安康段的直接经济损失达8亿元。“83·10”洪水发生时，中游皇庄站实测洪峰流量26100m^3/s，最高水位50.62m；沙洋站洪峰流量21600m^3/s，最高水位44.50m；泽口站最高水位42.33m；岳口最高水位40.58m；仙桃站洪峰流量13800m^3/s，最高水位36.20m；汉川站最高水位31.12m；东荆河陶朱埠站洪峰流量4910m^3/s，最高水位42.09m。10月7日16时杜家台闸前水位34.86m，开闸分洪，分洪持续时间近8d，最大的分洪流量5100m^3/s，分洪量达23.26亿m^3。10月7日16时，邓家湖在槐路口炸堤分洪，分洪口门由250m扩大到348m，最大的进洪流量约4000m^3/s，蓄洪总量3.85亿m^3。相隔不到1d，8日13时小江湖在黄堤坝炸堤分洪，分洪口门由112m扩大到386m，最大的进洪流量约 6000m³/s，蓄洪总量 5.8 亿 m³。"83·10"洪水，在丹江口调蓄、杜家台分洪的条件下，又运用了邓家湖、小江湖两个民垸，加上各级政府和沿岸群众的紧张防汛，才确保了汉江下游和武汉市的防洪安全。同时，由于丹江口水库超蓄至 160.07m，库区正常蓄水位 157～160.07m 的地区遭受淹没损失。

1.1.4 治理开发概况

新中国成立 70 多年来，汉江流域陆续修建了大量的水利工程，防洪、供水、发电、灌溉能力大大提高。杜家台蓄滞洪工程和丹江口水库建成后在治理开发中起到了关键作用，初步缓解了武汉市及江汉平原受洪水严重威胁的被动局面。

（1）防洪治涝。汉江上游已初步形成以堤防为主、干支流水库配合拦蓄的防洪体系；中下游已初步形成以丹江口水库为主体，两岸堤防、杜家台蓄滞洪、民垸蓄滞洪区（14个）、东荆河分流配合的防洪体系。丹江口水库、南河三里坪、堵河潘口水库等工程已经建成。汉江上游平川段已建堤防 196.7km；中下游现有堤防总长度为 1563.44km，其中干流堤长 1132.97km（含大柴湖堤），东荆河堤长 316.87km，杜家台蓄滞洪区围堤长 113.6km。

中下游涝区实施了河流改道撇走山洪，开挖渠道排水，实行河湖分家，开垦湖沼地，兴建电排站，完善排涝沟渠闸站配套工程等措施，建成了府河下游改道、东荆河下游改道、汉北河工程、长湖控制运用等工程。在建立防洪保安体系的基础上，内垸基本形成了湖、渠、闸、站相结合的排涝和引江灌溉系统，为汉江中下游排涝抗灾发挥了巨大作用。

（2）灌溉供水。全流域已初步形成大中小型水库（含池塘和塘坝）和引提水工程相结合的水资源配置体系；南水北调中线一期工程（调水 95 亿 m³）建成通水；陕西省引汉济渭调水工程（调水 10 亿 m³）正在实施；湖北省引江济汉、鄂北调水工程已经投入运行。全流域已建大中小型水库 2724 座，总库容 321.6 亿 m³；塘堰 29.1 万余座，总库容 12.6 亿 m³。起控制作用的 20 座大型水库总库容 265.76 亿 m³，其中陕西省 1 座，总库容 1.09 亿 m³；河南省 3 座，总库容 15.55 亿 m³；湖北省 16 座，总库容 249.12 亿 m³。

流域引提水工程 2.67 万处，设计供水能力 127.7 亿 m³。

（3）水资源保护。汉江干流总体水质较好，但总磷超标较严重。水质现状Ⅱ类以上河段 1018km，占评价河长的 78%；水质现状为Ⅲ类的河段有 179.5km，占评价河长的 13.82%，主要分布在中、下游河段；水质类别为Ⅳ类的河段有 101km，占评价河长的 7.78%。

（4）水生态与环境保护。汉江干流共有鱼类 127 种，分别隶属 10 目 23 科。主要经济鱼类有草鱼、青鱼、鲢鱼、鳙鱼、鲤鱼、鲫鱼、黄颡鱼、铜鱼等。上游安康以下现有漂流性鱼类产卵场 10 处，中下游干流漂流性鱼类产卵场 7 处。

流域内湿地众多，重要湿地有陕南湿地、湍河湿地、瀛湖湿地、丹江口库区湿地及武汉沉湖湿地等；流域内国家级自然保护区 9 个，省级自然保护区 19 个；国家级风景名胜区 3 个，省级风景名胜区 9 个。

（5）水利血防。汉江流域内 17 个血吸虫病综合治理重点项目县（除襄城、谷城两个达到传播阻断标准的县区外）的钉螺面积为 26956 万 m²，患者 78577 人，分别占湖北省的 35.0%和 47.6%。

(6) 水土保持。根据全国第二次遥感调查，全流域水土流失面积 62619km²，占土地总面积的 39.4%。其中轻度流失面积 23188km²，中度流失面积 21569km²，强度流失面积 12229km²，极强度流失面积 4247km²，剧烈流失面积 1386km²。

(7) 航运。汉江干流可通航里程达 1313km，襄阳市以下可通航 300～500t 级船舶。20 世纪 50 年代初，汉江航运是流域交通的主要方式，据 1953 年统计资料，水陆运输量的比例约为 25∶3。流域内已形成铁路、公路、水运及航空立体交通体系，航运地位有所下降。但随着流域内经济发展和航运条件改善，汉江货运量总体呈向上发展趋势，干流货运量已由 1952 年的 22 万 t 增加到 1990 年的 897 万 t。

(8) 流域管理。汉江流域现行管理体制主要是“统一管理与分级、分部门管理相结合”体制。流域以流域机构管理为主，各地方、各部门协作；区域以地方水行政主管部门管理为主，其他各部门协作管理。其中防洪管理体系比较健全，包括国家防总、长江防总、地方各级防汛办。河道管理由水行政主管部门与航道管理部门分别管理，以水行政主管部门为主。堤防及沿江闸站等工程由各级水行政主管部门管理，梯级枢纽工程由项目业主负责，防汛服从主管部门统一调度。

1.2 水文站网资料

汉江流域水文记录始于 1929 年，但仅限于干流中下游的少数水位站。到 1935 年增设了安康、白河、郧县、襄阳等控制性水文站 10 余个，观测水位、流量。这些测站除抗日战争及新中国成立前夕部分时期停测外，其余各年均有连续记载。新中国成立后，汉江干、支流又增设了大量水文、水位站，整个流域水文、水位站已达 180 多个。江口以上汉江上游干流设有武侯镇、洋县、石泉、安康、白河、郧县等水文站，汉江中下游干流设有黄家港、襄阳（余家湖）、皇庄（碾盘山）、沙洋、仙桃等控制性水文站。

表 1.1 和表 1.2 分别列出汉江流域主要支流和干流水位、水文测站，图 1.1～图 1.3 分别为汉江流域上游、中游和下游水文站网分布图。

表 1.1　　汉江流域主要支流水位、水文测站

河名	站名	站别	集水面积 /km²	至河口距离 /km	使用资料年份	备　注
酉水河	酉水街	水文	911	18.3	1958—1998	
子午河	两河口	水文	2816	29.7	1963—2004	1977—1980 年仅观测水位
牧马河	西乡	水文	1224		1958—2004	1974 年由白龙塘迁来
池河	马池	水文	984	9.3	1971—1998	
任河	瓦房店	水文	6704		1956—1989	1973—1980 年仅观测水位
渚河	红椿	水文	933		1979—1987	
岚河	佐龙沟	水文	772	29.5	1958—1980	1981 年撤销
	六口	水文	1749	47.0	1981—2004	

续表

河名	站名	站别	集水面积/km²	至河口距离/km	使用资料年份	备　注
月河	长枪铺（二）	水文	2814	9.9	1959—2004	
黄洋河	县河口（三）	水文	772	18	1962—1998	
坝河	桂花园（二）	水文	1275	7.3	1963—2004	1984年上迁3km
旬河	向家坪（二）	水文	6448	14.0	1955—2003	
蜀河	蜀河	水文	581	5.6	1968—1998	
夹河	长沙坝（二）	水文	5578	7.5	1965—2003	
南河	开峰峪	水文	772		1959—2002	
	谷城	水文	5781		1956—1963 1991—2004	
唐河	郭滩	水文	6877		1956—2004	
白河	新店铺	水文	10958		1956—2004	
东荆河	潜江	水文	772		1956—2004	

表 1.2　汉江流域干流水位、水文测站

站　名	站别	断面地点	至河口距离/km	集水面积/km²	观测时间	冻结或测站基面高程	
						高程/m	基面
武侯镇	水文	陕西勉县老城	1400	3092	1935年9月至今	−2.010	黄海
洋县（二）	水文	陕西洋县城关镇	1316	14484	1967年3月至今	−1.927	黄海
石泉（二）	水文	陕西石泉城关镇	1215	23805	1953年12月至今	−2.275	黄海
安康（二）	水文	陕西安康吉和乡	1018	38600	1989年1月至今	−2.050	黄海
安康	水文	陕西安康城关镇	1016	41400	1934年10月至1988年	−2.050	黄海
白河	水文	陕西白河城关镇	842	59115	1934年12月至今	−2.020	黄海
油房沟	水文	湖北郧县青曲		74863	1977年1月至今	−1.742	黄海
郧县	水文	湖北郧县榆树林	763	74863	1934年10月至今		黄海
黄家港	水文	湖北老河口赵岗	619	95217	1953年8月至今	−2.088	黄海
庙港	水位	湖北谷城庙港	554		1980年5月至今	−1.770	黄海
茨河	水位	湖北襄阳县泥咀	544		1956—1980年	−2.075	黄海
襄阳	水文	湖北襄阳市	516	103261	1929年5月至今	−2.065	黄海
宜城	水位	湖北宜城窑湾	466		1929年5月至今	−2.029	黄海
碾盘山	水文	湖北钟祥中山口	402	140340	1936—1973年	−2.032	黄海
皇庄	水文	湖北钟祥皇庄镇	384	142056	1974年至今	−1.799	黄海
沙洋（三）	水文	湖北荆门沙洋镇	297	144219	1929年5月至今	−1.797	黄海
泽口	水位	湖北潜江泽口镇	241	144535	1933年1月至今	−2.074	黄海
岳口	水位	湖北天门岳口镇	208	144557	1929年9月至今	−2.152	黄海
仙桃（二）	水文	湖北仙桃市	157	144683	1932年3月至今	−2.170	黄海
汉川	水位	湖北汉川城关镇	78		1936年2月至今	−2.084	黄海

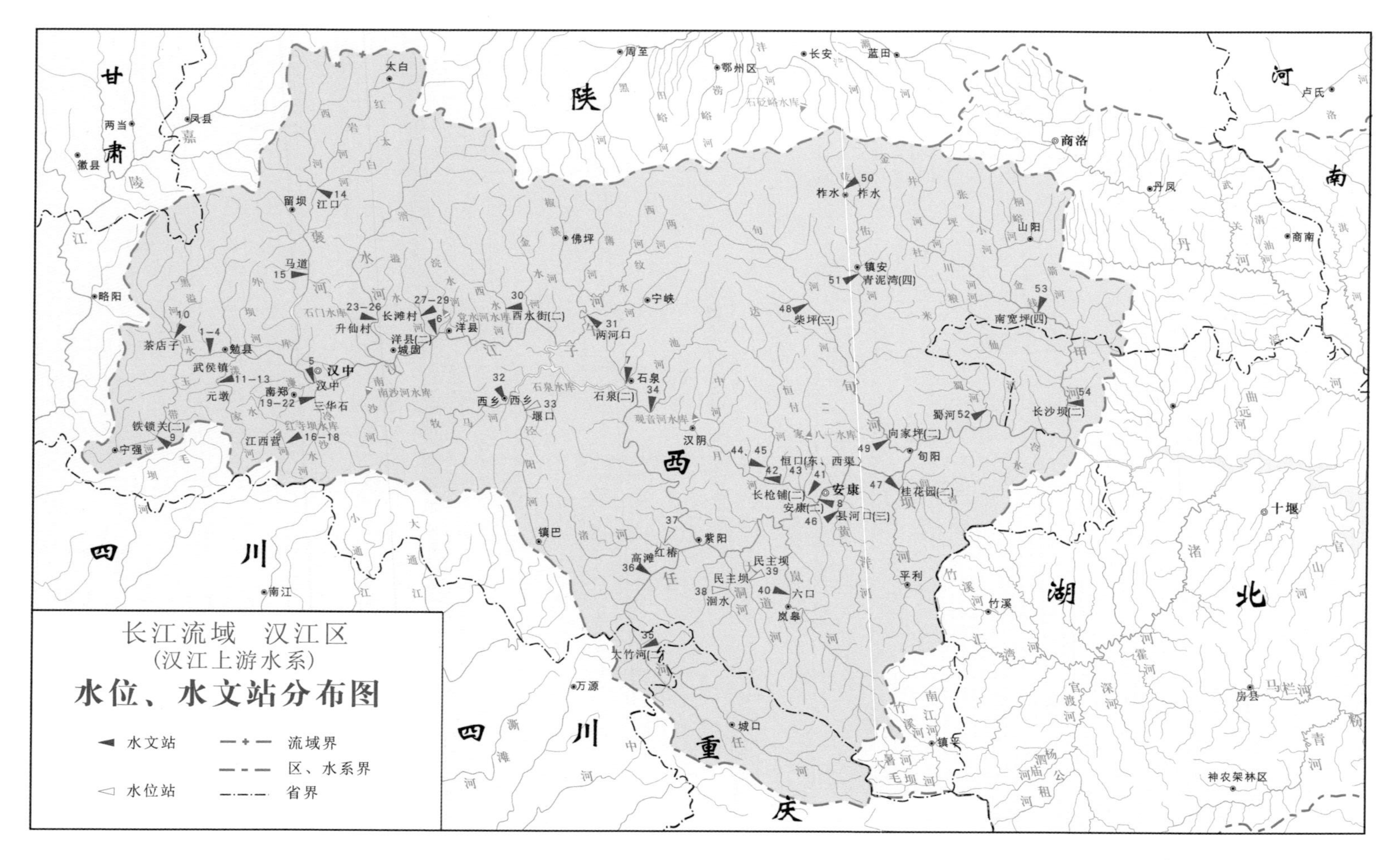

图 1.1 汉江流域上游水文站网分布图

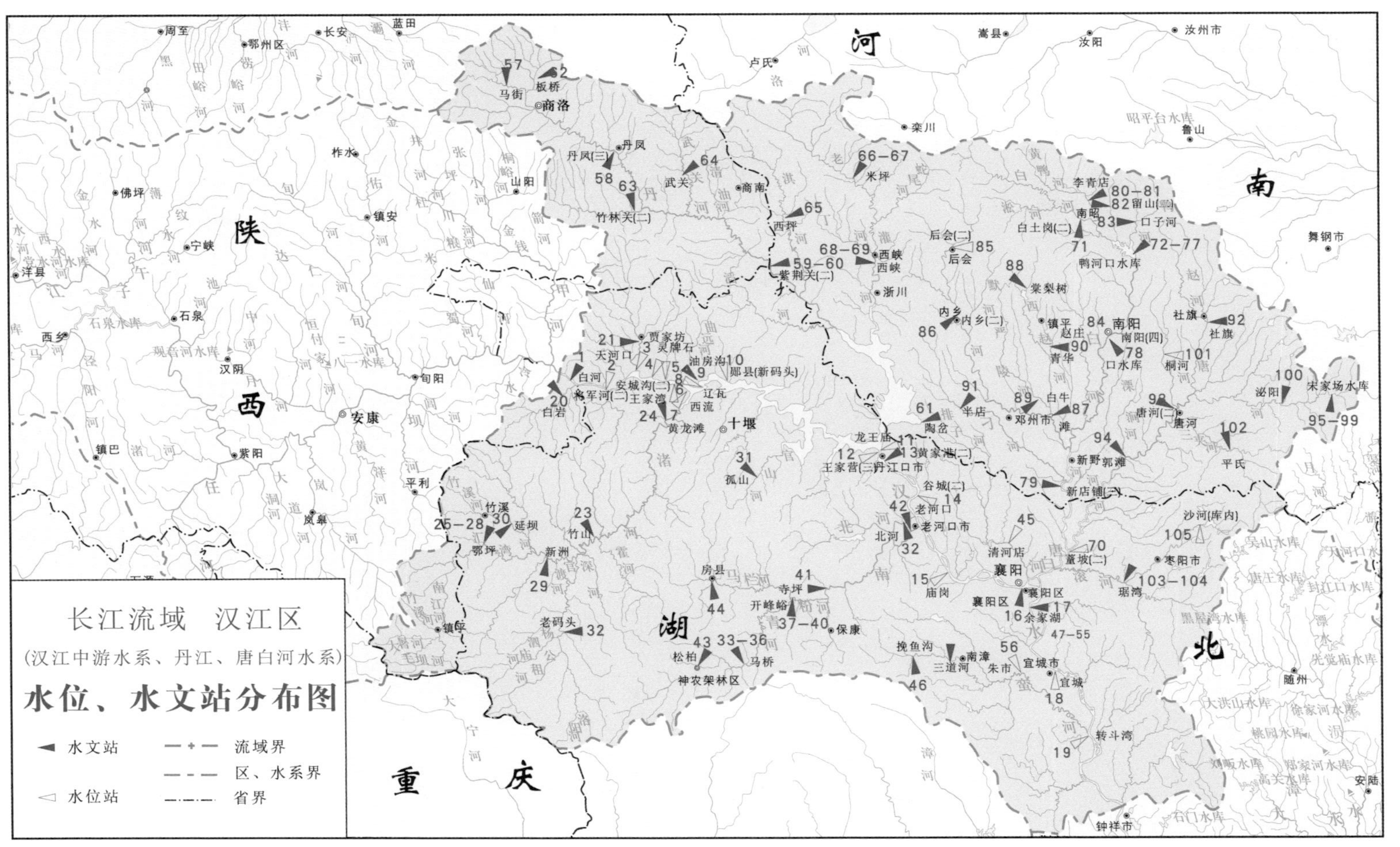

图 1.2 汉江流域中游水文站网分布图

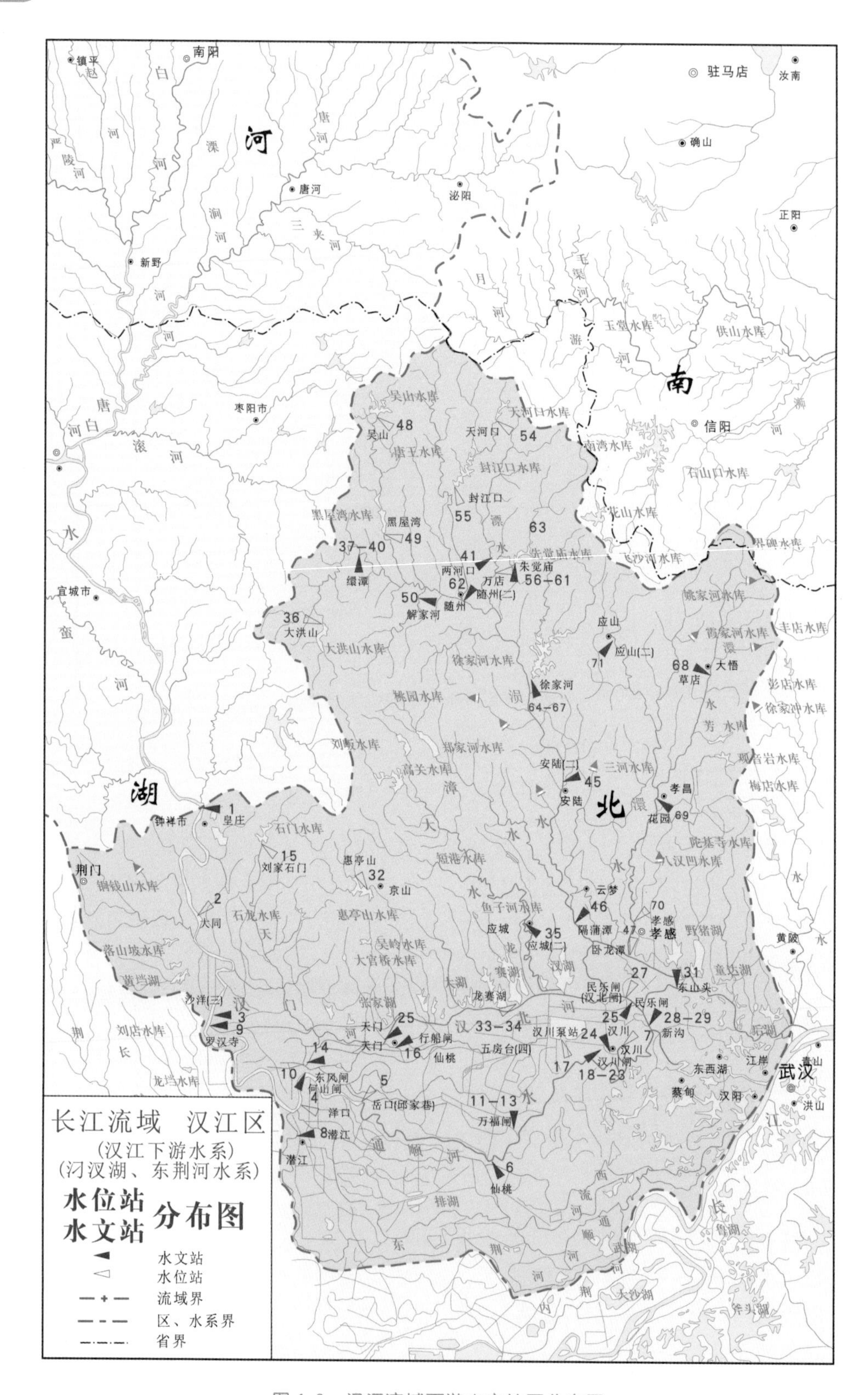

图 1.3 汉江流域下游水文站网分布图

1.3 梯级水库群和调水工程

1.3.1 梯级水库群

目前，汉江干流规划的15级枢纽除已建成运行的石泉、喜河、安康、丹江口、王甫洲、崔家营、兴隆枢纽之外，汉江上游的黄金峡、旬阳、蜀河、白河、孤山水电站和汉江中游的新集、雅口和碾盘山枢纽已全部开工建设。下面介绍几个重点水利工程。

1.3.1.1 黄金峡水利枢纽

黄金峡水利枢纽位于汉江干流上游峡谷段，地处陕西南部汉中盆地以东的洋县境内，为引汉济渭工程主要水源之一，也是汉江上游干流河段规划中的第一个开发梯级，坝址下游55km处为石泉水电站。该工程的建设任务是以供水为主，兼顾发电，改善水运条件。

根据该工程的开发任务和功能要求，黄金峡水利枢纽由挡水建筑物、泄水建筑物、泵站电站建筑物、通航建筑物和过鱼建筑物等组成。拦河坝为混凝土重力坝，最大坝高63m，总库容2.21亿m^3，调节库容0.98亿m^3，正常蓄水位450m，死水位440m；河床式泵站安装7台水泵机组，总装机容量12.6万kW，泵站设计流量70m^3/s，多年平均抽水量9.69亿m^3，设计扬程106.45m；坝后式电站安装3台发电机组，总装机容量13.5万kW，多年平均发电量3.51亿kW·h；通航建筑物为规模300t的垂直升船机；过鱼建筑物为竖缝式鱼道。

1.3.1.2 安康水电站

安康水电站坝址位于陕西省安康市汉滨区汉江上游瀛湖风景区境内，距安康市西18km，距上游石泉水电站170km，距下游丹江口水电站260km，是一座以发电为主，兼有航运、防洪、养殖、旅游等综合效益的大型水电枢纽工程。电站于1978年正式开工，1989年12月下闸蓄水，1990年12月12日第一台机组投产发电，1992年12月25日机组全部投产，1995年工程竣工。枢纽建筑物由混凝土折线重力坝、坝后式厂房、升压变电站、泄洪建筑物和过船设施等组成。最大坝高128m，坝长541.5m，坝顶高程338m，水库正常高水位330m，水库库容25.8亿m^3，汛限水位325m，死水位295m。大坝按千年一遇洪水设计，其洪峰流量为36700m^3/s；按万年一遇洪水设计，其洪峰流量45000m^3/s，该洪水经水库调蓄后下泄流量37600m^3/s，提高了下游地区的防洪能力。坝后式厂房内装有4台单机容量20万kW的水轮发电机组，并在右岸排砂孔出口安装1台容量5.25万kW的小机组。图1.4为安康水库大坝泄洪。

1.3.1.3 黄龙滩水电站

黄龙滩水电站位于堵河下游、十堰市黄龙镇以上4km的峡谷出口处，坝址以上控制流域面积11140km^2，年径流量60.4亿m^3。工程以发电为主，同时具有工业供水、农田灌溉、改善航运、发展渔业等综合效益。黄龙滩水库总库容11.625亿m^3，正常蓄水位247m，相应库容8.38亿m^3，死水位226m，死库容3.66亿m^3，调节库容5.985亿m^3，为季调节水库。电站装机容量510MW。水库1976年1月工程完工。2002年6月，黄龙

图 1.4　安康水库大坝泄洪

滩水电站开始扩建，2005 年 6 月、8 月两台机组先后并网发电。图 1.5 为黄龙滩水库大坝泄洪。

图 1.5　黄龙滩水库大坝泄洪

1.3.1.4 丹江口水利枢纽

丹江口水利枢纽位于湖北省丹江口市汉江干流、丹江汇口下游约 800m 处，具有防洪、供水、灌溉、发电、航运等综合利用效益，是汉江综合利用开发治理的关键性水利工程，也是南水北调中线的供水水源工程。工程于 1958 年 9 月动工修建，1962 年后国务院决定采取分期兴建方式，分初期和后期规模两期兴建。

初期规模水库正常蓄水位 157m，死水位 140m（极限消落水位 139m），防洪限制水位 149（夏汛 6 月 21 日至 8 月 20 日）～152.5m（秋汛 9 月 1—30 日），防洪高水位 160m，设计洪水位 160m，校核洪水位 161.4m，保坝洪水位 163.9m，坝顶高程 162m，具有年调节能力，开发任务为防洪、发电、灌溉、航运及水产养殖。工程包括挡水前缘总长 2.5km 的拦河混凝土坝（水下部分按后期最终规模兴建）及两岸土石坝，装机 900MW 的水电站（6 台单机 150MW 发电机组）和一线能通过 150t 级驳船的升船机，另在陶岔及清泉沟分别修建了灌溉引水渠道及引水隧洞。初期工程于 1973 年年底全部建成，工程运行 40 余年来，取得了巨大的综合利用效益。

后期规模水库正常蓄水位 170m，死水位 150m（极限消落水位 145m），防洪限制水位 160～163.5m，防洪高水位 171.7m，设计洪水位 172.2m，校核洪水 174.35m，坝顶高程 176.6m，具有多年调节能力，开发任务调整为防洪、供水、发电及航运，供水成为丹江口水利枢纽的首要兴利任务。丹江口大坝加高工程包括对初期混凝土坝培厚加高、左岸土石坝培厚加高及延长、新建右岸土石坝、左坝头副坝和董营副坝、改扩建升船机、金属结构、机电设备更新改造等。加高工程于 2005 年开工建设，2013 年 8 月通过蓄水验收，南水北调中线干线工程也于 2014 年 9 月全线通水验收，2014 年 12 月丹江口水利枢纽正式向北方通水，标志着丹江口水利枢纽后期规模全面转入正常运行期。图 1.6 为丹江口水库大坝泄洪。

图 1.6　丹江口水库大坝泄洪

丹江口水利枢纽是治理和开发汉江的关键工程，也是汉江中下游防洪体系的骨干工程，无论丹江口水利枢纽大坝加高与否，均承担汉江中下游的防洪任务，防洪始终是枢纽的首要开发任务。丹江口水利枢纽作为南水北调中线工程的供水水源工程，其防洪调度运用不仅关系到汉江中下游防洪安全及枢纽本身的工程安全，也关系到南水北调中线工程在汛期的安全运行。丹江口水利枢纽除防洪开发任务外，还具有供水、发电、航运等其他综合开发任务，如何协调处理防洪与供水、发电、航运的相互关系，在汛期科学合理地调度丹江口水利枢纽，是丹江口水利枢纽正常调度运用必须解决的重要问题。

1.3.1.5 崔家营航电枢纽

崔家营航电枢纽位于汉江中游襄阳—宜城河段，湖北省襄阳市下游约17km处，2010年建成运行。枢纽以航运和发电为主，兼顾灌溉、供水、旅游、水产养殖等。水库正常蓄水位62.73m，死水位62.23m，总库容3.86亿m^3，主要建筑物由船闸、电站厂房、泄水闸和挡水坝组成，洪水标准采用丹江口大坝加高后的50年一遇洪水（相应流量为19600m^3/s）设计，300年一遇洪水（洪峰流量25380m^3/s）校核。洪水调节采用敞泄方式，当洪水来量大于1920m^3/s、小于19600m^3/s时，通过控制泄水闸孔数和闸门开度，使下泄流量等于洪水来量；当洪水来量不小于19600m^3/s时，泄水闸全部敞开泄洪。枢纽最大通航流量为15820m^3/s，最小为470m^3/s。图1.7为落日时刻崔家营航电枢纽。

图1.7 落日时刻崔家营航电枢纽

1.3.1.6 兴隆水利枢纽

兴隆水利枢纽是南水北调中线汉江中下游四项治理工程之一，同时也是汉江中下游水资源综合开发利用的一项重要工程，工程开发任务主要是灌溉和航运，同时兼顾发电。兴隆水利枢纽已于2009年2月开工，2009年年底截流，2014年9月26日建成运行。

兴隆水利枢纽位于汉江下游湖北省潜江市、天门市境内，坝址位于汉江右岸兴隆二闸下游约 1270m 处，下距引江济汉出口约 3000m，坝轴线总长 2830m，自右向左依次为右岸滩地过流段长 741.5m、通航建筑物段长 47m、连接段长 80m、电站厂房段（含安装场）长 112m、泄水闸右门库段长 20m、56 孔泄水闸长 952m、左门库段长 18m、左岸滩地过流段长 859.5m。

兴隆水利枢纽坝址以上流域面积 144200km^2，占汉江流域面积的 90%以上。兴隆枢纽正常蓄水位 36.2m，回水长度 76.4km，水库总库容 4.85 亿 m^3，规划灌溉面积 327.6 万亩，规划航道等级为Ⅲ级，电站装机容量为 40MW，年发电量 2.25 亿 kW·h。设计、校核洪水流量（$p>1\%$）采用本河段的最大安全泄量 19400m^3/s。

图 1.8　兴隆水利枢纽工程

兴隆水利枢纽通航建筑物采用单线一级船闸方案，船闸规模 1000t 级，船闸尺度为 180m×23m×3.5m（长×宽×槛上水深）。最大通航流量 10000m^3/s，最小通航流量（保证率 95%）420m^3/s。图 1.8 为兴隆水利枢纽工程。

1.3.2　调水工程

1.3.2.1　南水北调中线工程

南水北调中线工程是解决我国北京、天津及华北平原缺水状况的重大战略性基础设施工程，供水目标以北京、天津、河北、河南等主要城市生活、工业供水为主，兼顾生态和农业用水。受水区面积 15 万 km^2，涉及北京市、天津市、河北省 6 个市、河南省 11 个市，惠及人口约 3500 万人。工程以 2010 年为近期规划水平年，多年平均年调水 95 亿 m^3，相应渠首引水规模 350～420m^3/s；2030 年为远景规划水平年，可能将进一步扩大调水规模，年均调水量达到 130 亿 m^3，相应渠首引水规模 630～800m^3/s。陶岔引水闸为向北方受水区调水的渠首，该闸于 1973 年建成，已发挥了向河南刁河灌区供水的效益。陶岔引水渠首随着丹江口水库大坝加高而重建。一期主体工程由水源工程、输水工程和汉江中下游治理工程组成。一期工程已于 2003 年开工建设，于 2014 年 9 月全线通水验收，2014 年 12 月正式向北方通水。

中线输水工程从长江支流汉江丹江口水库陶岔渠首引水，沿线开挖渠道，经唐白河流域西部过长江与淮河流域的分水岭方城垭口，沿黄淮海平原西部边缘，在郑州以西穿过黄河，沿京广铁路西侧北上，在河北徐水的西黑山分水两路，一路继续向北，跨过北拒马河进入北京境内，终点为团城湖。另一路向东直达天津外环河。输水总干渠以明渠为主，北京段和天津段干渠为管涵输水，全长 1432km。南水北调中线工程路线图如图 1.9 所示。

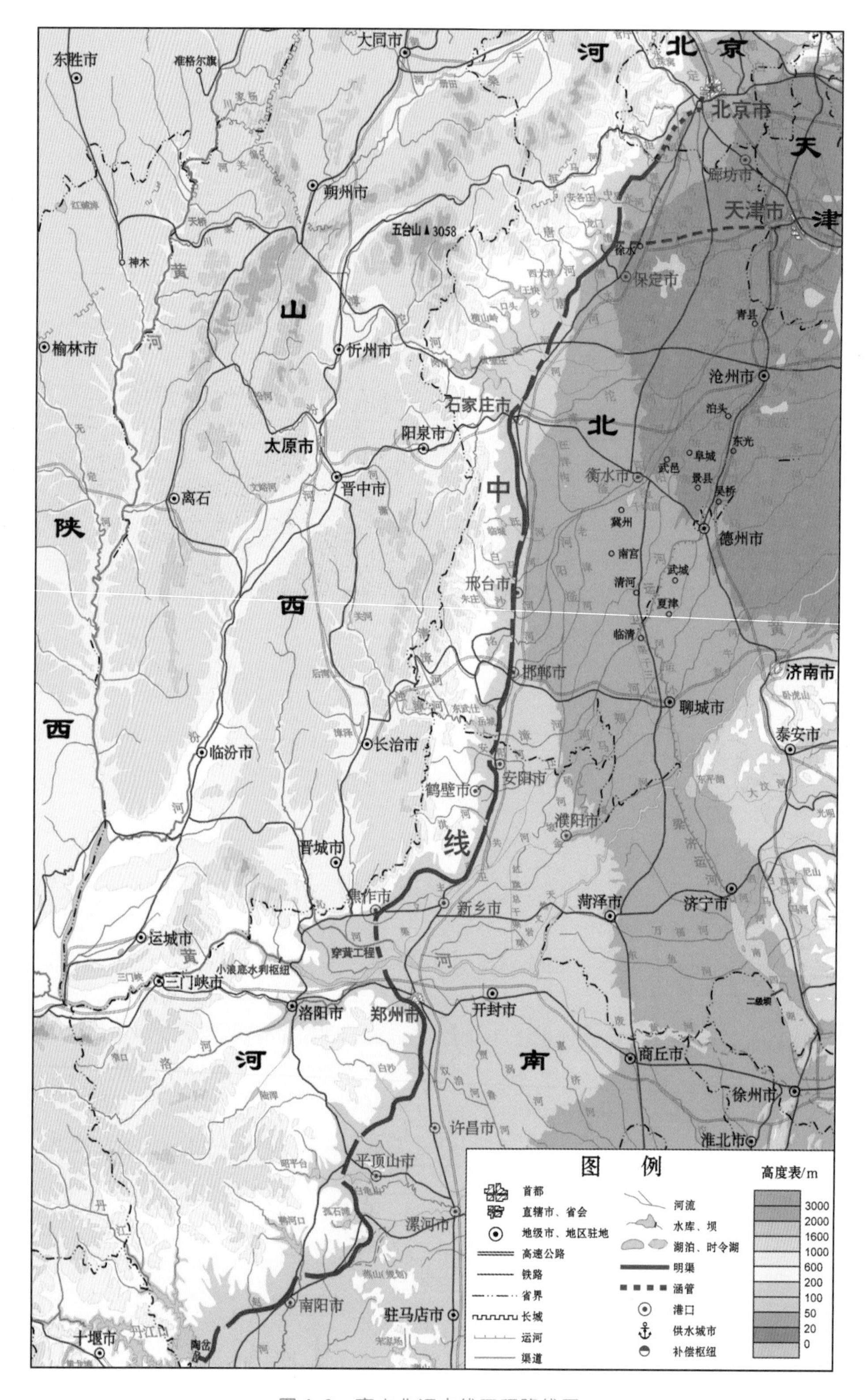

图 1.9 南水北调中线工程路线图

中线工程从丹江口水库调水后，会对汉江中下游生活、生产和生态环境带来一定的影响，为减少和消除调水对汉江中下游产生的不利影响，兴建兴隆水利枢纽、引江济汉工程、改扩建沿岸部分引水闸站、整治局部航道四项工程。

陶岔引水闸是南水北调中线一期工程的重要组成部分，既是南水北调中线输水总干渠的引水渠首，也是丹江口水库的副坝，位于河南省淅川县九重镇境内。原引水闸1969年1月动工兴建，1974年8月建成通水。因南水北调中线工程建设需要，2009年12月在原引水闸下游约80m处，重新建设引水闸，老闸拆除。建筑物主要有引渠、重力坝、引水闸、消力池、电站厂房和管理用房等。闸室布置在右岸，电站设在渠道中间，渠首闸坝顶高程176.6m，轴线长265m。引水闸底部高程140m，分3孔，孔口尺寸宽7m，高6.5m，设计流量$350m^3/s$，加大流量可达$420m^3/s$，渠道设计流速为0.8～1.5m/s。规划第一阶段年均调水量95亿m^3/s，后期进一步扩大调水规模，年均调水量达到130亿m^3/s。

1.3.2.2 引汉济渭工程

陕西省引汉济渭工程是从陕南汉江流域调水至渭河流域的关中地区，缓解关中地区水资源供需矛盾，促进陕西省内水资源优化配置，改善渭河流域生态环境，促进关中地区经济社会可持续发展的大型跨流域调水工程。引汉济渭调水工程计划一次建设，分期配水，其中一期（2025年）调水规模为10亿m^3，最终（2030年）调水规模为15亿m^3。工程由黄金峡水利枢纽、三河口水利枢纽和秦岭输水隧洞三大部分组成。图1.10绘出引汉济渭工程路线示意图。

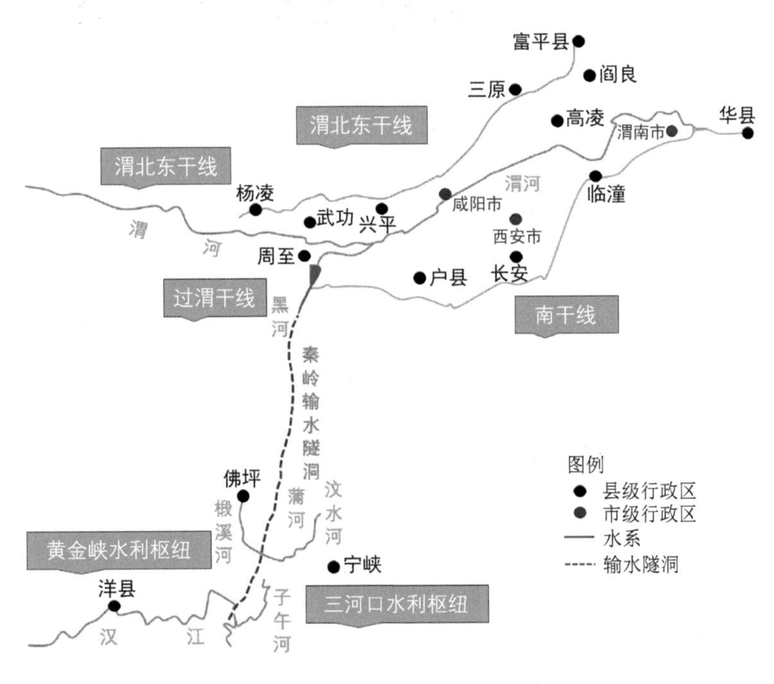

图1.10 引汉济渭工程路线示意图

1.3.2.3 引江济汉工程

引江济汉工程从长江荆江河段引水至汉江兴隆河段下游，属汉江中下游治理工程之一。工程的主要任务是向汉江兴隆以下河段补充水量，改善该河段的生态、灌溉、供水、航运用水条件。引江济汉工程渠道全长约67.23km，年平均输水37亿m^3，其中补汉江水量31亿m^3，补东荆河水量6亿m^3。引江济汉工程已于2010年3月开工，于2014年8月提前应急通水，支持汉江下游抗旱，2014年9月26日建成通水。

引江济汉工程进口位于荆州市李埠镇龙州垸，出口为兴隆枢纽下游约3km的高石碑，干渠沿东北向穿荆江大堤、太湖港总渠，在荆州城北穿宜黄高速公路后向东偏北穿过庙湖、海子湖，走蛟尾镇北，穿长湖后港湖汊后，于高石碑入汉江。龙高Ⅰ线全长67.23km，渠底宽60m，设计水深5.72～5.85m，设计内坡1∶3.5～1∶2，设计外坡1∶2.5。引江济汉工程设计引水流量为350m^3/s，最大引水流量500m^3/s，东荆河补水设计流量100m^3/s，加大流量110m^3/s，泵站单站设计流量200m^3/s。图1.11为引江济汉工程拾桥水利枢纽。

图1.11 引江济汉工程拾桥水利枢纽

1.3.2.4 鄂北调水工程

鄂北调水工程以丹江口水库为水源，自丹江口水库清泉沟取水，自西北向东南横穿鄂北岗地，沿途经过襄阳市的老河口市、襄州区和枣阳市，随州市的随县、曾都区和广水市，止于孝感市的大悟县王家冲水库。工程全线自流引水，利用受水区36座水库进行联合调度，设24处分水口。输水线路总长269.34km，设计供水人口482万人，灌溉面积363.5万亩。工程总投资179.5亿元，总工期45个月，2021年建成通水。鄂北调水工程路线示意图如图1.12所示。

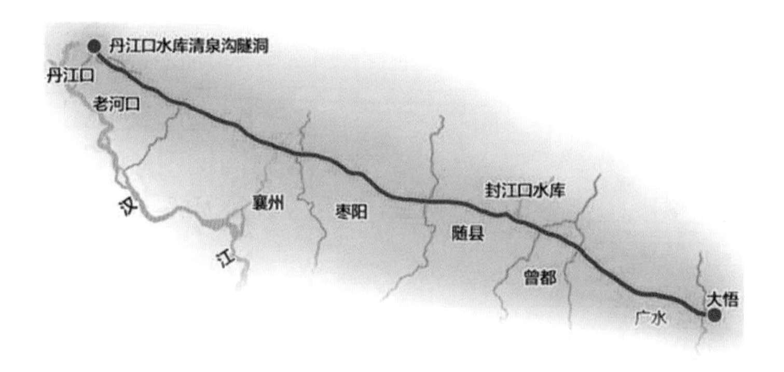

图1.12 鄂北调水工程路线示意图

汉江流域降雨径流模拟分析

流域水文模型是水文科学中一个最重要的分支之一，其在水利工程规划设计、洪水预报、水资源开发利用中已经得到了广泛应用，为解决各种工程水文问题和提高人们对水文规律的认识起到了巨大作用[1]。传统的集总式水文模型以整个流域为计算单元，统一进行产汇流计算，虽能得到流域出口的径流过程，但其没有考虑流域内降雨和下垫面条件的时空分布不均匀特性，无法全面刻画水文系统分散输入集中输出的产汇流规律。而分布式水文模型从流域水循环机制入手，不仅能够模拟流域水文过程的各环节，反映各水文要素空间分布状态及变化过程，而且能够模拟和预测气候变化和下垫面改变条件下的流域水文响应特征[2]。因此，为了更好地研究和解决变化环境下的水文水资源问题，评估和监测流域的径流过程和水资源量的动态变化规律，本章首先分析了概念性水文模型参数的时空变化规律；然后，分别构建了覆盖汉江全流域的 VIC 和 SWAT 分布式水文模型。

2.1 新安江模型参数时空变化规律

20 世纪 50 年代，人们开始从大的空间尺度将水文循环看作一个完整的系统，对整个完整的水文系统进行研究，逐渐产生了流域水文模型的概念。60 年代到 80 年代中期，随着各种国际水文计划的相继实施以及计算机技术水平的提高，流域水文模型的研究取得了突破性的进展，相继提出了斯坦福模型、萨克拉门托模型、水箱模型、新安江模型等。这一阶段提出的模型均为集总式的概念性降雨径流模型，其模型的模拟精度与模型结构、模型率定时间以及流域类型等因素有关，且未能考虑降雨和下垫面条件空间分布不均匀的影响，但其模型结构简单，所需水文资料易于搜集，模型计算效率高，可操作性强，模拟精度高，因此被广泛应用于洪水预报和水资源管理等领域。80 年代后期，水文学者将空间遥感技术（RS）以及地理信息系统（GIS）和数字高程模型（DEM）与水文模型相结合，提出了考虑降雨和下垫面条件空间分布的分布式水文模型。较为经典的分布式模型有 SHE、VIC、SWAT 模型等，它们广泛应用于水文模拟、水资源评价、水生态环境保护等领域[3]。

2.1.1 新安江模型模拟结果分析

20 世纪 80 年代中期，河海大学赵人俊教授提出了国内第一个完整的概念性降雨径流模型——新安江模型。该模型因其简单的模型结构、物理意义清晰的模型参数以及较高的模拟精度而被广泛应用于湿润和半湿润地区的洪水预报及水资源管理[4]。

2.1.1.1 新安江模型结构和参数

新安江模型结构如图 2.1 所示，其核心是通过流域蓄水容量曲线来反映流域下垫面土壤的不均匀性对产流变化的影响。

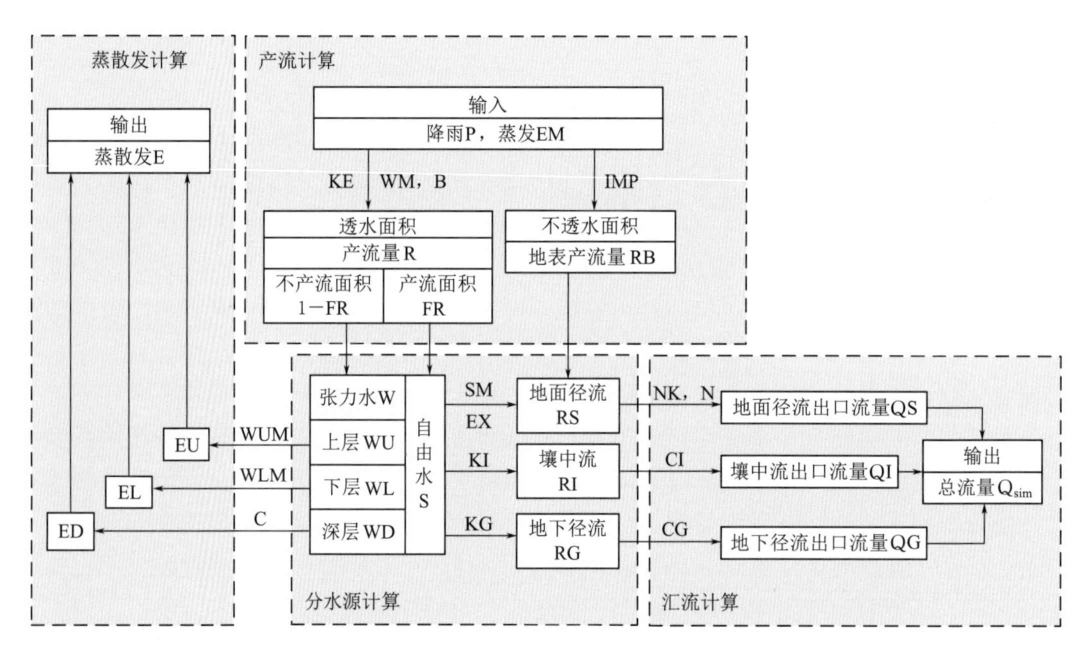

图 2.1 新安江模型结构图

新安江模型计算主要包含蒸散发计算、产流计算、分水源计算以及汇流计算四个部分，共包含 15 个模型参数。各参数可行域范围见表 2.1。

表 2.1 新安江模型参数可行域范围

参数	WM	X	Y	KE	B	SM	EX	KI	KG	IMP	C	CI	CG	N	NK
上限	300	0.4	0.6	1.3	0.8	80	1.5	0.45	0.45	0.1	0.2	1	1	12	25
下限	100	0.01	0.2	0.6	0.1	10	1	0.01	0.01	0.01	0.15	0.7	0.98	0.5	0.8

2.1.1.2 模型率定和检验评价指标

选取模型效率系数（NSE）和水量相对误差（RE）作为水文模型评价指标。NSE 越接近 1，表明模型效率越高；NSE 值达到 0.5 以上的模拟结果可以接受，NSE 值达到

0.75 以上的模拟效果很好。RE 越接近 0 表明模拟和实测的吻合程度越高，若 RE 在 15%以内，则表明模拟效果很好。两个评价指标的计算公式如下：

$$NSE = 1 - \frac{\sum_{t=1}^{n}(Q_o^t - Q_s^t)^2}{\sum_{t=1}^{n}(Q_o^t - \overline{Q_o})^2} \tag{2.1}$$

$$RE = \frac{\sum_{t=1}^{n}(Q_o^t - Q_s^t) \times 100\%}{\sum_{t=1}^{n} Q_o^t} \tag{2.2}$$

式中：Q_o^t 为实测值，m^3/s；Q_s^t 为模拟值，m^3/s；$\overline{Q_o}$ 为实测平均值，m^3/s；n 为实测数据的个数。

2.1.1.3 汉江上游模拟结果分析

以汉江上游 1961—1990 年降雨、流量和蒸发资料作为输入，率定和检验三水源新安江模型。采用泰森多边形加权平均得到面均降雨数据，彭曼公式根据流域临近站点的气象数据计算得到蒸发数据；输入流量为白河站实测径流过程，模型采用日时段。

分别采用遗传算法和 SCE - UA 算法率定新安江模型参数[5]。表 2.2 给出三水源新安江模型不同时期的模型效率系数（NSE）与水量相对误差（RE）。由表 2.2 中的统计数据看出，运用新安江模型在汉江上游模拟日径流，两种参数优化方法得到的不同时段模型确定性系数均超过 80%，径流总量相对误差最大值为 4.94%，新安江模型在汉江上游的模拟效果较好。

两种参数优化方法对比发现，SCE - UA 的模型效率系数要高于遗传算法，同时水量相对误差小于遗传算法，SCE - UA 优化方法结果优于遗传算法。因此，选择 SCE - UA 算法优化汉江上游新安江模型，进而开展参数的不确定性分析。

表 2.2　汉江上游新安江模型模拟结果

时　段	NSE		RE/%	
	遗传算法	SCE - UA	遗传算法	SCE - UA
1961—1970 年	0.817	0.841	−4.26	−1.17
1971—1980 年	0.821	0.853	−4.16	−1.12
1981—1990 年	0.812	0.833	−4.94	−1.26

2.1.1.4 参数不同时期的变化规律

将不同时期的降雨、蒸发、径流系列代入新安江模型，根据贝叶斯原理，采用 DREAM 算法推求参数的后验分布。考虑到模型参数的相关性和不确定性以及贝叶斯方法的计算效率，本次仅对模型敏感参数（KE、SM、KI、KG、CI、CG、N 和 NK）进行后验分布的推求，各敏感参数的可行域范围见表 2.1。对剩下的不敏感参数（WM、X、Y、B、EX、IMP、C）则采用各时期下 SCE - UA 算法优化得到的模型参数值的平均值进行固定。待 8 条 Markov 链充分混合并收敛后，取每条链收敛后的 1000 组参数，共计 8000 组参数统计模型各参数的分布，得到的不同时期各敏感参数的后验分布如图 2.2 所示。

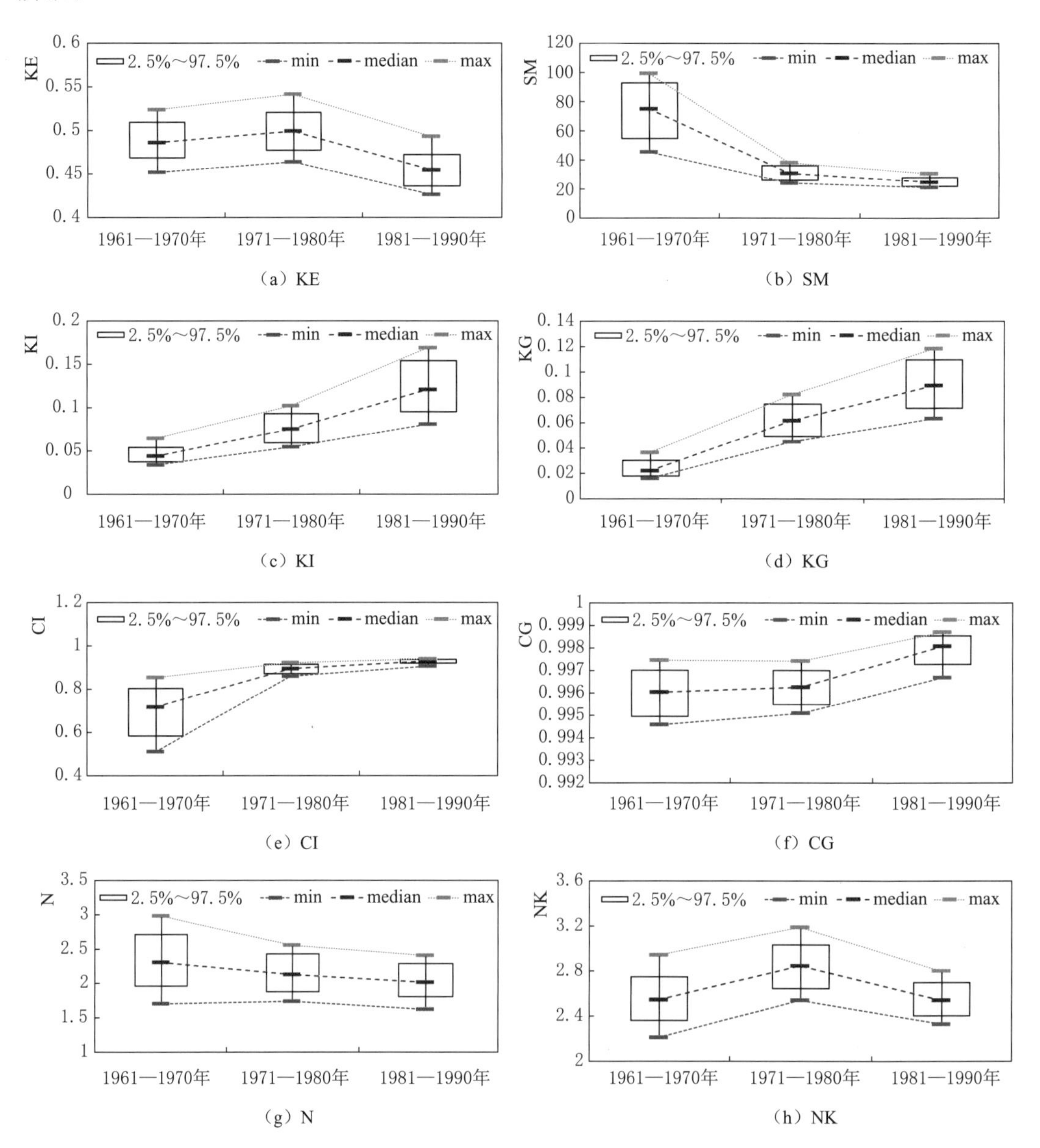

（a）KE （b）SM （c）KI （d）KG （e）CI （f）CG （g）N （h）NK

图 2.2 汉江上游新安江模型不同时期各参数的后验分布箱线图

从模型参数的中值来看，KI、KG、CI、CG 的参数值随不同时期逐渐增加，而 SM 的参数值随不同时期逐渐减小，N、KE 和 NK 没有出现趋势性变化。分析参数的物理意义可以发现，KE 影响着水量平衡，径流序列的水量大小和过程线的改变都会导致 KE 值的变化；参数 SM 决定着地面径流的比例，它受降雨在时段内的均化作用的影响较大；SM、KI 和 KG 作为三个分水源参数，共同决定了地面径流、壤中流和地下径流的比例，其相关性较强，SM 的改变将会引起 KI 和 KG 的改变；对于汇流参数 CI、CG、N 和

NK，影响着各水源的汇流过程，最终决定了水文过程线的形状，当水文过程随着时段的改变而变化时，汇流参数的值也随之产生变化。

从参数的分布来看，对于参数 KI 和 KG，随时段的改变，其 95%置信区间的宽度逐渐增大；对于参数 SM、CI、CG 和 N，随时段的改变，其 95%置信区间的宽度逐渐减小；而参数 KE 和 NK 随着时段的改变，参数未发生趋势性变化。但参数 NK 具有非常强的敏感性，参数值微小的变化将引起模型模拟精度的强烈变化。

2.1.2 模型参数时空变化规律分析

流域水文过程在不同时空下表现出不同的规律和特征，使得对水文过程进行概化描述的水文模型也具有明显的时空不均匀性，因此研究不同时空尺度下水文模型参数敏感性具有重要意义。为了比较研究不同气候区水文模型参数敏感性及随时空尺度的变化规律，陈华等[6] 分别以湿润区福建闽江建溪流域和半干旱半湿润区洛河流域为研究对象，在不同时空尺度下应用新安江模型（建溪流域采用的时间尺度为 1h、3h、6h、12h 和 24h，空间尺度为按照河流等级由低到高依次选取的武夷山站、建阳站和七里街站；洛河流域采用的时间尺度为 2h、4h、6h、8h、12h 和 24h），基于蒙特卡罗方法和 Sobol 敏感性分析法，比较研究参数的敏感性及变化规律。并且采用 SCE-UA 算法估算参数范围，根据贝叶斯原理使用 DREAM 算法推求敏感参数后验分布，讨论敏感参数后验分布与时间步长的关系。结果表明：新安江模型的模拟精度随时间尺度增大先增高后降低；不同气候区通过定性和定量分析确定的敏感参数基本一致，主要有 KE、KI、CI、CG、N 和 NK，分别属于蒸散发参数、分水源参数和汇流参数，参数敏感性随时空尺度改变而规律变化；随着时间尺度的增大，KE、KG 和 CI 的敏感度降低，N 和 CG 的敏感度增强；随着空间尺度的增大，CG 敏感度降低，时间尺度的改变对 KE、CG 的敏感度影响减弱。敏感参数在不同时间尺度下后验分布区间、分布中值的变化规律与参数敏感性变化及参数的物理意义相关，随时间尺度增大，KI、KG 参数值增大，CI、CG、N、NK 参数值减小；NK 后验分布区间宽度很小并且随时间尺度改变无明显变化，其他敏感参数后验分布区间都随时间尺度变大而变宽；KI、KG、CI 的中值与时间步长呈线性关系，NK 中值与时间步长呈幂函数关系。图 2.3 绘出不同时间步长下敏感参数后验分布统计参数图。

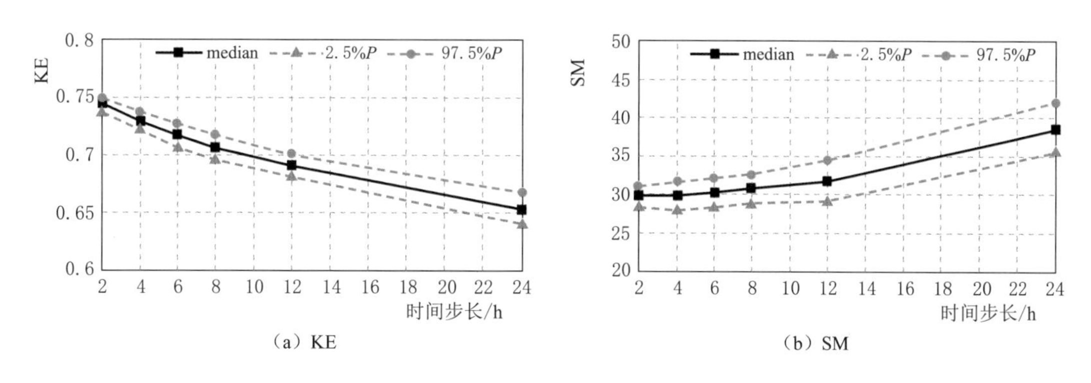

（a）KE　　（b）SM

图 2.3（一）　不同时间步长下敏感参数后验分布统计参数图

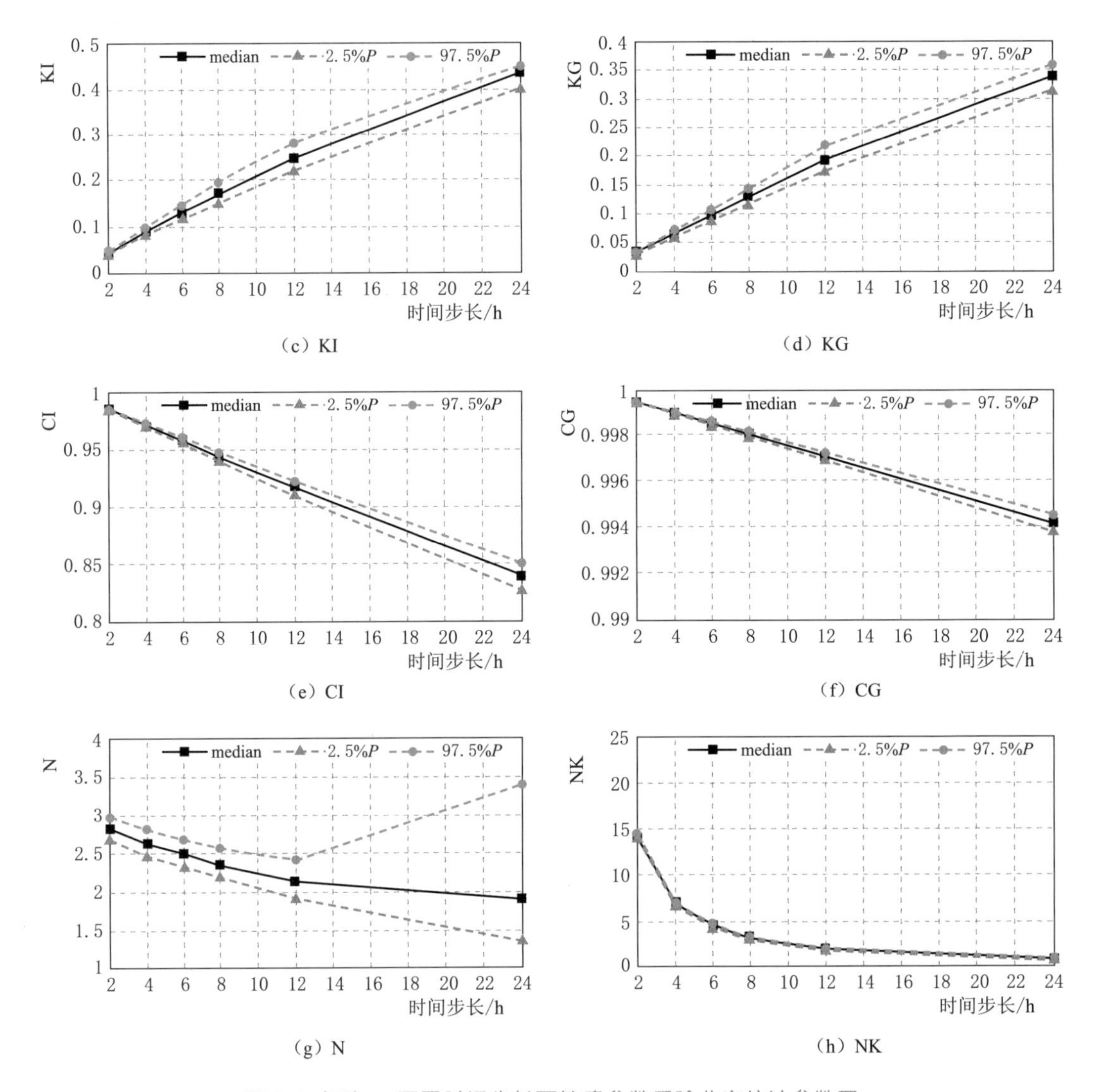

(c) KI

(d) KG

(e) CI

(f) CG

(g) N

(h) NK

图 2.3（二） 不同时间步长下敏感参数后验分布统计参数图

2.2 汉江流域信息数字化

选择当前世界上得到普遍认可、广泛应用的分布式水文模型为理论基础，构建覆盖汉江全流域的大尺度分布式 VIC 和 SWAT 水文模型。建立分布式水文模型的前提是需要对流域信息进行数字化处理，即建立数字高程模型，土壤、植被空间分布网格参数化等。

2.2.1 数字流域和网格

(1) 数字高程模型。构建分布式水文模型必须首先有数字高程模型（DEM）支撑，这就需要基于 DEM 数据对流域的诸多特征信息进行提取，包括流域的边界、水系河网以及子流域信息等。现有汉江流域分辨率为25m的离散块状DEM数据，将其拼嵌成完整的DEM，为了避免实际处理时因为数据量太大而可能造成的计算灾难，在保证丹江口区域提取精度的前提下，折中处理，将DEM数据转化成分辨率为100m的数据。对DEM进行填洼、生成流向、计算流入累计数及提取河道等一系列计算，得到汉江流域栅格形式的模拟河网，然后根据汉江流域出口仙桃水文站或汉川水位站以及干、支流上的各水文站经纬度位置，提取得到流域边界及各相应子流域信息（边界、面积）。汉江流域的DEM分布和水文气象站点如图2.4所示。

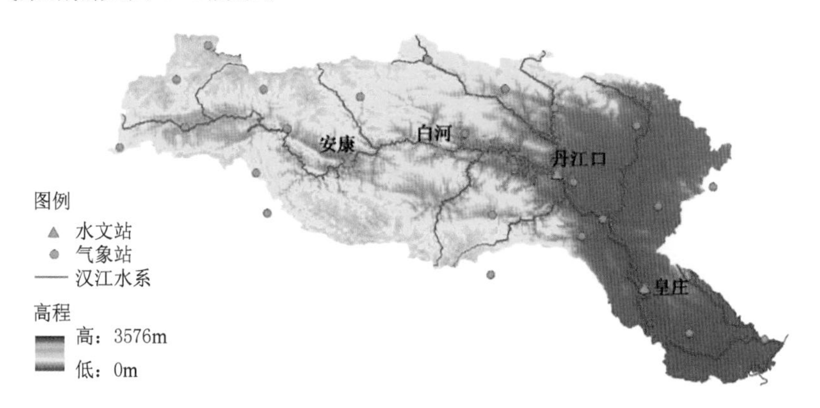

图2.4　汉江流域DEM分布和水文气象站点

（2）流域网格的构建。综合考虑地理信息数据的空间分辨率和计算机的计算能力，同时为以后和区域气象模式的分辨率相匹配，这里采用9km×9km网格单元将汉江流域在空间上进行离散。

选取东经110.296°，北纬32.754°的汉江流域中心点，取格点距离为0.081°，约为9km，构建覆盖整个汉江流域9km×9km的网格，如图2.5所示，整个汉江流域共划分了2470个网格。该网格分布是构建基于网格的汉江流域分布式水文模型的框架，以后的植被参数网格文件库、土壤参数网格文件库及水文参数网格库的建立均以此网格分布为基础。

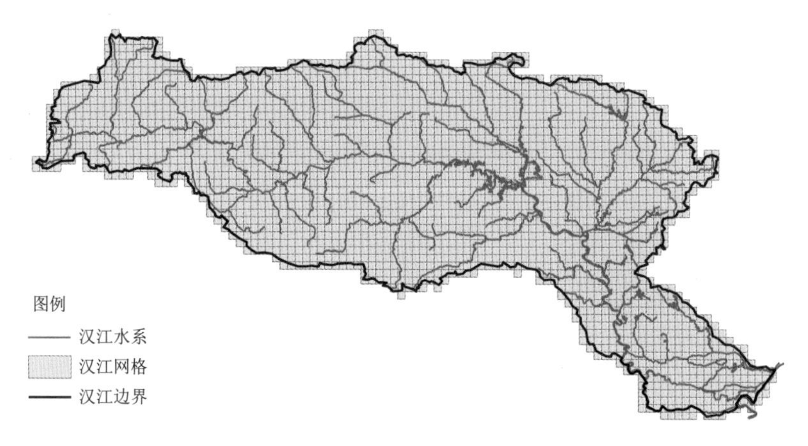

图2.5　汉江流域网格示意图

网格流向的确定是构建分布式水文模型汇流部分不可缺少的步骤。将 DEM 数据按照上述构建的汉江流域网格转化成 9km×9km 的 DEM，然后利用 ArcGIS 里的 ArcHydro 工具分析提取各网格水流的方向，对照构建好的河网水系，将流向有误的网格进行修正，最终得到汉江流域各网格的流向。

2.2.2 土地利用/覆被数据

土地利用/覆被（LUC）数据来源于中国科学院资源环境科学数据中心，分辨率为 1km×1km。参考原国土资源部制定的有关土地资源遥感调查分类规范，将流域的土地利用划分为以下 6 类：耕地、林地、草地、水域、建设用地、裸地。土地利用类型分类见表 2.3。

表 2.3　土地利用类型分类表

一级类型			二级类型		
编号	名称	含　义	编号	名称	含　义
1	耕地	指种植农作物的土地，包括熟耕地、新开荒地、休闲地、轮歇地、草田轮作物地；以种植农作物为主的农果、农桑、农林用地；耕种三年以上的滩地和海涂	11	水田	指有水源保证和灌溉设施，在一般年景能正常灌溉，用以种植水稻、莲藕等水生农作物的耕地，包括实行水稻和旱地作物轮种的耕地。 111 山地水田；112 丘陵水田；113 平原水田；114 大于 25°坡地水田
			12	旱地	指无灌溉水源及设施，靠天然将水生长作物的耕地；有水源和浇灌设施，在一般年景下能正常灌溉的旱作物耕地；以种菜为主的耕地；正常轮作的休闲地和轮歇地。 121 山地旱地；122 丘陵旱地；123 平原旱地；124 大于 25°坡地旱地
2	林地	指生长乔木、灌木、竹类以及沿海红树林地等林业用地	21	有林地	指郁闭度大于 30%的天然林和人工林，包括用材林、经济林、防护林等成片林地
			22	灌木林	指郁闭度大于 40%，高度在 2m 以下的矮林地和灌丛林地
			23	疏林地	指林木郁闭度为 10%～30%的林地
			24	其他林地	指未成林造林地、迹地、苗圃及各类园地（果园、桑园、茶园、热作林园等）
3	草地	指以生长草本植物为主，覆盖度在 5%以上的各类草地，包括以牧为主的灌丛草地和郁闭度在 10%以下的疏林草地	31	高覆盖度草地	指覆盖度大于 50%的天然草地、改良草地和割草地。此类草地一般水分条件较好，草被生长茂密
			32	中覆盖度草地	指覆盖度在 20%～50%的天然草地和改良草地，此类草地一般水分不足，草被较稀疏
			33	低覆盖度草地	指覆盖度在 5%～20%的天然草地。此类草地水分缺乏，草被稀疏，牧业利用条件差
4	水域	指天然陆地水域和水利设施用地	41	河渠	指天然形成或人工开挖的河流及主干常年水位以下的土地。人工渠包括堤岸
			42	湖泊	指天然形成的积水区常年水位以下的土地
			43	水库坑塘	指人工修建的蓄水区常年水位以下的土地

续表

一级类型			二级类型		
编号	名称	含　义	编号	名称	含　义
4	水域	指天然陆地水域和水利设施用地	44	永久性冰川雪地	指常年被冰川和积雪覆盖的土地
			45	滩涂	指沿海大潮高潮位与低潮位之间的潮浸地带
			46	滩地	指河、湖水域平水期水位与洪水期水位之间的土地
5	城乡、工矿、居民用地	指城乡居民点及其以外的工矿、交通等用地	51	城镇用地	指大、中、小城市及县镇以上建成区用地
			52	农村居民点	指独立于城镇以外的农村居民点
			53	其他建设用地	指厂矿、大型工业区、油田、盐场、采石场等用地以及交通道路、机场及特殊用地
6	未利用土地	目前还未利用的土地，包括难利用的土地	61	沙地	指地表为沙覆盖，植被覆盖度在5%以下的土地，包括沙漠，不包括水系中的沙漠
			62	戈壁	指地表以碎砾石为主，植被覆盖度在5%以下的土地
			63	盐碱地	指地表盐碱聚集，植被稀少，只能生长强耐盐碱植物的土地
			64	沼泽地	指地势平坦低洼，排水不畅，长期潮湿，季节性积水或常年积水，表层生长湿生植物的土地
			65	裸土地	指地表土质覆盖，植被覆盖度在5%以下的土地
			66	裸岩石质地	指地表为岩石或石砾，其覆盖面积大于5%的土地
			67	其他	指其他未利用土地，包括高寒荒漠、苔原等
9	海洋		99	海洋	最早的分类系统中没有海洋，因为是在陆地上开展监测。在数据更新中由于填海造陆涉及海洋而补充的新代码

2.2.3 植被土壤参数网格数据库

2.2.3.1 植被参数网格数据库

研究采用美国马里兰大学研制的全球1km土地覆被资料来描述汉江集水区域的当前植被覆被分布，该土地覆被分类将全球陆面覆盖分为14类，第0类为水体，第1～11类为11种植被类型，第12类为裸土，第13类为城市建筑。VIC模型考虑了植被的蒸发蒸腾和冠层截留，需要对每种植被类型进行标定的参数有结构阻抗、最小气孔阻抗、叶面积指数、反照率、粗糙率、零平面位移等，这些参数主要根据LDAS的工作来确定。首先对全球1km土地覆被数据作投影转换，然后利用流域边界从中切取出汉江流域土地覆被数据，用建好的9km×9km流域网格切割得到汉江流域土地覆被空间分布，如图2.6所示，以上步骤在ERDAS和ArcGIS软件中实现。建立植被覆盖参数网格数据库，各个网格包含有植被类型的总数、每种植被在该网格所占的面积比例及每种植被根区深度和所占的比例。

图 2.6 汉江流域植被覆盖网格分布图

2.2.3.2 土壤参数网格数据库

土壤质地分类采用联合国粮食及农业组织（Food and Agriculture Organization of the United Nations，FAO）发布的全球土壤数据，FAO 土壤数据对两种深度的土壤特性进行了描述，其中 0～30cm 为上层，31～100cm 为下层。研究中 VIC 模型第 1、2 层土壤的土壤参数取上层土壤数据的值，第 3 层土壤的土壤参数取下层土壤数据的值。用与土地覆被类似的方法提取出汉江流域上、下两层土壤的土壤类型空间分布，如图 2.7 所示。在土壤参数中与土壤特性有关的参数，在模型标定后就不再改动，如土壤饱和体积含水量、饱和土壤水势、土壤饱和水力传导度等，这些参数根据文献确定。选取每个网格内面积比例最大的一类土壤及其对应的土壤参数，生成土壤参数网格数据库。

图 2.7 汉江流域上层土壤类型分布图

2.2.4 空间插值和模型参数网格数据库

2.2.4.1 水文气象数据空间插值

构建的水文模型是以网格为最小计算单元，所以水文模型的输入需要以网格为单元进行准备。拟定模型积分步长为日，模拟流域蒸发、径流及土壤含水量等。VIC 模型所需要的模型输入是日降水 P、日最高气温 t_{max} 及日最低气温 t_{min}。

水文气象数据文件用于描述汉江流域内每个 9km×9km 网格内从起始年月日到终止年月日每天的降水量、最高气温、最低气温和蒸发量。

本书共收集汉江流域内 204 个雨量站 1980—2010 年的日降水数据，流域周围 15 个气象站的 1980—2010 年的逐日最高、最低气温数据，各站点分布如图 2.8 所示。采用插值方法获得每个网格的日降水、日最高气温、日最低气温输入，具体方法如下：

（1）若网格中心离某站点足够近，则直接采用该站数据。

（2）否则选取距离网格中心最近的 3 个站点，以距离倒数平方作为权重进行插值。

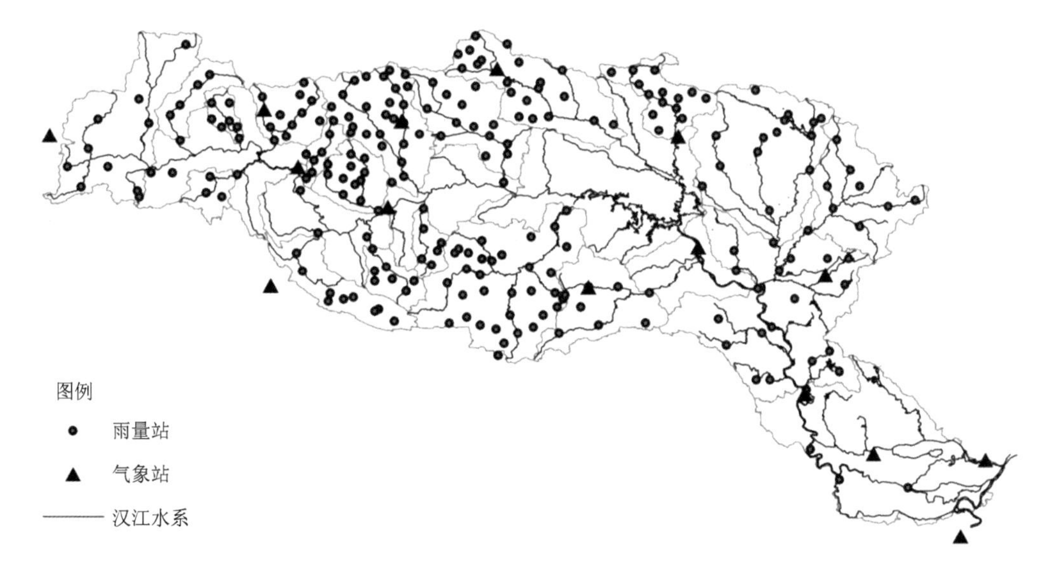

图 2.8 汉江流域雨量及气象站点分布图

2.2.4.2 模型参数网格数据库

在构建分布式水文模型时，模型每个网格单元的模型参数的确定是其中的关键和难点问题。模型参数主要由三类组成，包括植被参数、土壤参数和模型参数。分布式水文模型参数则需要利用实测降雨径流资料进行率定。

本书首先对子流域进行调参，检验选用模型在汉江流域的实用性；然后以率定好的子流域参数为基础，将丹江口以上流域进行参数网格化，建立模型参数的网格数据库。

汉江流域网格数量庞大，由于现有的水文资料较少及计算机运行能力有限，将所有网格进行一次率定显然是不现实的。鉴于此，以率定好的各子流域参数为基础，采用下述方法将参数进行网格化：

（1）首先将汉江流域的网格进行编号，以其所在的行列号唯一标志该网格，记录各水文控制站所在的网格，然后根据得到的网格流向搜寻各网格最终可首先达到哪个水文控制站所在网格，从而确定该网格属于哪个子流域。

（2）设定每个网格的参数初始值为率定好的所属子流域的参数值。对于不属于任何子流域的网格，其初始值参考周围邻近网格的参数值进行插值，插值方法是直接计算周围8个网格的对应参数的平均值。

（3）以各子流域出口控制站的径流过程检验设定的初始值在进行网格分布式模拟计算时的结果，一般结果会良好，否则进行微调，直到得到相对最优结果，确定该参数区的模型参数值就不再改动。

（4）根据汉江干流控制断面石泉、安康、白河、丹江口、襄阳、皇庄6个水文站，将汉江流域划分成6个分区，利用它们的实测径流过程资料检验模型结果，采用试算法调试不属于各子流域的网格的模型参数。

2.3 VIC分布式水文模型和模拟结果分析

2.3.1 VIC分布式水文模型

可变下渗能力（variable infiltration capacity，VIC）水文模型是美国华盛顿大学、加利福尼亚大学伯克利分校以及普林斯大学共同研制的陆面水文模型，是一个基于空间分布网格化的分布式水文模型[7]。VIC模型在不同气候条件下应用，从小流域到大陆尺度再到全球尺度。作为SVATs 的一种，VIC模型可同时进行陆气之间能量平衡和水量平衡的模拟，也可只进行水量平衡计算，输出每个网格上的径流深和蒸发，再通过汇流模型将网格上的径流深转化成流域出口断面的流量过程，弥补了传统水文模型对能量过程描述的不足[8-9]。

VIC模型主要考虑了大气-植被-土壤之间的物理交换过程，反映土壤、植被、大气中水热状态变化和水热传输。LIANG X等[7] 在原模型基础上，发展为两层土壤的VIC-2L模型，后经改进在模式中又增加了一个薄土层（通常取为100mm），在一个计算网格内分别考虑裸土及不同的植被覆盖类型，并同时考虑陆气之间水分收支和能量收支过程，称为VIC-3L。LIANG X和XIE Z[8] 同时考虑了蓄满产流和超渗产流机制以及土壤性质的次网格非均匀性对产流的影响，并用于VIC-3L，在此基础上，建立了气候变化对中国径流影响评估模型，将地下水位的动态表示问题归结为运动边界问题，并利用有限元集中质量法数值计算方案，建立了地下水动态表示方法。图2.9给出了分布式VIC-3L模型结构图。

VIC模型是一个具有一定物理概念的水文模型，其主要特点有：①同时考虑陆气之间水分收支和能量收支过程；②同时考虑两种产流机制（蓄满产流和超渗产流）；③考虑次网格内土壤不均匀性对产流的影响；④考虑次网格内降水的空间不均匀性；⑤考虑积雪融化及土壤融冻过程。

VIC模型已分别用于美国的Mississippi、Columbia、Arkansas-Red等流域，德国的Delaware等流域的径流模拟，并在国内得到了广泛应用。刘志雨[10] 利用VIC模型建立

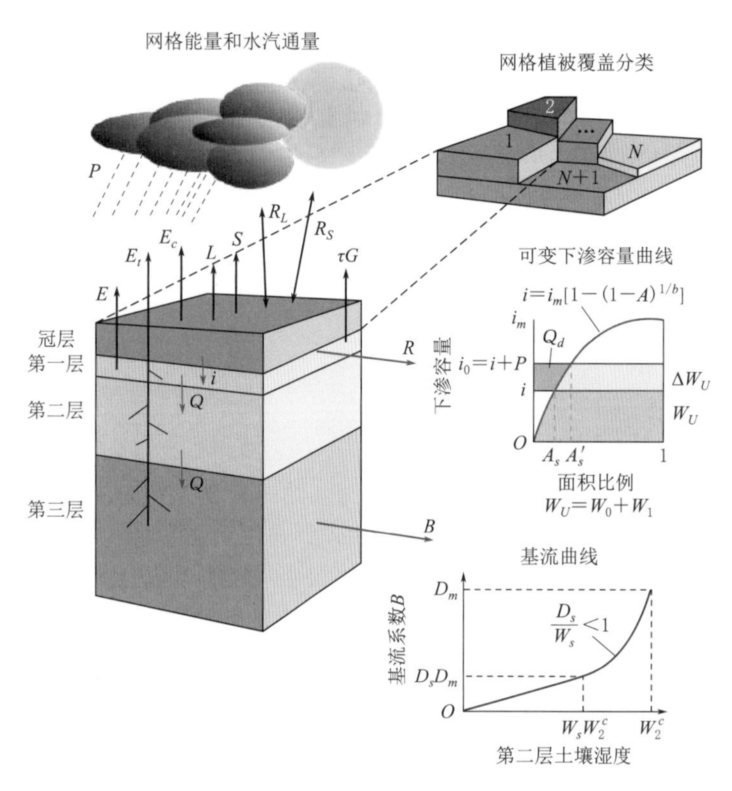

图 2.9 分布式 VIC－3L 模型结构图

了基于 RS 和 GIS 的全国径流模拟系统；谢正辉等[11] 利用该模型建立了全国 60km×60km 网格植被参数库和土壤参数库，对中国的淮河、渭河进行模拟；袁飞等[12] 将 VIC 模型应用于海河流域；胡彩虹等[13] 将该模型应用于栾川、王瑶和尚义 3 个半干旱半湿润流域；郭生练等[14-15] 将 VIC 模型应用于汉江流域和鄱阳未控区间湖流域的径流模拟，都取得了较好的效果。

下面从蒸发蒸腾、土壤湿度、地表径流、基流等方面介绍 VIC 模型的基本原理。

2.3.1.1 蒸发蒸腾

模型中考虑植被冠层蒸发、植被蒸腾以及裸地蒸发。每个计算网格单元总的蒸发蒸腾量就是冠层、植被和裸地蒸散发量累计后，按照不同地表覆盖种类面积权重的总和。最大冠层蒸发量 E_c^* 可由下式计算：

$$E_c^* = \left(\frac{W_i}{W_{im}}\right)^{2/3} \frac{r_w}{r_w + r_o} E_P \tag{2.3}$$

式中：W_i 为冠层的截留总量，mm；W_{im} 为冠层的最大截留量，指数 2/3 是根据 Deardorff 给的指数确定的，mm；E_P 为基于 Penman－Monteith 公式，将叶面气孔阻抗设为 0 的地表蒸发潜力，mm；r_o 为在叶面和大气湿度梯度差产生的地表蒸发阻抗；r_w 为水分传输的空气动力学阻抗。

式（2.3）的形式有时也称作“β 表达形式”。

植被冠层的最大截留水量 W_{im} 可由下式表示：

$$W_{im}=K_L LAI \tag{2.4}$$

式中：LAI 为叶面积指数；K_L 为一个常数，一般取 0.2mm。

水分传输的空气动力学阻抗 r_w 由下式计算：

$$r_w=\frac{1}{C_w u_n(z_2)} \tag{2.5}$$

式中：$u_n(z_2)$ 为在高度 z_2 处的风速，m/s；C_w 为水分传输系数，可以通过考虑大气稳定性来估计，其结果如下：

$$C_w=1.351a^2 F_w \tag{2.6}$$

式（2.6）中 a^2 可以定义为

$$a^2=\frac{K^2}{\left[\ln\left(\frac{z_2-d_0}{z_0}\right)\right]^2} \tag{2.7}$$

式中：a 为接近中性稳定状态的黏滞相关系数；K 为 Von Karman 常数，取 0.4；d_0 为零平面位置高度，m；z_0 是粗糙高度，m。

式（2.6）的 F_w 为黏滞相关系数，与 Bulk Richadson 数的关系可表达为

$$F_w=\begin{cases}1-\dfrac{9.4Ri_B}{1+c\,|Ri_B^{1/2}|}, & Ri_B<0\\[2ex] \dfrac{1}{(1+4.7Ri_B)^2}, & 0\leqslant Ri_B\leqslant 0.2\end{cases} \tag{2.8}$$

式中：Ri_B 为 Bulk Richadson 数；c 为拟合系数，可以表示为

$$c=49.82a^2\left(\frac{z_2-d_2}{z_0}\right)^{1/2} \tag{2.9}$$

基于 Blondin 和 Ducondre 等的表达式，蒸腾量可以采用下式估算：

$$E_t=\left[1-\left(\frac{W_i}{W_{im}}\right)^{2/3}\right]\frac{r_w}{r_w+r_0+r_c}E_p \tag{2.10}$$

式中：r_c 为叶面气孔阻抗，s/m。

r_c 的求法为

$$r_c=\frac{r_{0c}g_{sm}}{LAI} \tag{2.11}$$

式中：r_{0c} 为最小气孔阻抗；g_{sm} 为土壤湿度压力系数，由地表植被覆盖种类根系可以得到的水量确定，其表达式为

$$g_{sm}^{-1}=\begin{cases}1, & W_j\geqslant W_j^{cr}\\[1ex] \dfrac{W_j-W_j^w}{W_j^{cr}-W_j^w}, & W_j^w\leqslant W_j\leqslant W_j^{cr}\\[2ex] 0, & W_j<W_j^w\end{cases} \tag{2.12}$$

式中：W_j 为第 j 层（$j=1$，2）土壤水分含量，mm；W_j^{cr} 为不被土壤水分影响的蒸腾临界值，mm；W_j^w 为凋萎土壤水分含量，mm。

水分是由从第 1 层被吸到第 2 层的分配比例 f_1、f_2 来确定的。在两种情况下没有土

壤湿度压力：第一种情况是 $W_2 \geqslant W_1^{cr}$，并且 $f_2 \geqslant 0.5$ 时；第二种情况是 $W_1 \geqslant W_2^{cr}$，并且 $f_1 \geqslant 0.5$ 时。也就是说，在式（2.12）中 $g_{sm}=1$。在上述第一种情况下，蒸腾量是由第 2 层来供给的，$E_t = E_2^t$（不考虑第 1 层水分的供给量）；在第二种情况下，蒸腾的水来自第 1 层，$E_t = E_1^t$，同样没有土壤水分压力。其他情况，蒸腾量可由下式计算：

$$E_t = f_1 E_1^t + f_2 E_2^t \tag{2.13}$$

式中：E_1^t，E_2^t 分别为第 1 层和第 2 层土壤的蒸腾量，mm，由式（2.10）计算。

如果根系值在第 1 层分布，那么 $E_t = E_1^t$ 而且 $f_2 = 0$。对于连续降雨，且降雨强度又小于叶面蒸发的情况，如果在计算时段没有足够的截留水分满足大气蒸发的需要，那么就必须考虑植被的蒸腾作用。在这种情况下，植物冠层的蒸发量 E_c 可以表示为

$$E_c = f E_c^* \tag{2.14}$$

式中：f 为冠层蒸发耗尽截留水分所需时间段的比例，它可由下式计算：

$$f = \min\left(1, \frac{W + P\Delta t_i}{E_c^* \Delta t}\right) \tag{2.15}$$

式中：P 为降雨强度，mm/h；Δt 为计算时段步长。

在模型的计算中取计算时段步长 1h，计算时段步长内蒸腾量的计算公式如下：

$$E_t = (1-f)\frac{r_w}{r_w + r_0 + r_c}E_p + f\left[1 - \left(\frac{W_i}{W_{im}}\right)^{2/3}\right]\frac{r_w}{r_w + r_0 + r_c}E_p \tag{2.16}$$

式中：第一项为没有从冠层截留水分蒸发的时段步长比例；第二项为冠层蒸腾发生的时段步长比例。

裸地的蒸发只发生在土壤的第 1 层，所以第 2 层土壤的蒸发量假设为 0。当第 1 层土壤湿度饱和的时候，按照蒸发潜力蒸发，即

$$E_1 = E_p \tag{2.17}$$

如果上层土壤不饱和，那么蒸发量 E_1 随裸地入渗、地形和土壤特性的空间不均匀性而变化，计算采用 Francini 和 Paciani 公式。该公式引用了新安江模型蓄水容量曲线的结构，并且假设在计算区域内入渗能力是变化的，由下式表示：

$$f' = f'_m[1-(1-D)^{1/e}] \tag{2.18}$$

式中：f' 和 f'_m 分别为入渗能力和最大入渗能力；D 为入渗能力小于 f' 的面积比例；e 为入渗形状参数。

如果让 A_s 表示裸地土壤水分饱和的面积比例，f_0 表示相应点的入渗能力，则裸地土壤蒸发示意如图 2.10 所示，E_1 可表示为

$$E_1 = E_p\left\{\int_0^{A_s} \mathrm{d}A + \int_{A_s}^1 \frac{f'_0}{f'_m[1-(1-D)^{1/e}]}\mathrm{d}A\right\} \tag{2.19}$$

式中：第一个积分为发生在土壤水分饱和面积的蒸发量，按照蒸发潜力蒸发。

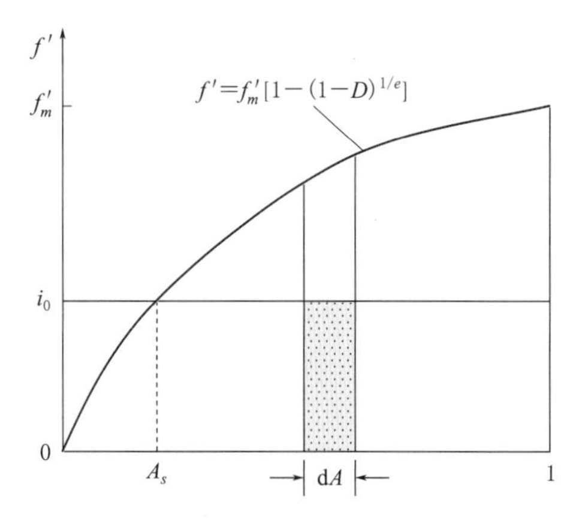

图 2.10 裸地土壤蒸发示意图

由于式（2.19）中对第二个积分项没有解

析表达形式，所以 E_1 通过级数展开表示如下：

$$E_1 = E_p \left\{ A_s + \frac{f'_0}{f'_m}(1 + A_s)\left[1 + \frac{e_i}{1+e_i}(1 - A_s)^{1/b_i} + \frac{e_i}{2+e_i}(1 - A_s)^{2/b_i} + \frac{e_i}{3+e_i}(1 - A_s)^{3/b_i} + \cdots \right]\right\} \tag{2.20}$$

这个方法解释了次网格裸地土壤水分空间不均匀性的问题。

2.3.1.2 土壤湿度

在 VIC 两层模型中缺乏对表层土壤水动态变化的描述，且未考虑土层间土壤水的扩散过程。针对这两点不足，将 VIC 模型中的上层土壤分出一个顶薄层而成为 3 层，即顶薄层（通常情况为离地表 0.1m）、上层土壤层（也包括地表的顶薄层）和下层土壤层。顶薄层主要用于反映如果有很小的降雨，那么立即会有裸地土壤蒸发，上层土壤层主要是来表示土壤对降雨过程的动态反应，而下层土壤层是用来表示季节性土壤湿度变化的。

改进后的 VIC 模型用里查兹（Richards）方程来描述垂向一维土壤水运动，土壤各层间的水汽通量服从达西定律。各层土壤湿度变化的控制方程为

$$\frac{\partial \theta_1}{\partial t} z_1 = P - E - K(\theta)\mid_{-z_1} - D(\theta)\frac{\partial \theta}{\partial z}\mid_{-z_1} \tag{2.21}$$

$$\frac{\partial \theta_2}{\partial t} z_2 = P - E - K(\theta)\mid_{-z_2} - D(\theta)\frac{\partial \theta}{\partial z}\mid_{-z_2} \tag{2.22}$$

$$\frac{\partial \theta_3}{\partial t}(z_3 - z_2) = K(\theta)\mid_{-z_2} + D(\theta)\frac{\partial \theta}{\partial z}\mid_{-z_2} - Q_b \tag{2.23}$$

式中：θ_i 为各层土壤的体积含水量，mm；z_i 为各层土壤相对地面的深度，mm；$K(\theta)$ 为水力传导度；$D(\theta)$ 为水力扩散度；P 为落到地面上的降水量，mm；E 为蒸发量，mm；Q_b 为基流量。

2.3.1.3 地表径流

数值试验研究显示，地表径流主要有蓄满产流和超渗产流两种机制。土壤特性的空间变化、土壤前期湿度、地形和降雨决定径流的产生。对于一个大的区域，如所研究的区域里（或者是 GCMs 网格单元里），这两种径流机制通常在一个网格的不同地方同时发生，忽略两种主要产流机制的任何一种或者不考虑土壤空间的不均匀性都会造成地表径流的过高或者过低估计，而这又会直接造成土壤含水量计算大的误差。因此，正确地模拟地表径流对于合理表示陆地对气候的反馈是十分重要的。

VIC 模型可以在网格单元内同时考虑蓄满产流和超渗产流两种机制，也可以同时考虑次网格土壤空间不均匀性的影响。图 2.11 为研究区域中蓄满产流和超渗产流示意图。蓄满产流（图中阴影部分）一般发生在靠近河道的地方，而超渗产流（图中虚线部分）一般发生在一些远离河道且降雨超过入渗能力的地方。

在 VIC 模型中，蓄满产流和超渗产流分别用土壤蓄水容量面积分配曲线和下渗能力面积分配曲线来表示土壤不均匀性对产流的影响。两条分布曲线现状特征分别采用 b、B 次方抛物线表示，分别见下面两式：

$$i = i_m\left[1 - (1 - \mathrm{A})^{1/b}\right] \tag{2.24}$$

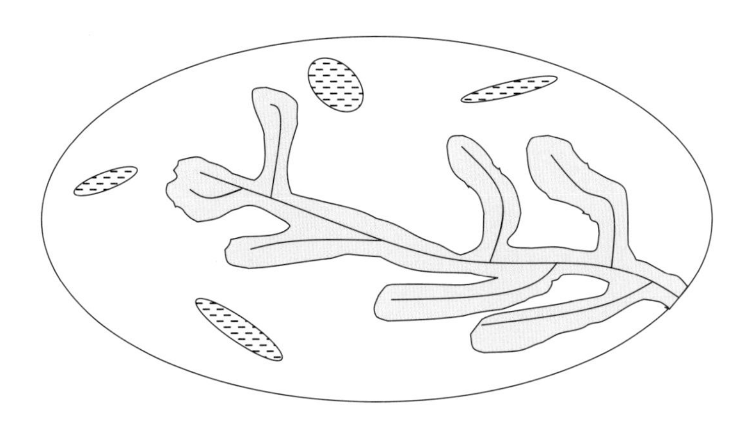

图 2.11 研究区域中的蓄满产流（阴影部分）和超渗产流（虚线部分）示意图

$$f = f_m[1-(1-C)^{1/B}] \tag{2.25}$$

式中：i 和 i_m 分别为土壤蓄水和最大土壤蓄水能力，mm；A 为土壤蓄水能力小于或等于 i 的面积比例；b 为土壤蓄水能力形状特征参数，它是土壤蓄水能力空间变化的表征，定义为土壤上层最大水分含量，可以表示土壤特征的空间变异性；f 和 f_m 分别为入渗能力和最大入渗能力，mm/s；C 为入渗能力小于或等于 f 的面积比例；B 为入渗能力形状参数，它是入渗空间变化的表征，定义为每一点地表浸润时的最大入渗率。若 $B=1$，即为 Standford 模型所采用的空间分布形式。

蓄满产流（用 R_1 表示）发生在初始饱和的面积 A_s 和在时段内变为饱和的部分（$A_s'-A_s$）内，见图 2.12（a）；超渗产流（用 R_2 来表示）发生在剩下的面积（$1-A_s$）上并且在整个超渗产流计算面积［图 2.12（a）中虚线阴影部分］内重新分配。图 2.12（a）中 R_2 的实际总量由图 2.12（b）的 R_2 来确定。在图 2.12（a）中，P 表示时段步长 Δt 内的总降水量，降水量 P 被分成蓄满产流 R_1、超渗产流 R_2 和入渗到土壤的总水量 ΔW，所有这些项都用长度单位来表示。图 2.12（a）中符号 W_t 表示 t 时刻的土壤含水量，同样用长度单位来表示。图 2.12（b）中 $\Delta W/\Delta t$ 表示上层土壤下渗平均速率。

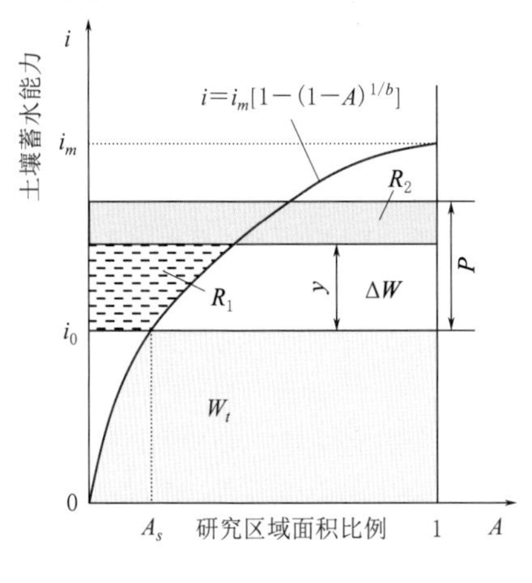

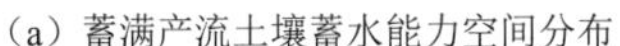
（a）蓄满产流土壤蓄水能力空间分布

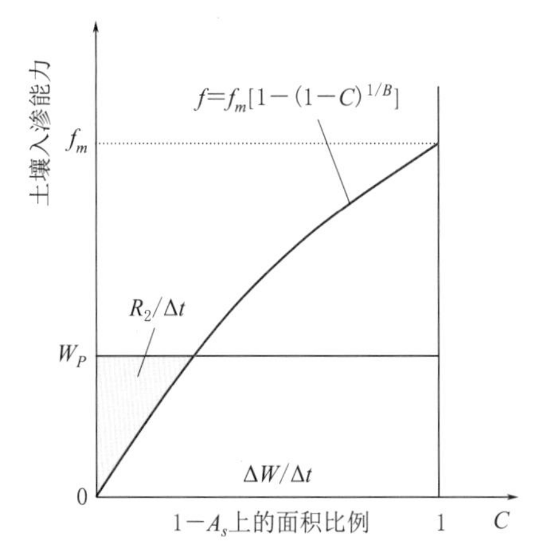

（b）超渗产流入渗能力空间分布

图 2.12 VIC 模型上层土壤蓄满产流和超渗产流示意图

在给定时段降水量 P 的情况下，根据水量平衡公式，可以得到

$$P = R_1(y) + R_2(y) + \Delta W(y) \tag{2.26}$$

且

$$y \cdot 1 = R_1(y) + \Delta W \tag{2.27}$$

式中：y 为图 2.12（a）所示的垂直深度，mm；$y \cdot 1$ 为流域土壤层平均垂直深度，mm。基于式（2.24）和 VIC 参数化过程，蓄满产流 $R_1(y)$ 和式（2.26）中入渗到土壤的水量变化 $\Delta W(y)$ 可分别表示为

$$R_1(y) = \begin{cases} y - \dfrac{i_m}{b+1}\left[\left(1-\dfrac{i_0}{i_m}\right)^{b+1} - \left(1-\dfrac{i_0+z}{i_m}\right)^{b+1}\right], & 0 \leqslant y \leqslant i_m - i_0 \\ R_1(y)\mid_{z=i_m-i_0} + y - (i_m - i_0), & i_m - i_0 < y \leqslant p \end{cases} \tag{2.28}$$

$$\Delta W(y) = \begin{cases} \dfrac{i_m}{b+1}\left[\left(1-\dfrac{i_0}{i_m}\right)^{b+1} - \left(1-\dfrac{i_0+y}{i_m}\right)^{b+1}\right], & 0 \leqslant y \leqslant i_m - i_0 \\ i_m - i_0 - R_1(y), & i_m - i_0 < y \leqslant p \end{cases} \tag{2.29}$$

式中：i_0 为在图 2.12（a）中土壤含水量 W_t 的点相应的土壤蓄水能力。

式（2.26）中超渗产流 R_2 的值，即图 2.12（b）中 $R_2/\Delta t$ 乘以时段长度 Δt，等于图 2.12（a）中所示的 R_2。同时，入渗到上层土壤的总水量 ΔW 应该相等，如图 2.12（a）和 2.12（b）所示，由式（2.27），可以得到水量输入率 W_p 及 R_2，分别可以表示为

$$W_p = \frac{y - R_1(y)}{\Delta t} \tag{2.30}$$

$$R_2(y) = \begin{cases} P - R_1(y) - f_{mm}\Delta t\left[1 - \left(1 - \dfrac{P - R_1(y)}{f_m \Delta t}\right)^{B+1}\right], & \dfrac{P - R_1(y)}{f_{mm}\Delta t} \leqslant 1 \\ P - R_1(y) - f_{mm}\Delta t, & \dfrac{P - R_1(y)}{f_{mm}\Delta t} \geqslant 1 \end{cases} \tag{2.31}$$

式中：f_{mm} 为面积 $1-A_s$ 的平均入渗能力，可表示为

$$f_{mm}\int_0^1 f_m[1-(1-C^{1/B})]\mathrm{d}C = \frac{f_m}{1+B} \tag{2.32}$$

由式（2.28）、式（2.29）和式（2.31）可以看出，除了降雨量 P 以外，式（2.26）的所有项都可以表示为 y 的函数，因此，若式（2.26）有 y 的解，那么可以相应求得 R_1、R_2 和 ΔW，这也就意味着降水量 P 可以通过图 2.12（a）所解释的和 y 的关系分成 R_1、R_2 和 ΔW 三部分，从数学上确实可以证明有这样的 y 存在，同时还可以证明用于将降雨过程分为 R_1、R_2 和 ΔW 的 y 值的唯一性。

2.3.1.4 基流

根据 Arno 概念模型计算基流，仅用在下层土壤中，表示为

$$Q_b = \begin{cases} \dfrac{D_s D_m}{W_s W_2^c} W_2^-, & 0 \leqslant W_2^- \leqslant W_s W_2^c \\ \dfrac{D_s D_m}{W_s W_2^c} W_2^- + \left(D_m - \dfrac{D_s D_m}{W_z}\right)\left(\dfrac{W_2^- - W_s W_2^c}{W_2^c - W_s W_2^c}\right)^2, & W_2^- \geqslant W_s W_2^c \end{cases} \tag{2.33}$$

式中：Q_b 为基流，m^3/s；D_m 为最大基流，m^3/s；D_s 为 D_m 的比例系数；W_2^c 为下层的土壤最大水分含量，mm；W_s 为 W_2^c 的一个比例系数，满足 $D_s \leqslant W_s$；W_2^- 为下层的土壤计算时段开始时的土壤水分含量。

式（2.33）表示：土壤水分含量在某一阈值以下，可用线性关系描述基流消退过程；而当其高于这个阈值的时候，采用非线性关系描述基流产生过程，式（2.33）在线性向非线性变化的过程有连续的一阶导数。图 2.13 绘出 VIC 模型基流与土壤含水量关系曲线。

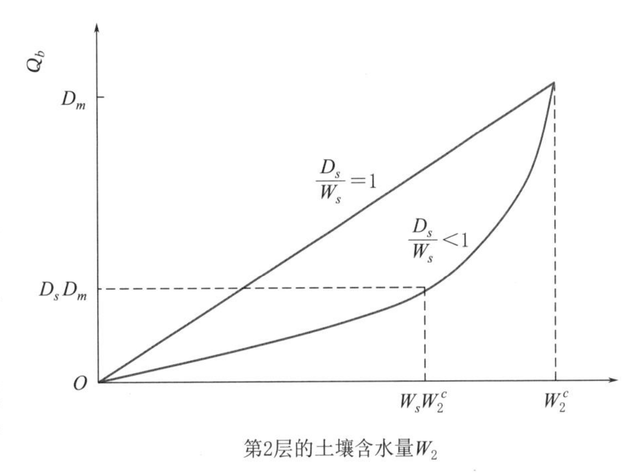

图 2.13 分布式 VIC 模型的基流与土壤含水量关系曲线

2.3.1.5 有植被覆盖土壤的地表径流和地下基流

对于各种有植被覆盖的土壤，按上述原理步骤分别计算地表径流和地下基流，然后根据同一计算单元中不同植被覆盖类型的面积比例统计该单元总的蒸散发量和径流量，计算公式分别为

$$E=\sum_{n=1}^{N}C_v[n](E_c[n]+E_t[n])+C_v[n+1]E_1 \tag{2.34}$$

$$Q=\sum_{n=1}^{N+1}C_v[n](Q_d[n]+Q_b[n]) \tag{2.35}$$

式中：$C_v[n]$ 为第 n 类（$n=1,2,\cdots,N$）植被覆盖类型所占总面积的比例；$C_v[n+1]$ 为裸地占总面积的比例，那么 $\sum_{n=1}^{N+1}C_v[n]=1$；$E_c[n]$，$E_t[n]$，$Q_d[n]$，$Q_b[n]$ 为对应于第 n 类（$n=1,2,\cdots,N+1$）陆面覆盖的对应各量。

2.3.1.6 汇流计算与模型参数

VIC 模型对每个单元的水量进行模拟，为了将生成的流量过程与观测值进行比较，需要利用汇流模型从单元网格演算至流域出口。VIC 模型研究采用较多的是由 Lohmann 发展起来的汇流模型，坡面汇流采用单位线法，河道汇流采用线性圣维南方程。本研究考虑到计算单元足够小，地表径流的坡面汇流时间忽略不计，直接进入河网，成为地表径流对河网的总入流；基流进入地下水蓄水库，经过地下水蓄水库的调蓄作用成为基流对河网的总入流；河道汇流演算采用马斯京根分段连续演算法，将栅格单元的河网总入流演算至流域出口断面，然后线性叠加得到流域出口断面的流量过程。

VIC 模型的参数，根据其确定方法可分为两类。一类是根据参数物理意义直接标定的，一般在模式中率定后就不再改动，包括植物参数（如结构阻抗、最小气孔阻抗、叶面积指数、零平面位移、反照率、粗糙度及根区在土壤中的分布等）和土壤参数（如土壤饱和水力传导度、土壤饱和体积含水量、土壤气压、土壤总体密度、土壤颗粒密度、临界含水量、凋萎土壤含水量、残余含水量等）。VIC 模型的另一类参数难以直接给定，需要利用流域实测水文资料进行率定，主要包括以下几个方面。

（1）可变下渗曲线参数 b：该参数定义了可变下渗能力曲线的形状，范围一般是 10^{-5}～0.4，初值通常取为 0.2。

（2）最底土壤层中发生的最大基流 D_m：该值取决于水力传导度和网格平均浓度，范围一般在 0～30mm/d。

（3）基流非线性增长发生时 D_m 的比例 D_s：D_s 越高，水分含量较低的最底层土壤中，基流越高。取值范围在 0～1，初值通常取为 0.001。

（4）基流非线性增长发生时最底层土壤最大水分含量的比值 W_s：它与 D_s 相似。W_s 越大，土壤含水量就越大，从而使非线性基流快速增加，推迟峰现时间。取值范围在 0～1，初始值通常取为 0.9。

（5）VIC 模型的 3 层土壤层（顶薄层、上层土壤层和下层土壤层）深度 dep_1、dep_2、dep_3：直接影响蒸散发和洪峰的计算，其取值范围一般为 0.01～1.5m。

（6）汇流参数 x、k、ckg：x 表示调蓄参数，k 表示河段平均传播时间，ckg 表示基流调蓄参数。

2.3.2 VIC 模型模拟结果分析

经过以上诸多步骤建立了汉江流域的基于网格的 VIC 分布式水文模型，为充分利用汉江流域各水文测站的径流资料，将表 2.4 中每个子流域分别单独划分出来作为一个参数区，利用各子流域出口控制站的日流量资料逐个对每个子流域进行参数率定。

本书将 1980—2000 年作为模型的率定期，2001—2010 年作为模型的检验期。参数率定采用自动优选和人工相结合的方法，使用确定性系数 R^2 作为目标函数，选择单纯形法进行自动优选。单纯形法属于确定性范畴，可能达到全局最优点，也可能只达到局部最优点，很大程度上依赖于搜索的起点，收敛速度较快，精度较高。为了避免利用单纯形法优选参数陷入局部最优，研究中人工设定多组不同的参数初值，利用单纯形进行优选，比较得到最优的参数组合，如果最后模拟结果中洪峰模拟或总水量模拟略有缺陷，利用掌握的模型各参数敏感性规律，对相应的参数进行微调，直至得到相对满意的结果。由于 VIC 参数较多，参数优选值未给出。

选取汉江流域 18 个子流域对 VIC 模型进行应用检验，表 2.4 列出了各子流域统计特征值。

表 2.4　　各子流域统计特征值

子流域名称	所属水系	面积 /km²	年降雨量 /mm	年径流深 /mm	径流系数	所属气候区
汉中	汉江	2373	1368	641	0.469	湿润
升仙村	湑水河	2143	961	532	0.553	湿润
两河口	子午河	2816	942	494	0.524	湿润
酉水街	酉水河	911	800	443	0.554	湿润
马池	池河	984	997	483	0.485	湿润

续表

子流域名称	所属水系	面积 /km²	年降雨量 /mm	年径流深 /mm	径流系数	所属气候区
西乡	牧马河	1224	1070	687	0.855	湿润
瓦房店	任河	6704	1221	600	0.492	湿润
六口	岚河	1749	1068	768	0.719	湿润
长枪铺	月河	2814	937	372	0.397	湿润
向家坪	旬河	2701	814	332	0.409	湿润
桂花园	灞河	1275	946	456	0.471	湿润
长沙坝	甲河	5578	827	332	0.401	湿润
黄龙滩	堵河	10668	1027	637	0.620	湿润
荆紫关	丹江	7060	835	340	0.407	湿润
西峡	老灌河	3418	864	411	0.407	湿润
开峰峪	南河	5253	887	388	0.437	湿润
新店铺	白河	10958	721	226	0.313	湿润
郭滩	唐河	6877	814	282	0.346	湿润

下面对其模拟结果进行分析，采用模型效率系数 R^2（确定性系数）、水量平衡系数 RE 来评价模型模拟的精度，表 2.5 和表 2.6 分别给出了 VIC 分布式水文模型各子流域和汉江干流控制站的模拟结果。

从表 2.5 和表 2.6 中可以看出，无论是对于汉江子流域，还是干流控制站，VIC 分布式水文模型降雨径流的模拟基本令人满意：率定期内各子流域径流过程确定性系数均值达到 78.77%，年径流相对误差均值为 1.58%，模拟精度较高；检验期内各子流域径流过程确定性系数均值达到 74.52%，年径流相对误差均值为−4.50%；对于干流控制站，率定期和检验期模型模拟的平均确定性系数分别为 87.99%和 80.54%，年径流相对误差均值为 2.96%和 4.65%。由此可见，VIC 模型在汉江流域具有良好的适应性，基本能反映汉江流域的降雨径流特性。但是，检验期的径流模拟结果相对率定期模拟结果稍差，只有 5 个子流域的确定性系数高于 80%，有 4 个干流控制站的确定性系数达到 80%以上，经分析可能有如下原因：

（1）VIC 分布式水文模型参数较多，由于缺少相关的观测实验，模型的主要植被参数和土壤参数值通过参考国外相关文献确定，其取值具有一定的主观性，给模拟径流增加了一定的不确定性。

（2）在研究流域的参数率定中，率定期内基本属于丰水年，大洪水过程较多发生在率定期的年份里，而大洪水过程在参数率定中贡献较大。因此，利用率定期降水径流资料率定的水文参数很大程度上反映了各子流域丰水年的水文情势，能较好模拟大洪水过程，而对较枯的检验年份，模拟效果有待提高。另外，枯水年的人类活动通常比较频繁，实测流量系列已受人类河道取水活动的干扰，而 VIC 分布式水文模型未考虑河道人为取水的影响，这也可能产生计算误差。

表2.5　汉江各子流域率定期和检验期的模拟结果

子流域名称	率定期		检验期	
	R^2/%	RE/%	R^2/%	RE/%
汉中	78.28	5.19	74.00	−2.59
升仙村	69.62	3.86	68.17	−5.00
西水街	75.07	−6.40	74.75	4.83
两河口	84.77	−4.14	70.28	−11.90
西乡	59.47	47.09	58.14	−7.00
马池	82.11	−16.70	80.24	4.00
瓦房店	82.87	33.67	82.59	13.14
长枪铺	79.82	14.56	79.11	−12.41
六口	79.87	0.74	68.60	−0.72
向家坪	83.37	−24.34	79.79	−5.00
桂花园	73.26	−20.62	71.58	−10.62
长沙坝	86.76	−9.99	83.81	7.24
黄龙滩	70.08	−4.27	68.70	−14.23
荆紫关	84.24	−8.89	82.58	−8.88
西峡	86.88	2.27	85.57	−9.81
开峰峪	80.02	−3.41	71.30	−7.56
新店铺	80.23	6.74	70.92	2.13
郭滩	81.17	13.02	71.25	−16.61
平均	78.77	1.58	74.52	−4.50

表2.6　汉江干流控制站率定期和检验期的模拟结果

干流控制站名	率定期		检验期	
	R^2/%	RE/%	R^2/%	RE/%
石泉	90.04	10.64	83.95	11.90
安康	86.22	13.14	78.25	14.56
白河	88.71	4.81	79.19	2.74
丹江口	85.94	−5.14	80.30	−8.89
襄阳	91.64	−0.39	82.29	4.04
皇庄	85.38	−5.32	79.27	3.56
平均	87.99	2.96	80.54	4.65

2.4　SWAT分布式水文模型和模拟结果分析

2.4.1　SWAT模型

水土评价工具（soil and water assessment tool，SWAT）模型是由美国农业部（USDA）

农业服务中心（ARS）于 20 世纪 90 年代初期研制开发的。SWAT 模型是在吸收了 CREAMS、GLEAMS、EPIC、SWRRB 等模型的优点，并克服了上述模型应用于流域模拟的不足基础上发展起来的，其主要的技术优势是具有参数自动敏感性分析和参数自动优化模块，提高了模型效率[16]。SWAT 模型是具有一定时段的适用于较大流域尺度的分布式水文模型，它具有很强的物理基础，适用于具有不同的土壤类型、不同的土地利用方式和管理水平的复杂流域，并能在资料缺乏的地区建模，在加拿大和北美寒区具有广泛的应用。SWAT 具体计算涉及地表径流、土壤水、地下水以及河道汇流，模型结构框图如图 2.14 所示。

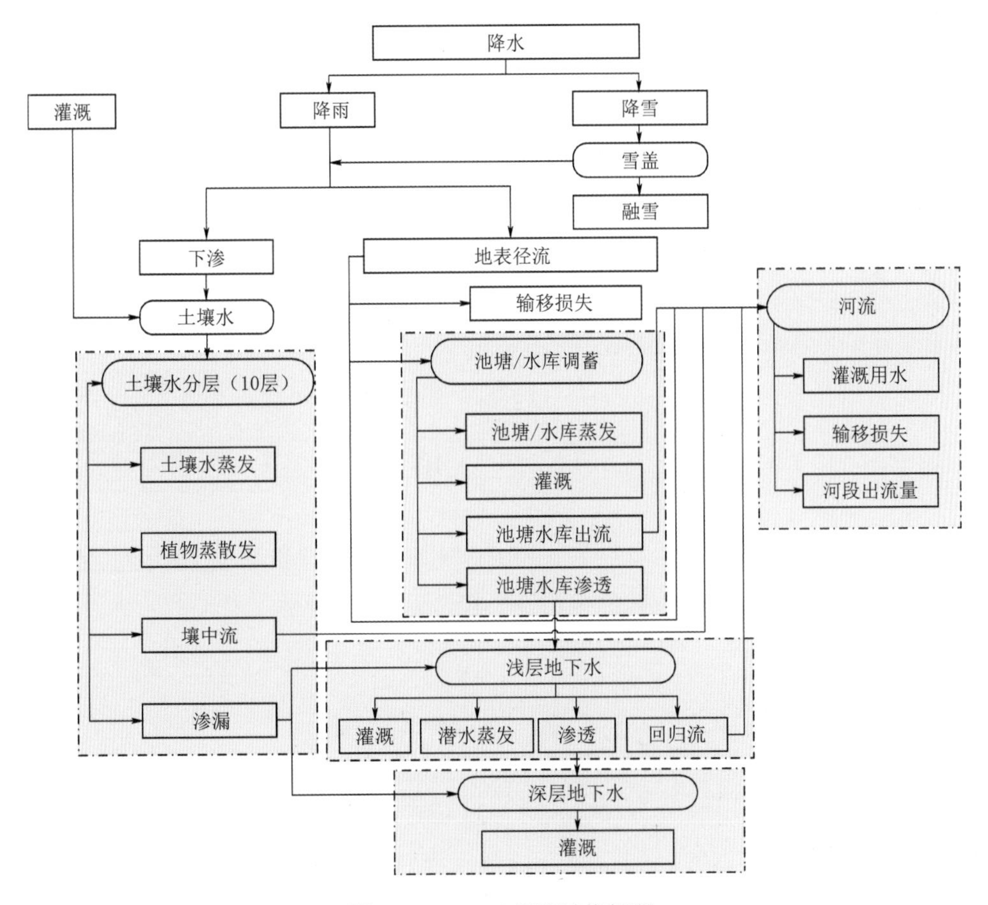

图 2.14 SWAT 模型结构框图

从模型结构上看，SWAT 在每一子流域上应用传统概念性模型推求净雨，再进行汇流演算，最后求得出口断面流量。SWAT 模型很好地处理了农业生产管理措施（灌水、施肥、农药使用、作物种植管理、作物种植结构调整）对流域水文过程的影响，是区别于目前许多大型分布式水文模型的显著特点[17-20]。从应用来看，SWAT 模型具有以下显著的优势：①可移植性较强；②适宜进行情景分析；③空间分异性好；④污染模拟能力强；⑤界面友好。模型的水量计算遵循下式：

$$SW_t = SW_0 + \sum_{t=1}^{n}(R - Q_s - ET - S - QR) \tag{2.36}$$

式中：SW_t 为土壤最终含水量，mm；SW_0 为前期的土壤含水量，mm；t 为模型模拟的时间步长，d；R 为降雨量，mm；Q_s 为地表径流量，mm；ET 为实际的蒸散发量，mm；S 为土壤剖面底层的渗透量与侧流量，mm；QR 为基流量，mm。

SWAT 模型偏重于水文模拟，能够做时间连续的模拟，主要模拟不同土地利用和多种农业管理措施对流域的水、泥沙、化学物质的长期影响[21]，也能够响应降水、蒸发等气候因素和下垫面因素的空间变化以及人类活动对流域水文循环的影响[22]。SWAT 模型已被国内外的学者们广泛应用于模拟流域的水文过程以及流域在不同的气候变化、土地利用变化下的水文响应，评价人类活动等对流域的生态环境影响，以及区域水资源的规划和管理等方面。

2.4.2 SWAT 模拟结果分析

2.4.2.1 数据资料和参数率定

（1）气象水文数据。选取汉江流域 25 个气象站 1961—2010 年所测得的逐日气象数据资料（包括降雨量、最低最高气温、太阳辐射、相对湿度、相对风速）作为模型的输入。各气象站点的位置示意图如图 2.4 所示。

依据汉江干流各水文站的实测资料情况，选取汉江干流安康、白河、丹江口入库和皇庄 4 个水文站作为干流主要测站。收集的 1980—2000 年的流量数据来源于长江委水文局。其中，所采用的丹江口水库的入库流量数据是通过水量平衡原理反推得到的，作为适合 SWAT 模型研究的天然流量。选取 1980—1993 年为模型的率定期，1994—2000 年为模型的检验期。

（2）河网提取和流域边界确定。本书采用的子流域划分阈值约为 784km²，通过生成河网，将流域的总出口设置在汉口站位置，模型计算得出流域边界并划分子流域。汉江流域共划分成了 32 个子流域，如图 2.15 所示。

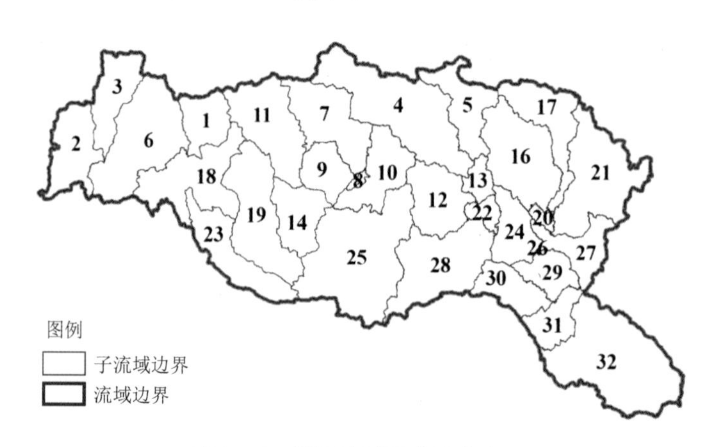

图 2.15 汉江流域子流域分布图

（3）划分水文响应单元。水文响应单元（HRU）是在子流域基础上划分的最小地块单元，它具有相同土地利用类型、土壤类型和坡度分级，是 SWAT 模型运行计算的最小单位。本书首先导入土地利用和土壤空间数据，并通过查找表与各自属性数据库建立关联，接着以 15°为界将坡度数据分为三级，然后对三种数据进行叠置计算，最终确定水文响应单元的划分，生成了 180 个响应单元。

（4）参数率定。模型的参数率定就是寻找模拟值和观测值之间最一致的参数。本书采用 SWAT - CUP 程序的 SUFI - 2 算法对 SWAT 模型进行参数的率定。SWAT - CUP 是一款专门用于参数敏感性分析、参数率定、模型验证及不确定性分析的计算机开源程序，整合了拉丁超立方采样技术与单因子分析法两者的优势。在进行参数率定时，包含的参数及其含义见表 2.7。

表 2.7　　敏感性分析包含的参数及其含义

参数	含　义	参数	含　义	参数	含　义
Alpha _ Bf	基流消退系数	Gw _ Delay	地下水延迟系数（d）	Smtmp	融雪基温（℃）
Biomix	生物混合效率	Gw _ Revap	地下水蒸发系数	Sol _ Alb	土壤反照率
Blai	最大叶面积指数	Gwqmn	浅水层补给深（mm）	Sol _ Awc	土壤有效含水量（mm）
Canmx	冠层最大储水量（mm）	Revapmn	潜水极限蒸发深（mm）	Sol _ K	土壤饱和水力传导度
Ch _ K2	河道水力传导系数	Sftmp	降雪温度（℃）	Sol _ Z	土壤层厚度
Ch _ N2	河道曼宁系数	Slope	坡度	Surlag	地表径流延迟系数
Cn2	正常湿润情况下植被覆盖值	Slsubbsn	平均坡长（m）	Timp	雪堆温度延迟因子
Epco	植被吸水补偿系数	Smfmn	融雪系数（mm/d℃）	Tlaps	温度递减率（℃/m）
Esco	土壤蒸发补偿系数	Smfmx			

通过该程序分析得到的较为敏感的参数有：基流消退系数（Alpha _ Bf）、河道水力传导系数（Ch _ K2）和主河道曼宁系数（Ch _ N2）、土壤有效含水量（Sol _ Awc）、土壤蒸发补偿系数（Esco）等 12 个参数。通过多次率定，得到模型重要参数的最终取值见表 2.8。

表 2.8　　参 数 率 定 校 准 值

参数	最终取值	参数	最终取值	参数	最终取值
Alpha _ Bf	0.50	Gw _ Delay	184.35	Smtmp	−3.39
Ch _ K2	70.06	Gw _ Revap	0.10	Sol _ BD	0.26
Ch _ N2	0.06	Gwqmn	0.46	Sol _ Awc	0.38
Cn2	−0.27	Esco	1.06	Sol _ K	−0.43

2.4.2.2　模拟结果与适应性分析

以 1980—1993 年为模型率定期、1994—2000 年为模型检验期以检验 SWAT 模型的适用性。选取的汉江干流 4 个水文站中，安康和白河入库站位于流域上游，丹江口入库站位于中游，皇庄站位于下游。汉江干流水文站率定期和检验期的模拟结果如图 2.16 所示。

SWAT 模型的率定和检验结果见表 2.9，4 个站在率定期的 NSE 均大于 0.8，RE 均在 15%以内。由于剧烈的人类活动（水库、取用水等）的影响，自然流域水文循环过程受到破坏，即使采用多站率定的方法来应对流域的空间异质性问题，也难以把所有站的径

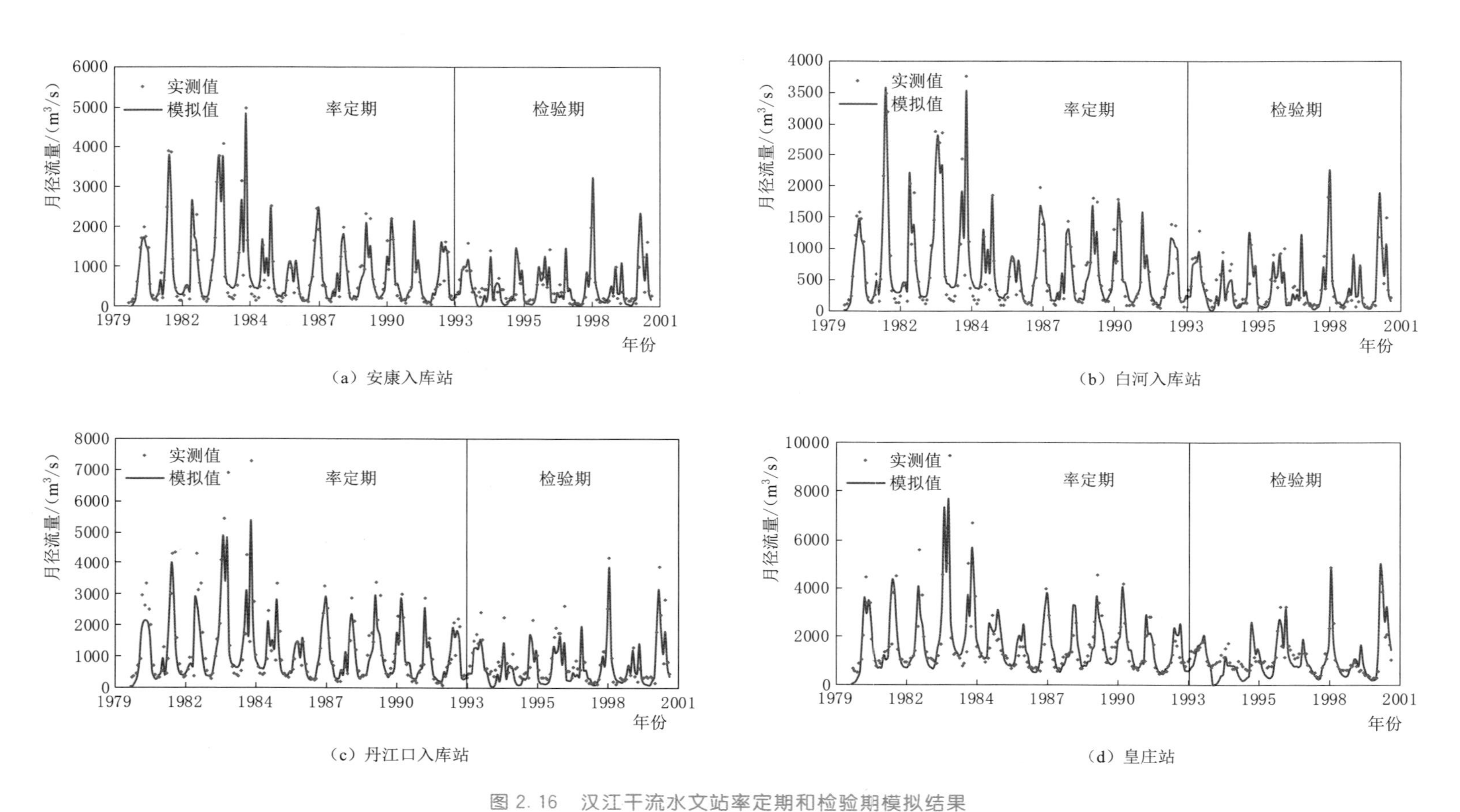

图2.16 汉江干流水文站率定期和检验期模拟结果

流都模拟得很好（如皇庄站的检验期）。尽管如此，各控制站在率定期和检验期模拟的平均 NSE 和 RE 的绝对值分别为 0.89、3.2%和 0.76、6.95%，说明 SWAT 模型整体的模拟结果较好。

表 2.9　　SWAT 模型的率定和检验结果

序号	水文站	率定期（1980—1993 年）		检验期（1994—2000 年）	
		NSE	RE/%	NSE	RE/%
1	安康	0.93	2.4	0.83	8.1
2	白河	0.93	−0.3	0.78	−1.9
3	丹江口入库	0.87	12.1	0.75	14.5
4	皇庄	0.82	−1.4	0.66	7.1
绝对值平均		0.89	3.2	0.76	6.95

2.5　本章小结

流域水文模型是水文模拟和洪水预报研究的热点问题之一，分布式流域水文模型考虑了水文气象输入以及流域下垫面条件的空间不均匀性，能够模拟流域内不同位置的产汇流情况，相对传统的集总式水文模型有明显的优势。本章主要工作和结论如下：

（1）选取不同的流域，分析了新安江模型参数在不同时期、不同时空尺度的变化规律。

（2）利用汉江流域的 DEM 提取出了整个汉江流域的数字河网水系，利用收集的土地利用数据和土壤类型资料，分别构建流域植被网格参数库和土壤网格参数库，实现汉江流域数字化。

（3）利用汉江子流域的降雨径流资料，对 VIC 分布式水文模型进行率定，在此基础上建立了 VIC 分布式水文模型参数的网格库，模拟汉江流域主要控制断面的流量过程。结果表明，分布式 VIC 模型对汉江流域的日降雨径流关系有良好的模拟能力。

（4）构建 SWAT 分布式水文模型，模拟汉江流域主要控制断面的流量过程。汉江 4 个主要水文站模型率定期的平均效率系数高达 0.89，水量相对误差 3.2%，说明分布式 SWAT 模型具有很高的模拟精度。

参 考 文 献

[1]　叶守泽，夏军．水文科学研究的世纪回眸与展望［J］．水科学进展，2002，13（1）：93-104.
[2]　芮孝芳，蒋成煜，张金存．流域水文模型的发展［J］．水文，2006，26（3）：22-26.
[3]　熊立华，郭生练．分布式流域水文模型［M］．北京：中国水利水电出版社，2004.
[4]　赵人俊．流域水文模拟：新安江模型与陕北模型［M］．北京：水利电力出版社，1984.
[5]　张洪刚，郭生练，刘攀，等．概念性水文模型多目标参数自动优选方法研究［J］．水文，2002，22（1）：12-16.
[6]　陈华，霍苒，曾强，等．雨量站网布设对水文模型不确定性影响的比较［J］．水科学进展，

2019，30（1）：34－44.

[7] LIANG X，LETTENMAIER D P，WOOD E F，et al. A simple hydrologically based model of land surface water and energy fluxes for general circulation models [J]. Journal of Geophysical Research，1994，99（D7）：14415－14428.

[8] LIANG X，XIE Z. A new surface runoff parameterization with subgrid－scale soil heterogeneity for land surface models [J]. Advances in Water Resources，2001，24：1173－1193.

[9] LIANG X，XIE Z. Important factors in land－atmospheric interactions：surface runoff generations and interactions between tween surface and groundwater [J]. Global and Planetary，Change，2003，38：101－114.

[10] 刘志雨．建立基于RS和GIS的大尺度水文模型全国径流模拟系统 [C] //中国水利学会．中国水利学会首届青年科技论坛论文集．中国水利学会：中国水利学会，2003：107－112.

[11] 谢正辉，刘谦，袁飞，等．基于全国50km×50km网格的大尺度陆面水文模型框架 [J]. 水利学报，2004（5）：76－82.

[12] 袁飞，谢正辉，任立良，等．气候变化对海河流域水文特性的影响 [J]. 水利学报，2005，36（3）：274－279.

[13] 胡彩虹，郭生练，彭定志，等．VIC模型在流域径流模拟中的应用 [J]. 人民黄河，2005，27（10）：22－28.

[14] GUO S L，GUO J，ZHANG J，et al. VIC distributed hydrological model to predict climate change impact in the Hanjiang basin [J]. Science in China Series E：Technological Sciences，2009，52（11）：3234－3239.

[15] 郭生练，郭家力，王俊．分布式VIC水文模型在鄱阳湖未控区间流域模拟应用 [J]. 水资源研究，2014，3（6）：494－501.

[16] SRINIVASAN R，ARNOLD J G，et al. Hydrologic modeling of the United States with the soil and water assessment tool [J]. Water Resources Development. 1998，4（3）：315－325.

[17] 赖格英，吴敦银，钟业喜，等．SWAT模型的开发与应用进展 [J]. 河海大学学报（自然科学版），2012，40（3）：243－251.

[18] 郭军庭，张志强，王盛萍，等．应用SWAT模型研究潮河流域土地利用和气候变化对径流的影响 [J]. 生态学报，2014，（6）：1559－1567.

[19] 宋增芳，曾建军，金彦兆，等．基于SWAT模型和SUFI－2算法的石羊河流域月径流分布式模拟 [J]. 水土保持通报，2016，036（005）：172－177.

[20] 白琪阶，宋志松，王红瑞，等．基于SWAT模型定量分析自然因素与人为因素对水文系统的影响——以漳卫南运河流域为例 [J]. 自然资源学报，2018，33（9）：103－115.

[21] MAZDAK A，JANE R. Frankenberger，et al. Representation of agricultural conservation practices with SWAT [J]. Hydrological Processes，2007，22（16）：3042－3055.

[22] TASDIGHI A，ARABI M，HARMEL D. A probabilistic appraisal of rainfall－runoff modeling approaches within SWAT in mixed land use watersheds [J]. Journal of Hydrology，2018，564：476－489.

气候和土地利用变化对汉江径流的影响预测

气候变化或气候异常对流域水文水资源的影响，已逐步引起政府部门和人们的重视。在许多领域中，例如政府对未来工农业生产的长期规划、环境保护和水资源可持续利用，相关水文成果的修订等，都急需知道未来几十年内比较准确的水文信息（主要是水量）。目前气候模式是进行气候变化预估的最主要工具，但是由于计算条件的限制，同流域水文模型尺度相比，全球气候模式（general circulation model，GCM）的分辨率一般较粗，不能适当地描述复杂地形、地表状况和某些物理过程，从而对区域气候变化模拟产生较大的偏差，影响其可信度。因此，寻求一种尺度降解技术来建立流域水文模型同大尺度气候模式的耦合机制，是预测未来流域水文水资源变化情况的前提和迫切需要解决的问题[1-2]。

本章在总结各种统计降尺度方法的基础上，选用广泛使用的统计降尺度方法，建立大尺度气候因子与汉江流域降水量、气温等变量的关系，用以分析预测汉江流域降水量和气温，并与水文模型耦合计算径流量；采用 CA - Markov 模型预测土地利用/覆被变化（land use/cover change，LUCC）未来情景值，通过设置不同气候变化和 LUCC 情景组合，定量评估气候变化和 LUCC 对径流形成的影响。

3.1 汉江流域未来降水气温变化预测

3.1.1 汉江区域数据和气候情景

3.1.1.1 汉江区域数据

选择汉江流域为研究区域，为了建立统计降尺度方法，采用了美国环境预报中心

(National Centers for Environmental Prediction, NCEP) 的全球再分析日资料作为观测的大尺度气候资料，空间分辨率为 2.5°×2.5°，覆盖汉江流域的网格数 6×4 个经纬网格。采用汉江流域 15 个国家气象站点观测的 50 年的日降水、气温资料（1961—2005 年），并选取 1961—2005 年作为研究基准年。汉江流域气象站点和 GCM 格网位置如图 3.1 所示。其中略阳、佛坪、石泉、镇安、万源、商县、安康、西峡 8 个站位于汉江流域上游，房县、老河口、枣阳 3 个站位于汉江流域中游，钟祥、天门、嘉鱼、武汉 4 个站位于汉江流域下游。

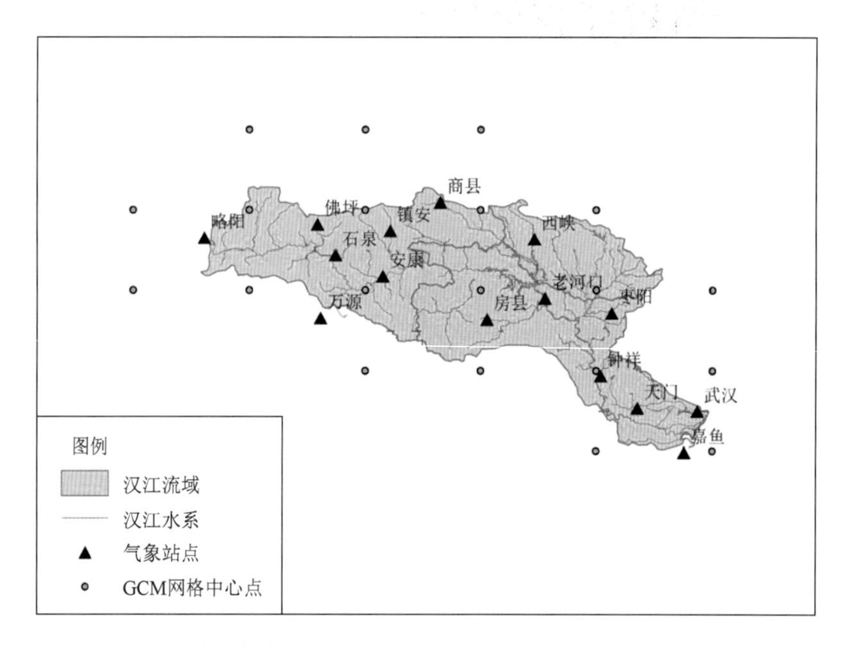

图 3.1 汉江流域气象站点和 GCM 网格（以 ACCESS 1-0 为例）示意图

3.1.1.2 气候变化情景

由于区域气候变化的复杂性和不确定性，气候学家还难以准确地预测未来区域气候变化情况，因此在气候变化的研究中，采用“情景”(scenario) 一词来描述未来气候变化状态。所谓“情景”是指预料或期望的一系列事件的模式，描绘未来可能会怎样的可选择景象，是分析各种驱动因子如何影响未来排放结果并评估相关的不确定性的一种较为合适的工具。目前，生成未来气候变化情景最常用的方法为基于全球气候模式 GCM 的气候情景输出法。

为了协调不同科学研究机构和团队的相关研究工作，强化排放情景对研究者和决策者研究和应对气候变化的参考作用，IPCC 第五次评估报告在关注历史气候模拟的同时，开发了以稳定浓度为特征的一套新情景，即代表性浓度路径 (representative concentration pathway, RCP)，并将其应用到气候变化影响、适应和缓解的各种预估中。RCP 以 21 世纪末达到的辐射强迫大小命名，包括低排放 (RCP2.6)、中排放 (RCP4.5 和 RCP6.0) 和高排放 (RCP8.5) 4 种情景，对应的 2100 年辐射强迫值分别约为 2.6W/m^2、4.5W/m^2、6.0W/m^2、8.5W/m^2。IPCC 第五次评估报告提供的 RCP 排放情景见表 3.1。

表 3.1　　IPCC 第五次评估报告提供的 RCP 排放情景

名称	辐射强迫	大气温室气体浓度	路径形状
RCP8.5	2100 年大于 8.5W/m^2	2100 年大于 1.37×$10^{-3}$$CO_2$ 当量	持续上涨
RCP6.0	2100 年后稳定在 6W/m^2	2100 年之后稳定在 8.5×$10^{-4}$$CO_2$ 当量	不超过目标水平达到稳定
RCP4.5	2100 年后稳定在 4.5W/m^2	2100 年之后稳定在 6.5×$10^{-4}$$CO_2$ 当量	不超过目标水平达到稳定
RCP2.6	2100 年小于 3W/m^2	2100 年之前达到 4.9×$10^{-4}$$CO_2$ 当量峰值后下降	先升后降达到稳定

3.1.2　统计降尺度模型

统计降尺度模型可以将 GCM 中物理意义明确、模拟较准确的气候信息，应用统计模式纠正 GCM 的系统误差，并且不用考虑边界条件对预测结果的影响。与动力降尺度相比，具有计算量小，节省机时，可以很快地模拟出百年尺度的区域气候信息，同时可以很容易地应用于不同的 GCM 模式上等优点。

3.1.2.1　选择气候因子

在统计降尺度模式建立过程中，气候因子的选择是很关键的一步。汉江流域地处副热带季风区，年降水量主要集中在夏季季风雨。对于季风气候区降水和气温主要是由海平面气压、位势高度场和湿度等因子共同作用的结果。结合范丽军的研究成果选择了 6 个因子作为降水、气温的降尺度预报候选因子，气候因子标识符及其意义见表 3.2。

表 3.2　　气候因子标识符及其意义

气候因子标识符	意　义
h _ 8sgl	specific humidity at 850hPa，850hPa 位置比湿
mslpgl	mean sea level pressure，平均海平面气压
p5 _ ugl	500hPa zonal velocity，500hPa 位置风速
p500gl	500hPa geopotential height，500hPa 位势高度
t850as	surface temperature at 850hPa，850hPa 地表温度
tempas	mean temperature at 2m，2m 地表平均温度

汉江流域降水降尺度预报因子的数据集中每个格网取 6 个因子，24 个格网共有 144 维（6×24）的数据。这样庞大的数据集，势必导致计算过程中出现维数灾的问题。为了对预报因子数据集进行有效地压缩和降维，减少降尺度模式的数据输入量和滤去噪声，首先应用主成分分析（PCA）方法对 NCEP 预报因子进行降维和滤波处理。通过以上的主成分分析有效地对原有的数据集进行压缩和降维，最终确定各个站点的预报因子。

3.1.2.2　统计降尺度法的主要步骤

尽管统计降尺度方法很多，但是大部分方法流程基本上一致。图 3.2 给出统计降尺度模型建立的流程图。主要步骤为：①大尺度气候预报因子和统计降尺度模式的筛选和标定；②利用 NCEP 观测资料来检验模式，对预报因子进行标准化处理和主成分分析；

③应用预报因子的主分量，作为统计降尺度模式的输入，并利用实测资料对统计降尺度模式进行模型率定；④把主成分方向和统计降尺度模式应用于 GCM 模式结果，产生未来降水变化情景；⑤对未来降水变化情景进行诊断分析研究。

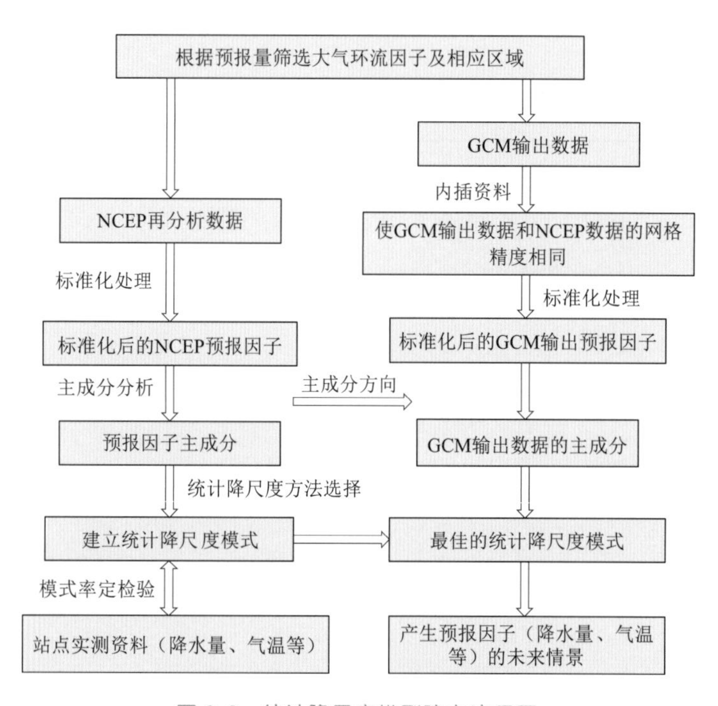

图 3.2 统计降尺度模型建立流程图

3.1.2.3 偏差校正方法

采用 CHEN J 等[3] 提出的基于分位数的偏差校正方法（daily bias correction，DBC）来对 GCM 预测的未来降水量、气温进行校正。该方法假定未来和历史气候事件在各分位数上具有相同的偏差，是将 DT(daily translation) 和 LOCI(local intensity scaling) 相结合的偏差校正方法，应用于降水校正时能同时考虑降水量与降水发生频率的偏差[4]。

DBC 模型的工作流程主要包括两部分。首先，利用 LOCI 方法校正降水的发生概率。对于实测日降水系列，以日降水量 $P>0.1$mm 作为有雨天，反之为无雨天。根据实测日降水系列各月降水发生频率确定 GCM 系列各月份降雨阈值，当日降水量高于此阈值时为有雨天，反之为无雨天。

其次，根据实测日降水系列的频率分布，采用 DT 方法对 GCM 系列的各分位数进行偏差校正，具体计算公式如下：

$$P_{i,\mathrm{cor}}=P_{i,\mathrm{raw}}\times(P_{q,\mathrm{obs}}/P_{q,\mathrm{ref}}) \tag{3.1}$$

式中：$P_{i,\mathrm{cor}}$ 为校正后的第 i 日降水量，mm；$P_{i,\mathrm{raw}}$ 为校正前 GCM 输出的第 i 日降水量，mm；$P_{q,\mathrm{obs}}$ 为实测日降水系列中第 i 日所在月份 q 分位数日降水量，mm；$P_{q,\mathrm{ref}}$ 为 GCM 输出日降水系列中第 i 日所在月份 q 分位数日降水量，mm。

日最高气温和日最低气温计算公式为

$$t_{i,\mathrm{cor}}=t_{i,\mathrm{raw}}+(t_{q,\mathrm{obs}}-t_{q,\mathrm{ref}}) \tag{3.2}$$

式中：$t_{i,\mathrm{cor}}$ 为校正后第 i 日最高（最低）气温，℃；$t_{i,\mathrm{raw}}$ 为校正前 GCM 输出的第 i 日最高（最低）气温，℃；$t_{q,\mathrm{obs}}$ 为实测系列中第 i 日所在月份 q 分位数日最高（最低）气温，℃；$t_{q,\mathrm{ref}}$ 为 GCM 输出系列中第 i 日所在月份 q 分位数日最高（最低）气温，℃。

3.1.3 预测未来降水量和气温变化

为了预测汉江流域未来降水量、气温变化，应用已经建立的统计降尺度模型（SDSM），选用我国开发的 BCC - CSM1.1 模式，在代表性浓度路径 RCP2.6 和 RCP4.5 情景下，进行汉江流域未来降水量、气温的预测研究。

选用两个全球气候模式中与前节所用 NCEP 观测资料相同的气候因子。通过空间插值将 GCM 的格网分辨率调整到与 NCEP 再分析数据相同的 2.5°×2.5°的分辨率，空间插值方法仍采用距离倒数权重插值法。时间上，选用 1961—2005 年作为基准期，2010—2099 年作为未来时段。为了便于统计，将未来气候情景分为 3 个时期：2010—2039 年、2040—2069 年、2070—2099 年。

表 3.3 给出了未来 3 个时期汉江流域及上、中、下游流域降水年际变化情况。从表中可以看出，就全流域而言，在 BCC - CSM1.1 模式下，未来 3 个时期，汉江流域的年降水量相较于基准期（1961—2005 年）模拟值，在 RCP2.6 和 RCP4.5 情景下均有小幅的减少趋势，且 RCP2.6 情景下变化形状为先减少后略有回升趋势，而 RCP4.5 情景下则表现为持续减少趋势。对比各个子流域，则发现了不同的变化过程。就上游而言，在 BCC - CSM1.1 模式下，RCP2.6 情景下，年降水量呈逐步减少趋势，2010—2039 年、2040—2069 年、2070—2099 年 3 个时期分别较基准期减少 2.84%、4.38% 和 6.34%。在 RCP4.5 情景下，虽整体也呈减少趋势，但在 2040—2069 年降雨量略有回升，3 个时期分别较基准期减少 2.72%、0.31% 和 5.69%。中游流域，在 RCP2.6 情景下总体较基准期减少，但远期减小幅度较小，3 个时期分别减少 7.69%、5.74% 和 6.75%；在 RCP4.5 情景下，模式内部表现为持续的减小过程，3 个时期减小幅度分别为 2.38%、6.13% 和 7.40%。下游流域，BCC - CSM1.1 模式在 RCP2.6 情景下，模式内部表现为先减少后增加趋势；RCP4.5 情景下，BCC - CSM1.1 模式虽然整体表现为基于现状减少趋势，但在近期先增加 0.36%，后减少 2.61% 和 3.18%。

表 3.3　　未来 3 个时期汉江流域及上、中、下游流域降水年际变化情况

项目		实测值（1961—2005 年）	模拟值（1961—2005 年）	BCC - CSM1.1					
				RCP2.6			RCP4.5		
				2010—2039 年	2040—2069 年	2070—2099 年	2010—2039 年	2040—2069 年	2070—2099 年
上游	年均降水量/mm	873.6	1074.2	1043.7	1027.2	1006.1	1045.0	1070.9	1013.0
	$\frac{\Delta P}{P}$/%		—	−2.84	−4.38	−6.34	−2.72	−0.31	−5.69

续表

项目		实测值（1961—2005年）	模拟值（1961—2005年）	BCC-CSM1.1					
				RCP2.6			RCP4.5		
				2010—2039年	2040—2069年	2070—2099年	2010—2039年	2040—2069年	2070—2099年
中游	年均降水量/mm	845.2	1080.5	997.3	1018.5	1007.6	1054.7	1014.2	1000.5
	$\frac{\Delta P}{P}$/%		—	−7.69	−5.74	−6.75	−2.38	−6.13	−7.40
下游	年均降水量/mm	1185.4	1514.7	1476.1	1440.2	1496.2	1520.2	1475.1	1466.6
	$\frac{\Delta P}{P}$/%		—	−2.55	−4.92	−1.22	0.36	−2.61	−3.18
全流域	年均降水量/mm	951.0	1192.9	1149.7	1135.6	1137.1	1173.6	1167.3	1131.5
	$\frac{\Delta P}{P}$/%		—	−3.62	−4.81	−4.68	−1.62	−2.14	−5.15

注 ΔP 为与基准期实测降水量相比的变幅。

图3.3和图3.4分别给出了BCC-CSM1.1模式分别在两种情景下，未来3个时期汉江流域上、中、下游降水年内各月变化情况。图中结果显示，BCC-CSM1.1模式下全流域及各子流域降水量的微量减少趋势主要由于汛期降水量的减少趋势和非汛期的增加趋势共同作用而成。

对于不同子流域，BCC-CSM1.1模式在两种情景下，上游汛期（5—10月）总体降水有微量减少趋势；在RCP2.6情景下，越远离基准期，减少的幅度越大，而在RCP4.5情景下，2010—2039年减少后，于2040—2069年有所缓解，2070—2099年又重新减少；但可以发现其减少的月份，RCP2.6情景下主要为汛期前段（7—9月），而10月起直至12月降水量基本是增加的，而在RCP4.5情景下，则仅在7月和9月减少，而在6月和8月则是微量增加，同样10月起直至12月降水量基本是增加的，且增加幅度大于RCP2.6情景，这在减轻防洪压力的同时有利于上游水库的蓄水；而非汛期（11月至次年4月）则基本呈增加趋势，两种情景下均是呈现2010—2039年少量增加，2040—2069年增加幅度最大，2070—2099年后增加又放缓的变化过程，且RCP4.5情景下各个时期的增加幅度均大于RCP2.6情景。中游流域与上游流域略有不同，汛期在RCP2.6情景下，也呈少量减少趋势，但减少的幅度由大到小，而非汛期则呈现先增加后微量减少趋势，情景内部是递减的；在RCP4.5情景下，汛期以减少为主，且越远离基准期，幅度越大，非汛期以增加为主，且越远离基准期，幅度越大；可以看出减少主要在7月和9月，但8月却有回升。下游流域，在RCP2.6情景下，汛期（4—9月）降水量先减少后略有回升，非汛期（10月至次年3月）主要呈增加趋势；RCP4.5情景下，汛期则先增加后减少，非汛期以增加为主，且越远离基准期，增加幅度越大；可以看出，降水增加月份主要为6月、8月，7月略有减少。

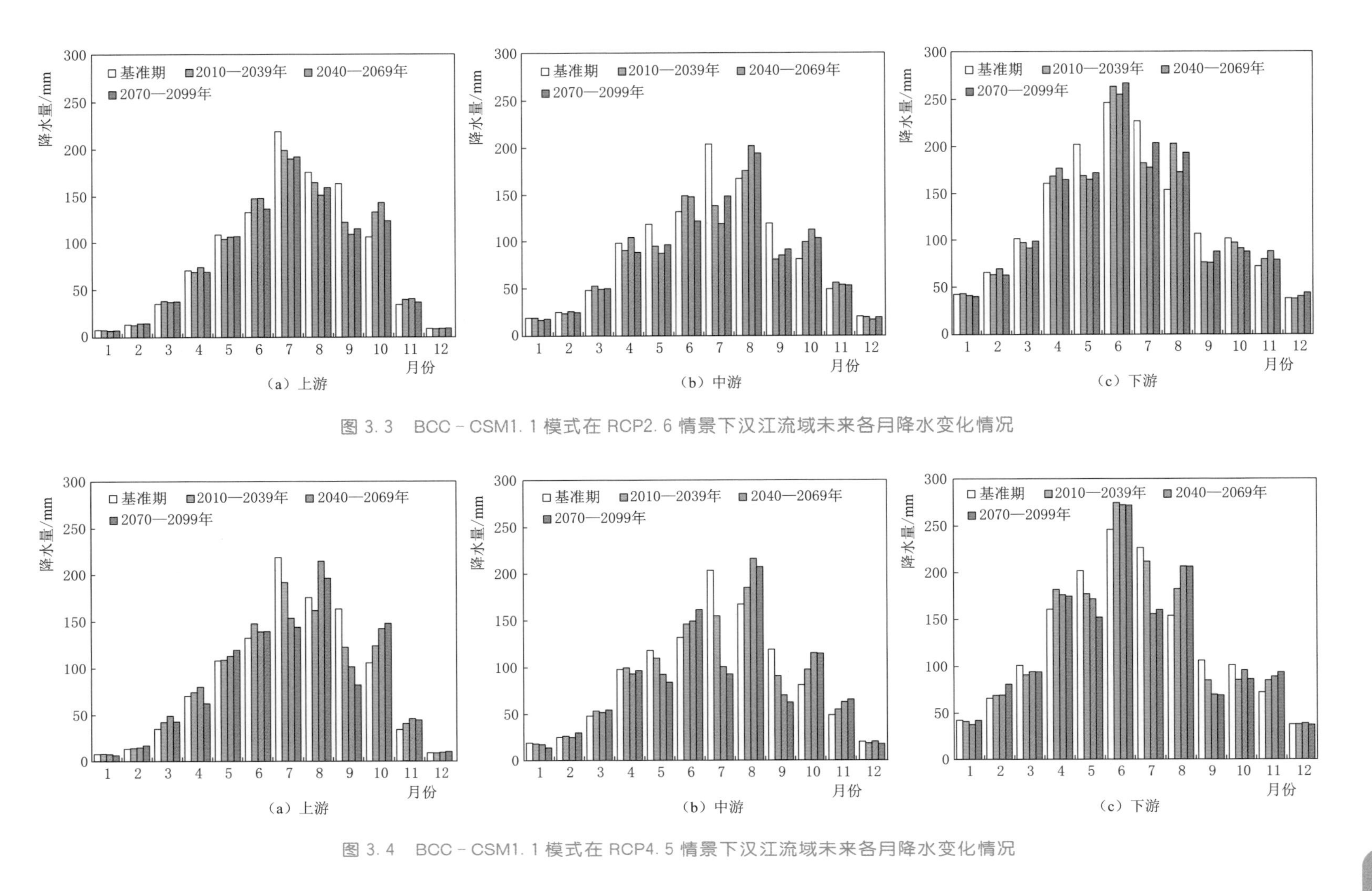

图 3.3 BCC-CSM1.1 模式在 RCP2.6 情景下汉江流域未来各月降水变化情况

图 3.4 BCC-CSM1.1 模式在 RCP4.5 情景下汉江流域未来各月降水变化情况

总体来说，RCP4.5 情景所描述的汛期和非汛期的相对变化情况比 RCP2.6 情景更为剧烈，即汛期减少的幅度与非汛期增加的幅度相差更明显。上游变化最为剧烈时期，RCP2.6 情景为 2070—2099 年，RCP4.5 情景为 2040—2069 年；中游 RCP2.6 情景为 2010—2039 年，RCP4.5 情景为 2070—2099 年；下游 RCP2.6 情景为 2040—2069 年，RCP4.5 情景为 2070—2099 年。

SDSM 降尺度方法模拟的 BCC - CSM1.1 模式分别在 RCP2.6 和 RCP4.5 情景下输出的汉江流域上、中、下游各月最高气温相对近期绝对变化情况如图 3.5～图 3.7 所示。如图所示，汉江各个子流域未来各时期相较近期，各月最高气温除 1 月、8 月和个别模式下的 2 月有微量下降外，均基本处于上升趋势。

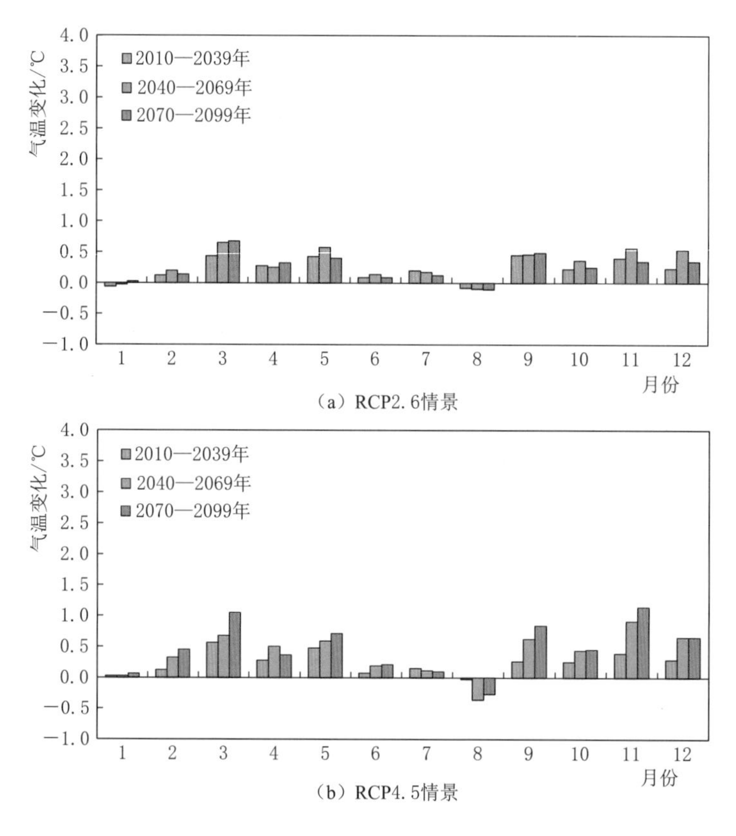

图 3.5 SDSM 降尺度方法模拟的 BCC - CSM1.1 模式下汉江流域上游未来各月最高气温变化情况

总体来说，RCP2.6 情景下，模式模拟得到各月最高气温在未来存在先增加后减少的变化过程，这可能与 RCP2.6 情景所模拟的大气浓度先增后减的路径形状有关；而 RCP4.5 情景下，各月最高气温则基本存在持续上升的过程，即越远离基准期，相较基准期的变化越大，且相较 RCP2.6 情景，21 世纪末各月最高气温增幅明显；季节上来看，以春季（3—5 月）和秋季（9—11 月）相对基准期的增加幅度较大。

各个子流域来看，汉江上游流域最高气温在 BCC - CSM1.1 模式 RCP2.6 情景下，2010—2039 年、2040—2069 年和 2070—2099 年平均将比近期分别上升 0.2℃、0.3℃和

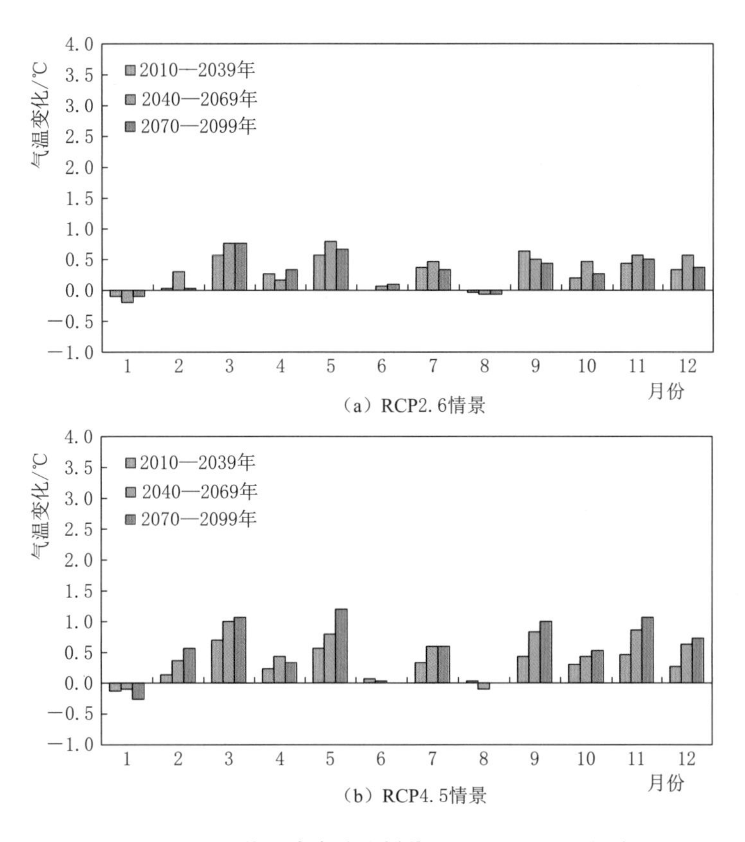

图 3.6　SDSM 降尺度方法模拟的 BCC－CSM1.1 模式下汉江流域中游未来各月最高气温变化情况

0.3℃；RCP4.5 情景下分别上升 0.2℃、0.4℃和 0.5℃。

汉江中游流域最高气温在 BCC－CSM11.1 模式 RCP2.6 情景下，2010—2039 年、2040—2069 年、2070—2099 年平均将比近期分别上升 0.2℃、0.3℃和 0.3℃；RCP4.5 情景下分别上升 0.2℃、0.4℃和 0.5℃。

汉江下游流域最高气温在 BCC－CSM1.1 模式 RCP2.6 情景下，2010—2039 年、2040—2069 年和 2070—2099 年平均将比近期分别上升 0.2℃、0.3℃和 0.2℃；RCP4.5 情景下分别上升 0.2℃、0.5℃和 0.5℃。

本章利用汉江流域现有的气象资料，选择 SDSM 统计降尺度方法，对汉江流域的日降水、最高气温和最低气温系列进行尺度降解，分别采用两种 GCMs 输出和两种代表性浓度路径情景，预测汉江流域未来降水、气温变化。主要工作和结论如下：

(1) SDSM 模型在量和变化过程上对降水的模拟均比较适合，且上、下游的模拟效果好于中游。就季节性而言，春、夏季要略好于秋、冬季，汛期略好于非汛期。

(2) SDSM 模型对汉江流域日最高气温的模拟能力非常强，且对均值的模拟能力要强于标准差，上、中游的模拟效果要略好于下游。对于日最低气温而言，秋、冬季模拟效果较差，春、夏季模拟较好。

(3) 就全流域而言，在 BCC－CSM1.1 模式下，未来 3 个时期，汉江流域的年降雨量

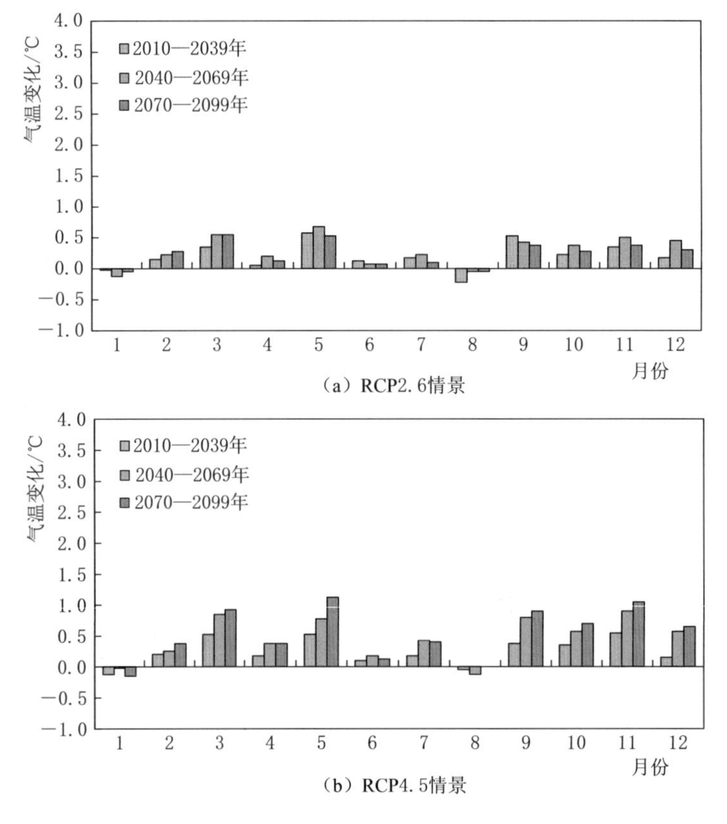

图 3.7 SDSM 降尺度方法模拟的 BCC-CSM1.1 模式下汉江流域下游未来各月最高气温变化情况

相较于基准期（1961—2005 年）模拟值，在 RCP2.6 和 RCP4.5 情景下均有小幅的减少趋势，主要由于汛期降水量的减少趋势和非汛期的增加趋势共同作用而成。

（4）各子流域降水量减少主要为汛期前段（7—9 月），而 10 月起直至 12 月降水量基本是增加的，这些变化特征在减轻防洪压力的同时有利于水库的汛末的蓄调水，RCP4.5 情景所描述的汛期和非汛期的相对变化情况比 RCP2.6 情景更为剧烈。

（5）汉江流域未来时期各月最高与最低气温除 1 月和 8 月外，均基本处于上升趋势。RCP4.5 情景相对于 RCP2.6 情景，21 世纪末增幅更为明显。

3.2 汉江流域未来径流变化预测与分析

为预测变化环境下汉江流域未来的水资源天然来水量，为区域供水预测和供需分析提供边界条件，本章将研究通过降尺度方法处理得到的全球气候模式的输出作为流域水文模型的输入（降水、气温），模拟预测未来气候情景下汉江流域水文水资源状况。全球气候模式与流域水文模型的耦合选用统计降尺度模型（SDSM）预测的汉江流域日降水、日最高气温、最低气温作为流域分布式水文模型 VIC 模型的输入。全球气候模式选用耦合模式比较计划第五阶段（CMIP5）中收录的应用比较广泛的由中国开发的 BCC-CSM1.1 全球气候模式，在两种代表性 RCP2.6 和 RCP4.5 情景下，进行汉江流域未来径流变化的预测研究。

3.2.1 GCM 与 VIC 分布式水文模型的耦合研究

应用汉江流域已建立好的 VIC 分布式水文模型预测汉江流域未来径流变化情况，首先需要输入分辨率为 9km×9km 的水文气象资料（日降水量、日最高气温和日最低气温）。这就需要将已通过统计降尺度模型（SDSM）降解到汉江流域 15 个站点的降水量、气温资料插值到 9km×9km 的网格上。这里将 BCC-CSM1.1 模式在两种代表性浓度路径 RCP2.6 和 RCP4.5 情景下输出的汉江流域 15 个气象站的日最高、最低气温系列和日降水量结果，采用距离倒数平方法插值到 VIC 模型网格尺度上。然后通过 VIC 模型的计算，得到未来情景下（2010—2099 年）汉江流域各网格点的径流深和各子流域出口断面的流量过程。

3.2.2 汉江流域未来径流变化预测

VIC 分布式水文模型可以输出汉江流域任意区域的径流过程。为了便于研究，选用上游的石泉、安康、白河、丹江口，中游的襄阳、皇庄 6 个干流控制站展示 BCC-CSM1.1 模式在两种代表性浓度路径 RCP2.6 和 RCP4.5 情景下的汉江流域未来径流变化情况。其中，2010—2099 年划分为 2010—2039 年、2040—2069 年和 2070—2099 年 3 个时期。

表 3.4 列出了未来 3 个时期汉江流域 6 个干流控制站年径流量的变化情况，其中，近期模拟值指采用 1961—2005 年 VIC 模型计算值。从表中可以看出，在 BCC-CSM1.1 模式 RCP2.6 情景下，除 2010—2039 年的石泉站外，各干流控制站未来 3 个时期的年径流比近期模拟值均有所减少，而且距离近期的时间越长，年径流的减少幅度越大；在 RCP4.5 情景下，石泉、安康、白河站未来年径流在 2040—2069 年较近期模拟值有所增加，在 2010—2039 年和 2070—2099 年较近期模拟值有所减少，丹江口、襄阳、皇庄站在未来 3 个时期较近期模拟值均有所减少。

图 3.8 给出了 BCC-CSM1.1 气候模式在两种代表性浓度路径 RCP2.6 和 RCP4.5 情景下未来 3 个时期汉江流域 6 个干流控制站的月径流量变化情况。图中基准期均指 1961—2005 年，未来时期分期同表 3.4。图中结果显示，各控制站月径流在汛期（7—9 月）变化较大，其他月份变化幅度较小；在汛期主要为减小趋势，在其他月份主要为增加趋势。从径流年内分布来说，汛期径流减少，且可以发现径流减少主要在汛期前段（7—9 月），而汛末枯水期初（10 月起）径流基本为增加的，非汛期径流呈现不同程度的增加，表明气候变化有可能在一定程度上减轻汉江流域的防洪压力和枯水期的供水压力，同时有利于水库蓄水和调水，水资源供需矛盾得到进一步缓解。

结合表 3.4 的径流年际变化和图 3.8 的径流年内月变化过程，表中变幅代表未来与基准期的相对误差值。可以发现，对于 BCC-CSM1.1 模式，在 RCP2.6 情景下，各干流水文控制站的年径流量呈现减小趋势，主要是由于各干流控制站的月径流量集中在汛期

(7—9月)减少的幅度较非汛期增加的幅度更大所致,且越远离近期,减少幅度越大;在RCP4.5情景下,石泉、安康、白河站2040—2069年径流量呈现增加趋势,主要是由于8月径流量的大幅增加以及汛前期(5—6月)和汛后期(10—11月)径流量的小幅增加。

表3.4　BCC-CSM1.1模式在不同代表性情景下汉江流域未来年径流量变化情况

代表性情景	控制站	基准期模拟值/亿 m^3	未来					
			2010—2039年/亿 m^3	变幅/%	2040—2069年/亿 m^3	变幅/%	2070—2099年/亿 m^3	变幅/%
RCP2.6	石泉	70.74	71.81	1.51	67.98	−3.90	67.29	−4.88
	安康	97.22	95.19	−2.09	92.15	−5.22	91.24	−6.16
	白河	133.12	128.71	−3.31	126.64	−4.87	123.19	−7.45
	丹江口	249.68	241.83	−3.14	239.93	−3.91	230.29	−7.77
	襄阳	262.06	254.17	−3.01	252.60	−3.61	243.84	−6.95
	皇庄	373.38	355.46	−4.80	355.37	−4.82	344.82	−7.65
RCP4.5	石泉	70.74	68.61	−3.02	80.98	14.47	68.68	−2.92
	安康	97.22	93.78	−3.54	101.69	4.60	90.58	−6.84
	白河	133.12	128.60	−3.39	134.04	0.69	123.20	−7.45
	丹江口	249.68	243.75	−2.38	249.32	−0.14	234.31	−6.16
	襄阳	262.06	258.05	−1.53	260.98	−0.41	247.41	−5.59
	皇庄	373.38	364.25	−2.44	365.64	−2.07	350.16	−6.22

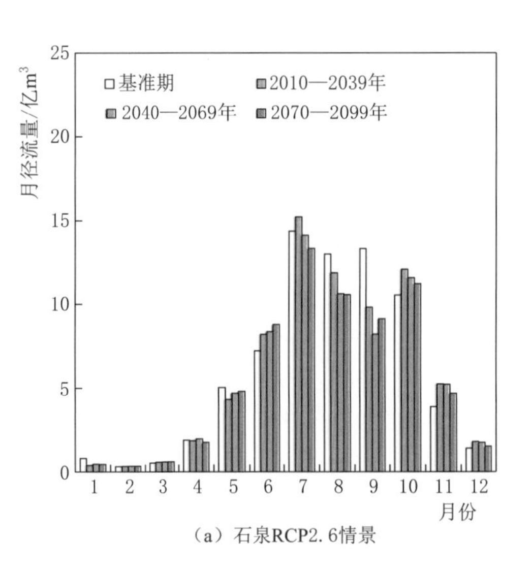

(a)石泉RCP2.6情景

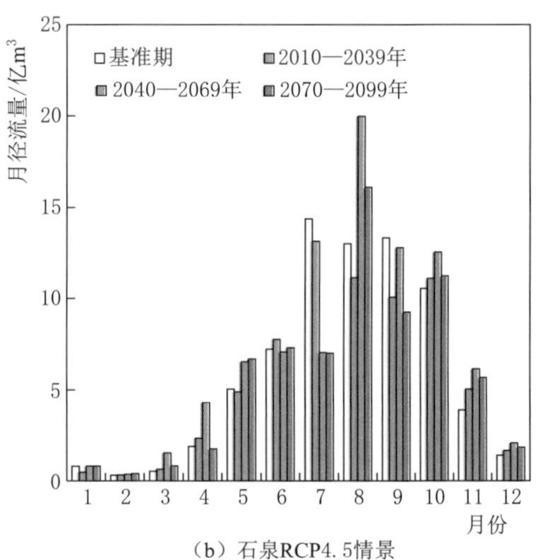

(b)石泉RCP4.5情景

图3.8(一)　BCC-CSM1.1模式在两种情景下汉江流域干流控制站未来月径流变化情况

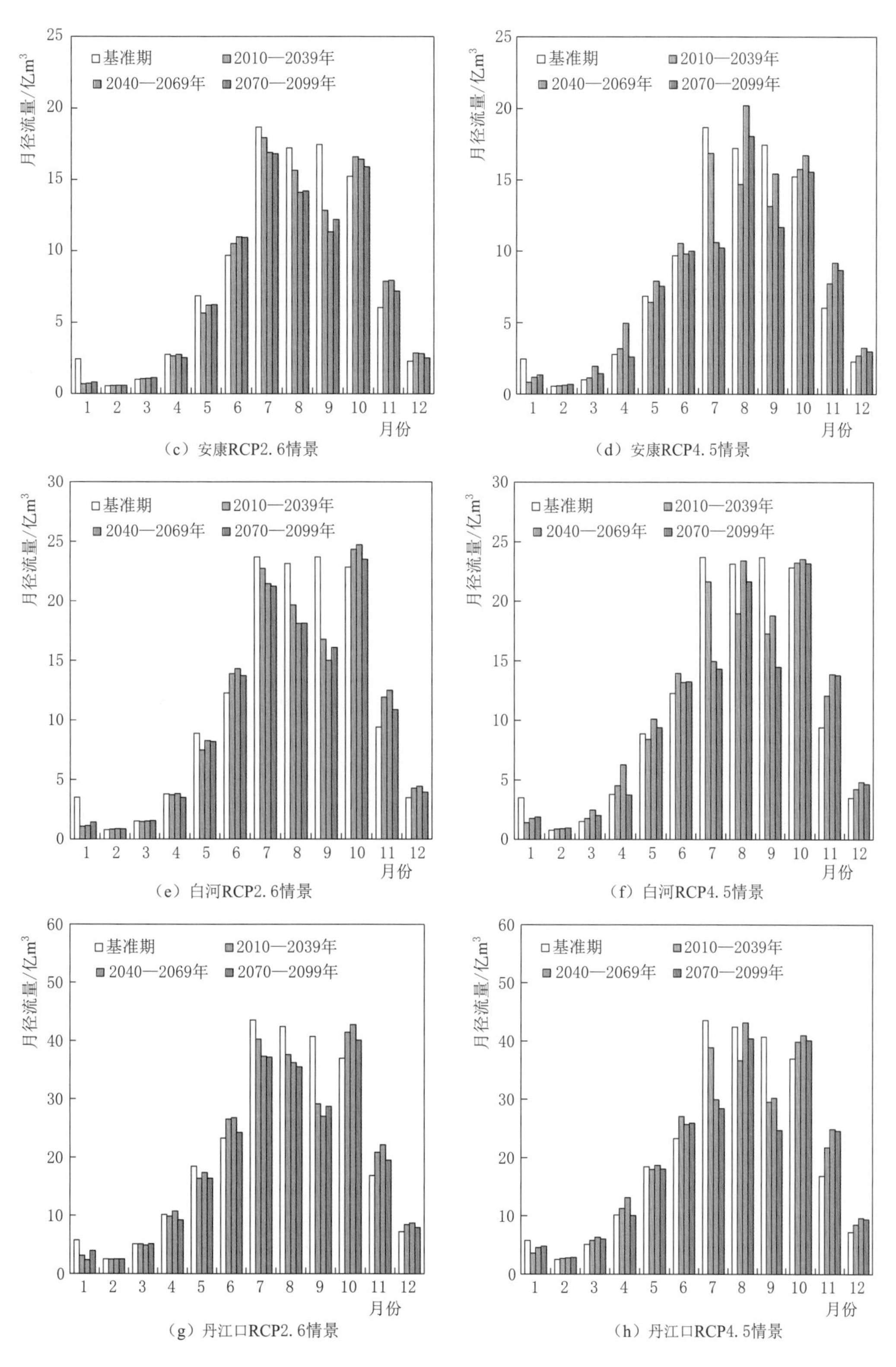

图 3.8（二） BCC-CSM1.1模式在两种情景下汉江流域干流控制站未来月径流变化情况

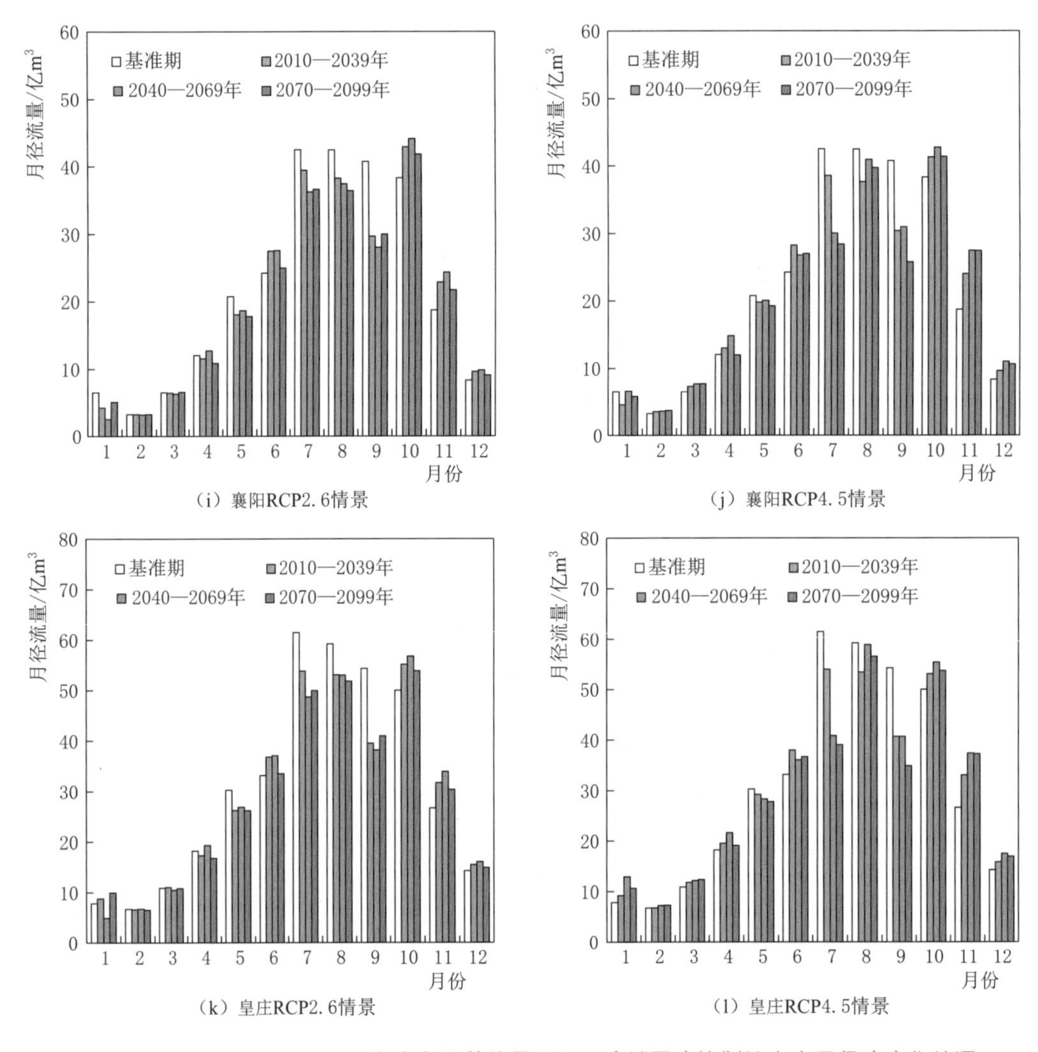

（i）襄阳RCP2.6情景

（j）襄阳RCP4.5情景

（k）皇庄RCP2.6情景

（l）皇庄RCP4.5情景

图3.8（三） BCC-CSM1.1模式在两种情景下汉江流域干流控制站未来月径流变化情况

3.2.3 汉江流域径流量空间变化分布

VIC分布式水文模型不仅能够输出各个控制站的径流量变化，而且能够展示任意网格上的径流量分布。图3.9、图3.10分别给出了BCC-CSM1.1模式在两种代表性RCP2.6和RCP4.5情景下未来3个时期汉江流域多年平均径流深的空间分布情况及未来3个时期模拟值相对于基准期（1961—2005年）的变化情况。图中展示结果显示，未来3个时期汉江流域绝大部分区域径流深集中在70～300mm；2010—2039年，在RCP2.6情景下，汉江流域大部分区域径流深小于近期模拟值，而RCP4.5情景下，大于和小于近期模拟值的区域基本相当；2040—2069年和2070—2099年，两种情景下，汉江流域大部分区域径流深均小于近期模拟值。而且，在两种代表性浓度路径RCP2.6和RCP4.5情景下，越远离近期，区域径流深大于近期模拟值的面积越小，说明汉江流域未来径流量随时间呈现减小的趋势，这与前面的干流控制站径流分析结论一致。

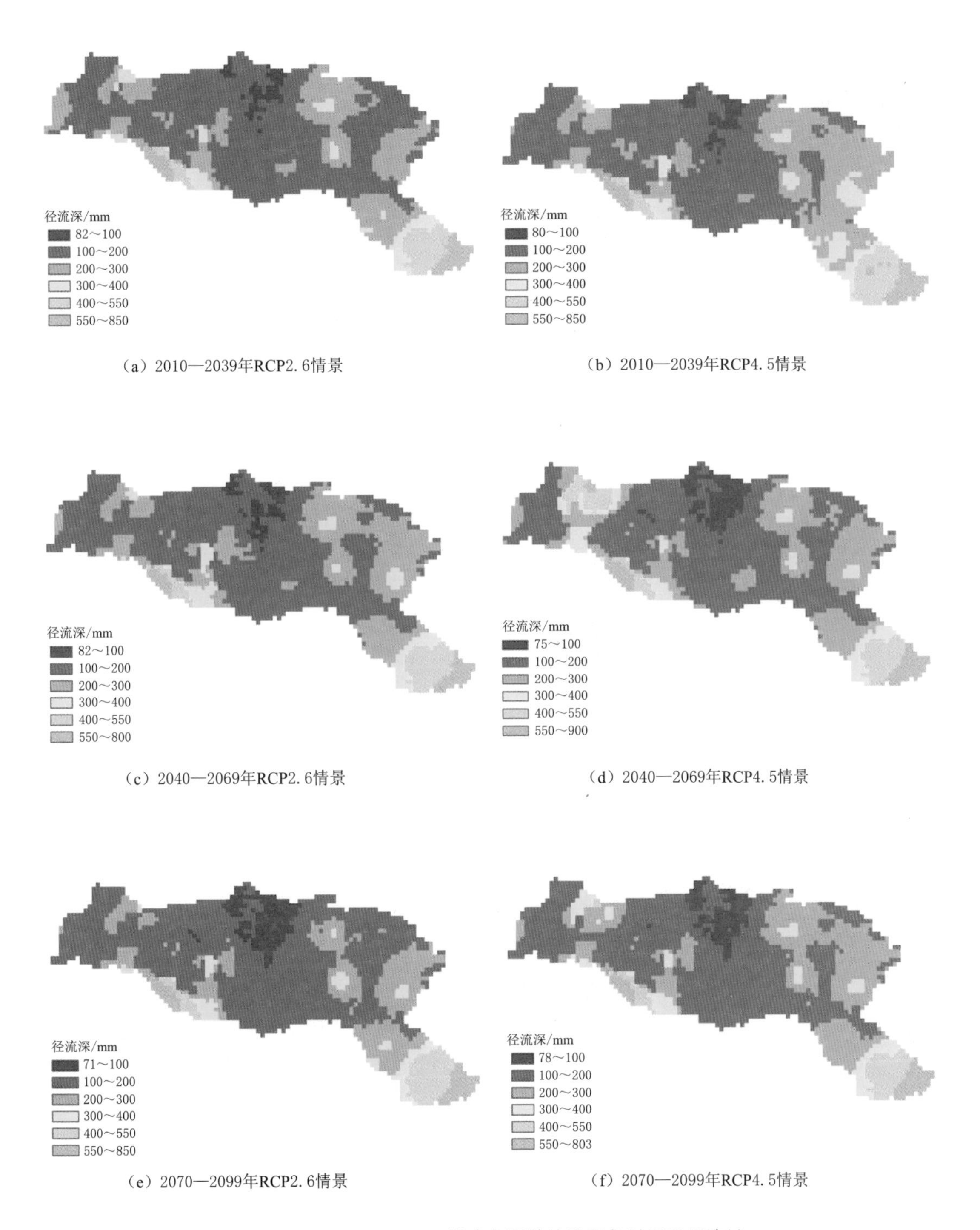

图 3.9 BCC-CSM1.1 模式在两种情景下各时期汉江流域多年平均径流深空间分布图

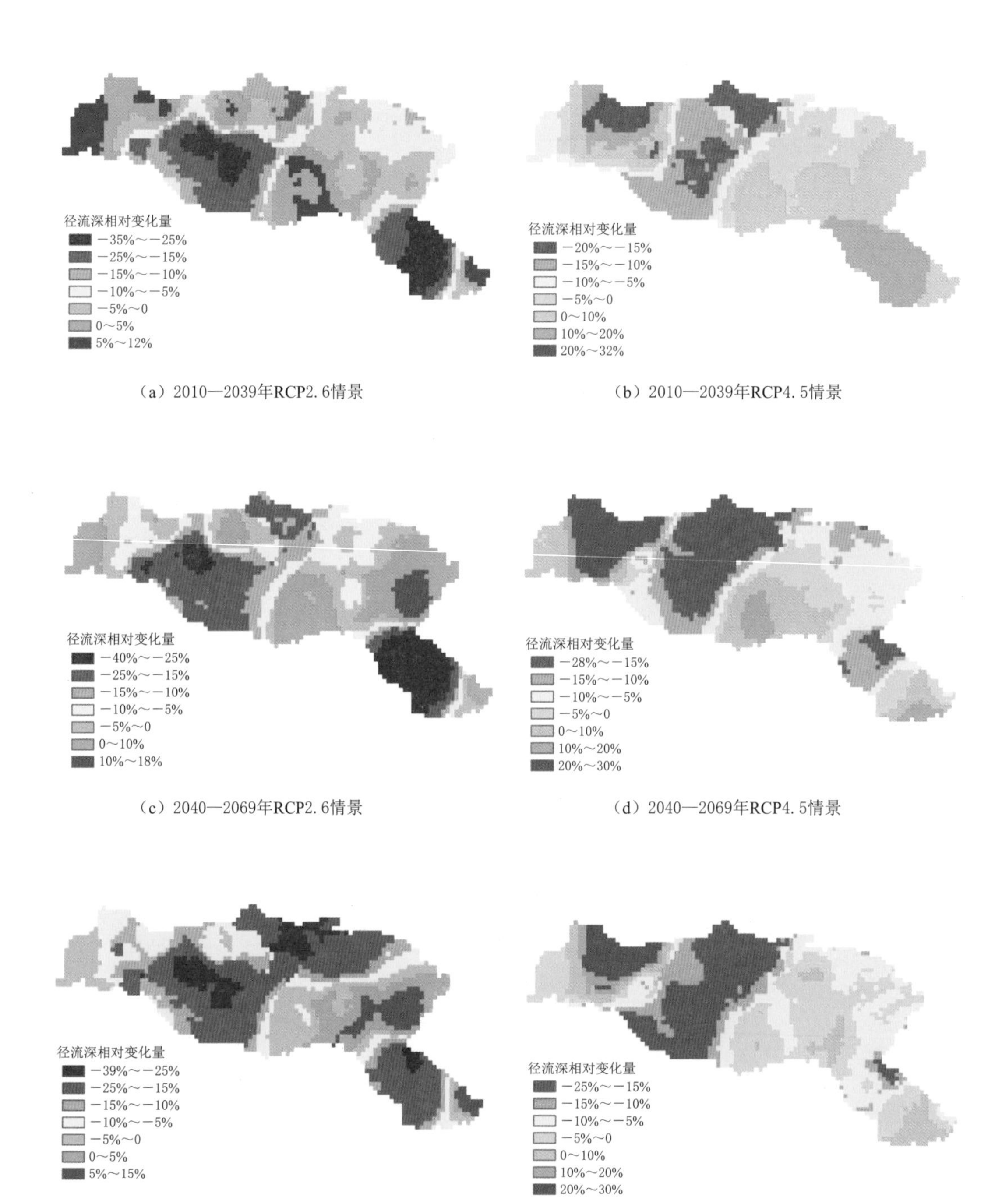

（a）2010—2039年RCP2.6情景　（b）2010—2039年RCP4.5情景

（c）2040—2069年RCP2.6情景　（d）2040—2069年RCP4.5情景

（e）2070—2099年RCP2.6情景　（f）2070—2099年RCP4.5情景

图3.10　BCC－CSM1.1模式在两种情景下各时期汉江流域多年平均径流深空间变化情况

采用 BCC - CSM1.1 模式，在两种代表性浓度路径 RCP2.6 和 RCP4.5 情景下，应用 SDSM 统计降尺度方法将 GCM 输出与 VIC 分布式水文模型耦合，预测了未来 3 个时期汉江流域的径流变化情况。主要结论如下：

（1）在 RCP2.6 情景下，除 2010—2039 年的石泉站外，汉江干流水文控制站未来 3 个时期的年径流比近期模拟值均有所减少；在 RCP4.5 情景下，石泉、安康、白河站未来年径流在 2050s 时期较近期模拟值有所增加，在 2010—2039 年和 2070—2099 年较近期模拟值有所减少，丹江口、襄阳和皇庄站在未来 3 个时期较近期模拟值均有所减少。

（2）汉江干流控制站月径流在汛期变化较大，主要为减少趋势，非汛期径流变化幅度较小，主要为增加趋势。从径流年内分布来说，汛期径流减少，非汛期径流呈现不同程度的增加，且可以发现径流减少主要在汛期前段（7—9 月），而汛末枯水期初（10 月起）径流基本为增加的，表明气候变化有可能在一定程度上减轻汉江流域未来的防洪压力的同时有利于水库的蓄调水，以及减轻枯水期的供水压力，水资源供需矛盾可能得到缓解。

（3）未来 3 个时期汉江流域绝大部分区域的径流深为 70～300mm；2010—2039 年，在 RCP2.6 情景下，汉江流域大部分区域径流深小于近期模拟值，而 RCP4.5 情景下，大于和小于近期模拟值的区域基本相当；2040—2069 年和 2070—2099 年，两种情景下，汉江流域大部分区域径流深均小于近期模拟值。在两种代表性浓度路径 RCP2.6 和 RCP4.5 情景下，越远离近期，区域径流深大于近期模拟值的面积越小，说明汉江流域未来径流量随时间呈现减小的趋势。

3.3 汉江流域土地利用变化预测

3.3.1 CA - Markov 模型简介

元胞自动机（cellular automaton，CA）模型是一种时间、空间、状态都离散的复杂动力学模型，已被广泛应用于土地利用变化模拟研究[5-7]。CA 模型可用下式表示：

$$S_{t+1}=f(S_t,\ N) \tag{3.3}$$

式中：S_t 和 S_{t+1} 分别为 t 和 $t+1$ 时刻的系统状态结果；N 为元胞的邻域范围；f 为邻域范围内元胞单元相互作用的状态转移规则函数。

Markov 模型是预测事件发生概率的数学方法，基于无后效性假设条件，在 $t+1$ 时刻研究区土地利用类型状态仅取决于 t 时刻的土地利用类型状态，其土地利用变化过程可由下式表示[8-9]：

$$S_{t+1}=PS_t \tag{3.4}$$

式中：P 为土地利用状态转移概率矩阵。

CA - Markov 模型充分结合了 CA 模型的空间动态模拟能力以及 Markov 模型对数量上的模拟能力，既提高了 LUCC 类型在时间上转化的预测精度，又实现了 LUCC 空间变化的有效模拟，具有一定的实用性和科学性。

Kappa系数能从整体上检验模拟的图像结果与观测的图像数据的一致性程度，广泛应用于土地利用变化模拟精度检验，遥感影像解译精度评价等研究[8]，其计算公式如下：

$$\text{Kappa}=\frac{P_0-P_c}{1-P_c} \tag{3.5}$$

式中：P_0为正确模拟的栅格比例；P_c为随机情况下正确模拟的栅格比例；1代表理想状况下正确模拟的栅格比例。

当Kappa<0.4时，表明两个图像的相似程度较低，差异明显；当0.4≤Kappa≤0.75时，表明两个图件的相似程度一般；当Kappa>0.75时表明两个图像具有显著的一致性，模拟效果好。

3.3.2 构建CA-Markov模型

CA中的元胞可以看作为栅格图像中每一个栅格单元，每个栅格单元的LUCC属性对应于元胞状态（耕地、林地、草地、水域、建设用地等）。元胞空间即为由元胞（栅格单元）组成的栅格图像。CA-Markov模型中通过滤波器定义元胞的邻域，采用5×5的CA滤波器（一个元胞周围5km×5km范围内的矩形空间对该元胞状态改变有显著影响）。

3.3.2.1 转换规则

（1）LUCC类型转移概率矩阵。矩阵各元素都是非负的，并且各行元素之和等于1，各元素用概率表示，在一定条件下是互相转移的，称为转移概率矩阵。当用于土地利用模拟时，矩阵中的元素是指某一种土地利用类型转移成其他土地利用类型的概率，即转移概率矩阵可以反映两个时期的LUCC类型状况和相互转换的情况。在CA-Markov模型中通过对不同时期的LUCC现状图进行叠加分析，可以得到研究初期和末期各土地利用类型的转移概率矩阵。分别将LUCC2000和LUCC2010现状图进行叠加分析，获得2000—2010年的转移概率矩阵，见表3.5。

表3.5　　2000—2010年汉江流域LUCC转移概率矩阵

2000年	2010年					
	耕地	林地	草地	建设用地	裸地	水域
耕地	0.5309	0.1966	0.1585	0.0469	0.0664	0.0007
林地	0.1896	0.6113	0.1855	0.0093	0.0039	0.0004
草地	0.2749	0.3084	0.4072	0.0044	0.0051	0.0000
建设用地	0.4454	0.1235	0.0388	0.3261	0.0624	0.0038
裸地	0.7136	0.0362	0.0272	0.056	0.1657	0.0013
水域	0.3644	0.1620	0.0405	0.216	0.0405	0.1766

（2）基于MCE方法的适宜性图集。在现实情况中，各种土地利用类型的转换会受到自然因素和社会经济因素的影响，因此需要对各种土地利用类型的转化进行合理约束和限制。采用IDRISI SELVA 17.0中的MCE模块，采用权重线性组合法，将适宜值标准化为0～255，其中0对应最不适宜值，255对应最适宜值。考虑到流域实际地形地貌条件和城镇地区发展等因素，针对不同的土地类型设置不同的约束和限制，制作相应的适宜性图

集。各种土地类型的转换规则设置如下：

1）耕地的转换规则：考虑政策对坡度的要求因素，将坡度大于25°及交通线缓冲区2km内的区域列入耕地的不适宜区，限制该区域内的其他用地类型向耕地转化；将靠近农村中心的区域列为适宜区。

2）建设用地的转换规则：限制建设用地向其他用地类型转化，限制水域和大于25°的区域向建设用地转换；将城市中心5km缓冲区内设为建设用地发展的适宜区域，将交通线缓冲区2km内的区域列入建设用地的不适宜区。

3）水域的转换规则：水域作为重要的用地类型，受到严格保护，限制水域向其他用地类型转换。

4）林地和草地的转换规则：在坡度较大的用地类型转换为林地或草地时，林地或草地应尽可能地连成片发展。

3.3.2.2 汉江流域土地利用规划政策

汉江流域包含陕西、河南、湖北、甘肃、四川、重庆6个省（直辖市）的部分面积，但甘肃、四川、重庆3个省（直辖市）的面积占据非常小，因此本书假设汉江流域内这3个省（直辖市）的土地利用类型在未来保持不变，只依据陕西省、河南省、湖北省的土地利用总体规划来研究其土地利用变化，再将各省的土地利用组合后裁剪出汉江流域部分。

《陕西省土地利用总体规划（2006—2020年）》中“合理调整土地利用规模结构”部分内容：农用地面积（包括耕地、园地、林地、牧草地、其他农用地）从2005年的1848.17万hm^2，分别调整到2010年的1855.97万hm^2和2020年的1877.69万hm^2；建设用地面积（包括城乡建设用地、交通水利建设用地、其他建设用地）从2005年79.90万hm^2，分别调整到2010年的84.63万hm^2和2020年的93.90万hm^2。未利用地面积（包括水域、滩涂沼泽、裸地、自然保留地）从2005年的129.88万hm^2，分别调整到2010年117.35万hm^2和2020年的86.36万hm^2。陕西省土地利用规模结构调整见表3.6。

表3.6　　陕西省土地利用规模结构调整　　单位：万hm^2

土地利用类型		2005年	2010年	2020年
耕地	耕地	408.89	399.07	389.13
	其他农用地	30.34	30.10	29.49
林地	园地	68.67	71.87	77.47
	林地	1028.53	1044.00	1074.93
草地	牧草地	311.74	310.93	306.67
建设用地	建设用地	79.90	84.63	93.90
裸地	裸地	110.27	97.81	66.93
水域	水域	19.61	19.54	19.43
合　计		2057.95	2057.95	2057.95

根据《河南省土地利用总体规划（2006—2020年）》，结合《河南省全面建设小康社会规划纲要》确定的总体目标，河南省规划期内努力实现以下土地利用目标：全省

耕地保有量到2010年保持在791.47万hm^2以上，2020年保持在789.80万hm^2以上；农用地面积由2005年的1229.00万hm^2增加到2010年的1239.33万hm^2，2020年的1257.30万hm^2，期内净增加28.30万hm^2；建设用地规模2010年控制在205.68万hm^2，2020年控制在219.14万hm^2；交通、水利及其他用地2010年增加到39.20万hm^2，2020年增加到46.73万hm^2。河南省土地利用规模结构调整见表3.7。

表3.7　　河南省土地利用规模结构调整　　单位：万hm^2

土地利用类型		2005年	2010年	2020年
耕地	耕地	792.53	791.47	789.80
	其他农用地	101.31	98.67	93.62
林地	园地	31.81	32.85	34.12
	林地	301.91	314.89	338.30
草地	草地	1.44	1.45	1.46
建设用地	建设用地	197.07	205.68	219.14
裸地	裸地	211.14	190.83	157.33
水域	水域	18.15	19.52	21.59
合　计		1655.36	1655.36	1655.36

根据《湖北省土地利用总体规划（2006—2020年）》中“土地利用目标”部分内容，规划期内努力实现以下土地利用目标：至2010年和2020年，确保全省耕地保有量分别不低于465.80万hm^2和463.13万hm^2，新增建设占用耕地规模分别控制在4.47万hm^2和15.13万hm^2以内。合理增加建设用地规模，2005年全省建设用地面积为136.76万hm^2，2010年全省建设用地面积预期为143.30万hm^2，到2020年，建设用地面积预期为155.71万hm^2。适度开发未利用地，2005年全省未利用地面积为255.74万hm^2，2010年全省未利用地面积为234.43万hm^2，到2020年，未利用地面积预期为219.21万hm^2。湖北省土地利用规模结构调整见表3.8。

表3.8　　湖北省土地利用规模结构调整　　单位：万hm^2

土地利用类型		2005年	2010年	2020年
耕地	耕地	467.52	465.80	463.13
	其他农用地	157.87	155.49	150.87
林地	园地	42.65	44.56	46.40
	林地	793.89	810.42	819.05
草地	草地	4.45	4.88	4.51
建设用地	建设用地	136.76	143.30	155.71
未利用地	未利用地	139.63	118.32	103.10
水域	水域	116.11	116.11	116.11
合　计		1858.88	1858.88	1858.88

3.3.2.3 建模的具体步骤

运用 CA - Markov 模型的具体步骤如下：

(1) 首先分别叠加湖北、河南、陕西省实测的 LUCC2000 和 LUCC2010，得到转移概率矩阵和转移面积矩阵。其次，根据这三省的土地利用总体规划（2006—2020 年）中 2020 年规划的各类土地利用类型面积，对 2000—2010 年的转移概率和面积矩阵进行修改。

(2) 考虑到流域实际地形地貌条件和城镇地区发展等因素，通过输入高程、坡度、距离城市、乡村及交通线的数据信息，对不同 LUCC 类型的转化进行约束和限制，得到不同 LUCC 类型的适宜性图集。

(3) 基于实测的 LUCC2010、修改的转移概率和面积矩阵、各 LUCC 类型转移的适宜性图集，采用 5×5 的 CA 滤波器（一个元胞周围 5km×5km 范围内的矩形空间对该元胞状态改变有显著影响），循环次数设为 10 次，依次模拟得到湖北、陕西、河南省的 LUCC2020。CA - Markov 模型模拟的 2030—2050 年土地利用将保持 2010—2020 年的变化趋势规律。

(4) 将三省未来同时期的土地面积合并后，裁剪出汉江流域的 LUCC2020～LUCC2050。

3.3.3 CA - Markov 模型的适用性分析

为了评价 CA - Markov 模型的适用性，首先将实测的 LUCC1990 和 LUCC2000 输入到 CA - Markov 模型中进行叠加分析，获得汉江流域 LUCC1990 与 LUCC2000 的转移概率矩阵。其次，考虑到流域实际地形地貌条件和城镇地区发展等因素，通过输入高程、坡度、距离城市、乡村及交通线的数据信息，对不同 LUCC 类型的转化进行约束和限制，得到不同 LUCC 类型的适宜性图集。最后，基于实测的 LUCC2000、转移概率矩阵和适宜性图集，通过 CA - Markov 模型模拟得到的汉江流域 LUCC2010，如图 3.11 (b) 所示。运用模型中的 Crosstab 模块，比较汉江流域实测的 LUCC2010 [图 3.11 (a)] 与模拟的 LUCC2010 [图 3.11 (b)]，得到的 Kappa 系数为 0.9（大于 0.75），表明 CA - Markov 模型的模拟效果较好，可用于预测汉江流域未来的 LUCC 情景。

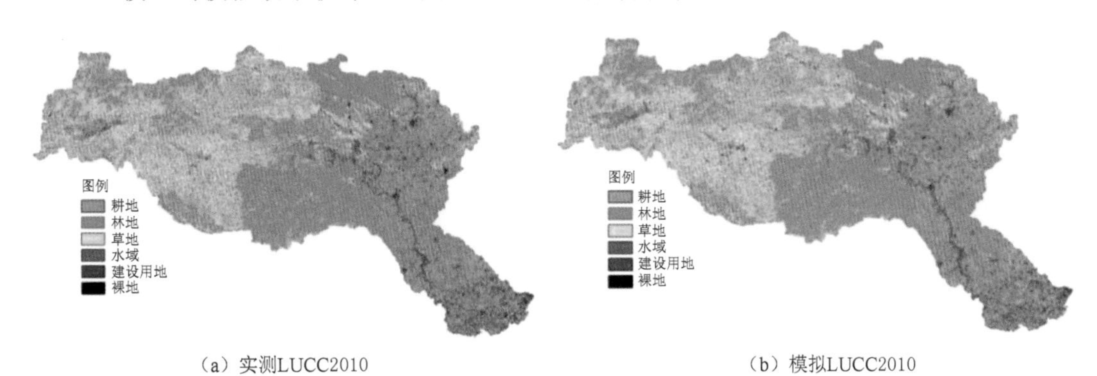

(a) 实测LUCC2010　　(b) 模拟LUCC2010

图 3.11 汉江流域实测和模拟 LUCC2010

3.3.4 未来土地利用变化预测

通过 CA - Markov 模型模拟得到的汉江流域 LUCC2020～LUCC2050，分别如图 3.12 所示。对比图 3.12（a）～（b），可以看出红色代表的建设用地和绿色代表的林地均明显增多；对比图 3.12（d）～（c），发现红色代表的建设用地和绿色代表的林地又进一步增多。这是由于 CA - Markov 模型模拟的 2030—2050 年土地利用保持了 2010—2020 年的土地利用变化趋势。为了便于分析，列出各年各 LUCC 类型的面积占比（表 3.9）。由表可知：2010—2050 年，汉江流域内的林地、建设用地将分别增加 2.8%、1.2%；耕地和草地面积将分别减少 1.5%和 2.5%；水域和裸地基本无变化。在 2050 年，各土地利用类型中占比最大的仍然是林地，其次是耕地、草地、建设用地和水域。

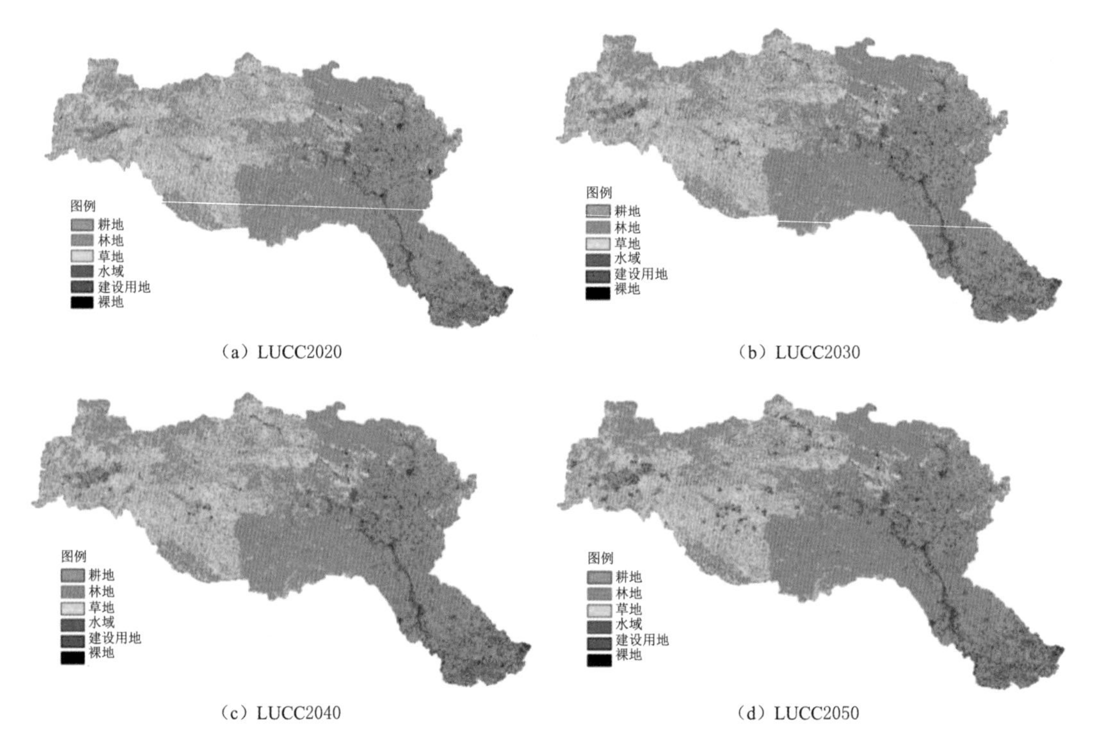

（a）LUCC2020　（b）LUCC2030

（c）LUCC2040　（d）LUCC2050

图 3.12 汉江流域模拟 LUCC2020～LUCC2050

表 3.9 汉江流域未来 LUCC 类型面积占比

土地类型	历史情景/%	未来情景/%			
	2010 年	2020 年	2030 年	2040 年	2050 年
耕地	35.2	34.5	34.2	33.9	33.7
林地	40.0	41.0	41.4	42.0	42.8
草地	19.2	18.6	18.3	17.7	16.7
水域	2.8	2.8	2.8	2.8	2.8
建设用地	2.7	3.0	3.2	3.5	3.9
裸地	0.1	0.1	0.1	0.1	0.1

3.4 气候与土地利用变化对汉江流域径流的影响

全球气候变暖造成大气边界层容纳水汽的能力增强，大气中水汽浓度上升造成全球许多地区的极端降水强度显著增加，同时改变了水文循环速率和径流形成过程[10]。此外，剧烈的人类活动（如水利工程的修建、城市化进程和森林砍伐等）改变了下垫面条件，水资源在时空尺度上发生了重新分配，同时给蒸散发、降水、径流和土壤湿度等气象水文要素造成了直接影响[11]。全球气候变化和人类活动造成的 LUCC 是影响产汇流机制的两大主要因素，对于全球的大部分流域，气候和 LUCC 共同变化的趋势将在未来 50～100 年继续发展[12]。因此，模拟和预测未来气候和 LUCC 情景，开展流域径流时空分布和变化规律的研究，对适应流域水资源规划管理具有重要意义。

3.4.1 研究方法和模型

气候变化对水文水资源的影响研究，从最初的长序列水文变量演变趋势分析，假定降水气温变化情景研究径流对气候变化的敏感性，到利用 GCM 模式和流域水文模型。基于历史资料的数理统计分析法，无法做到对未来径流响应的评估；假定的气候情景与实际情况不完全相符；GCM 和水文模型具有较好的物理基础，但模型结构和参数存在一定的不确定性，需要对模型参数和模拟结果进行验证。LUCC 对水文过程影响研究主要有三种方法：时间序列分析法[13]，流域水文模型法[14]，对比流域实验法[15]。为了分析流域径流对气候变化和 LUCC 的共同响应，国内外学者相继提出了长系列历史资料数理统计分析法和基于气候与 LUCC 情景的水文模型法。众多研究表明[16]，气候变化和 LUCC 将显著地影响水文过程，但二者叠加对径流的影响在不同流域存在较大差异，需要同时考虑未来气候情景和 LUCC 变化特征对径流形成的影响[17-18]。

首先采用统计降尺度方法，在 BCC - CSM1.1 和 BNU - ESM 两种气候模式下，对 RCP4.5 和 RCP8.5 情景下流域未来降水和气温进行模拟预测和日尺度校正，然后利用 CA - Markov 模型模拟未来 LUCC 的可能响应情景。最后应用 SWAT 模型分别模拟不同情景下的径流过程，进而定量分析流域内未来气候变化和 LUCC 对径流的影响，为两者共同作用下的径流响应研究提供更合理的解释和分析，为气候变化和土地利用变化背景下的流域水资源管理提供依据。

采用单向的“if - then - what”研究方法，即通过构建“未来气候和 LUCC 情景—驱动水文模型—分析水文响应”的框架来进行未来气候变化和 LUCC 下的径流响应分析，如图 3.13 所示。

3.4.2 模拟预测结果分析

3.4.2.1 情景设置

为分析未来 40 年径流对气候变化与 LUCC 的响应情况，基于基准情景 S0（1966—2005 年的气象数据和现状 LUCC2010），设置了以下 3 种未来气候与土地利用组合的

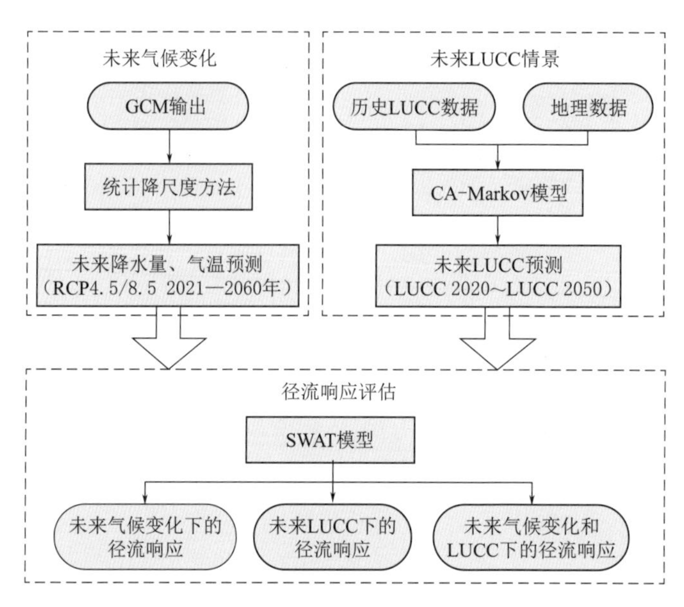

图 3.13 研究框架示意图

情景。

S1：仅气候变化情景（未来 2021—2060 年的气象数据和现状 LUCC2010）。

S2：仅 LUCC 情景（基准期 1966—2005 年的气象数据分别和未来 LUCC2020、LUCC2030、LUCC2040 和 LUCC2050）。

S3：气候和 LUCC 共同变化情景（未来 2021—2030、2031—2040、2041—2050 和 2051—2060 年的气象数据分别和对应时期的 LUCC2020、LUCC2030、LUCC2040 和 LUCC2050）。

最终通过模拟结果的对比，可定量分析气候或土地利用改变对径流的影响。

3.4.2.2 统计降尺度模型适用性分析

取 1961—1990 年为模型率定期，1991—2005 年为检验期，图 3.14（a）（b）中①～⑥展示了两种气候模式下降尺度前（raw）与降尺度后（corrected）各气象站在检验期的降水量、气温模拟效果对比图，方格的值分别表示日降水和气温模拟系列相对于实测系列的相对误差与绝对误差，X 轴均代表 25 个气象站，Y 轴分别代表 6 个评价指标：①均值；②均方差；③50％分位数；④75％分位数；⑤90％分位数；⑥95％分位数。由图 3.14 可知，相较于实测系列，降尺度前模拟降水系列的均值偏高、均方差偏低，50％、75％、90％分位数偏高，95％分位数偏低，存在高估降水均值、低估降水极值的缺陷。降尺度后，降水系列各评价指标的相对误差减少到 15％以内，气温系列各指标的绝对误差均在 1.5℃以内，说明该模型对汉江流域的日降水量、最低气温和最高气温的模拟效果良好。

为分析该统计降尺度模型对汉江流域各站点各月降水发生概率的模拟效果，图 3.14（a）（b）中⑦～⑧统计了两种气候模式下降尺度前（raw）与降尺度后（corrected）各气象站点 1—12 月的湿日百分比对比效果。图中方格的值表示 GCM 模拟降水系列的湿日百分比相对于实测系列的偏差。由图可知，降尺度前，25 个站点模拟降水系列的各月湿日

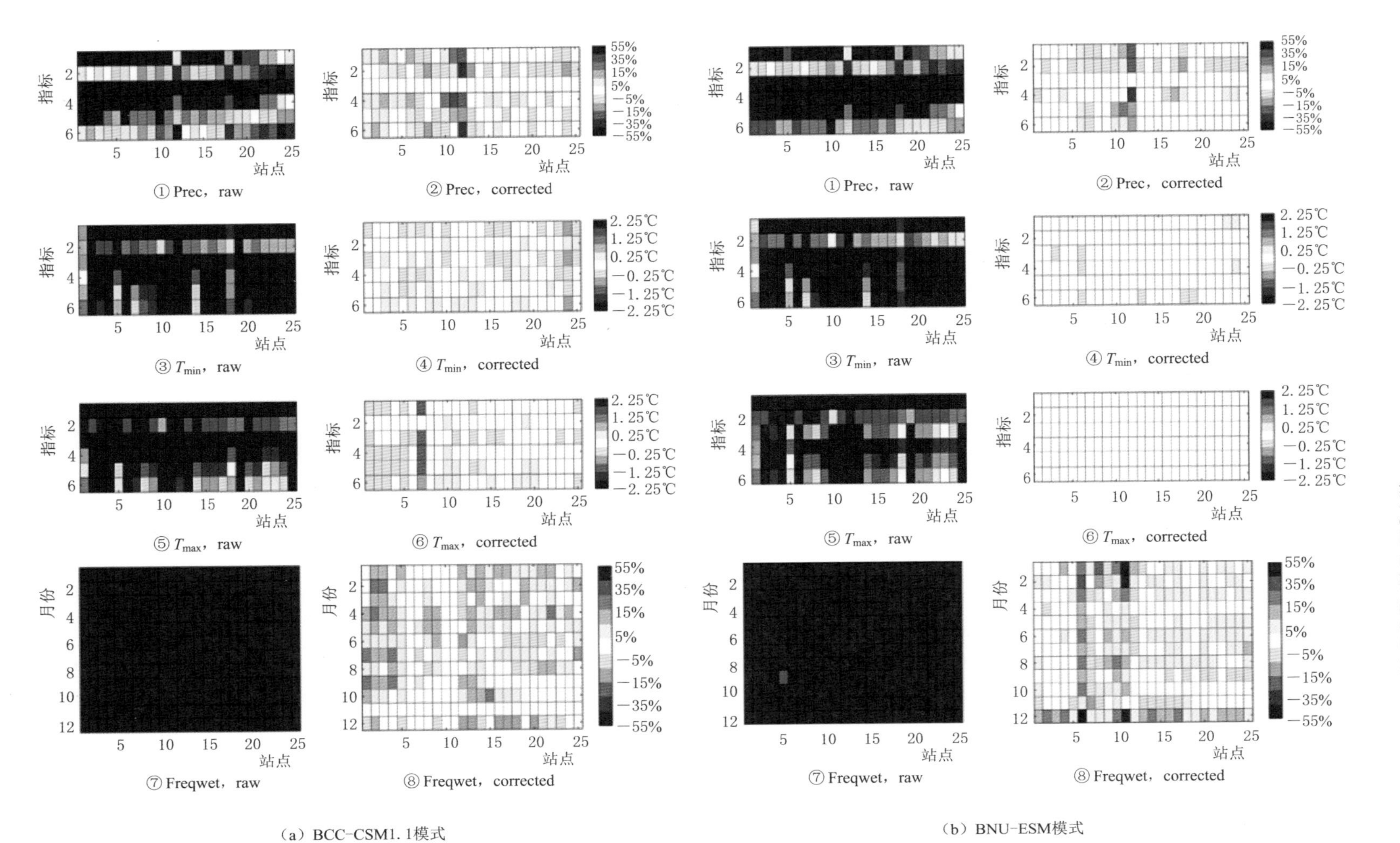

（a）BCC-CSM1.1模式

（b）BNU-ESM模式

图 3.14 汉江流域统计降尺度模型日降水量和气温模拟效果评价

百分比均显著偏高（+55%），高估了降水发生频率；降尺度后，25个站点模拟降水系列的各月湿日百分比与实测系列均非常接近，所有站点的偏差基本均在±15%以内，说明该模型对汉江流域各月降水发生频率的模拟效果很好。

3.4.2.3 未来降水量和气温预测

将DBC统计降尺度模型应用到两种GCM未来输出序列，预估得到两种代表性浓度路径RCP4.5和RCP8.5情景下汉江流域的未来降水量、气温变化情况，统计得到两种模式下多年均值变化情况的集合平均结果见表3.10。可以看出：汉江流域未来时期年降水量、日最高和最低气温相较于基准期均呈现增加趋势，在RCP4.5和RCP8.5情景下，将分别增加33.6mm（+4.0%）、1.8℃、1.6℃和31.5mm（+3.7%）、2.5℃、2.3℃。

表3.10　未来降水量和气温年均值变化情况

全流域	基准期（1966—2005年）	未来（2021—2060年）			
		RCP4.5		RCP8.5	
	均值	均值	变化量Δ	均值	变化量Δ
降水量/mm	849.4	883.0	+33.6	880.9	+31.5
最高气温 t/℃	20.3	22.1	+1.8	22.8	+2.5
最低气温 t/℃	10.5	12.1	+1.6	12.8	+2.3

从年内变化情况来看（图3.15）：RCP4.5情景下，未来时期月均降水量基本呈增加趋势（7月和10月除外）；RCP8.5情景下，未来枯水期降水大致呈现增加趋势（11月除外），汛期后段（9—10月）呈现减少趋势。日最高、最低气温在两种情景下的年内变化情况一致，均为在春季的增加幅度最小，夏季最大。

3.4.2.4 未来气候变化下的径流响应

汉江流域出口2021—2060年平均径流的变化情况如图3.16所示，可以看出：①未来40年内，在RCP4.5情景下，径流在2037年最大、2026年最小；在RCP8.5情景下，径流在2052年最大、2025年最小；②各个时期径流量的变化趋势与降水量的变化趋势完全一致。对两种径流序列进行Mann-Kendall趋势分析结果表明：RCP4.5和RCP8.5情景下，其标准正态统计量Z值分别为1.59和1.34。说明在95%置信区间内，两种情景下，汉江流域未来径流序列的增加趋势均不显著（临界值$Z=1.96$）。

为了分析径流在空间上对气候变化的响应，将干流4个水文站的未来径流量变化情况展示如图3.17所示。在RCP4.5情景下，各干流站在未来时期的径流与基准期模拟值相比均有所增加，安康、白河、丹江口和皇庄站分别增加5.68%、6.04%、5.50%和5.16%；而在RCP8.5情景下，分别增加5.36%、4.92%、2.82%和2.81%。与RCP4.5情景相比，RCP8.5情景下的降水量相对较少，但气温相对较高。流域的降水量变化对径流量的影响是直接的，二者成正相关的关系；而气温变化对径流量的影响是间接的，二者呈负相关的关系[19]。因此，RCP4.5情景下的径流量高于RCP8.5情景。

3.4.2.5 未来LUCC下的径流响应

未来各LUCC情景下，汉江流域出口径流的变化情况见表3.11。由表3.11可知：在

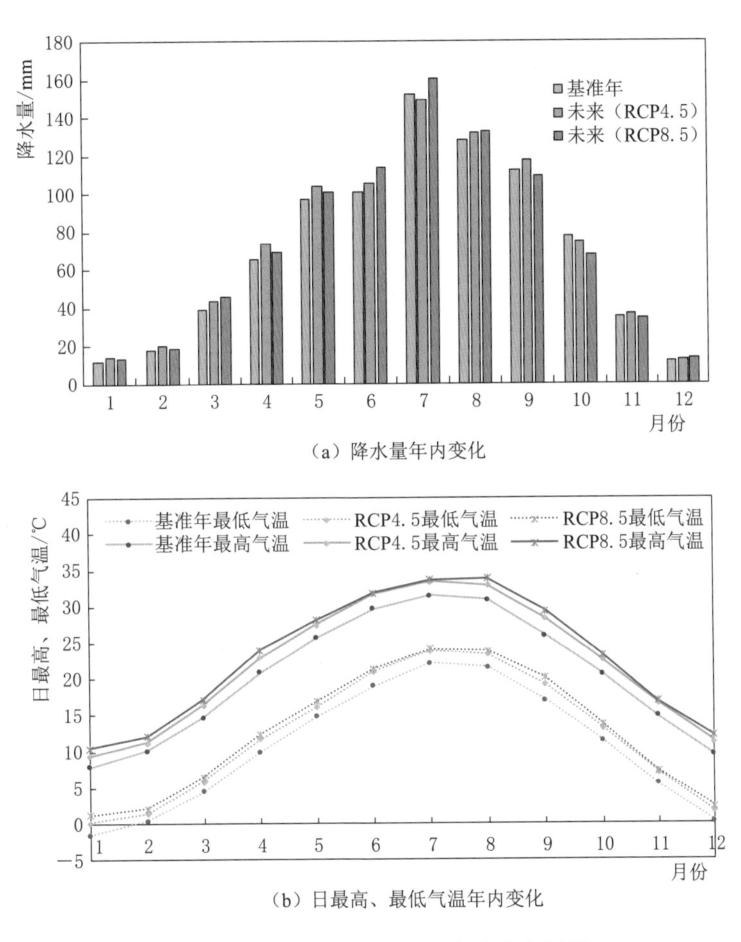

（a）降水量年内变化

（b）日最高、最低气温年内变化

图 3.15 未来降水量和气温年内变化过程

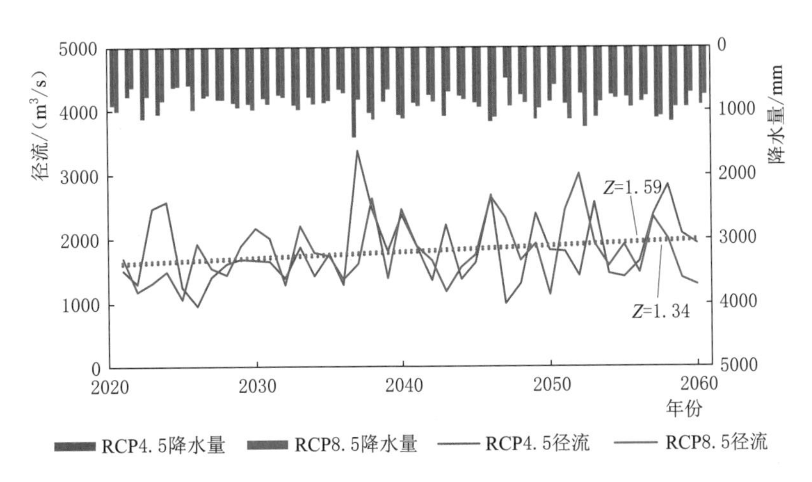

图 3.16 汉江流域未来时期年均径流变化情况

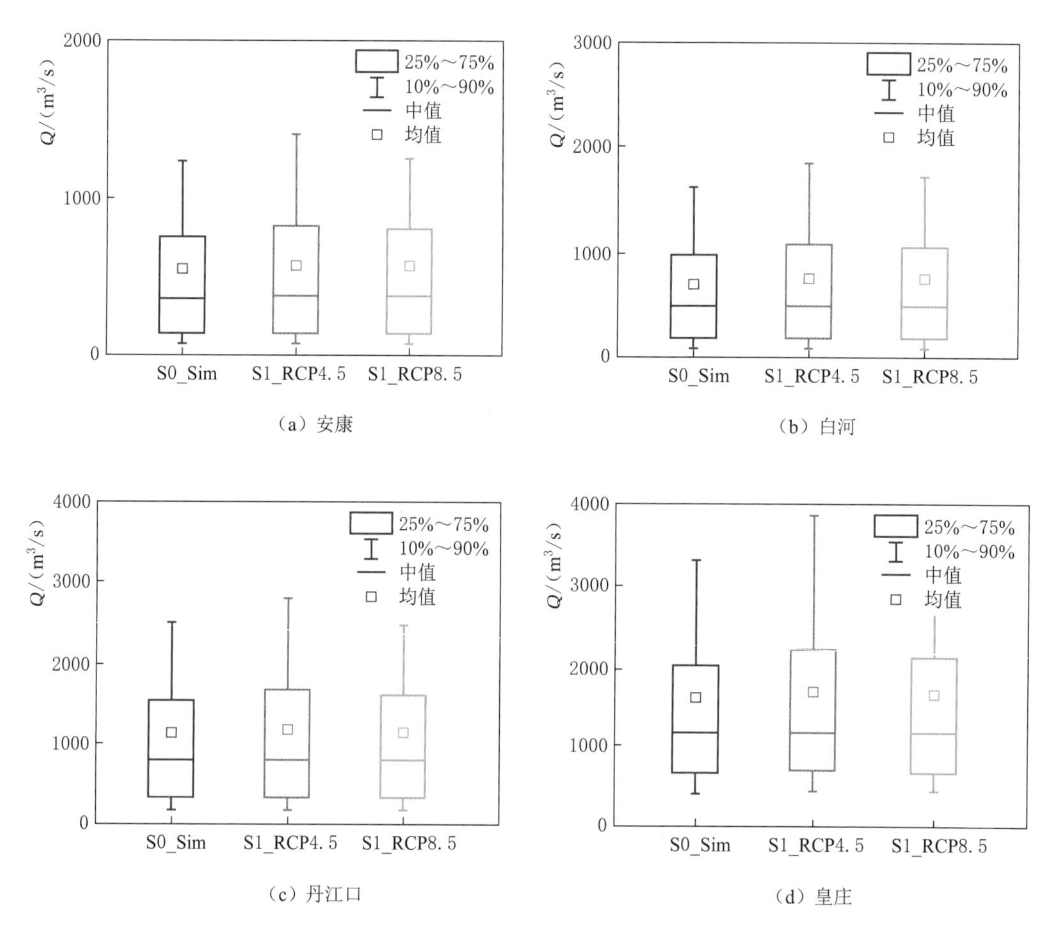

图 3.17 干流 4 个水文站未来径流量变化

全流域尺度上，LUCC2020、LUCC2030、LUCC2040 和 LUCC2050 情景下流域出口的多年平均径流相差较小，与 S0 情景下的模拟径流相比，分别变化 0.06%、0.10%、0.73%和 0.07%。随着 LUCC2010~LUCC2050 变化，径流在汛期均呈现增加的趋势，非汛期均呈现减少的趋势。这种丰水期更丰、枯水期更枯的现象将会加剧丰水期的防洪压力、增加枯水期的供需矛盾，不利于汉江流域未来的水资源管理。在几种土地利用类型中，草地和建设用地的产流率高，可以有效增加径流；而林地具有含蓄水源和截留降雨的效应，可以有效保存水分，使形成径流量减少。因此，随着建设用地面积的显著增加，径流在 LUCC2020、LUCC2030 和 LUCC2040 情景下不断增加。当林地面积不断增加、草地和耕地面积不断减少的影响（径流减少）大于建设用地面积的影响（径流增加）时，LUCC2050 情景下的地表径流又随之下降。从水资源的角度来看，规划部门若偏向减轻流域内的防洪压力，应控制未来建设用地面积的持续增加，并使退耕的土地多变为林地；若偏重于解决流域内水资源的供需矛盾，应按照经济社会发展趋势增加未来建设用地面积，退耕的土地多变为草地。

表 3.11　　LUCC 作用下汉江流域出口径流变化情况

时段	2010 年	2020 年		2030 年		2040 年		2050 年	
	模拟值 /(m^3/s)	模拟值 /(m^3/s)	变化率 /%	模拟值 /(m^3/s)	变化率 /%	模拟值 /(m^3/s)	变化率 /%	模拟值 /(m^3/s)	变化率 /%
全年	1743	1744	0.06	1745	0.10	1756	0.73	1744	0.07
汛期	2620	2621	0.05	2626	0.24	2656	1.36	2625	0.20
非汛期	866	861	−0.58	863	−0.31	856	−1.16	864	−0.29

3.4.2.6　气候变化和 LUCC 共同作用下的径流响应

在气候变化和 LUCC 共同作用的影响下，两种情景下汉江流域的未来多年平均径流与基准期相比均呈现增加的趋势（表 3.12），且 RCP4.5 情景下的增长幅度（5.10%）高于 RCP8.5 情景（2.67%）。

分别将 S1、S2、S3 与 S0 情景下的多年平均径流模拟结果进行对比（表 3.12），可以看出：

（1）未来气候变化、LUCC、气候变化和 LUCC 共同作用均引起汉江流域径流增加。

（2）气候变化和 LUCC 共同作用下的径流增幅最大，表明气候变化和 LUCC 的叠加对径流产生了叠加的影响，但并不等于气候变化和 LUCC 单一作用引起的径流增加之和，这是由于气候变化和 LUCC 之间有相互影响作用，对径流的影响并不是直接的线性叠加。

（3）同一情景下，RCP4.5 情景下的径流增幅均大于 RCP8.5 情景。

（4）同一情景下，未来单一气候变化对汉江流域径流的影响程度显著大于 LUCC。

表 3.12　　三种情景与基准情景相比的径流变化情况

情　景	模拟值 /(m^3/s)	变化率 /%	情　景	模拟值 /(m^3/s)	变化率/%
S1 _ RCP4.5	1829	4.95	S2 _ 2020	1744	0.06
S1 _ RCP8.5	1786	2.47	S2 _ 2030	1745	0.10
S3 _ RCP4.5	1832	5.10	S2 _ 2040	1756	0.73
S3 _ RCP8.5	1790	2.67	S2 _ 2050	1744	0.07

3.4.3　不确定性分析与结论

全球气候系统和水文循环是极其复杂的时空变化过程，导致在气候变化、水文循环模拟预测及评价过程中存在很大的不确定性。众多研究均表明气候模式预测结果的不确定性主要来源于以下几个方面[20-21]：①气候模式的不确定性；②排放情景预测的不确定性；③降尺度技术的不确定性。目前，减少气候模式预测结果不确定性的方法有：①完善现有全球气候模式的性能（提高气候观测资料的质量及加强多种信息的同化分析）；②改进排放情景（采用不同的排放情景，并综合分析未来气候变化的最可能发生的情景）；③改进降尺度技术。

GCM 的选择是导致气候变化影响研究不确定性的最大因素[22]。在评价一个地区气候变化对未来水文水资源的影响时，如果只以一种模式模拟的情景作为依据，则很可能会得出有失偏颇的结论。因此，在进行气候变化影响评价工作时，应使用多模式集合，尽量在多个气候模式和分析其可能出现的正、负效应的基础上进行[23]。本书选择中国开发的 BCC－CSM1.1 和 BNU－ESM 两种气候模式来进行研究，以降低单一气候模式预测的不确定性。为保证气候模拟结果的合理性和可靠性，采用历史实测气象资料对气候模式模拟的历史情景进行了检验，并对 GCM 输出的未来气象资料进行了偏差校正。分别选用代表中排放（RCP4.5）和高排放（RCP8.5）的两种情景，来降低排放情景预测的不确定性。DBC 统计降尺度方法同时兼顾了降水发生频率和降水分布的校正，且结果显示偏差校正效果良好。尽管水文模型也是气候变化对水文影响的研究中不确定性的来源，但与 GCM 相比，水文模拟预测的误差较小[22]。

气候变化及其影响研究属于“if－then－what”类型，根据气候模式的输出结果模拟预测未来的变化影响。尽管存在着许多不确定性，但特定的情景仍是帮助确定未来可能发生的气候变化的基本途径。因此，研究结果将有助于汉江流域未来适应性对策的制定，而怎样量化和分解研究中的不确定性，维护未来气候变化和 LUCC 共同作用下汉江流域水资源的可持续利用，是一个需要与时俱进和科学应对的重要课题，需要继续深入开展研究工作。

在 BCC－CSM1.1 和 BNU－ESM 两种全球气候模式下，通过统计降尺度法预测汉江流域未来气候变化值，并基于日尺度的偏差校正方法（DBC）得到降水量、气温系列。采用 CA－Markov 模型预测 LUCC 未来情景值；通过设置不同气候变化和 LUCC 情景组合，输入 SWAT 模型模拟汉江流域的径流过程，定量评估气候变化和 LUCC 对径流形成的影响，结果如下。

（1）未来气候变化下的径流响应：在两种气候模式下，与基准期（1966—2005 年）模拟值相比，未来 40 年平均径流模拟值在 RCP4.5 情景下增幅为 4.95%，明显高于 RCP8.5 情景的 2.47%。

（2）未来 LUCC 下的径流响应：在全流域尺度上，4 种未来土地利用情景下流域出口的多年平均径流相差较小，与 S0 情景下的模拟径流相比，分别变化+0.06%、+0.10%、+0.73%和+0.07%。

（3）未来气候变化和 LUCC 共同作用下的径流响应：与 S1、S2 情景相比，S3 情景下的径流变化幅度最大，表明气候变化和 LUCC 的叠加对汉江流域径流的影响产生增加的作用。与未来 LUCC 相比，气候变化对径流的影响更加显著。

3.5 本章小结

本章利用汉江流域现有的水文资料，选择统计降尺度方法，对汉江流域的日降水量、最高气温和最低气温系列进行尺度降解，并耦合两种 GCM 和两种代表性浓度路径情景，预测汉江流域未来降水量、气温变化；采用 CA－Markov 模型预测 LUCC 未来情景值，通过设置不同气候变化和LUCC情景组合，定量评估气候变化和LUCC对径流形成的影响。主要工作和结论如下：

（1）统计降尺度模型（SDSM）在量和变化过程上对降水的模拟均比较适合，且上、下游的模拟效果好于中游。就季节性而言，春、夏季要略好于秋、冬季，汛期略好于非汛期。

（2）就全流域而言，在BCC－CSM1.1模式下，未来3个时期，汉江流域的年降水量相较于基准期（1961—2005年）模拟值，在RCP2.6和RCP4.5情景下均有小幅的减少趋势，主要由于汛期降水量的减少趋势和非汛期的增加趋势共同作用而成。

（3）气候变化和LUCC的叠加对汉江流域径流的影响产生增加的作用。与未来LUCC相比，气候变化对径流的影响更加显著。

参考文献

[1] 郭生练，刘春蓁．大尺度水文模型与气候模型的联结耦合研究［J］．水利学报，1997，7：37－41.

[2] 何新林，郭生练．气候变化对新疆玛纳斯河流域水文水资源的影响［J］．水科学进展，1998，9（1）：77－83.

[3] CHEN J，BRISSETTE F P，CHAUMONT D，et al. Performance and uncertainty evaluation of empirical downscaling methods in quantifying the climate change impacts on hydrology over two North American river basins [J]. Journal of Hydrology，2013，479（5）：200－214.

[4] CHEN J，BRISSETTE F P，LUCAS－PICHER P，et al. Impacts of weighting climate models for hydro－meteorological climate change studies [J]. Journal of Hydrology，2017，549：534－546.

[5] 邱炳文，陈崇成．基于多目标决策和CA模型的土地利用变化预测模型及其应用［J］．地理学报，2008，63（2）：165－174.

[6] 李志，刘文兆，郑粉莉，等．基于CA－Markov模型的黄土塬区黑河流域土地利用变化［J］．农业工程学报，2010，26（1）：346－352.

[7] 杨俊，解鹏，席建超，等．基于元胞自动机模型的城市土地利用变化模拟——以大连经济技术开发区为例［J］．地理学报，2015，70（3）：461－475.

[8] MEMARIAN H，BALASUNDRAM S K，TALIB J B，et al. Validation of CA－Markov for simulation of land use and cover change in the langat basin，Malaysia [J]. Journal of Geographic Information System，2012，4（6）：542－554.

[9] 胡碧松，张涵玥．基于CA－Markov模型的鄱阳湖区土地利用变化模拟研究［J］．长江流域资源与环境，2018，27（6）：32－44.

[10] PAN Z K，LIU P，GAO S D，et al. Improving hydrological projection performance under contrasting climatic conditions using spatial coherence through a hierarchical Bayesian regression framework [J]. Hydrology and Earth System Sciences，2019，23：3405－3421.

[11] 袁宇志，张正栋，蒙金华．基于SWAT模型的流溪河流域土地利用与气候变化对径流的影响［J］．应用生态学报，2015，26（4）：989－998.

[12] 梁国付，丁圣彦．气候和土地利用变化对径流变化影响研究——以伊洛河流域伊河上游地区为例［J］．地理科学，2012，32（5）：635－640.

[13] COSTA M H，BOTTA A，CARDILLE J A. Effects of largescale changes in land cover on the discharge of the Tocantins River south eastern Amazonia [J]. Journal of Hydrology，2003，283（1－4）：206－217.

[14] HUNDECHA Y，BARDOSSY A. Modeling of the effect of land use changes on the runoff generation of a river basin through parameter regionalization of a watershed model [J]. Journal of Hydrology，2004，292 (1)：281-295.

[15] 翟春玲，余钟波，杨传国，等. 极端土地覆被情景下的水文响应模拟 [J]. 中山大学学报（自然科学版），2011，50 (4)：127-133.

[16] 张利平，于松延，段尧彬，等. 气候变化和人类活动对永定河流域径流变化影响定量研究 [J]. 气候变化研究进展，2013，9 (6)：391-397.

[17] 冯畅，毛德华，周慧，等. 气候与土地利用变化对涟水流域径流的影响 [J]. 冰川冻土，2017，39 (2)：395-406.

[18] PAN S H，LIU D D，WANG Z L，et al. Runoff responses to climate and land use/cover changes under future scenarios [J]. Water，2017，9 (7)：475-497.

[19] 闫宇会，薛宝林，张路方. 基于SWAT模型的海拉尔河上游土地利用与气候变化对径流的影响 [J]. 聊城大学学报（自然科学报），2020，33 (2)：89-96.

[20] TROLLE D，NIELSEN A，ANDERSEN H E，et al. Effects of changes in land use and climate on aquatic ecosystems：Coupling of models and decomposition of uncertainties [J]. The Science of the Total Environment，2019，657 (20)：627-633.

[21] JISHA J，SUBIMAL G，AMEY P，et al. Hydrologic impacts of climate change：comparisons between hydrological parameter uncertainty and climate model uncertainty [J]. Journal of Hydrology，2018，566：1-22.

[22] WILBY R L，HARRIS I. A framework for assessing uncertainties in climate change impacts：Low-flow scenarios for the River Thames，UK [J]. Water Resources Research，2006，42 (2).

[23] ZHANG H，HUANG G H，WANG D，et al. Uncertainty assessment of climate change impacts on the hydrology of small prairie wetlands [J]. Journal of Hydrology，2011，396 (1-2)：94-103.

汉江流域暴雨洪水预报和丹江口水库模拟调度

汉江流域洪水频发，中下游地处江汉平原，经济发达，人口众多，历来是防洪的重点区域。本章分析汉江流域暴雨洪水特性和成因，论述汉江流域水文气象预报方法和模型，采用 WRF 模型和区域气候模式 RegCM4，模拟计算了汉江流域 1983 年 10 月的初暴雨情况，通过 WRF 模型的输出结果与汉江上游水文预报模型耦合，对丹江口水库洪水进行模拟调度。

4.1 汉江流域洪水特性和成因分析

4.1.1 气候和天气特征分析

汉江流域地处东亚副热带季风气候区，年际降水量变化较大，丰水年份如 1983 年降雨量 1322mm，枯水年份如 1997 年全年降雨量仅为 605mm。暴雨多发生在 7—9 月，某些异常年的秋汛也有较明显的暴雨出现，造成严重的灾害[1]。

影响汉江流域降水异常的气候因子有很多，包括太阳黑子、赤道中东太平洋海温(ENSO)、青藏高原冬季积雪和西北太平洋副热带高压等。根据汛期雨量和洪水资料情况综合考虑，选取 1952、1954、1958、1963、1964、1981、1983、1984、2003、2005、2010、2011、2014、2017 和 2019 等年份作为较大洪水年，对影响汉江流域降水异常的主要气候因子进行分析，见表 4.1。

可以看出，汉江流域大洪水年前期主要因子大多数符合以下主要特征：太阳黑子处于极大值年或极小值年附近；赤道中东太平洋海温以偏暖为主，大多数年份为 ENSO 次年；青藏高原积雪偏多；欧亚中高纬以经向环流为主；副高偏强；夏季风偏弱等。

表 4.1　　汉江上游历史大洪水年主要影响因子特征表

年份	太阳黑子	赤道中东太平洋海温	青藏高原冬季积雪	经向环流	西北太平洋副热带高压	夏季风	极涡面积
1952		ENSO 次年	偏多	是	异常强		
1954	m		偏多	是	异常强	弱、晚	
1958	M+1	ENSO 次年	偏多		强		
1963	m−1	ENSO 年	偏多	是			
1964	m						
1981	M		偏多	是			大
1983	M+2	ENSO 次年	偏多				
1984						弱、晚	大
2003		ENSO 次年			异常强	弱、晚	
2005			偏多		强、西	弱、晚	
2010	m+1	ENSO 次年	偏多		强、西		异常大
2011				是			
2014	M−1		偏多	是	强、西	弱、晚	
2017					强	弱	大
2019	m	ENSO 次年	偏多		强、异常西		

注　M和m代表太阳黑子处于极大值年或极小值年。

由于近年来发生的较大洪水主要集中在秋季，同时秋季洪水的准确预报对水库蓄水有较为重要的意义，因此根据已经收集的资料，重点分析汉江上游秋季致洪暴雨的天气特征。1980年以来发生的较大秋季洪水过程有1983年10月、2003年9月、2005年10月、2011年9月、2017年9月等典型洪水，对其发生时的天气形势分析发现，发生暴雨时，一般都具有特定的环流背景。进入秋季以后，副热带高压南退至华南沿海一带，西侧或西北侧的西南气流将南海、北部湾及孟加拉湾的暖湿气流源源不断地输送至华西地区，给这一地区带来了充沛的水汽。中高纬有阻塞形势存在，导致冷空气比较活跃，随着冷空气不断从高原北侧东移或从我国的东部向西部倒灌，冷暖空气在我国西部地区频频交汇，容易在我国西部地区产生持续性降雨，形成“华西秋雨”，若冷空气势力较强，副热带高压也较强，冷暖空气交汇比较激烈时，降雨强度也会加强。具体的影响因素包括以下几个方面。

（1）环流形势稳定。500hPa高度场上，中高纬环流形势呈现出稳定的“两槽一脊”，即在里海及鄂霍茨克海附近各存在一个深厚的切断低涡，且两个低涡之间存在一个弱的高压脊。当两个低涡不断加深并南压时，环流形势就变得异常稳定。

低纬地区的南支槽稳定维持。由于汉江上游水汽主要是来自孟加拉湾的水汽输送，因此如果存在南支槽并稳定维持，那么发生持续性强降雨所需要的动力、热力、水汽等方面的有利条件就都已经具备了。

在中低层上，汉江上游维持稳定的切变线。当汉江上游稳定的切变线出现时，由于出现的频次高（平均每月出现2～3次），持续时间长（每次维持15d左右），就容易在切变线处产生辐合上升气流，再加上水汽条件较好，就有利于降雨的稳定维持。

（2）低涡活跃。低空低涡是影响我国降水，尤其是暴雨的重要天气系统，汉江上游一般受西南涡的影响比较大，当低涡移出时，无论低涡是否发展或者是否有地面锋面配合，绝大部分都有降水产生。由于低涡的右侧常是副热带高压边缘的低空急流所在，有充分的水汽供应，同时低涡的右前侧的变压风会促使气流辐合上升，有时也会伴有较强的摩擦辐合上升运动，所以低涡的右前侧一般会有较强的降雨。汉江上游秋季一般每月都会出现低涡过程3～4次。

（3）冷暖空气活跃。秋季汉江上游一般会出现静止锋过程2～3次，在此期间若有冷空气南下，同时高空槽移过或暖湿气流加强时，就会产生强降雨。

根据对近年来汉江上游典型降雨分析发现，汉江上游地区最典型的短期强降雨各层系统配置是：500hPa的高层上，高原上有小槽东移，南支槽存在且槽前西南气流强盛，西太平洋副高带状完整，且强度偏强，面积偏大，位置偏北，西伸脊点偏西；700hPa的中层上，四川盆地一带有低涡生成，从低涡中心向东北方向有切变线存在，同时切变线南侧伴随出现西南急流；地面上有静止锋存在，静止锋的西段伸入西南倒槽内，其北侧弱冷空气也比较活跃；地面静止锋到700hPa切变线再到500hPa高原槽自东南向西北依次排列，后倾的垂直结构之间的水平距离不超过3个纬距。

因此，汉江上游在致洪暴雨发生前几天，大气环流一般表现为以下主要特征：环流形势较稳定，欧亚中高纬环流呈典型的“两槽一脊”分布形势；西风带里海至巴尔喀什湖之间出现深厚稳定的高空槽；南支槽稳定；低涡活跃；切变线稳定；冷暖空气活跃等。这些环流形势特点及其相互配合在很大程度上能够导致汉江流域，特别是汉江上游发生致洪暴雨。在暴雨的预报过程中，当出现以上有利于强降雨发生的环流特征时，就应该警惕汉江流域有强降雨过程发生，近年来发生的降雨大多符合这一特征[2]。

4.1.2 典型洪水组成及遭遇规律分析

汉江流域内具有悠久的历史洪水记载。汉江上、中、下游均可发生洪灾，但以中下游最为频繁和严重。中下游河道上宽下窄，泄洪能力逐渐减小，当长江干流水位较高时，汉江下游过流能力只有5250m^3/s左右。所以当上中游发生洪水时，中下游极易酿成灾害。

汉江1416年以来发生特大洪水的记述较为频繁，共发生了16次，30～40年发生一次。汉江调查的最大历史洪水为1583年洪水，丹江口坝址流量61000m^3/s。1583年以来历史文献记载较为详尽且经实地调查后可认定其洪痕高程的有1583年、1724年、1832年、1852年、1867年、1921年、1935年7个年份。丹江口河段历史洪水按洪峰流量大小次序排列见表4.2。

表4.2　汉江丹江口河段主要历史洪水及重现期调查成果

发生时间	洪峰流量/(m^3/s)	洪水类型	重现期/年	备注
1583年6月	61000	夏季洪水	418	调查
1724年6—7月		夏季洪水	209	调查

续表

发生时间	洪峰流量/(m^3/s)	洪水类型	重现期/年	备注
1935年7月	50000	夏季洪水	139	实测
1867年9月	45500	秋季洪水	105	调查
1852年8月	45000	秋季洪水	84	调查
1832年9月	44700	秋季洪水	69	调查
1921年7月	38000	夏季洪水	60	调查

新中国成立后发生的较大洪水主要有1964年10月、1975年8月、1983年7月和10月洪水等。近年来发生的较大洪水有2003年9月、2005年10月、2010年7月和2011年9月洪水（简便起见，下文一般以洪号代替洪水发生时间），通过对历史和近年来发生的洪水分析发现，汉江上游发生较大来水的年份，一般情况下以白河以上来水为主，特别是安康水库以上，来水占比经常大于其面积比。堵河来水一般较小，这可能与近年堵河修建水库较多有关。

汉江流域的典型洪水，一般以汉江上游来水为主，丹江口水库以上来水可占汉江流域来水的80%左右。丹江口—皇庄区间（丹皇区间）来水仅占皇庄来水的20%左右，其中唐白河来水占比约为10%，南河、北河与无控区间占比约10%。这就为丹江口、安康等水库拦蓄洪水，减轻下游防洪压力创造了较为有利的条件。

采用调查和实测（1929—2019年）丹江口入库最大洪峰流量资料和1954年以来分割的丹皇区间洪水资料绘制的年最大洪峰出现时间散点图如图4.1所示。

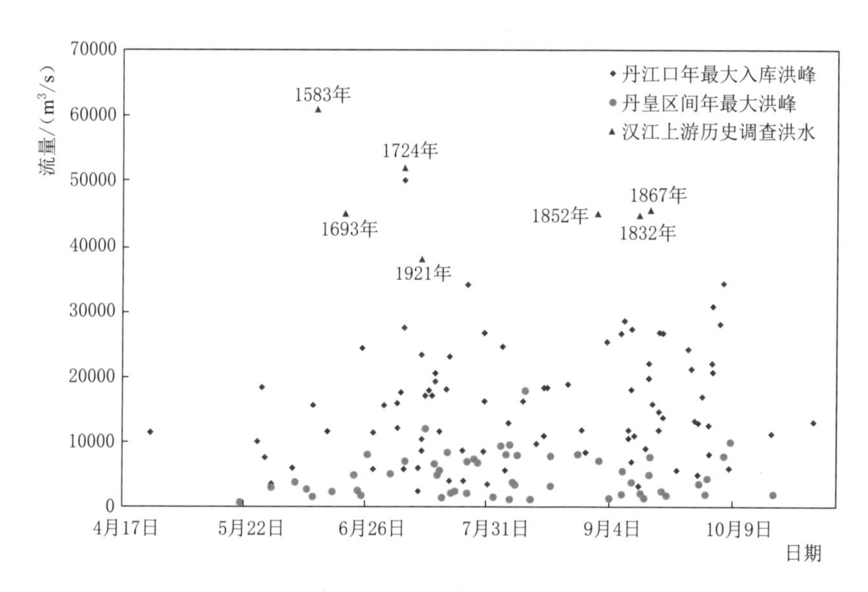

图4.1 丹江口水库和丹皇区间年最大洪峰出现时间散点图

由图4.1可见，丹江口水库汛期洪水过程分期特征比较明显，即以8月20日为界，6月21日—8月20日为夏汛期，入库洪峰集中在6月下旬至7月，洪峰峰高量大；8月21日逐渐进入秋汛期，入库洪峰仍然比较集中，但量级较夏汛期偏小，主要以9月1—15日及10月1—10日为集中期。

4.1.3 汉江流域产汇流特性分析

汉江上游流域面积较大，即使降雨预报未能预见到可能发生的降雨，从降雨发生后至丹江口入库洪峰出现还需要一段时间，通过分析丹江口以上降雨和洪水发生的时间，可以找出一定的雨洪对应规律，为确定水库预报预泄的启动时间提供技术支撑。根据资料情况，主要选取上游发生的历史典型洪水和20世纪90年代以来发生的中小洪水，雨洪发生时间对照见表4.3。

汉江上游的降雨统计分为三个区，分别为石泉以上、石泉—白河、白河—丹江口，根据表4.3可以看出，从丹江口水库以上面平均6h降雨大于5mm（或三个分区中一个分区降雨大于10mm，即日降雨达到中到大雨的级别）开始到丹江口水库入库流量大于10000m^3/s一般需要36h甚至更长时间，平均达到50h，至丹江口水库洪峰出现一般历时48～72h，从最大时段降雨出现至丹江口水库最大入库洪峰出现一般历时24～36h。

可见，从较强落地降雨发生还有48h左右的预泄时间，当强降雨发生时，应当机立断，利用这段宝贵时间将水库水位尽快降至汛限水位。从近年来发生的几次较大的典型洪水来看，“83·10”“03·9”“05·10”“11·9”等洪水，由于前期底水较高，从降雨达到一定级别至入库流量涨至10000m^3/s平均只有30h，至入库洪峰流量出现也不足72h，因此在实际操作过程中，若前期降雨维持，底水较高，应高度注意未来是否仍有强降雨发生，一旦发现有中雨以上的预见期降雨发生，应立即启动预泄，及时将水库水位降至汛限水位。

4.1.4 汉江中下游分级补偿调度分析

汉江中游的皇庄（碾盘山）河段为丹江口水库补偿调度的目标，同时还需要为仙桃以下河段进行补偿调度。皇庄以下至河口河段受人类活动影响，产汇流规律比较复杂。根据历史资料和调度规程的分级补偿的流量级别，分析皇庄站流量分别达8000m^3/s、11000m^3/s、12000m^3/s、16000m^3/s、17000m^3/s、20000m^3/s、21000m^3/s时，皇庄—沙洋—仙桃站洪峰流量相应关系见表4.4。其中皇庄—沙洋相关系数可达0.98以上，沙洋—仙桃相关系数可达0.97以上，相关度较高。

结合丹江口水库调度规程[3]，百年一遇以下洪水，丹江口对皇庄站的补偿调度可分为以下五个级别：

（1）皇庄站流量控泄8000m^3/s，仙桃站流量在5600m^3/s左右，中下游无防洪压力。

（2）皇庄站流量控泄10000m^3/s，仙桃站流量在7000m^3/s左右，中下游防洪压力不大，主要站水位一般不超警戒水位。

（3）皇庄站流量控泄12000m^3/s，沙洋河段水位达到警戒水位附近，仙桃站流量在8000m^3/s左右，中下游有一定的防洪压力，汉口水位在警戒水位附近或以下时，杜家台不需要分洪。

（4）皇庄站流量控泄16000m^3/s，皇庄站达到警戒水位，仙桃站流量在10000m^3/s左右，杜家台需要分洪。一般情况下不需要使用民垸。

表 4.3　　丹江口水库近年来发生的中小洪水时间对照表

洪水编号	降雨开始时间	时段降雨大于5mm发生时间	对应入库洪水/(m^3/s)	单区降雨大于10mm发生时间	对应入库洪水/(m^3/s)	入库洪水大于10000m^3/s发生时间	历时1/h	时段最大降雨发生时间	最大入库洪水发生时间	对应入库洪水/(m^3/s)	历时2/h	历时3/h
60·9	9月2日2时	9月3日8时	1260	9月3日8时	1260	9月5日3时	43	9月6日14时	9月7日20时	26500	108	36
64·10	10月1日14时	10月2日8时	3460	10月2日8时	3460	10月4日4时	44	10月4日8时	10月5日20时	23400	84	36
83·7	7月19日2时	7月19日8时	1390	7月19日8时	1390	7月21日10时	50	7月21日14时	7月23日2时	21500	90	36
83·8	7月28日2时	7月28日20时	1140	7月28日14时	1140	7月31日21时	79	7月31日14时	8月1日22时	33800	104	30
83·9	9月26日2时	9月27日2时	3320	9月26日8时	4640	9月28日10时	50	9月27日8时	9月29日2时	11800	66	42
83·10	10月3日8时	10月3日14时	2050	10月3日20时	2090	10月5日5时	39	10月5日14时	10月6日14时	34300	72	24
92·7	7月12日20时	7月15日14时	3890	7月15日8时	5200	7月17日14时	54	7月16日8时	7月18日2时	11400	66	42
92·10	10月2日2时	10月3日14时	2020	—	—	10月5日8时	42	10月3日20时	10月5日20时	10900	54	48
93·8	8月22日20时	8月25日14时	1670	—	—	8月26日20时	30	8月25日14时	8月27日2时	11800	36	36
96·11	10月30日14时	10月31日2时	1160	10月31日8时	1770	11月1日17时	39	10月31日8时	11月1日20时	12900	42	36
98·7	7月5日8时	7月7日2时	897	7月6日20时	873	7月10日2时	78	7月7日2时	7月11日2时	14300	102	96
98·8	8月13日8时	8月14日8时	2260	8月13日20时	2980	8月15日11时	39	8月14日20时	8月16日2时	18700	54	36
	8月19日14时	8月21日8时	1150	8月20日14时	1410	8月22日20时	54	8月21日8时	8月23日8时	11200	66	48
	8月24日14时	8月26日2时	1970	8月26日8时	1410	8月28日2时	48	8月26日14时	8月28日2时	10300	48	36
00·7	7月11日2时	7月12日8时	2200	7月12日8时	2200	7月13日20时	36	7月14日8时	7月15日14时	16000	78	30
00·10	10月10日2时	10月11日8时	1470	10月11日8时	1470	10月12日20时	36	10月11日14时	10月13日8时	13800	48	42
03·9	8月28日14时	8月29日8时	1400	8月29日2时	1350	9月1日2时	72	8月31日14时	9月2日8时	26500	102	42
	9月5日14时	9月6日2时	4480	9月6日8时	4380	9月7日5时	27	9月6日20时	9月8日8时	28100	54	36

续表

洪水编号	降雨开始时间	时段降雨大于5mm发生时间	对应入库洪水/(m^3/s)	单区降雨大于10mm发生时间	对应入库洪水/(m^3/s)	入库洪水大于10000m^3/s发生时间	历时1/h	时段最大降雨发生时间	最大入库洪水发生时间	对应入库洪水/(m^3/s)	历时2/h	历时3/h
05·7	7月5日2时	7月5日14时	715	7月5日14时	715	7月7日17时	51	7月8日8时	7月9日2时	11700	84	18
05·8	8月14日14时	8月15日8时	2770	8月16日8时	2510	8月20日2时	114	8月20日8时	8月21日2时	22600	138	18
05·10	9月30日2时	10月1日8时	3010	10月1日8时	3010	10月2日11时	27	10月2日14时	10月3日17时	30000	57	27
07·7	7月3日20时	7月4日20时	1270	7月4日20时	1270	7月7日20时	72	7月6日14时	7月8日2时	13000	78	36
	7月28日14时	7月28日20时	2520	7月28日8时	2090	7月30日8时	48	7月29日8时	7月30日20时	15600	60	36
10·7	7月16日14时	7月17日8时	2240	7月17日2时	1610	7月19日2时	48	7月18日20时	7月19日20时	27500	66	24
	7月22日2时	7月22日20时	8800	7月23日8时	8850	7月24日14时	42	7月24日8时	7月25日4时	34100	56	22
10·8	8月22日20时	8月23日14时	7970	8月23日14时	7970	8月25日2时	36	8月24日8时	8月25日14时	15700	48	30
11·8	7月30日2时	7月31日8时	1790	7月31日8时	1790	8月2日12时	52	7月31日14时	8月2日20时	12100	76	30
11·9	9月10日8时	9月11日20时	2980	9月11日14时	1820	9月13日2时	36	9月13日8时	9月14日23时	22100	81	51
	9月16日8时	9月17日8时	8990	9月17日8时	8990	9月18日12时	28	9月18日8时	9月19日14时	26600	54	30
14·9	9月9日2时	9月9日8时	802	9月9日8时	802	9月13日17时	105	9月10日14时	9月13日20时	10500	108	78
	9月17日2时	9月17日14时	9750	9月16日14时	—	9月18日16时	50	9月18日2时	9月19日8时	13700	66	30
17·9	9月23日14时	9月25日14时	2700	9月25日14时	2700	9月27日5时	39	9月26日14时	9月28日8时	17300	66	42
19·9	9月12日2时	9月14日8时	2700	9月14日2时	2940	9月16日2时	48	9月15日8时	9月16日21时	16000	67	37
平均							50.2				72.1	37.6

注 历时1和历时2指汉江上游全区时段降雨达到5mm或者石泉以上、石泉—白河、白河—丹江口单区时段降雨大于10mm最先开始的时间至入库流量分别涨至10000m^3/s和洪峰流量的历时；历时3是指汉江上游全区时段降雨最大发生时间至入库流量涨至洪峰流量的历时。

表 4.4 皇庄—沙洋—仙桃站洪峰流量相应关系

序号	皇庄洪峰流量/(m^3/s)	沙洋洪峰流量/(m^3/s)	仙桃洪峰流量/(m^3/s)
1	8000	7700	5600
2	11000	10000	7100
3	12000	11000	7700
4	16000	14900	10100
5	17000	15800	10600
6	20000	18300	12100
7	21000	19200	12600

(5) 皇庄站流量控泄 20000m^3/s，沙洋河段达到保证水位附近，除采用杜家台分洪外，可能还需要采用民垸分洪。从实测洪水资料来看，皇庄站流量达到 18000m^3/s 以上时基本都采用了杜家台分蓄洪区，1964 年、1983 年秋季洪水还采用了民垸分洪。

当长江水位较高时，特别是遭遇 1954 年、1998 年型洪水，若汉江上游来水不大，皇庄站流量要尽量控泄在 8000m^3/s 以下，以保证汉江下游安全。

4.2 汉江流域水文气象耦合预报模拟技术

4.2.1 汉江流域水文气象预报方法

4.2.1.1 降雨预报方法

目前常用的短期降雨预报方法主要有天气学预报方法、数值预报方法和遥感预报方法等。天气学预报是以卫星云图、天气图为主要手段，应用天气学知识进行解析的一种半理论半经验预报方法。该方法主要取决于预报员的经验，不同预报员预报结果可能也存在很大差异。数值预报是通过数值方法在一定的初始场和边界条件下，近似求解支配大气运动的流体动力学和热力学方程组来预报未来的大气环流形势和天气要素的方法。遥感预报主要是将先进的遥感技术应用于监测和预报当中，最典型的是数字化雷达和气象卫星。多普勒雷达具有定量测量回波强度的功能，根据回波的强度与降水的关系可以定量估测降水，多用于短时临近预报；卫星云图根据云的亮度、种类、面积与降水之间的关系间接估测降水。

在目前的短期降雨预报中，由于数值预报使用起来简便、快捷，在降雨预报业务能力提升中发挥着重要的基础性作用，已经成为解决天气预报问题的最主要的科学途径，是目前气象预报的主流方向，数值预报产品的解释技术、集合预报技术应用也越来越受到重视[3]。然而，天气学的预报方法仍是降雨预报业务中的重要技术方法，在国内外的降雨预报中，预报员通过经验将其与数值预报相结合，体现在业务实践中。卫星和雷达主要用于降水的短时估测，预见期较短但精度较高，可在实际生产中发挥巨大的作用。

由于天气学外推的预见期有限，中期预报很大程度上需要依赖数值预报产品资料，主要还是采用以数值预报为主、天气学经验预报为辅的综合预报方法。数值预报方法通过数学求解基于大气运动规律的流体力学和热力学方程，计算出来某个时间的大气状态，进而得出降雨、气温等要素的预报结果。目前能够获取的数值预报产品较多，主要包括美国的WRF模式[4]、日本气象厅的全球模式、欧洲中期天气预报中心（ECMWF）的全球模式[5]、中国的T639全球模式等，预见期一般为7～10d。

在制作中期逐日降雨预报时，除降雨数值预报已有现成的产品可以利用外，还需利用逐日的要素场及物理量场数值预报产品，进行天气学方法分析预报，最大限度地提高降雨预报水平。

长期天气过程的演变牵涉到整个大气、海洋、大陆环境、冰雪等在内的庞大系统之中，影响气候因素诸多。作为反映长期天气变化过程的主要影响因子，近年来，对海—气、地—气相互作用有了更深入的研究。研究表明，利用大范围海温资料，结合大气环流分析，能够为了解未来天气系统演变趋势提供有利的信息。经过不断研究，目前已经证实：夏季副高与前期海温（尤其是冬季海温）的关系非常密切，特别是在强洋流区，情况更为明显，其作用常常影响整个夏季。除海洋以外，大陆热状况也是影响大气演变的又一重要因素。近年来，以地温状况作为物理因子制作长期水文气象预报也逐渐引起人们的重视，并且在研究上取得了一定的成果。海—气、地—气关系在现代长期预报中有着十分重要的作用。由于海温的演变往往较为缓慢（其状态具有较长时间的持续性），因此将其作为长期过程的因子量能够满足时间尺度的要求，对长期预报而言，因子量的持续和稳定至关重要。所以，综合分析海洋、陆地热状况等，将有助提高预报的准确率。

长期天气预报的方法可分为三类：一是分析气候背景的年代和年际变化趋势，以展望气温、降水等气象要素的变化规律；二是物理统计方法，即以数理统计和物理因子分析为基础，开展气象诸要素的预报；三是气候动力学方法，与数值预报的方法类似，通过求解动力学方程进行气候方面的预测。随着数值预报模式的发展，除了WRF、欧洲中期数值预报中心等短中期数值模式产品之外，气候模式产品也日益增多，例如区域气候模式RegCM4[6]、美国CFS模式产品、日本季节模式预报产品等。

4.2.1.2 水文预报方法

汉江中下游是长江流域重点防洪区域之一，早在20世纪50年代就开始对外发布洪水预报。汉江流域面积大、支流众多，受地形地貌影响，降雨和产流很不均匀，汇流过程极为复杂。预报方案采用划分流域分区，以分区为单元计算产汇流的方法，即依据流域产汇流、暴雨洪水特性和站网情况将整个流域划分为若干子流域，分单元进行产汇流计算。自60年代开始逐步完善，已形成了较为完善的预报体系[7]。

针对水雨情遥测站网逐步建成及水利工程建设情况[8]，对汉江流域预报方案进行了重新编制，子流域划分更为细致，采用的划分方法（基于DEM划分）亦更加科学。汉江上游预报流程如图4.2所示，图中矩形代表水库，圆形代表水文站。

汉江上游划分为32个子流域，坡面产汇流部分多采用降雨径流相关图法（API）和单位线法（UH），河道汇流部分多采用马斯京根分段演算法。部分流域采用了新安江模型。

汉江中游丹江口至皇庄区间预报方案划分为16个子流域，更能体现地形和降雨空间分布的不均匀性。坡面产汇流仍采用API和UH；河道汇流采用长办汇流曲线，以丹江口水库放水过程以及各单元产汇流计算的出流过程为输入，依其汇入干流位置的先后，逐段进行河道流量演算和叠加，预报出下游主要水文站的流量过程。汉江中下游预报流程如图 4.3 所示。

对无控制站的流域，产流借用本流域小支流代表站或邻近支流站的降雨径流相关图，汇流则采用瞬时单位线法，以单位线三要素 u_p、t_p、T 与集水面积建立经验关系式：

$$u_p = 0.35A^{0.90} \tag{4.1}$$

$$t_p = f(A) \tag{4.2}$$

$$T = f(A) \tag{4.3}$$

式中：u_p 为单位线洪峰流量，m^3/s；t_p 为单位线滞时，h；T 为单位线底宽，h；A 为集水面积，km^2。

求出 u_p、t_p 后，根据纳什单位线关系式：

$$u_p = \frac{1}{\Delta t}\left[I\left(n, \frac{t_p}{K}\right) - I\left(n, \frac{t_p - \Delta t}{K}\right)\right] \tag{4.4}$$

$$t_p = \Delta t \Big/ \left\{1 - \exp\left[-\frac{\Delta t}{K(n-1)}\right]\right\} \tag{4.5}$$

求出 n、K 值，继而求得单位线过程。

皇庄站以下地处江汉平原，受人类活动影响很大，产汇流规律不明显。各站水位流量关系曲线因受断面冲淤及涨落率影响很不稳定，绳套偏离轴线很大，各次洪水的轴线位置和趋势不一。主要采用水位-流量相关图模型进行预报，具体使用时，还要参考水位-流量曲线的趋势及实时关系的走向经验确定。

由于汉江下游水文预报产汇流规律不明显，相关图模型的经验性又较强，为提高预报精度和适应新的需求，采用 MIKE 11 模型与相关图模型互为补充。MIKE 11 模型由丹麦水力研究所开发，广泛应用于全球范围各个水利领域，主要用途包括流域水文模拟、防洪调度、水库优化管理、溃坝分析等多方面[9]。

MIKE 11 模型将两断面间线性均化河道并作为一微分单元体，根据上边界输入（上游、旁侧来水）过程对该单位体求解圣维南方程组得输出流量、水位涨退过程，且该输入过程作为下一相邻单元体的上边界输入，将河道自上而下依次求解各单元体的流量水位过程以求解洪水在河道中的传播过程。模型采用六点中心隐格式求解圣维南方程组：

$$\left.\begin{aligned} &\frac{\partial Q}{\partial x} + \frac{\partial A}{\partial t} = q \\ &\frac{\partial Q}{\partial t} + \frac{\partial\left(\alpha \dfrac{Q^2}{A}\right)}{\partial x} + gA\frac{\partial h}{\partial x} + \frac{gQ|Q|}{C^2AR} = 0 \end{aligned}\right\} \tag{4.6}$$

式中：x 为距离，m；t 为时间，s；q 为旁侧入流，m^3/s；Q 为断面流量，m^3/s；A 为过水面积，m^2；h 为基准面以上的水位，m；C 为谢才系数；R 为水力（阻力）半径，m；α 为动量修正系数。

其数值计算采用传统的“追赶法”，即“双扫法”。

4.2.1.3 水雨情传输

汉江流域水雨情遥测站点包括长江委、陕西、湖北、河南、重庆等省（直辖市）的国

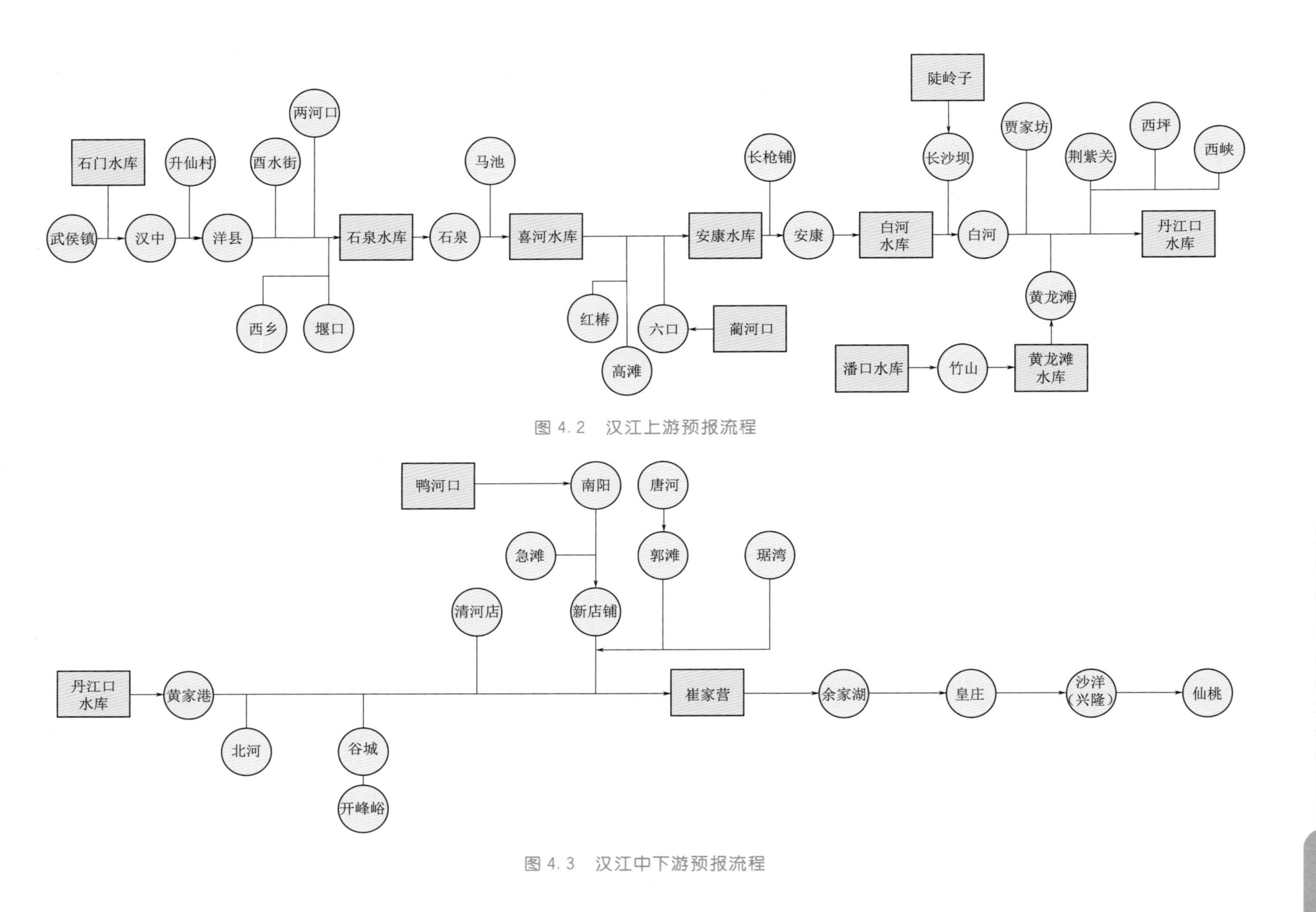

图 4.2 汉江上游预报流程

图 4.3 汉江中下游预报流程

家基本站网和各水利工程专用站网。近年来，随着山洪灾害、中小河流等项目建设的开展，汉江流域新建了大量的水雨情站网，实现了自动报讯。目前各类站点总数达700余个，包括水文水位站107个，其中汉江上游64个；雨量站638个，其中汉江上游306个；水库站约80个，汉江上游和中下游各40个左右。

水情信息的传输效率直接影响着水文预报的有效预见期。20世纪大多数水情站点主要通过邮电部门的有线电话、有线电报等方式拍发水情，中转层次多、通信保障率不高，报汛时效慢、差错多；数据在使用时多采用手工抄录，效率低且出错率高，收齐全流域水情一般需要3～4h。目前汉江流域水情信息传输已实现网络化，各省还分别采用电话、短信、卫星等多种报汛手段互为补充和备用，提高了水情传输的可靠性，水情传输时间也大大缩短。水雨情信息满足20min内到达流域水情中心的要求，信息合格率在99.7%以上，迟报、错报率小于0.3%，水情信息采集的时效性及精度大大提高。

4.2.2 水文气象预报成果可利用性分析

4.2.2.1 短中期降雨预报精度

汉江流域短期降雨面雨量预报区域有四个，即石泉以上、石泉—白河、白河—丹江口、丹江口—皇庄。预报内容为各分区逐日降雨量预报值范围和最大可能性的降雨量倾向值。选取这四个分区2003—2015年各年5—9月短期面雨量预报，对其进行评分统计。汉江流域分区短期定量降雨预报评分统计结果见表4.5。

表4.5 汉江流域分区短期定量降雨预报评分统计表

月份	分　区	1d预见期评分	2d预见期评分	3d预见期评分
5	石泉以上	91.9	88.0	86.0
	石泉—白河	91.1	87.2	84.7
	白河—丹江口	92.8	91.0	87.5
	丹江口—皇庄	91.6	89.1	87.0
6	石泉以上	90.4	87.3	86.8
	石泉—白河	91.3	88.4	86.0
	白河—丹江口	90.3	87.9	84.0
	丹江口—皇庄	89.1	86.0	82.1
7	石泉以上	90.3	88.1	86.9
	石泉—白河	88.3	84.7	81.8
	白河—丹江口	86.6	85.3	83.5
	丹江口—皇庄	86.6	86.1	82.6
8	石泉以上	91.6	89.0	87.1
	石泉—白河	91.1	87.0	84.9
	白河—丹江口	91.6	89.0	86.1
	丹江口—皇庄	87.4	85.8	84.1

续表

月份	分　区	1d 预见期评分	2d 预见期评分	3d 预见期评分
9	石泉以上	89.2	86.8	84.2
	石泉—白河	89.4	87.9	88.6
	白河—丹江口	93.2	89.9	89.1
	丹江口—皇庄	92.1	89.8	89.0
平　均		90.3	87.7	85.6

长江水利委员会制定的流域面雨量预报统计评分办法，核心思想是实况面雨量在预报范围内为 100 分，差别越大，得分越少，直至 0 分。24h 流域面雨量预报达到 85 分即认为合格，48h 预报达到 80 分即为合格，72h 预报达到 75 分即为合格。

收集 2003—2015 年完成的 551 期汉江流域中期（4～7d）预报进行检验。中期预报主要是针对降雨过程的预报，因此评定以累计面雨量预报准确率为标准，评定对象是汉江流域上游和中下游 2 个中期预报区。

强降雨是影响汉江流域水情变化的关键因素，评定以实况出现累计面雨量不小于 35mm 的强降雨样本为评定对象，共选出 130 次强降雨样本，其中，汉江上游 76 次，汉江中下游 54 次。统计发现汉江上游有 70 次预报合格，合格率为 92.1%，漏报 6 次，漏报率为 7.9%；汉江中下游有 38 次预报合格，合格率为 70.4%，漏报 16 次，漏报率为 29.6%。汉江上游空报共 11 次，空报率为 12.6%；汉江中下游空报共 23 次，空报率为 29.9%。

进一步分析发现，出现漏报和空报的情况，大多数由于预见期较长（主雨时间位于预见期的 5～7d）。而中期预报发布后 1～2d 都进行了滚动预报，提高了预报精度。汉江中下游的误差大于上游，主要是由于汉江中下游的降雨有时会受到黄河下游及淮河雨带的影响，因此准确率较上游低。

大多数强降雨提前一周就能有较好的把握，降雨强度和落区也能基本准确，但对于定量预报精度还显得有所不足，存在对强降雨预报的空报率明显高于漏报率现象，这与在防洪工作中“宁空勿漏”的指导思想有关。可通过加强对强降水过程的实时监测、分析会商和短期滚动预报等方式，在一定程度上弥补中期强降雨预报和定量降雨预报精度的不足。

4.2.2.2 降雨预报与暴雨量级的关系

收集汉江流域 4 个分区 2003—2015 年共 13 年 4—10 月期间日常短期降雨共 2377 个预报样本成果（预报内容为降雨量范围预报及降雨量倾向值预报），分析预报与暴雨以上量级实况降雨的相关关系，分别对 4 个分区按照预见期 1d、2d、3d 各级降雨预报进行分析，结果见表 4.6～表 4.8。

可以看出，实况为暴雨时，各预见期预报无雨的概率基本为 0，预报小雨的概率在 5%左右（其中 2d 以内出现在汉江上游的概率不足 2%），预报中雨的概率随着预见期的增加逐渐从 10%递增到 30%，一般预报大雨以上量级时发生暴雨的可能性较大。这说明 3d 以内预报员对降雨过程把握已相当准确，预报无雨或小雨时发生强降雨的概率很低，但对暴雨和大暴雨等强降雨预报的准确性还有待提高。针对暴雨的预报，应密切关注雷达图以及卫星云图，同时加强滚动预报，以期对量级有较好的预估。

表4.6　　汉江流域各分区未来1d各级降雨预报分析

预报区域	预报量级	统计项目	预报次数	实际降雨频次					
				无雨	小雨	中雨	大雨	暴雨	大暴雨
石泉以上	6级总计次数		2377						
	无雨	发生频次	665	451	202	10	2		
	小雨	发生频次	1071	312	702	47	9	1	
	中雨	发生频次	426	10	216	142	53	5	
	大雨	发生频次	175	2	29	65	61	18	
	暴雨	发生频次	39	0	0	4	19	14	2
	大暴雨	发生频次	1						1
石泉—白河	5级总计次数		2377						
	无雨	发生频次	728	514	201	12	1		
	小雨	发生频次	968	262	646	50	10		
	中雨	发生频次	439	18	244	136	39	2	
	大雨	发生频次	188	1	32	72	60	23	
	暴雨	发生频次	54	0	4	5	23	22	
白河—丹江口	5级总计次数		2377						
	无雨	发生频次	903	608	279	13	3		
	小雨	发生频次	913	194	658	55	6		
	中雨	发生频次	365	12	195	123	33	2	
	大雨	发生频次	162	30	66	57	9	0	
	暴雨	发生频次	34	0	1	7	15	10	1
丹江口—皇庄	5级总计次数		2377						
	无雨	发生频次	982	709	262	8	3		
	小雨	发生频次	859	207	566	70	13	3	
	中雨	发生频次	343	16	184	102	37	4	
	大雨	发生频次	155	0	34	58	52	11	
	暴雨	发生频次	38	0	0	4	19	15	

表4.7　　汉江流域各分区未来2d各级降雨预报分析

预报区域	预报量级	统计项目	预报次数	实际降雨频次					
				无雨	小雨	中雨	大雨	暴雨	大暴雨
石泉以上	5级总计次数		2377						
	无雨	发生频次	939	507	397	29	5	1	
	小雨	发生频次	783	233	482	57	10	1	
	中雨	发生频次	433	29	219	127	49	9	
	大雨	发生频次	173	5	49	53	51	15	
	暴雨	发生频次	49	0	4	13	17	12	3

续表

预报区域	预报量级	统计项目	预报次数	实际降雨频次					
				无雨	小雨	中雨	大雨	暴雨	大暴雨
石泉—白河	5级总计次数		2377						
	无雨	发生频次	714	466	231	16	1		
	小雨	发生频次	988	292	613	68	15		
	中雨	发生频次	433	29	235	109	50	10	
	大雨	发生频次	188	8	41	78	42	19	
	暴雨	发生频次	54	0	7	5	24	18	
白河—丹江口	5级总计次数		2377						
	无雨	发生频次	889	576	297	12	4		
	小雨	发生频次	887	218	593	60	15	1	
	中雨	发生频次	404	18	234	118	32	2	
	大雨	发生频次	166	4	36	66	49	11	
	暴雨	发生频次	31	0	3	7	13	7	1
丹江口—皇庄	5级总计次数		2377						
	无雨	发生频次	959	669	275	12	3		
	小雨	发生频次	859	236	530	72	17	3	1
	中雨	发生频次	367	29	191	98	43	6	
	大雨	发生频次	154	1	47	54	41	11	
	暴雨	发生频次	38	0	8	11	9	8	2

表 4.8　　　汉江流域各分区未来3d各级降雨预报分析

预报区域	预报量级	统计项目	预报次数	实际降雨频次					
				无雨	小雨	中雨	大雨	暴雨	大暴雨
石泉以上	5级总计次数		2377						
	无雨	发生频次	663	399	247	14	3		
	小雨	发生频次	1090	339	636	86	25	4	
	中雨	发生频次	411	32	201	114	54	10	
	大雨	发生频次	179	4	61	57	38	19	
	暴雨	发生频次	34	0	4	8	14	5	3
石泉—白河	5级总计次数		2377						
	无雨	发生频次	732	460	249	20	3		
	小雨	发生频次	1010	296	592	92	28	2	
	中雨	发生频次	423	37	225	103	46	12	
	大雨	发生频次	163	3	50	53	38	19	
	暴雨	发生频次	49	0	9	10	17	13	

续表

预报区域	预报量级	统计项目	预报次数	实际降雨频次					
				无雨	小雨	中雨	大雨	暴雨	大暴雨
白河—丹江口	5 级总计次数		2377						
	无雨	发生频次	879	535	321	18	5		
	小雨	发生频次	936	242	588	83	22	1	
	中雨	发生频次	394	36	212	102	38	6	
	大雨	发生频次	134	3	41	51	31	8	
	暴雨	发生频次	34	0	3	8	17	6	0
丹江口—皇庄	5 级总计次数		2377						
	无雨	发生频次	958	627	306	20	5		
	小雨	发生频次	867	268	489	80	26	3	1
	中雨	发生频次	367	39	189	86	45	8	
	大雨	发生频次	144	2	59	46	28	8	1
	暴雨	发生频次	41	1	8	14	8	9	1

4.2.2.3 水文预报精度评估

汉江流域主要站点受水利工程调蓄影响较大，水文预报主要以短期预报为主。选取2003—2015 年 33 场洪水及 45 次预报过程，对丹江口入库洪峰流量和库水位预报结果进行精度评价，评价结果见表 4.9。丹江口入库洪水洪峰预报预见期为 0.5～3d，库水位预报预见期一般较长，最长可达 5d。

根据评价结果，丹江口水库入库流量预报的平均预见期为 24.7h，平均预报误差在13.3%左右。1d 以内预见期的预报，预报合格率为 93%左右。2d 预见期的预报，合格率在 88%以上。

表 4.9　丹江口水库入库洪峰流量和库水位预报精度评价结果

测站	项　目	预　见　期					
		0.5d	1d	2d	3d	4d	5d
洪峰流量	预报次数/次	12	20	10	3	—	—
	平均误差/%	6.3	8.8	12.0	33.5	—	—
	最大相对误差/%	19.9	32.1	18.5	41.7	—	—
	最小误差/%	0.5	0.1	6.7	17.7	—	—
库水位	预报次数/次	—	8	17	14	4	2
	平均误差/m	—	0.14	0.16	0.25	0.45	0.26
	最大误差/m	—	0.3	0.48	1.05	0.7	0.55
	最小误差/m	—	0.06	0.02	0.03	0.26	0.01

入库洪峰流量预报误差比较大的主要有 2007 年 7 月 30 日、2009 年 8 月 29 日、2010 年 7 月 24 日三次预报，其中前两次洪水洪峰洪量较小，预报误差对水库调度影响不大。

2010 年 7 月洪水预报误差较大，主要是因为库区周边强降雨导致支流丹江发生超百年一遇洪水，并造成丹江口水库入库流量快速上涨。本次洪水虽然入库流量预报偏小，但最高库水位预报偏高，水位预报已经考虑了洪峰流量预报误差的风险。

由于上游安康水库下泄洪水至丹江口水库不足 1d，安康水库调蓄对丹江口水库流量影响很大，因此洪峰预报的合格率可能不能完全体现预报水平。对于水库来说，洪量比洪峰预报更为重要，因此库水位的预报更能体现预报精度的高低。根据库水位预报统计结果，平均预见期接近 3d，3d 以内平均误差 0.25m，最大误差 1.05m，次大预报误差为 −0.70m，其他预报误差一般在 0.30m 以下。两次较大的预报误差为 2010 年 7 月中旬和下旬的洪水预报，下面对这两次预报误差较大的原因进行分析。

2010 年 7 月 19 日 8 时，预报丹江口水库 22 日 8 时库水位将达到 150.0m 左右，预见期有 4d，但由于 21 日开始有新的降雨发生，22 日 8 时库水位仍在上涨，因此预报库水位偏低，20 日起对库水位进行了滚动预报，误差较小。

2010 年 7 月 24 日 8 时，进行了最大入库流量预报和最高库水位预报，由于汉江上游水库众多，安康等调节性能相对较好的水库调度方式又不明确，再加上预见期降雨时空分布的不确定性，因此最高库水位预报时偏安全考虑，预报为 156.0m，偏高 1m 左右，但若扣除上游水库拦蓄影响，预报误差不足 0.1m。在 7 月 25 日、26 日上游水库拦蓄方式确定后，又对丹江口最高库水位进行了滚动预报，26 日 8 时预报库水位为 154.9m，预见期近 2d，预报误差很小。

近年来发生的较大洪水，库水位一般预报较准，提前 3d 左右可以预报出最高水位出现的时间，预报误差在 0.2m 以内，预报精度较高。

丹江口水库下泄流量一般需要 3d 左右抵达最下游的汉川水位站。分别对汉江中下游皇庄、沙洋、仙桃、汉川 4 站 2003—2015 年预报的精度进行统计，具体结果见表 4.10。

表 4.10　汉江中下游主要站点不同预见期水位预报精度

测站	项目	预见期				
		1d	2d	3d	4d	5d
皇庄	预报次数/次	13	18	9	8	5
	平均误差/m	0.12	0.21	0.28	0.88	1.02
	最大误差/m	0.35	0.41	0.65	3.52	1.36
	最小误差/m	0	0.04	0.05	0.09	0.79
沙洋	预报次数/次	12	14	12	6	5
	平均误差/m	0.08	0.21	0.24	0.98	1.17
	最大误差/m	0.18	0.65	1.13	3.12	2.01
	最小误差/m	0.01	0.03	0	0.03	0.14
仙桃	预报次数/次	7	16	17	7	8
	平均误差/m	0.16	0.19	0.43	0.79	1.13
	最大误差/m	0.64	0.68	1.37	3.37	2.68
	最小误差/m	0.01	0	0	0	0.2

续表

测站	项　目	预　见　期				
		1d	2d	3d	4d	5d
汉川	预报次数/次	6	15	15	10	9
	平均误差/m	0.20	0.23	0.24	0.63	0.51
	最大误差/m	0.46	0.61	0.91	2.24	2.11
	最小误差/m	0.06	0.02	0.06	0.06	0.07

由表4.10可见，皇庄、沙洋站平均预见期可达2.5d，仙桃站平均预见期可达2.8d，汉川站平均预见期可达3d。汉江中下游作业预报误差总体随预见期的增长而加大，3d以内预见期误差较小，皇庄、沙洋、汉川站水位平均误差均在0.3m以内；仙桃站2d以内误差较小，3d误差明显增加。主要是由于仙桃站水位受汉江和长江来水共同影响，水位流量关系变化很大，而且仙桃站位于市区附近，受人类活动影响大，局地排涝也可能导致预报产生一定误差。

对近年来发生的较大洪水的预报过程分析发现，汉江中下游3d以内的预报是较为可信的，但是有些极端误差较大，主要有以下几个原因：①有些预见期降雨还难以准确把握，汉江上游的预报误差也会影响中下游预报；②丹皇区间水利工程众多，小型洪水（5000m^3/s左右的洪水）预报方案精度相对不高；③其他人为因素，如杜家台分洪或局地排涝影响。在较大洪水发生时，这些预报误差都可以通过滚动预报来不断消除。除去这些极端误差，皇庄站1d以内最大预报误差为0.35m，沙洋站为0.18m，仙桃站为0.64m，汉川站为0.46m，预报精度较高。

根据分析可以看出，汉江流域短期水雨情预报精度较高，可以为实时预报调度提供技术支撑。中期预报虽然有时在量级的把握上还有偏差，但可以提供趋势性的预报，为丹江口水库预报预泄提供操作空间。汉江流域预报为无雨或小雨时，发生暴雨的概率很低，这就为汛期运行水位的动态控制提供了有利的条件。

从生产方面来看，丹江口建库以来预报发生较大误差的洪水主要是“83·10”洪水，下一节将通过对该次洪水的模拟预报调度，研究当前遭遇“83·10”洪水时汉江流域所面临的防洪形势。

4.3 汉江1983年10月洪水模拟预报调度

1983年10月汉江流域发生了1949年以来降雨量最大、范围最广、持续时间最长的一次大暴雨，导致汉江上游发生新中国成立以来最大洪水[10]，汉江干流皇庄控制站推算的理想洪峰流量（丹江口水库不拦蓄）约37400m^3/s，重现期约50年一遇，7d洪量124.5亿m^3，重现期约40年一遇；丹皇区间洪峰流量约10000m^3/s。洪水造成邓家湖和小江湖民垸分洪，受灾人口达8.9万人，淹没耕地面积15.5万亩（约1.03万hm^2）。

受当时气象资料少且更新时间长等条件限制，对造成1983年10月汉江严重秋汛的特大暴雨过程未能提前做出预报。各地气象部门（包括中央气象台）从 9 月 30 日至 10 月 2 日均预报汉江上游无雨或局部小到中雨。直至 10 月 3 日汉江上游开始降雨后，气象部门才开始预报后期有一次降雨过程；10 月 4 日根据水雨情预报丹江口入库流量可达 10800m^3/s，预报洪水量级较实况偏小较多。因此在这次洪水中，丹江口水库防洪调度首先面临的问题是暴雨前夕水库基本蓄满，起调水位高；其次由于预见期降雨影响，洪水预报偏小，导致洪水调度过程中决策不坚决，预泄水量少。这就导致最终洪水来临时，为尽量保障下游安全，水库调洪水位最高达 160.07m，超千年一遇设计洪水的调洪高水位，丹江口水库承担了很大的风险。

采用 WRF 模型和区域气候模式 RegCM4，以目前收集到的再分析资料为边界输入，模拟计算了汉江流域的降雨情况。把 WRF 模型的输出结果与汉江上游水文预报模型耦合，开展丹江口水库洪水模拟预报调度。

4.3.1 短中长期降雨预报

4.3.1.1 短中期降雨预报精度

数值天气预报是提高气象气候预测水平最具潜力的方法，WRF 模式是数值天气预报产品的代表者之一。WRF 是由美国国家大气研究中心（NCAR）、美国国家大气海洋局的预报系统实验室、美国国家环境预报中心（NCEP）和俄克拉荷马大学的暴雨分析预报中心等多单位联合研制的新一代非静力平衡、高分辨率、科研和业务预报统一的中尺度预报和资料同化模式。WRF 模式主要应用于中小尺度天气系统的精细研究，是目前被最为广泛使用的天气预报模式。该模式有完善的参数化方案，可实现单向嵌套、多向嵌套和移动嵌套，很好地模拟几米到几千千米范围内各种尺度的天气系统。经过不断的模拟和改进，WRF 模式系统提供的物理参数化方案越来越完善、成熟，在预报各种天气中都具有较好的性能和效果，具有广阔的应用前景[11]。

选用 WRF 版本为 WRF3.5.1，地图投影采用兰勃特投影和三层网格嵌套，分辨率分别为 81km、27km、9km，网格数分别为 D1（97×88）、D2（130×115）、D3（130×97），垂直层数为 18 层，采用 2′、5′、10′的地形数据分辨率。最外层时间积分步长为 300s，在积分过程中，采用内层网格向外层网格反馈方案。模式的初始条件和侧边界条件采用美国国家环境预报中心 NCEP - NCAR - 2 再分析资料，分辨率为 2.5°×2.5°。预报模式选用的主要参数化方案选择见表 4.11。

表 4.11　　预报模式选用的主要参数化方案

物理方案选择	选用方案	物理方案选择	选用方案
微物理方案	Lin et al 方案	陆面方案	Noah 陆面模式
长波辐射方案	RRTM 方案	行星边界层方案	YSU 方案
短波辐射方案	Goddard 短波方案	积云对流参数方案	KF 集合方案

“83·10”致洪暴雨主要发生在 10 月 3—6 日，其中 3 日暴雨中心主要位于汉江上游干流以北地区，4 日暴雨中心仍在上游干流以北，雨区向南扩展。5 日暴雨区南移到汉江干流以南地区，6 日雨区继续南移，汉江上中游降雨基本结束。

采用 WRF 模型自 9 月 27 日 20 时（北京时，下同）开始，一直滚动模拟到 10 月 5 日 20 时，每次模拟未来 7d 的降雨。限于篇幅，将降雨最强的 10 月 3—5 日模拟结果对比分析如下。

10 月 3 日，汉江上游有大雨、局地暴雨。WRF 模式在 9 月 27—30 日（预见期 3～6d）的预报降雨落区偏南，主要位于长江干流附近；而 10 月 1—2 日（预见期 1～2d）预报雨带位置模拟基本正确，略偏北。1983 年 10 月 3 日降雨实况分布与 WRF 模式模拟结果如图 4.4 所示。

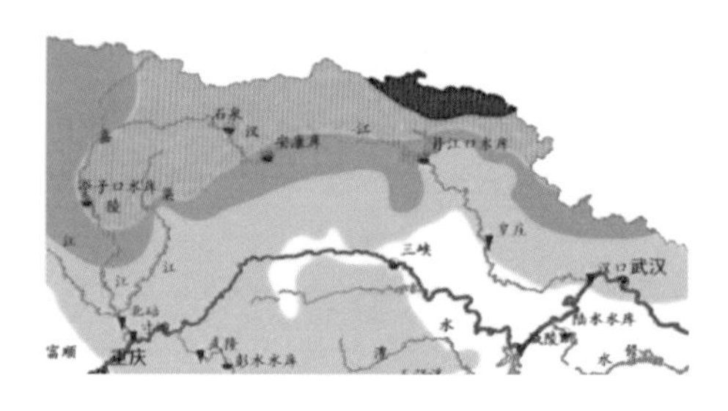

（a）10月3日实况

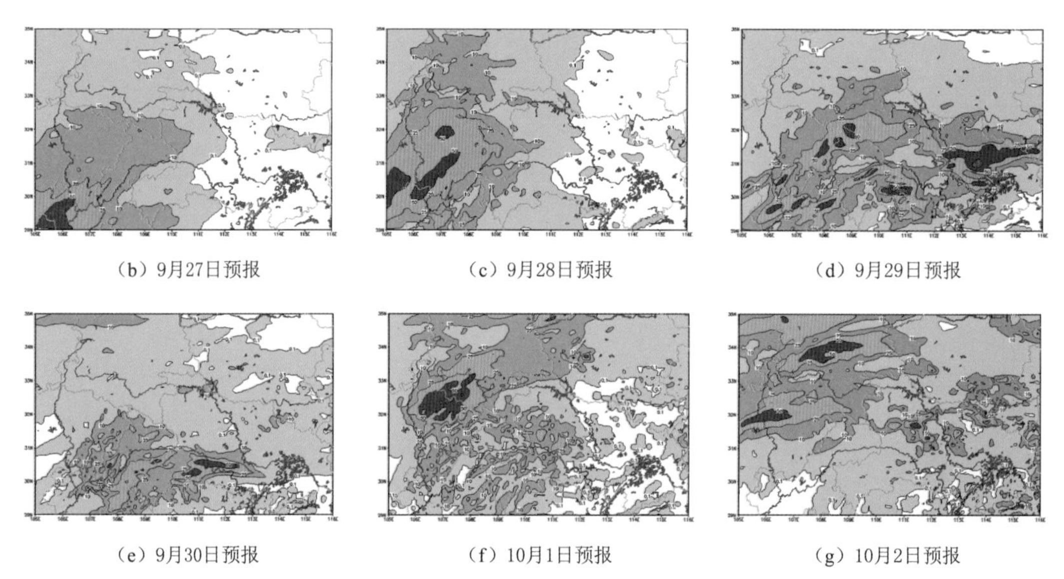

（b）9月27日预报　（c）9月28日预报　（d）9月29日预报

（e）9月30日预报　（f）10月1日预报　（g）10月2日预报

图 4.4　1983 年 10 月 3 日降雨实况分布与 WRF 模式模拟结果

10 月 4 日，汉江流域大部有大到暴雨。WRF 模式在 10 月 1 日、3 日（预见期分别为 3d、1d）的预报最为准确，预计汉江流域有大雨、局地暴雨。其他日期的预报为：9 月 27 日（预见期 7d）预报汉江流域有小到中雨，主雨带偏南；9 月 28—29 日（预见期 5～6d）预报汉江流域有小到中雨、局地大雨，预报降雨较实况偏小；9 月 30 日（预见期 4d）预报汉江流域有小到中雨，其中，汉江上游有大到暴雨，预报雨带偏北，中下游雨量预报偏小；10 月 2 日汉江上中游预报偏小，但下游预报有大到暴雨。1983 年 10 月 4 日降雨实况分布与 WRF 模式模拟结果如图 4.5 所示。

10 月 5 日，汉江流域有大到暴雨。WRF 模式对 5 日的降雨预报较好，提前 1～7d 基

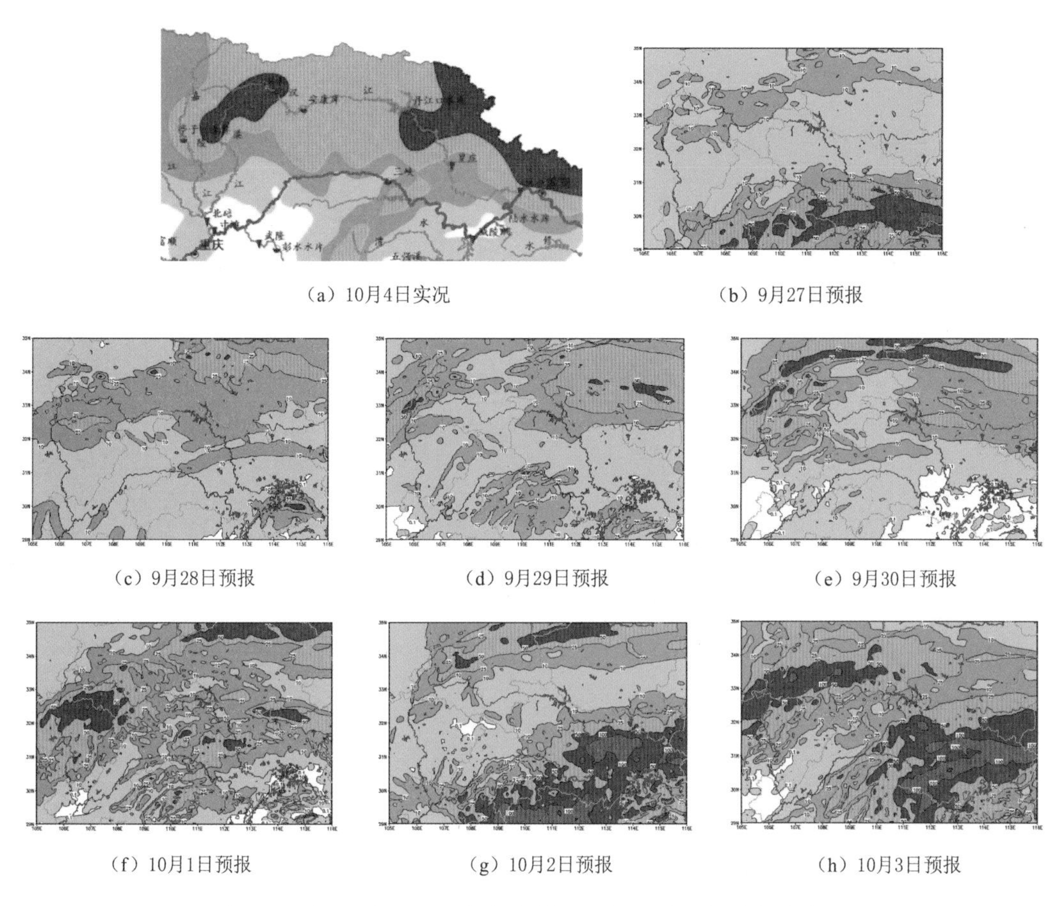

(a) 10月4日实况　(b) 9月27日预报

(c) 9月28日预报　(d) 9月29日预报　(e) 9月30日预报

(f) 10月1日预报　(g) 10月2日预报　(h) 10月3日预报

图 4.5　1983 年 10 月 4 日降雨实况分布与 WRF 模式模拟结果

本都预报出来了，只是雨带位置略有偏差。9 月 28 日（预见期 7d）预报汉江流域有大到暴雨、局地大暴雨，预报正确；9 月 29—30 日和 10 月 3 日（预见期分别为 5～6d、2d）预报雨带略偏北，中游预报偏小；10 月 1 日（预见期 4d）预报汉江流域有暴雨至大暴雨，雨带预报正确，雨量预报偏大；10 月 2 日（预见期 3d）的预报雨带位置偏南。10 月 4 日（预见期 1d）预报汉江流域有暴雨、局地大暴雨，预报正确。1983 年 10 月 5 日降雨实况分布与 WRF 模式模拟结果如图 4.6 所示。

可见，利用 WRF 数值模式可以较好地模拟“83・10”的降雨过程，特别是 10 月 4—5 日的强降雨，预报有效时效可以提前到 3～6d 左右。降雨过程预报基本可以提前一周预测出来，3d 以内特别是 1d 预见期的降雨预报精度较高，模拟的雨强和雨带分布基本正确。

4.3.1.2　长期降雨预报

利用区域气候模式 RegCM4 分别于 8 月 20 日、9 月 20 日对汉江 10 月的降雨进行模拟，模型采用长江流域和全国两种配置方案，中心点为（北纬 29.5°，东经 106°），水平分辨率为 30 和 60km，网格数为 200×240 和 100×120，垂直分层为 23 层和 18 层，初始边界条件为 NNRP2，海温条件为 OI _ WK 周平均，两次模拟起报时间分别为 8 月 20 日、9 月 20 日，考虑到气候态的不稳定性，模式提前 1 个月进行积分和数据的前处理。

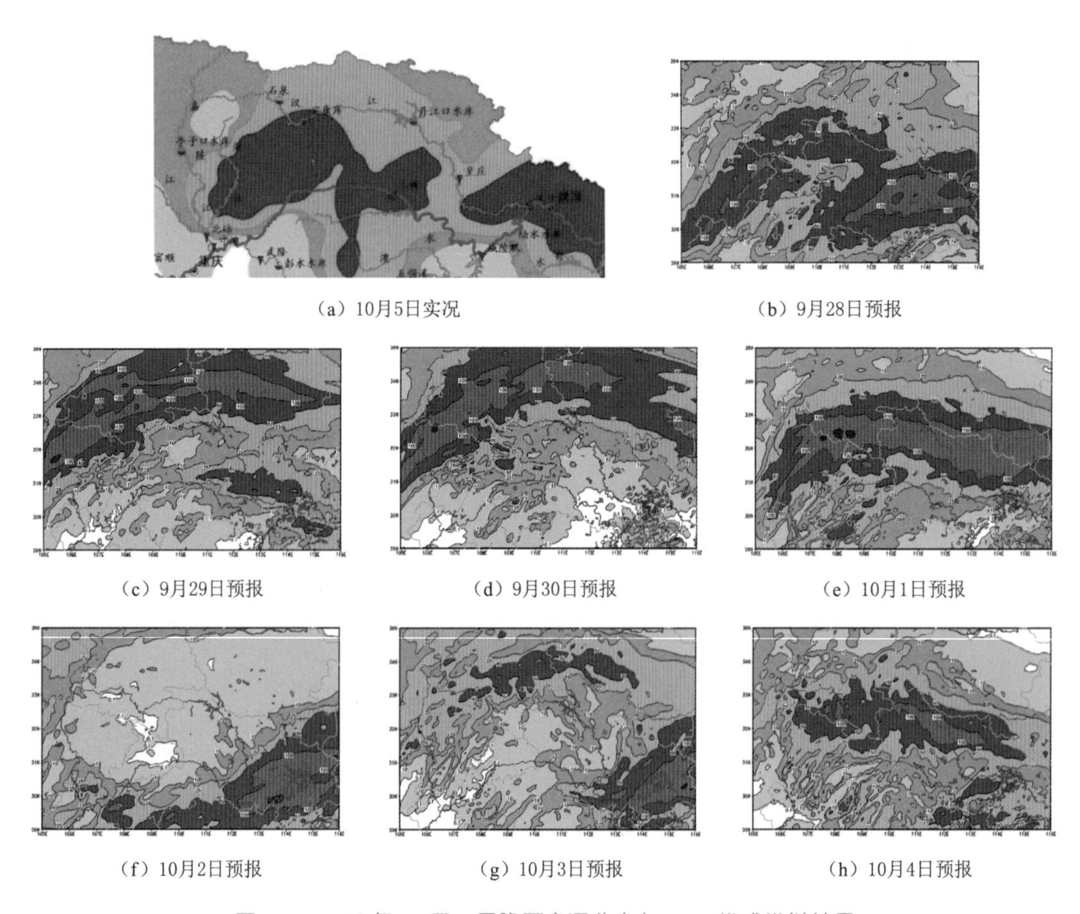

（a）10月5日实况　（b）9月28日预报

（c）9月29日预报　（d）9月30日预报　（e）10月1日预报

（f）10月2日预报　（g）10月3日预报　（h）10月4日预报

图 4.6　1983 年 10 月 5 日降雨实况分布与 WRF 模式模拟结果

模拟结果如图 4.7 所示。从区域气候模式 8 月 20 日的模拟结果可以看出：10 月上旬汉江流域的降雨预报偏多，模拟结果与实况相比较为吻合；从区域气候模式 9 月 20 日的模拟结果可以看出：10 月上旬汉江流域的降雨同样预报偏多，预报与实况吻合，9 月模拟结果与 8 月相差不大。

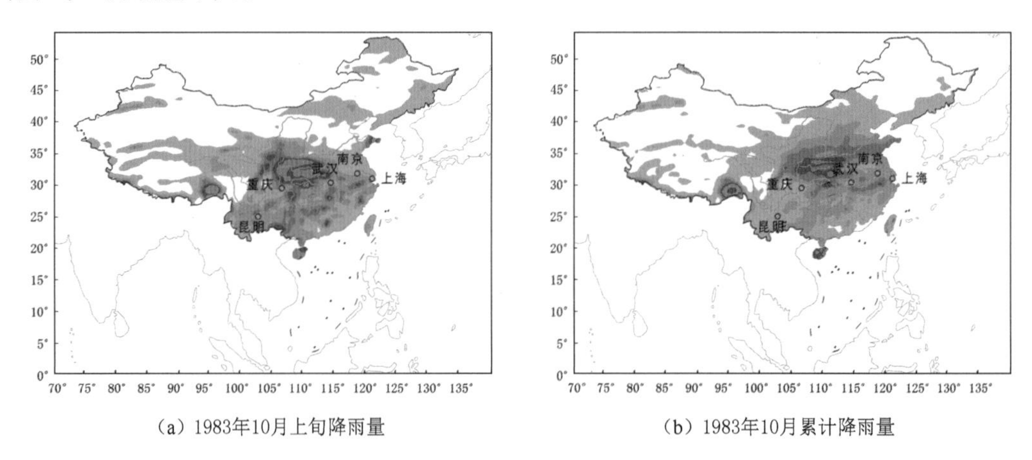

（a）1983年10月上旬降雨量　（b）1983年10月累计降雨量

图 4.7　RegCM4 模拟 1983 年 10 月上旬和 10 月累计降雨图（8 月 20 日模拟）

通过这两次的模拟结果看，区域气候模式 RegCM4 对于汉江 10 月上旬降雨的趋势模拟基本正确，虽然模拟结果给出的降雨过程和具体的面雨量值与实况相比有偏差，但是对于长期预报来说，提前 10d 甚至一个月能将趋势预报正确，对大洪水的预防会有很好的指导意义，具体的过程和量级的预报还是应该借鉴短中期的滚动降雨预报。

4.3.2 耦合暴雨洪水模拟预报

自 1983 年 9 月 27 日起，采用现有的汉江流域预报体系、方法和系统，以当日水雨情实况资料为输入，耦合 WRF 数值模拟降水预报成果，开展 7d 预见期的丹江口入库、丹皇区间来水预报，9 月 27 日—10 月 7 日丹江口逐日预报入库流量与实况来水对比如图 4.8 所示。

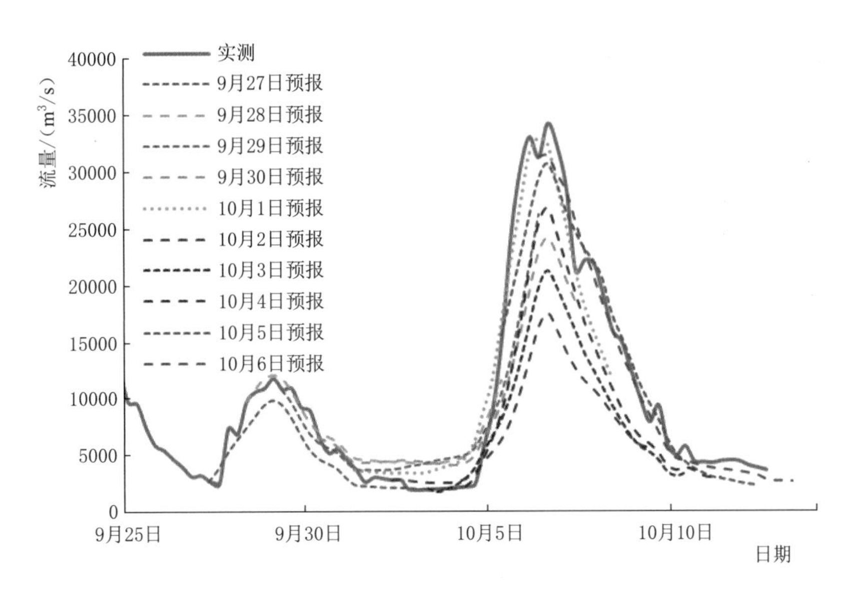

图 4.8 丹江口逐日预报入库流量与实况来水对比图

由图 4.8 可见，对于丹江口水库入库流量过程，9 月 27 日即能预报出 29 日将出现洪峰流量约为 10000m^3/s 的来水过程，自 28 日起每次预报均能预报出 10 月 5 日后将出现一次较大的涨水过程，其中 10 月 1 日预报的 6 日 8 时将出现 33000m^3/s 左右入库洪峰为历次预报中最为准确的一次预报过程，预报洪峰误差仅为 3.8%，2 日预报的 6 日 14 时出现 17500m^3/s 入库洪峰为历次预报中误差最大的，其他各次预报中洪峰流量在 21000～32000m^3/s 之间，出现时间均在 6 日前后，洪峰预报平均误差为 25%左右，9 月 28 日起预报丹江口入库洪峰流量结果见表 4.12。

表 4.12　　9 月 28 日起预报丹江口入库洪峰流量结果

预报依据时间	洪峰流量/(m^3/s)	预报误差/%	洪峰时间
9 月 29 日 8 时	26300	−23.3	10 月 6 日 8 时
9 月 30 日 8 时	24200	−29.4	10 月 6 日 14 时
10 月 1 日 8 时	33000	−3.8	10 月 6 日 8 时

续表

预报依据时间	洪峰流量/(m^3/s)	预报误差/%	洪峰时间
10月2日8时	17500	−49.0	10月6日14时
10月3日8时	21200	−38.2	10月6日14时
10月4日8时	26800	−21.9	10月6日14时
10月5日8时	30800	−10.2	10月6日14时

对于丹皇区间来水，每次都能预报出9月27日—10月4日来水较为平稳，10月5日后有较大来水过程，其中10月6日预报的8日4时出现11200m^3/s左右洪峰为历次预报中最大来水过程（最准确的一次），10月3日预报的7日2时出现2100m^3/s左右洪峰为历次预报中最小来水过程，其他各次预报中洪峰流量在2500～8000m^3/s之间，出现时间均在7—8日。

总体而言，采用WRF耦合的方式预报丹江口水库入库、丹皇区间来水过程效果较好，特别是丹江口总体来水过程预测较好，1～2d预见期预报精度较高，对丹江口水库的调度具有重要指导意义。

4.3.3 丹江口水库洪水调度过程模拟

按照调度规程，当库水位在防洪限制水位附近或之上时，如果未来1～2d丹江口水利枢纽预报入库流量与丹皇区间预报流量之和（未考虑丹江口水利枢纽的调蓄作用，即皇庄站预报总入流）夏汛期将不小于6000m^3/s、秋汛期不小于10000m^3/s，且汉江上游也将发生较大洪水，则启动水库预泄。预泄流量根据预见期长短和预报洪水量级以及洪水地区组合等因素，以控制皇庄站（碾盘山）流量夏、秋汛期分别不超过11000m^3/s和12000m^3/s综合确定。

而按照目前气象监测系统及预报技术，长期预报自8月下旬开始即可以预报出10月上旬的强降雨趋势；WRF模式自9月27日开始，每日气象要素资料均能预测出汉江上游10月3日后将出现较大降雨过程，且4—5日降雨较强。10月1日8时至10月5日8时，预报丹皇区间流量不超过2000m^3/s，与实况基本一致，且长江水位低于25m，可采用这一时期进行预泄。

虽然9月27日开始，降雨预报已经模拟出后期的降雨过程，但考虑一种较为不利的情况，10月1日之前，丹江口水库仍按照1983年调度方式，已占用了较多的防洪库容，换算成加高后的水位为166.6m（距正常蓄水位170m有34亿m^3库容），10月1日才依据丹江口预报来水开始预泄腾空库容。根据调度规程，水库预泄根据预报逐步加大，最终目标为正常高水位，保证水库蓄满。调度过程中根据近年来的调度思路，上下游都留有调度余地。

10月1日8时预报洪峰流量为33000m^3/s左右来水过程，此时强降雨尚未开始，但已连续3d预报未来有较大来水过程，按照10月1日的预报，丹江口水库按8000m^3/s预泄，拦蓄8000m^3/s以上的来水，最高库水位170m。丹皇区间来水实况1000m^3/s左右，汉江中下游防洪压力不大。10月1日实际平均入、出库流量为2980m^3/s、2630m^3/s，若出库流量按 8000m³/s 控制，则 2 日 8 时库水位为 166.3m，腾空库容 4.3 亿 m³，可用库容为 38.3 亿 m³。

10 月 2 日 8 时预报洪峰流量为 17500m³/s 左右来水过程，其中 5 日 2 时将涨至 5000m³/s，5 日 20 时涨至 10000m³/s，由于后期降雨形势不明朗，为尽量保证水库蓄满，停止预泄，维持出入库平衡。

10 月 3 日 8 时预报洪峰流量为 21200m³/s 左右来水过程，此时已多日预报丹江口将有较大涨水过程，但由于预报洪峰在秋季 10 年一遇以下水平，考虑到 5000m³/s 洪水以上洪量约 28.4 亿 m³（可利用的库容为 38.3 亿 m³ 足够应对），水库蓄水可在后期拦蓄尾洪，出库流量控制在 5000m³/s 是较为合理可行的。若出库流量按 5000m³/s 控制，则 4 日 8 时库水位为 166m，腾空库容 2.5 亿 m³，可用库容为 40.8 亿 m³。

10 月 4 日 8 时预报洪峰流量为 26800m³/s 左右来水过程，达到秋季 10 年一遇的水平，按照调度规程，需控制皇庄流量不超过 12000m³/s，但由于此时强降雨已经持续 1d，未来还有 3d 强降雨，考虑到预见期降雨的不确定性，因此水库应在保证下游安全的情况下尽快预泄洪水。至 5 日 2 时水库预泄洪水 2.2 亿 m³，可利用库容 42.2 亿 m³。

10 月 5 日 2 时后实况入库大于 10000m³/s，预泄停止，腾空库容 9.1 亿 m³。5 日 8 时库水位为 165.8m，根据预报 6 日洪峰流量在 10～20 年一遇，按皇庄流量不超过 17000m³/s 进行补偿调度，库水位最高涨至 169.5m，其模拟调度过程如图 4.9 所示。

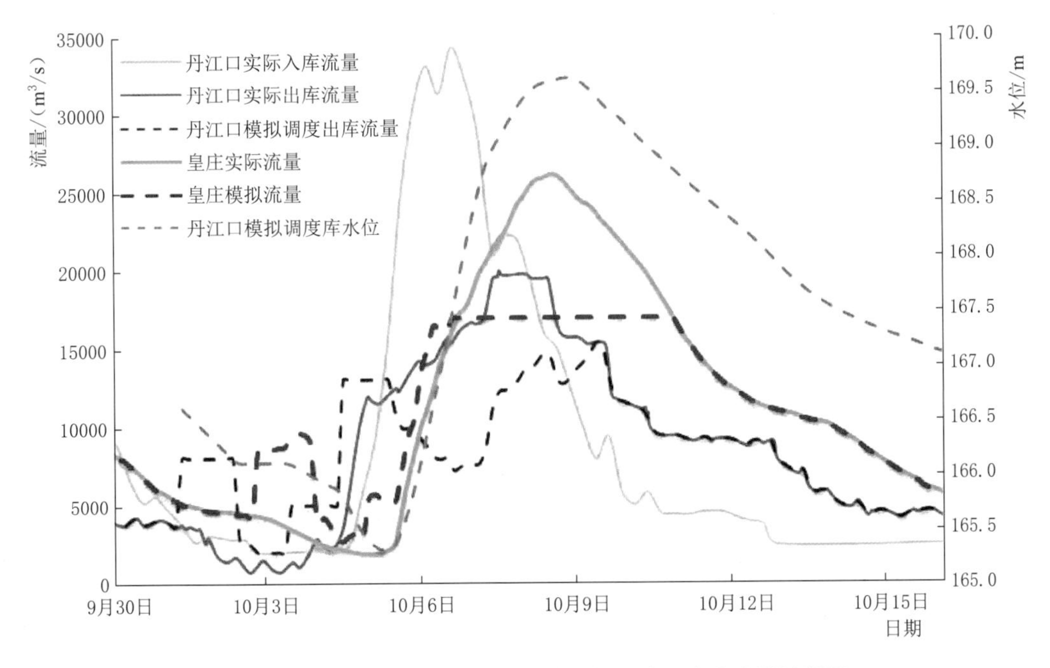

图 4.9 “83·10”洪水丹江口水库模拟调度及皇庄流量过程图

本次模拟调度考虑的是较为不利的一种情况，预报仅根据 WRF 模型耦合计算，没有考虑人工校正的因素，也没有考虑上游水库的拦蓄。10 月 1—3 日丹江口水库不进行大规模预泄，对皇庄补偿调度进行预泄，前期都是按下游无防洪压力为目标，10 月 4 日起才按照调度规程的补偿目标调度，最高的调洪库水位不超过 170m。

在实际操作中，由于"83·10"洪水为秋季20年一遇以上级别的洪水，因此若按照调度规程最高水位不超过171.7m控制，还可以多拦蓄20亿m^3左右的洪水，理论上可以控制皇庄不超过12000m^3/s，可以避免杜家台分洪。

按照WRF模拟预报成果，在9月27日已经可以预料到10月将有来水过程，因此在9月27日就应当暂停蓄水（当时实况为9月27日至10月1日水位上升约1.2m，折合库容8.4亿m^3）；按照目前的预报水平，虽然WRF模式预报未能在10月2日预报出3—6日的强降雨情况，但根据其他模式或天气形势，应当可以看到未来仍有较强降雨，因此10月2日如果继续保持8000m^3/s左右的预泄流量，还可以预泄洪水4.6亿m^3。因此考虑预报预泄，理想状态下控制皇庄流量不超过12000m^3/s的最高调洪水位在170.5m左右，不超过调度规程的规定。

除此之外，汉江上游改造和新建大型水库有安康、陡林子、潘口等水库，规划总防洪库容在10亿m^3以上，采取水库联合调度可以大大减轻汉江中下游的防洪压力。总体而言，目前汉江流域的水文气象监测与报汛、水文气象预报方法与水平等方面较20世纪80年代有了较大提高；汉江上游水库群规模相比20世纪80年代明显增大，当前水库防洪和蓄水调度、洪水资源化的理念日臻成熟，对预泄时机、预泄流量的研判及防洪风险的控制等技术已有很好的掌握，可为充分发挥丹江口水库防洪与兴利综合效益提供重要支撑。

4.4 本章小结

根据历史较大洪水组成情况来看，汉江来水以上游为主，因此丹江口水库拦蓄上游洪水，为下游进行补偿调度是可行而且非常必要的。汉江流域发生致洪暴雨前气候气象特征都会有一定的体现，抓住这些特征和前期征兆，可以对汉江流域的大洪水预报调度有一定的指示意义。

（1）随着降雨预报技术的发展，短中期预报能提前1～7d预报出未来的降雨信息，一般1～2d短期预报精度较高，中心区、强度等有较准确的把握；3～7d的预报虽然在降雨强度和落区方面还存在不足，但中期降雨可以进行趋势性的预报，为丹江口水库的实时操作提供重要的支撑。在72h预见期内预报未来无雨或小雨的情况下，汉江上游发生大雨及以上量级降雨的概率很低。丹江口水库入库洪峰预报有效预见期在1d左右，库水位有效预见期为2～3d，汉江中下游3d以内预见期预报总体精度较高，风险可控。在预见期较长的情况下，受水利工程调蓄及预见期降雨的不确定性影响，预报误差可能较大，但可通过滚动预报进行不断校正，最终满足调度工作实际需求。

（2）目前对汉江流域强降雨过程的预报能力相比20世纪80年代有了很大的提高，气候模式可以提前1个月甚至更长时间对降雨趋势进行较好的预测；而数值模式WRF预报可以提前7d左右预报出降雨过程，3d以内的降雨预报精度较高，预报的雨强和雨带分布基本正确。耦合WRF预报的降雨过程，逐日开展7d预见期的丹江口入库、丹皇区间来水预报，根据预报结果可以看出，汉江上游自9月28日起每次均能预报出10月5日后将出现一次较大的涨水过程。通过模拟调度可以发现，随着工程技术和非工程技术的发展，若再次遭遇"83·10"洪水，根据预报信息适时开展预泄，将皇庄站流量控制在 12000～17000m^3/s，丹江口水库最高库水位控制在 170～171.7m 是完全可行的。

参考文献

[1] 长江水利委员会. 中国河湖大典（长江卷）[M]. 北京：中国水利水电出版社，2010.

[2] 张楷. 汉江上游暴雨洪水特性研究 [J]. 灾害学，2006，21（3）：98-102.

[3] 丹江口水库调度规程（试行）[R]. 武汉：水利部长江水利委员会，2016.

[4] SKAMAROCK W C，KLEMP J B，DUDHIA J，et al. A description of the advanced research WRF Version 3 [Z]. Ncar Technical Note，NCAR/TN-475+STR，2008.

[5] MOLTENI F，BUIZZA R，PALMER T N，et al. The ECMWF ensemble prediction system：methodology and validation [J]. Journal of the Royal Meteorological Society，1996，122（529）：73-119.

[6] GIORGI F，COPPOLA E，SOLMON F，et al. RegCM4：model description and preliminary tests over multiple CORDEX domains [J]. Climate Research，2012，52（1）：7-29.

[7] 水利部长江水利委员会水文局. 长江流域洪水预报方案汇编：第三册 [R]. 武汉：水利部长江水利委员会，2005.

[8] 秦昊，陈瑜彬. 长江洪水预报调度系统建设及应用 [J]. 人民长江，2017，48（4）：16-21.

[9] Danish Hydraulic Institute. MIKE11：A modeling system for rivers and channels，user-guide and reference manuals [R]. DHI.，2007.

[10] 陈金荣. 汉江"83·10"特大洪水预报与防洪调度 [J]. 人民长江，1984（5）：7-12.

[11] 王晓君，马浩. 新一代中尺度预报模式（WRF）国内应用进展 [J]. 地球科学进展，2011，26（11）：1191-1199.

丹江口水库防洪兴利调度及其对下游水文情势的影响

丹江口水库大坝加高前后的特征值见表5.1。大坝加高调水后，水库的任务将转变为防洪、供水（含灌溉）、发电等，供水成为优先于发电的任务。丹江口水库夏、秋汛防洪限制水位分别为160m和163.5m，非汛期极限消落水位为145m，正常蓄水位为170m；5月初至6月中旬，水库为了防洪消落至夏汛防洪限制水位；汛期按夏、秋汛防洪限制水位运行；10—12月为蓄水期，10月1日开始蓄水，至12月底蓄至正常蓄水位。本章以洪水资源化为目标，在不降低防洪标准的前提下，开展丹江口水库汛期运行水位动态控制方案和提前蓄水方案研究，分析丹江口水库调度对下游水文情势变化的影响。

表5.1　丹江口水库大坝加高前后的特征值

项　目	加高前	加高后
坝顶高程/m	162.0	176.6
正常蓄水位/m	157.0	170.0
相应库容/亿 m^3	174.5	290.5
死水位/m	140.0	150.0
相应库容/亿 m^3	76.5	126.9
极限消落水位/m	139.0	145.0
相应库容/亿 m^3	72.3	100.0
调节库容/亿 m^3	98～102.2	163.6～190.5
夏汛时间	6月21日至8月20日	6月21日至8月20日
对应水位/m	149.0	160.0
秋汛时间	8月21日至10月15日	8月21日至10月15日
对应水位/m	152.5	163.5
调节性能	年	不完全多年
综合利用	防洪、发电、灌溉、航运	防洪、供水、发电、航运

5.1 丹江口水库汛期运行水位动态控制

5.1.1 汛期运行水位动态控制研究进展

汛限水位是水库在汛期允许兴利蓄水的上限水位，也称防洪限制水位。在多年的研究和实践中，汛期运行水位控制理论有了很大的发展。按水位的控制方法分，主要经历了三个阶段：单一固定水位控制、分期固定水位控制及分期动态水位控制（汛期运行水位动态控制）。单一的水库汛限水位的控制，只利用了洪水的统计信息；分期概念的产生利用了暴雨、洪水季节性变化规律特性分析的结果，改变了整个汛期汛限水位固定不变的调度方式。这两种控制方式都必须要求水库在汛期时刻预防设计与校核洪水事件的发生，使得一些水库在汛期受水位限制不能蓄水，倘若遇到汛后流域降水较小，则又无法蓄满水库，造成汛期雨洪资源的浪费。动态控制理念则在此基础上更进一步利用气象及水文预报的信息，在有效、可靠的预见期内可临时抬高水库水位运行，而确保在大洪水来临之前可回落至汛限水位，达到了在不降低防洪标准的前提下，增加水库效益的目的。水库汛期运行水位动态控制理念的提出，适应当前预报技术的发展水平，能够对即将发生的事件预先进行准确的判断，及时采取合理措施调整水库状态。该方法在一定程度上解决了汛期防洪与兴利的矛盾，具有广阔的应用前景。这里的“动态”是指水库可以利用预报信息在汛期运行水位控制域范围内对其进行实时调整，根据具体的情况实施对汛期水库的水位实时动态的管理。相对于以往设定一个汛限水位线（一维）而言，“控制域”（二维）的提出则显得更为科学合理。随着预报技术水平的不断提高，很多水库已经具备了利用先进技术手段指导水库调度的条件，因此继续沿用常规的汛限水位控制方法进行水库汛期防洪调度，就不符合事物发展的要求[1]。

西方发达国家由于在气象水文特性、人口密度及分布、水资源供需矛盾、社会保险机制及政府管理办法等方面与我国存在很大的差异，其防洪研究重心以考虑防洪效益及生态环境效益为主，汛限水位基本采用传统的规划设计值，对汛期运行水位动态控制方法的研究甚少。20 世纪 50 年代初，我国相继建成一批水库，防洪调度理论体系是在参照苏联相关经验和理论的基础上建立起来的，当时由于预报水平较低和水库洪水样本容量较少，不具备汛限水位分期控制研究的基本条件，全汛期都是设计一个固定的汛限水位值。60 年代随着洪水资料的积累、分期洪水特性显现，同时国民经济发展对水资源需求增加，开始对汛限水位分期控制方法进行研究，最早尝试是丰满水库，后来逐步完善，并被纳入规范。分期控制汛限水位的关键是汛期的合理分期，80 年代以前汛期分期基本依据水文要素的数理统计方法，80 年代后从气象成因角度分析了汛期分期，随后又将模糊理论引入汛期分期，且分期的期限逐渐缩短，相应提出了汛限水位变化曲线的概念及其推求方法。进入 90 年代后，随着水文气象科学与计算机科学的发展、预报技术与精度的提高，为防洪预报调度研究提供了有利条件。结合北方水库的调度实际形成的研究成果，国家防汛抗旱总指挥部办公室设立的水库汛期运行水位动态控制方法专题研究

（2001年7月至2004年4月），汛期运行水位动态控制理论与方法逐步完善和成熟，形成目前的理论体系。

为了防止“保证防洪安全而加大下泄流量，导致汛期运行水位过低”或“增加兴利蓄水而过于抬高汛期运行水位”的现象，有必要研究设计允许动态控制汛期运行水位的范围（即“汛期运行水位动态控制约束域”），作为实时调度阶段的汛期运行水位动态控制的约束。上述两种现象都有增加水库的防洪风险和减少综合效益的可能，因此安全、经济、合理地确定一个汛期运行水位动态控制约束域，具有重要的理论和实际意义[2]。

汛期运行水位动态控制域的确定主要是调度规划设计阶段的任务。研究汛期运行水位动态控制域的方法通常从工程措施和非工程措施两方面考虑。工程措施可采用安全经济论证后的防浪墙与黏土心墙无缝连接、坝顶戴帽或防回水淹没围堤等。非工程措施，国内曾研究应用预报预泄法，即有效预见期内预泄能力计算的预蓄水位作为汛期运行水位动态控制上限。国外还曾采用梯级水库的防洪库容补偿法，即补偿水库有多少富余防洪库容，则被补偿水库可留有余地的占有部分防洪库容，抬高水库运行水位。针对丹江口水库的实际情况，采用预报预泄法和风险模型法确定汛期运行水位动态控制约束域[3]。

5.1.2 基于预报预泄法推求汛期运行水位动态控制域

5.1.2.1 预报预泄法

预报预泄法是在洪水调度中充分考虑降雨及洪水预报信息，提前泄流，为即将入库的洪水腾出防洪库容，其基本思想是：在洪水预见期内有多大泄流能力，就把汛期运行水位向上浮动多少。水库汛期运行水位上浮值的影响因素包括：面临时刻的水情、雨情、工情；入库洪水预报和降雨预报的预见期、预见期内的预报入库量及误差分布；预见期内预泄能力；下游河道允许预泄的流量；决策等信息传递的稳定性、速度及闸门操作时间等[4]。预报预泄的计算方法原理如下：

（1）基本公式。数学表达如下：

$$\Delta Z_1 \leqslant f[(q_{出} - Q_{入}) \times t_y],\quad q_{出} \leqslant q_{安} \tag{5.1}$$

式中：ΔZ_1 为在规划阶段确定的汛限水位 Z_0 以上浮动增值，其对应的水位即是汛期运行水位动态控制上限值，m；$f(*)$ 为预泄量对应的水库水位转换函数；t_y 为降雨预报及洪水预报预见期减去信息传递、决策、闸门操作时间的有效预见期，h；$Q_{入}$ 为 t_y 时期内平均入库流量，重点考虑从发布气象预报到洪水入库时期内的平均入库流量，m^3/s；$q_{出}$ 为 t_y 时期内平均泄流能力或泄流量，m^3/s；$q_{安}$ 为下游防护点堤防过流能力，m^3/s。

（2）有效预泄时间。

$$t_y = t_1 - t_2 \tag{5.2}$$

式中：t_y 为有效预泄时间，h；t_1 为极限预泄时间，h；t_2 为信息传递时间、预报作业时间、决策时间、开闸时间，h。

（3）有效预泄时间内入库水量。

$$w' = \sum_{t_2}^{t_1} Q(t)\Delta t \tag{5.3}$$

式中：w'为有效预泄时间内入库水量，m^3；$Q(t)$ 为有效预泄时间内的入库流量过程，m^3/s；Δt 为作业预报的计算时段。

（4）预泄期内允许泄量。预泄期内的允许泄量一般可按下游最低一级防洪目标的允许泄量确定。

（5）预泄水量计算。

$$w = t_y q - w' \tag{5.4}$$

式中：w 为预泄水量，m^3；q 为下游允许的安全泄量，m^3/s。

5.1.2.2 预报预泄法确定的汛期运行水位上限

丹江口水库入库设计洪水分为夏季洪水和秋季洪水，其中 6 月下旬至 8 月为夏季洪水，9—10 月为秋季洪水。根据汛期分期方法计算确定 6 月 21 日至 8 月 20 日为夏汛，8 月 21—31 日作为过渡期，9 月 1 日至 10 月 10 日为秋汛[3,5]。对丹江口水库黄家港站 1954—2011 年逐日流量资料进行统计，得夏汛期平均入库流量为 2202m^3/s，秋汛期平均入库流量为 2430m^3/s，同时陶岔渠首保证引水流量为 350m^3/s，清泉沟引水流量为 55m^3/s，则夏汛期实际平均入库流量约为 1800m^3/s，秋汛期实际平均入库流量约为 2000m^3/s。根据丹江口水库的防洪调度规则可知，当预报流量大于 10 年一遇洪水直至等于 20 年一遇洪水，皇庄控制断面允许泄量为 16000m^3/s（夏汛）和 17000m^3/s（秋汛）。因此，丹江口水库的允许泄量为皇庄的允许泄量减去丹皇区间 20 年一遇的最大入流，而丹皇区间 20 年一遇的最大入流，夏汛为 7960m^3/s，秋汛为 6360m^3/s。对允许泄量进行取整计算，则夏汛期丹江口水库允许泄量为 8000m^3/s，秋汛期水库允许泄量为 11000m^3/s。

若不考虑水文预报误差情况下，预报预泄法的计算结果见表 5.2。从表中可以看出，丹江口水库 1～5d 预泄期的汛期运行水位动态控制域上限分别为：夏汛期 160.65m、161.31m、161.96m、162.4m 和 163.0m；秋汛期 164.35m、165.15m、165.86m、166.65m 和 167.44m。

表 5.2　预报预泄法确定的汛期运行水位上限（不考虑预报误差）

预报期/d	汛期	汛限水位/m	洪水预报信息	
			预泄水量/亿 m^3	相应水位/m
1	夏汛	160.0	5.36	160.65
	秋汛	163.5	7.78	164.35
2	夏汛	160.0	10.71	161.31
	秋汛	163.5	15.55	165.15
3	夏汛	160.0	16.07	161.96
	秋汛	163.5	23.33	165.86
4	夏汛	160.0	21.42	162.40
	秋汛	163.5	32.10	166.65
5	夏汛	160.0	26.78	163.00
	秋汛	163.5	38.88	167.44

若考虑预报误差，对丹江口水库现有的1977—2013年153次有效洪水作业预报进行精度统计可知，洪峰预报平均精度92.0%，洪量预报平均精度93.7%，过程预报平均精度86.13%，预见期为17.8h。故分别假定丹江口水库多年来1～5d平均相对预报误差分别为8%、10%、15%、20%和25%。对不同预见期，将夏汛期和秋汛期的平均入库流量加大相应预报误差，计算结果见表5.3。从防洪安全角度考虑，丹江口水库1～5d汛期运行水位动态控制域上限分别为：夏汛期160.64m、161.27m、161.87m、162.26m和162.78m；秋汛期164.34m、165.12m、165.78m、166.51m和167.22m。

表5.3 预报预泄法确定的汛期运行水位上限（考虑预报误差）

预报期/d	汛期	汛限水位/m	洪水预报信息	
			预泄水量/亿 m^3	相应水位/m
1	夏汛	160.0	5.23	160.64
	秋汛	163.5	7.64	164.34
2	夏汛	160.0	10.40	161.27
	秋汛	163.5	15.21	165.12
3	夏汛	160.0	15.37	161.87
	秋汛	163.5	22.55	165.78
4	夏汛	160.0	20.18	162.26
	秋汛	163.5	29.72	166.51
5	夏汛	160.0	24.84	162.78
	秋汛	163.5	36.72	167.22

5.1.3 基于风险分析法推求汛期运行水位动态控制域

水库汛期运行水位动态控制属于实时调度的范畴，本质是以不降低水库的防洪标准为前提的风险调度。汛期运行水位动态控制的理念是在从成因分析与统计学的条件概率事件出发，综合利用现代科学技术提供的一切有用的信息，并通过弥补措施预防预报的小概率误差与稀遇洪水，安全经济地确定一个合理变化范围（约束域），并在此约束域内对汛期运行水位实施动态控制。在具体操作上，汛期运行水位动态控制利用一切可利用的信息、手段，在洪水来临前可安全、可靠地将水库水位降低到原定的静态汛限水位以下，以此保证水库的防洪标准不降低[6]。

如图5.1所示，将整个动态控制过程划分为涨水阶段预泄、次洪中原定防洪规则调洪以及退水阶段回充三个阶段，其中防洪规则调度阶段采用原调度规则，因而关键在于涨水阶段的预泄调度（确定上限）和退水阶段的回充可能性（确定下限）。涨水阶段的预泄调度为：假定当前时刻为t_1，预见到时刻t_2将发生超过下游安全泄量O_c的入库洪水，立即开始以安全泄量O_c进行预泄，至t_2-1时刻将水库水位降低到Z_e。退水阶段的回充调度为：如果当前时刻为t_3，预见t_3～t_4的入库流量大部分小于O_c情况下，则可以在满足发电航运等其他效益的基础上进行水库回充。

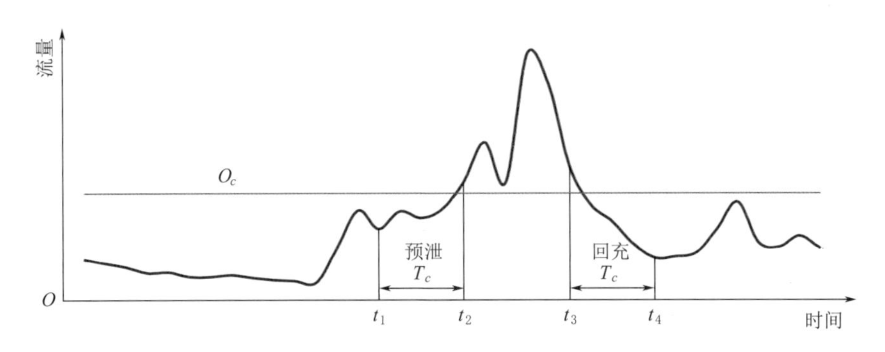

图 5.1 水库预泄和回充示意图

5.1.3.1 考虑洪水过程线形状不确定性的风险分析模型

在预泄调度中，如果预报误差可忽略，一旦预见到发生超过安全泄量 O_c 的入库流量，立即按照安全流量下泄（由于预报准确，不会造成人造洪峰），此时在预见期长度 T_c 的时间内可预泄至固定汛限水位以下，考虑调度末水位的不确定性，采用概率方式描述。该水位是后续调度的起调水位，对应防洪风险率可采用固定汛限水位的调洪方式获得。

假定水库下游安全泄量为 O_c，有效预见期长度为 T_c，根据预泄能力控制法，可知在有效预见期内水库可由上限水位对应的库容 V_u 降低至调度末库容 V_e：

$$V_e = V_u + \int_t^{t+T_c} I_i \mathrm{d}t - O_c T_c = V_u + \sum_{i=t}^{t+T_c} I_i \Delta t - O_c T_c \tag{5.5}$$

式中：I_i 为第 i 时段的入库流量，m^3/s；Δt 为时段长度，h。

由式（5.5）可知洪水的起涨规律对预泄能力控制法确定动态控制域上限影响很大，因此考虑其不确定性，给定某一 V_u，分别计算各次历史实测洪水条件下的水库预泄末库容 V_e，对其进行排序，然后进行经验频率分析，可得到以 V_u 为上限时的水库预泄调度末库容 V_e 的经验频率曲线 $P(V_e)$。

假定预泄调度末发生标准洪水，即由调度末库容 V_e 起调，在假定调度末水位与发生标准洪水相互独立的情形下，设此时水库由调度末库容 V_e 的起调遇频率 P 洪水对应的风险率为 $R_P(V_e)$，由于预泄过程可能已经包括标准洪水的部分，因此该估计偏于保守和安全，则相应的防洪风险率为

$$R_P = \int R_P(V_e) P(V_e) \mathrm{d}V_e = \sum_{i=1}^{n} P(V_{e,i}) R_P(V_{e,i}) \tag{5.6}$$

式中：$V_{e,i}$ 为实测洪水的第 i 次调度末库容，m^3；n 为场次洪水个数。

设原设计汛限水位遇频率 P 洪水的风险率为 R_P^0，以不降低水库防洪标准的条件，可得

$$R_P \leqslant R_P^0 \tag{5.7}$$

式（5.7）即为水库汛期运行水位上限的约束方程，可保证对于各防洪标准，其防洪风险率的期望值不降低。下面以式（5.7）为控制条件，可采用试算法确定水库汛期运行水位动态控制域上限，并把汛限水位作为动态控制域下限。

5.1.3.2 丹江口水库汛期运行水位与防洪风险率的关系

以年防洪标准特征值为基础，推求不同分期的汛期运行水位与防洪风险率之间的关系。由于水库汛期运行水位动态控制主要利用中小洪水资源，根据丹江口水库实际情况，选取频率分别为1%、5%、10%及20%的年最大设计洪水。

(1) 分期防洪标准特征值。在水库防洪中，需要考虑的防洪标准一般为：永久性水工建筑物的设计洪水标准，分为正常运用（设计标准）和非正常运用（校核标准）两种情况；下游河道的安全行洪流量，可分为几级控制；库区淹没标准（移民淹没边界线）。

夏汛选取1935年7月发生的最不利洪水作为典型洪水，按照推求的设计洪水参数进行同频率放大，采用原设计汛限水位160.0m作为起调水位进行调洪演算。表5.4给出夏汛期不同频率设计洪水过程线调洪结果。分析表中1%、5%、10%及20%的调洪最高水位和最大下泄流量，最终得到需研究的防洪标准以及原设计值为：①超1%洪水位170.34m的风险率，原设计为0.01，相应最大下泄流量为18300m^3/s；②超5%洪水位167.19m的风险率，原设计为0.05，相应最大下泄流量为15300m^3/s；③超10%洪水位166.00m的风险率，原设计为0.10，相应最大下泄流量为10400m^3/s；④超20%洪水位164.15m的风险率，原设计为0.20，相应最大下泄流量为10600m^3/s。

表5.4　　夏汛期不同频率设计洪水过程线调洪结果

年最大设计洪水频率/%	坝址最大洪峰流量/(m^3/s)	丹碾区间洪峰流量/(m^3/s)	最大下泄流量/(m^3/s)	坝前最高水位/m	控制泄量/(m^3/s)
1	54000	21300	18300	170.34	20000
5	37100	7960	15300	167.19	16000
10	31200	6370	10400	166.00	11000
20	25300	4970	10600	164.15	11000

秋汛选取1964年10月最不利洪水作为典型洪水，按照推求的设计洪水参数进行同频率放大，分别采用分期设计汛限水位163.5m作为起调水位进行调洪演算。表5.5给出秋汛期不同频率设计洪水过程线调洪结果。分析表中1%、5%、10%及20%的调洪最高水位和最大下泄流量，最终得到需研究的防洪标准以及原设计值为：①超1%洪水位170.12m的风险率，原设计为0.01，相应最大下泄流量为20200m^3/s；②超5%洪水位168.73m的风险率，原设计为0.05，相应最大下泄流量为16400m^3/s；③超10%洪水位167.72m的风险率，原设计为0.10，相应最大下泄流量为11500m^3/s；④超20%洪水位165.94m的风险率，原设计为0.20，相应最大下泄流量为11300m^3/s。

表5.5　　秋汛期不同频率设计洪水过程线调洪结果

年最大设计洪水频率/%	坝址最大洪峰流量/(m^3/s)	丹碾区间洪峰流量/(m^3/s)	最大下泄流量/(m^3/s)	坝前最高水位/m	控制泄量/(m^3/s)
1	47600	9200	20200	170.12	21000
5	34300	6400	16400	168.73	17000
10	28400	5000	11500	167.72	12000
20	22200	3700	11300	165.94	12000

(2) 汛期运行水位-防洪风险率关系。对于夏汛期，取汛期运行水位的变化幅度为160.0～164.0m，分别对各设计洪水进行调洪演算，以坝前最高水位和最大下泄流量均不超过年1%设计值170.34m、18300m^3/s为依据，得到汛期运行水位超过年最大设计洪水频率1%的风险率，如图5.2 (a) 所示。同理，可以得到超过年最大设计洪水频率5%、10%及20%的水位-防洪风险率关系，如图5.2 (b) ～ (d) 所示。

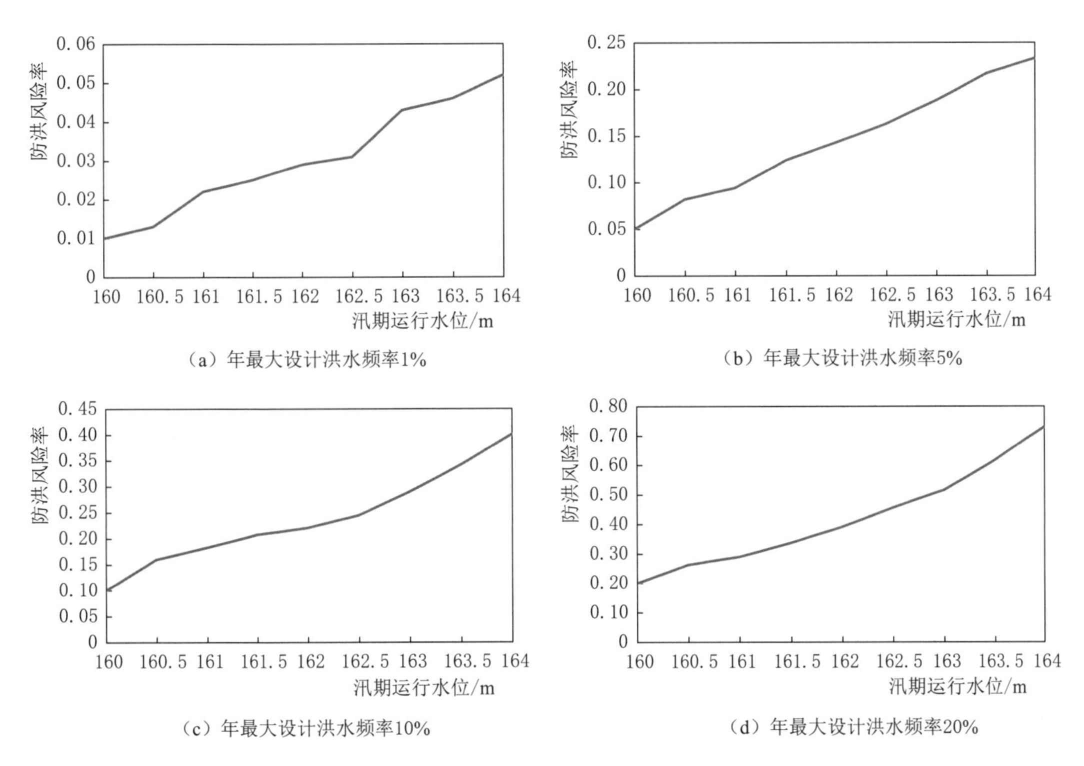

图5.2 夏汛期运行水位超年最大设计洪水频率1%、5%、10%和20%的风险率

对于秋汛期，取汛期运行水位的变化幅度为163.5～168m，分别对各设计洪水进行调洪演算，以坝前最高水位和最大流量均不超过年1%设计值170.12m、20200m^3/s为依据，得到秋汛期运行水位超过年最大设计洪水频率1%的风险率如图5.3 (a) 所示。同理，可以得到超过年最大设计洪水频率5%、10%及20%的水位-防洪风险率关系，如图5.3 (b) ～ (d) 所示。

5.1.3.3 基于风险分析确定汛期运行水位动态控制域

采用丹江口水库坝址1954—2011年共58年汛期（6月21日至10月10日）逐日流量系列，选择不同汛期的运行水位动态控制域上限，以汛限水位（夏汛期160.0m，秋汛163.5m）为下限，在汛限水位下限的基础上，利用式（5.5）～式（5.7）试算确定丹江口水库夏汛和秋汛的汛期运行水位动态控制域上限。依据丹江口水库汛期不同时段来水量级不同，分别选取最大下泄流量和设计水位为控制指标，采用拟定的分期防洪调度规则，取洪水有效预见期长度为1d、2d、3d、4d和5d，以不降低原设计防洪标准为原则，得到综合的丹江口水库汛期运行水位动态控制域，见表5.6。

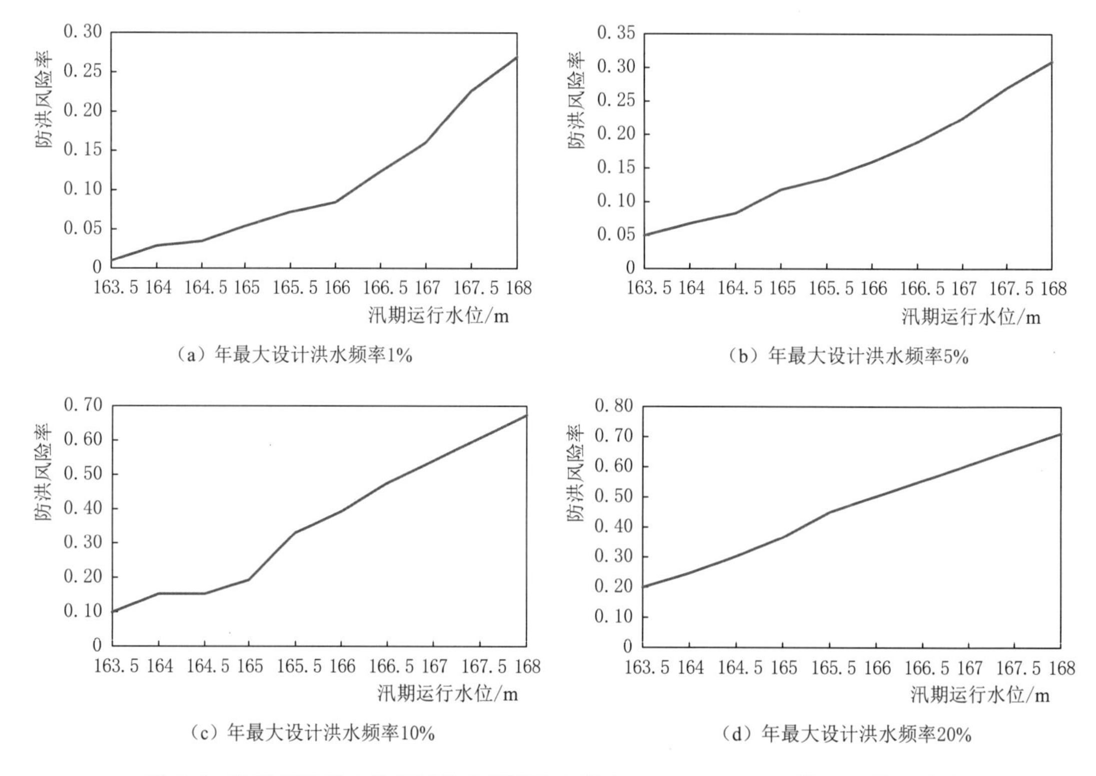

图 5.3 秋汛期运行水位超年最大设计洪水频率 1%、5%、10%和 20%的风险率

表 5.6 基于风险分析的丹江口水库汛期运行水位动态控制域

汛期	时间	汛期运行水位下限/m	有效预见期/d	汛期运行水位上限/m
夏汛	6月21日至8月20日	160.0	1	160.3
			2	160.7
			3	161.4
			4	162.1
			5	162.9
秋汛	9月1日至10月10日	163.5	1	163.7
			2	164.1
			3	164.4
			4	164.9
			5	165.7

5.1.4 汛期运行水位动态控制效益分析

对于汛期运行水位动态控制域的规划设计阶段，可应用简化方法计算汛期运行水位抬高后增加的发电效益和蓄水效益。

5.1.4.1 发电效益

假定丹江口水电站在汛期处于满发状态，其发电流量 Q 为 1680m^3/s，出力系数 K 为

8.5。假定运行水位在汛期内逐渐从动态控制域上限预泄至下限，由于丹江口夏汛期为6月21日至8月20日，则水电站的净水头 ΔH_1 为夏汛期上下限之差，发电时间 t_1 为61d；过渡期为8月21—31日，则水电站的净水头为 ΔH_2 简化为夏汛期净水头与秋汛期净水头的均值，发电时间 t_2 为11d；秋汛期为9月1日至10月10日，则水电站的净水头为 ΔH_3 为秋汛期上下限之差，发电时间 t_3 为40d，则丹江口水库各分期增加的出力可根据下式计算：

$$\Delta N = KQ\Delta H \tag{5.8}$$

丹江口水库各分期增加的水头效益可根据下式计算：

$$\Delta E = \Delta Nt \tag{5.9}$$

5.1.4.2 蓄水效益

根据水位库容曲线，由水库在各个汛期增加的净水头，即可计算水库实施汛期运行水位动态控制增加的蓄水量。通过上述简化计算得出丹江口水库汛期实施预报预泄控制方案的经济效益，见表5.7。由表可知，采用汛期运行水位动态控制，不考虑入库洪水预报误差，年均汛期最大可增加发电量9.96～100.21GW·h，或最大可增加蓄水量31.6亿～49.98亿 m^3。

表5.7　丹江口水库汛期运行水位动态控制汛期经济效益初估表

效益指标	动态控制预见期				
	1d预见期	2d预见期	3d预见期	4d预见期	5d预见期
发电效益/(GW·h)	9.96	25.69	45.75	69.50	100.21
蓄水量/亿 m^3	31.6	35.21	37.94	42.49	49.98

预报预泄法确定的汛期运行水位动态控制域上限值均大于风险模型法得到的上限值。预报预泄法只给出汛限水位能够提高到多少，而没有解决水库遭遇大洪水时，水库水位能否在洪水预报期内回落至汛限水位的问题，风险模型法从数学上给出了答案。采用基于风险分析确定的汛期运行水位动态控制方案，年均汛期最大可增加发电量9.96～100.21GW·h，或最大可增加蓄水量31.6亿～49.98亿 m^3。因此，丹江口水库汛期运行水位动态控制方案以风险分析法得到的结果作为推荐方案。表5.8给出丹江口水库汛期运行水位动态控制域。

表5.8　丹江口水库汛期运行水位动态控制域

汛期	时间	汛限水位下限/m	有效预见期/d	汛期运行水位上限/m
夏汛	6月21日至8月20日	160.0	1	160.3
			2	160.7
			3	161.4
			4	162.1
			5	162.9
秋汛	9月1日至10月10日	163.5	1	163.7
			2	164.1
			3	164.4
			4	164.9
			5	165.7

为避免汛期水位突然大幅度降低引起的弃水，以 8 月 21—31 日为夏汛期向秋汛期的过渡期，得到丹江口水库汛期运行水位动态控制如图 5.4 所示。因汛期运行水位动态控制域设计，属于规划设计阶段工作，而水库汛期限水位实时动态控制属于实时调度和管理运行阶段的工作，建议用 3d 预见期的汛期运行水位动态控制域，在实时调度阶段用 5d 预见期来进行预泄，以控制预泄流量增加的幅度，作为降低汛期运行水位动态控制风险的一种非工程措施。

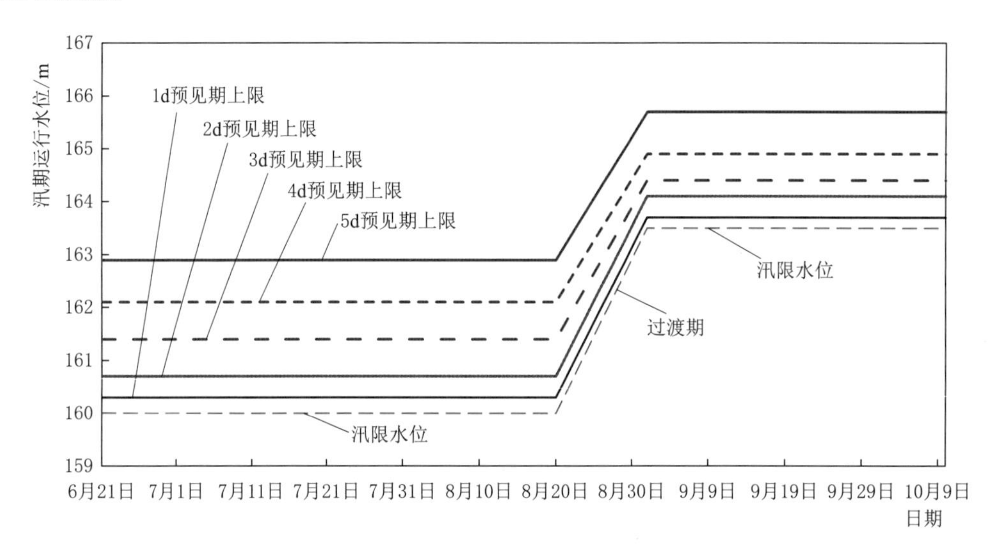

图 5.4 丹江口水库汛期运行水位动态控制示意图

5.2 丹江口水库提前蓄水调度方案研究

5.2.1 丹江口水库蓄水调度模型

丹江口水库作为南水北调中线工程的水源工程，按照“发电服从调水、调水服从生态、生态服从防洪安全”的原则，其综合利用水利任务调整为防洪、供水、发电、航运等。为了保证水库在蓄水期能正常运行，满足各项综合利用要求，蓄水期计算主要考虑以下限制条件：

（1）水库水位限制。为了保证水库的防洪安全，要求蓄水期水库水位不能超过正常蓄水位，如果在机组满发的情况下仍会超过这一水位，则泄掉多余的水量。

（2）保证出力。丹江口水库正常运行期投入的发电机组总数达到 6 台，装机容量为 90 万 kW，由于它在系统中所占比重较大，故电站发电设计保证率近 90%～95%取用，大坝加高前保证出力为 247MW，大坝加高后保证出力为 356MW。

（3）蓄水期间调水流量要求。丹江口水库的调水是指陶岔渠首引水。为了在优先满足水源区用水要求的基础上，尽可能多向北方调水，并按水库水位高低，分区进行调度，尽可能使供水均匀，提高枯水年调节量。如图 5.5 所示，在加大供水区，当水库水位达到防洪限制水位时，陶岔渠首按最大过水能力 420m³/s 供水；在保证供水区，防洪调度线以下，降低供水线以上，陶岔渠首按设计流量 350m³/s 供水；在降低供水区，在降低供水线与限制供水线之间，陶岔渠首引水流量按 300m³/s 考虑；在限制供水区，即限制供水线与极限消落水位之间的供水区，陶岔渠首引水流量按 135m³/s 考虑，设置这一区域的目的是使特枯水年份不遭大的破坏。

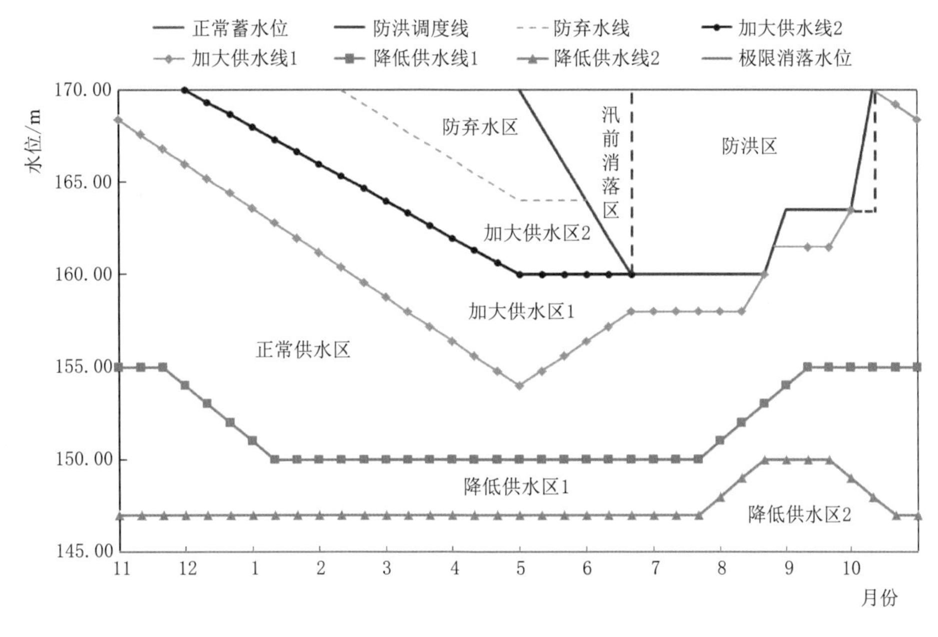

图 5.5 丹江口水库正常运行期水库供水调度图

(4) 蓄水期间灌溉流量要求。丹江口水库近期引水灌溉唐白河地区，即清泉沟引丹灌溉区，远景引江济渭。灌溉设计保证率一般可取 75%～80%，当灌溉设计保证率为 80%时，灌区在蓄水期的月平均用水流量为 55m³/s。

(5) 蓄水期间汉江中下游需水流量要求。汉江中下游干流用水范围是指以汉江干流及其分支东荆河为主要水源及补充水源的供水范围，需水流量主要包括河道外需水和河道内生态基流及航运需水。根据流域生态环境状况分析，汉江干流上游黄家港控制断面控制节点生态基流为 174m³/s。航运为河道内用水，不消耗水量，但需根据航道条件保持一定流量，以维持必要的航深和航宽。航运设计保证率与发电保证率相同，下游航运水深由发电流量满足，最小流量不小于 490m³/s。

5.2.2 蓄水调度方案指标

在上述限制条件下，根据设计调度规则，采用尽量提前蓄满的简化策略方式蓄水。这种蓄水调度模型是在保证最基本的供水、发电等其他用水需求的前提下，尽量多蓄水，尽可能保证水库蓄满，具体步骤为：①根据保证出力等限制条件发电，拦蓄多余水量直至水库达到正常蓄水位；②如果水库水位达到正常蓄水位，则出库流量等于入库流量，保证水库水位不再升高。基本保持水库水位在正常蓄水位运行，以此获得较高水头。

采取这样进行蓄水调度，可最大限度地提高水库的蓄满率，在后期能获得较高的水头，增加水能的利用率；并为（非汛期）供水期提供宝贵的淡水资源。通过水库调节计算，统计研究时间内的多年平均发电量、多年平均弃水量、水库的蓄满率作为评价蓄水方案的指标。其中多年平均发电量指各模拟年的发电量均值，多年平均弃水量指各模拟年的弃水量均值[7-8]。各指标计算方法如下：

（1）发电效益，以日均发电量来表示，即

$$E_{avg}=\frac{1}{mn}\sum_{i=1}^{n}\sum_{j=1}^{m}P_{i,j}\Delta t \tag{5.10}$$

（2）弃水损失，以日均弃水量来表示，即

$$W_{avg}=\frac{1}{mn}\sum_{i=1}^{n}\sum_{j=1}^{m}Q_{W_{i,j}}\Delta t \tag{5.11}$$

（3）发电保证率指标，即

$$R_p=\frac{\#(P_{i,j}\geqslant P_{min})}{mn}\times 100\% \tag{5.12}$$

（4）引水效益。以引水保证率来表示，即满足最小引水流量的比率，即

$$R_{yin}=\frac{\#(Q_{out(i,j)}\geqslant Q_{yin})}{mn}\times 100\% \tag{5.13}$$

（5）航运效益计算。以航运保证率来表示，即满足最小航运流量的比率，即

$$R_s=\frac{\#(Q_{out(i,j)}\geqslant Q_{ship})}{mn}\times 100\% \tag{5.14}$$

（6）蓄满率计算。用库容百分比表示，其定义为

$$R_f=\frac{V_{i,high}-V_{min}}{V_{max}-V_{min}}\times 100\% \tag{5.15}$$

以上各式中：n 为模拟的年数；m 为每年蓄水期的天数，如果从10月1日开始蓄水，则 $m=92$；Δt 为一天的时段长，s；$P_{i,j}$ 为第 i 年蓄水期第 j 天的日均出力，kW；$Q_{W_{i,j}}$ 为第 i 年蓄水期第 j 天的日均弃水流量，m^3/s；P_{min} 为丹江口水库的保证出力，kW；$Q_{out(i,j)}$ 为第 i 年蓄水期第 j 天的日均出库流量，m^3/s；Q_{yin} 为最小引水流量，m^3/s；Q_{ship} 为最小航运流量，m^3/s；$V_{i,high}$ 为第 i 年蓄水期最高蓄水位对应的库容，m^3；V_{max} 为正常蓄水位对应的库容，m^3；V_{min} 为死库容，m^3；#(·) 为满足括号内条件的次数。

一个理想的蓄水方式，要求年平均发电量最大，年平均弃水量较小，并且蓄满率为100%。实际上，年平均发电量与年平均弃水量都是表征水能的指标，因此实际中以年平均发电量作为主要评定标准，年平均弃水量作为一附加的评定标准，主要用来表征是否仍有挖掘潜力。水库蓄满率是表征水库蓄水程度的指标。

5.2.3 原设计10月1日起蓄的不同蓄水方案

5.2.3.1 等水位的蓄水调度

等水位蓄水调度模型主要是指在不考虑时段来水很大的情况下，每天按等水位进行蓄水控制，即每天蓄等水位高的水。由于水库的水面面积随着水位的增高会逐渐加大，在水

位较高时蓄等水位往往比在水位较低时蓄等水位需要更多的来水，蓄水后期需要的来水流量比蓄水前期需要的来水流量更大。但由于在蓄水期末，来水流量往往是逐日减少的，所以按等水位进行蓄水控制不太符合实际来水规律，容易导致水库蓄不满。

根据设计调度规则，利用1954—2011年共58年以日为时段的入库资料，采用等水位蓄水方式对大坝加高后的水库进行各年蓄水模拟调度，蓄水调度结果见表5.9，大坝加高后发电保证率和通航率都达到100%，发电量增加，弃水量减少。58年的统计年份中仅有4年蓄满，蓄满程度低，年均蓄满率为76.42%。

表5.9　丹江口水库等水位蓄水调度结果

多年平均发电量/(亿kW·h)	发电保证率/%	蓄满年数/年	年均蓄满率/%	通航率/%	多年平均引水量/亿m^3	多年平均弃水量/亿m^3
8.74	100	4	76.42	100	24.26	8.45

注　统计时段是10月1日至12月31日，其中蓄水的起始水位为秋季汛限水位。

5.2.3.2　简化蓄水调度

根据设计调度规则，采用尽量提前蓄满的简化蓄水方式。这种蓄水调度模型的特点如下：在不考虑蓄水期会发生大洪水的情况下，水库按保证出力等限制条件发电，拦蓄多余的水量直至水库蓄满。这种蓄水调度方式实际上是等水位蓄水控制时蓄满时间提前的最极端情况，即将蓄满时间提前至起蓄时间10月1日。该蓄水方式的优点是水库能够充分利用蓄水前期的来水，由于蓄水前期的来水相对比蓄水后期大，水库蓄满的几率较高，而且水库能够保持高水位运行，获得较高的水头，增加水头利用率；缺点是如果蓄水期有洪水发生，水库却保持高水位运行，没有预留一定的防洪库容，对水库防洪产生不利影响。

同样利用1954—2011年共58年日入库流量资料，采用简化蓄水方式对丹江口水库进行各年蓄水模拟调度，多年平均的蓄水调度结果如表5.10所示，丹江口水库发电保证率和通航率达到100%，弃水减少，发电量和水库水位增加，58年中蓄满年数为10年，年均蓄满率为79.02%。

表5.10　丹江口水库简化蓄水方式的蓄水调度结果

多年平均发电量/(亿kW·h)	发电保证率/%	蓄满年数/年	年均蓄满率/%	通航率/%	多年平均引水量/亿m^3	多年平均弃水量/亿m^3
8.40	100	10	79.02	100	24.62	4.83

注　统计时段是10月1日至12月31日，其中蓄水的起始水位为秋季汛限水位。

这种蓄水调度模型是在不考虑蓄水期发生大洪水的情况下，充分利用蓄水前期的来水进行蓄水。然而，丹江口水库的秋汛到10月10日才截止，其中10月1—10日包括在蓄水期内，而且由历史资料可知，10月1—6日出现较大洪水的可能性较大，例如1954—2011年中有1964年、1974年、1975年、1983年和2005年发生了不同量级的洪水，其中

1983年在10月5日的入库流量达到28914m^3/s，达到了秋季洪水10年一遇的标准。图5.6绘出丹江口水库简化蓄水策略方式的1983年蓄水过程，水库开始按等出力方式发电，尽可能地蓄水，10月5日洪峰来临，水库由蓄水调度转为防洪调度，出库流量增大，最大下泄为7098m^3/s，水库水位达到166.12m，洪峰过后水库由防洪调度转为蓄水调度，10月8日水库蓄满；10月19日一场小洪水的来临，水库水位增加到170.32m，之后又迅速降至170m，水库的正常运行遭到破坏的天数为3d。

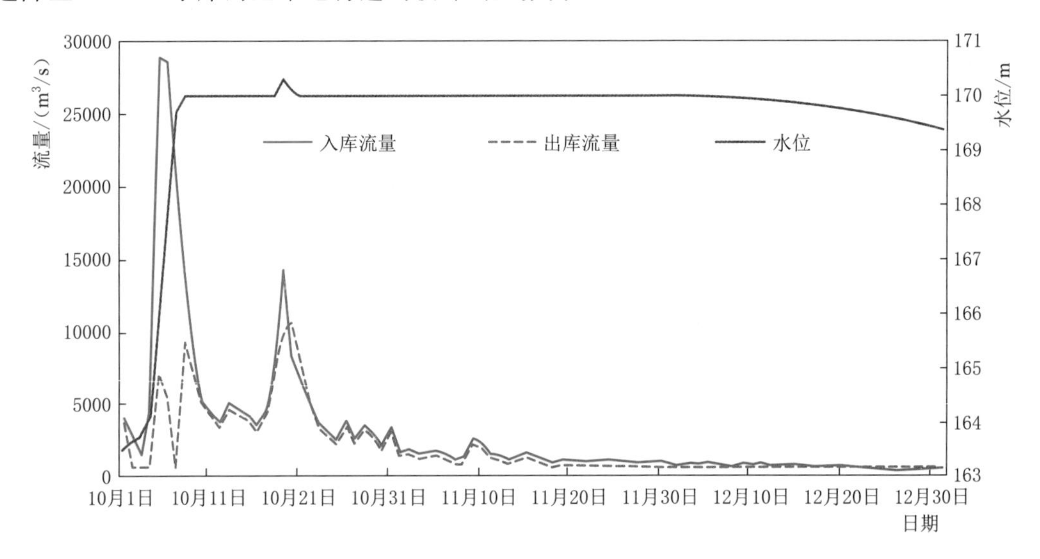

图5.6 丹江口水库简化蓄水策略方式的1983年蓄水过程

5.2.4 提前蓄水方案

由以上讨论可知，从10月1日开始起蓄，两种蓄水方案都不能充分抓住前期较大来水，同时蓄水后期来水一般又逐渐减少，大坝加高后还要保证供水任务，从而导致水库难以蓄满。为提高水库蓄满率，充分发挥水库的综合利用效益，必须进行提前蓄水。

根据丹江口水库汛期分期可知，8月21—31日为过渡期，9月1日至10月10日为秋汛，而从1954—2011年丹江口水库入库日流量资料来分析，自8月下旬至10月1日之前，丹江口水库来水较小，没有出现特大洪水，仅于1960年9月8日出现最大流量为25900m^3/s的秋季洪水，这对大坝加高后的丹江口水库来说，完全能够有效地控制。因此，分别拟定8月21日、8月25日、9月1日、9月5日、9月10日、9月15日、9月20日和9月25日作为蓄水期的起蓄时间，采用不同蓄水方式对丹江口水库进行提前蓄水模拟调度[9]。

5.2.4.1 提前蓄水的等水位蓄水方式

图5.7绘出不同起蓄时间的等水位蓄水方式，蓄满时间定为10月31日，两点构成防破坏线，按照等水位控制方式进行蓄水调度。表5.11给出不同起蓄时间的等水位蓄水方式效益指标比较。1983年10月上旬发生了一场相当于秋季10年一遇的洪水，洪峰为28914m^3/s，故将该典型年的蓄水期最高水位列于表中。由表5.11可知，随着起蓄时间

的提前，日均发电量增多，日均弃水量也增多，年均蓄水率增大，但水库的蓄满年数和日均引水量变化不大，这表明采用等水位蓄水方式提前蓄水对水库蓄满率的影响不显著。

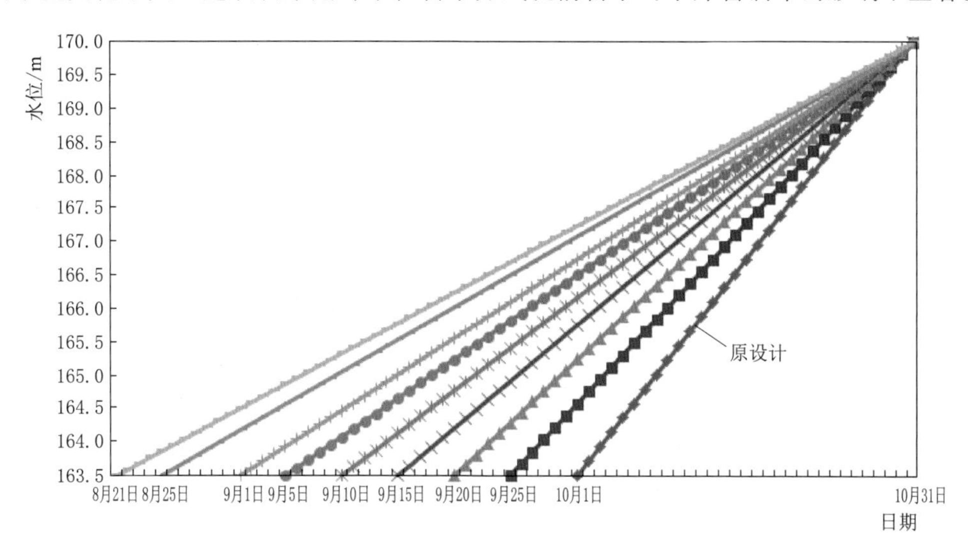

图 5.7　不同起蓄时间的等水位蓄水方式

表 5.11　　不同起蓄时间的等水位蓄水方式效益指标比较

起蓄时间	蓄满年数/年	年均蓄满率/%	通航率/%	日均发电量/(万 kW·h)	日均引水量/万 m^3	日均弃水量/万 m^3	1983 典型年	
							最高水位/m	出现日期
8 月 21 日	5	79.18	100	1103	2609	3655	170.00	10 月 8 日
8 月 25 日	5	79.12	100	1091	2614	3447	170.14	10 月 8 日
9 月 1 日	5	79.14	100	1072	2624	3239	170.44	10 月 8 日
9 月 5 日	4	78.99	100	1063	2627	3026	170.64	10 月 8 日
9 月 10 日	5	78.23	100	1036	2622	2599	170.94	10 月 8 日
9 月 15 日	5	77.95	100	1021	2623	2210	171.30	10 月 8 日
9 月 20 日	5	77.89	100	995	2638	1787	171.73	10 月 8 日
9 月 25 日	5	77.23	100	977	2635	1388	171.07	10 月 8 日
10 月 1 日	4	76.42	100	950	2637	921	170.32	10 月 19 日

5.2.4.2　提前蓄水的简化蓄水方式

从上面采用等水位控制的提前蓄水计算结果可知，在起蓄时间提前的前提下，等水位蓄水方式仍然不利于蓄水调度。采用简化蓄水方式，即尽可能多的蓄水，利用 1954—2011 年丹江口水库入库日流量资料进行蓄水模拟调度，得到各起蓄时间下水库蓄满率的极端情况。表 5.12 为不同起蓄时间的简化蓄水方式效益指标比较。

由表 5.12 可知，随着起蓄时间的提前，日均发电量增多，日均弃水量也增多，水库的年均蓄满率增加。但在不考虑水库防洪任务这种极端情况下，即使起蓄时间提前到 8 月 21 日，在 58 年（1954—2011 年）资料中水库蓄满的年份有 31 年，占所有年份的

53.4%，年均蓄满率为89.57%，这是丹江口水库的极限蓄满情况，这也充分说明了无论采用何种方式，丹江口水库的年均蓄满率都不可能达到100%。

表5.12　　不同起蓄时间的简化蓄水方式效益指标比较

起蓄时间	蓄满年数/年	年均蓄满率/%	通航率/%	日均发电量/(万kW·h)	日均引水量/万m^3	日均弃水量/万m^3	1983典型年	
							最高水位/m	出现日期
8月21日	31	89.57	100	1006	2988	2235	173.42	10月8日
8月25日	29	89.01	100	994	2968	2095	173.42	10月8日
9月1日	25	87.69	100	992	2936	1953	173.42	10月8日
9月5日	25	86.51	100	992	2911	1852	173.42	10月8日
9月10日	20	84.63	100	972	2863	1610	173.42	10月8日
9月15日	18	83.31	100	962	2819	1357	173.42	10月8日
9月20日	14	82.32	100	946	2776	1058	173.22	10月8日
9月25日	12	80.97	100	929	2726	791	171.95	10月8日
10月1日	10	79.02	100	913	2676	522	170.32	10月19日

在保证下游防洪安全的前提下，若起蓄时间提前到9月25日之前，采用简化蓄水方式尽可能的蓄水，当水库仅遭遇10年一遇的洪水时，水库的最高水位都超过了设计洪水位，这对水库防洪和自身安全产生了不利影响。因此，在蓄水期不仅只是单一的考虑如何提高蓄满率，还要考虑防洪、发电、航运等多方面的因素，所以需要对蓄水方案进行优化。

5.2.5 提前蓄水优化调度模型

5.2.5.1 蓄水期防洪调度规则

将水库的蓄水时间提前至秋汛时期，必须考虑秋汛期间的防洪安全问题。本节采用丹江口水库设计防洪方式中的补偿调度方式作为防洪调度的依据。水库泄放流量时，按坝址至皇庄区间洪水预报流量来决定水库泄流量的大小，以不超过皇庄控制点的各级允许泄量为原则。区间洪水预报采用偏大值。丹江口的允许泄量等于皇庄控制点的各级允许泄量减去区间洪水预报的流量（考虑20%的误差）。秋季泄流量的确定方法同夏季洪水，只是在允许流量的选择上，根据秋季汉江中下游入流较小、长江与汉江洪水遭遇的机会稀少，河道允许泄量可以适当加大。如大于5年一遇小于或等于10年一遇洪水，夏季采用11000m^3/s，而秋季则采用12000m^3/s。具体调度原则为：

（1）当预报流量等于或小于5年一遇洪水，皇庄站允许泄量为11000～12000m^3/s。

（2）当预报流量大于5年一遇洪水直至等于10年一遇洪水，皇庄站允许泄量为11000～12000m^3/s。

（3）当预报流量大于10年一遇洪水直至等于20年一遇洪水，皇庄站允许泄量为16000～17000m^3/s。

（4）当预报流量大于20年一遇洪水直至等于1935年洪水，皇庄站允许泄量为20000

～21000m³/s。

(5) 当预报流量大于 1935 年洪水，而小于万年一遇洪水，应根据预报及水库水位上涨趋势逐级加大泄量（预报流量不大于千年一遇洪水时，逐步加大至 30000m³/s 左右），避免骤然加大，而加剧下游洪水灾害。当发生大于万年一遇特大洪水，应采取一切保坝措施，以建筑物的最大泄洪能力泄洪，以确保大坝安全。

5.2.5.2 蓄水期调度规则

为了推求合适的蓄水时间，分别拟定 8 月 21 日、8 月 25 日、9 月 1 日、9 月 5 日、9 月 10 日、9 月 15 日、9 月 20 日和 9 月 25 日作为起蓄时间的蓄水方案，将起蓄时间到 12 月 31 日作为整个蓄水期。选择 1964 年蓄水期的流量过程作为典型，采用同频率放大法对整个蓄水期的流量过程按 10 年一遇、20 年一遇、百年一遇和千年一遇设计标准进行放大，得到各频率下的设计洪水过程。

水库调度图一般设置有预想出力线、加大出力线、保证出力线和降低出力线等，将其划分为若干出力区等，这类调度图对发电调度十分有效，但由于调洪流量一般远大于电站预想出力所对应的流量，这类调度图对于洪水调度的作用就受到了很大的限制。如图 5.8 所示，以 8 月 21 日的起蓄为例，本节通过设置秋汛蓄水水位上限和蓄水控制线来满足防洪和兴利蓄水要求，具体的防洪目标和调度规则为：当水位位于蓄水控制线以下的Ⅲ区时，按照该时段考虑综合利用要求确定的最小流量进行控制；当水位在蓄水控制线和蓄水水位上限之间的Ⅱ区时，若不发生洪水则按照蓄水控制线进行蓄水，若发生中小洪水则控制最高调洪水位不超过蓄水水位上限并控制最大出库流量不超过 17000m³/s；当水位高于蓄水水位上限的Ⅰ区，且发生蓄水期千年一遇洪水时，则控制调洪高水位不超过 172.2m。在调洪过程中确保不能出现人造洪峰，即出库流量大于入库流量。可以看出，汛末蓄水水位上限将原设计防洪库容划分成两部分，该水位以下的库容主要用于遭遇中小洪水时减轻下游的防洪压力，该水位以上的库容用于遭遇大洪水时保证水库和下游的防洪安全，而没有洪水发生时就按蓄水控制线进行蓄水，这正是防洪与兴利的结合点。要达到

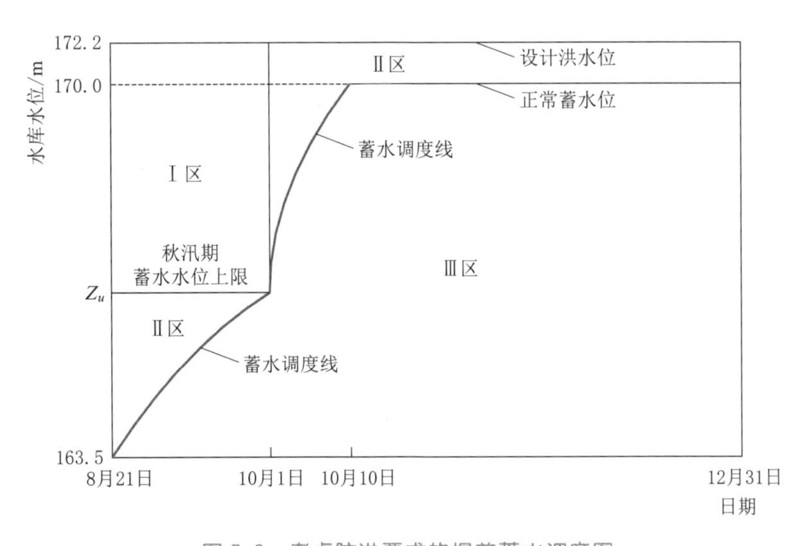

图 5.8 考虑防洪要求的提前蓄水调度图

以上目标，需要进行兴利优化计算并采用蓄水期设计流量过程进行调洪检验来确定该水位上限值和蓄水控制线。这里需要说明的是，蓄水是按照调度规则进行的，在蓄水的过程中若发生洪水则立即开始调洪，而不是将水库蓄到该水位后再进行调洪。

5.2.5.3 优化调度数学模型

按照以上蓄水期调度规则，若已知调度图各控制线节点水位，则可进行丹江口水库的蓄水期调度。现通过数学优化模型，在满足各项约束的前提下寻优丹江口水库最优蓄水控制线，使蓄满率最大并兼顾其他目标。

1. 目标函数

给定蓄水的起蓄时间，制定蓄水期的优化调度图。由于蓄水调度目标的复杂性，需要建立多目标风险指标体系。这里主要采用下面几个蓄水方案指标进行优化计算。

（1）下游的防洪安全，即在蓄水期遭遇各重现期的洪水时，尽量减少皇庄控制站点的流量高于各重现期相对应的允许泄量的次数，即

$$\min \sum_{i=1}^{n} \sum_{j=1}^{m} K_{i,j} \tag{5.16}$$

式中：$K_{i,j}$ 为 0－1 变量，如果 $Q_{\mathrm{out}(i,j)} > Q$ 则有 $K_{i,j}=1$，否则 $K_{i,j}=0$；$Q_{\mathrm{out}(i,j)}$ 为水库第 i 年的蓄水期第 j 天的出库流量，$\mathrm{m^3/s}$；Q 为皇庄控制站点的允许泄量，$\mathrm{m^3/s}$；n 为模拟优化计算的年数；m 为蓄水期的天数，若从 9 月 1 日开始蓄水，$m=122$。

（2）引水量最大，以调度期内的年均引水量来表示，即

$$\max \frac{1}{n} \sum_{i=1}^{n} \sum_{j=1}^{m} Q_{y_{i,j}} \Delta t \tag{5.17}$$

式中：Δt 为计算的时段长；$Q_{y_{i,j}}$ 为丹江口水库第 i 年蓄水期第 j 天的日均引水流量，$\mathrm{m^3/s}$。

（3）发电效益最大，以调度期内的年均发电量来表示，即

$$\max \frac{1}{n} \sum_{i=1}^{n} \sum_{j=1}^{m} P_{i,j} \Delta t \tag{5.18}$$

式中：$P_{i,j}$ 为水库第 i 年蓄水期第 j 天的日均总出力，kW。

（4）航运效益最大，以通航保证率来表示，即

$$\max \frac{1}{mn} \sum_{i=1}^{n} \sum_{j=1}^{m} S_{i,j} \times 100\% \tag{5.19}$$

式中：$S_{i,j}$ 为第 i 年第 j 天的通航情况，为 0－1 变量，如果满足通航要求则 $S_{i,j}=1$，否则 $S_{i,j}=0$。根据原设计，丹江口水库下游航运最小需水流量取 $490\mathrm{m^3/s}$。

（5）汛末蓄满率最高，即

$$\max \frac{1}{n} \sum_{i=1}^{n} R_i \times 100\% \tag{5.20}$$

式中：R_i 为 0－1 变量，如果第 i 年蓄水期末的库水位达到正常蓄水位则 $R_i=1$，否则 $R_i=0$。

（6）蓄水期的年均弃水量最小，即

$$\min \frac{1}{n} \sum_{i=1}^{n} \sum_{j=1}^{m} Q_{W_{i,j}} \Delta t \tag{5.21}$$

式中：$Q_{W_{i,j}}$ 为丹江口水库第 i 年蓄水期第 j 天的日均弃水流量，m^3/s。

2. 约束条件

(1) 水库水量平衡约束：

$$V_{i,j+1}=V_{i,j}+(Q_{in(i,j)}-Q_{out(i,j)})\Delta t \quad (i=1,2,\cdots,n;j=1,2,\cdots,m) \tag{5.22}$$

(2) 水库水位约束：

$$Z_{j\min}\leqslant Z_{i,j}\leqslant Z_{j\max} \quad (i=1,\cdots,n;\ j=1,\cdots,m) \tag{5.23}$$

(3) 出力约束：

$$P_{\min}\leqslant P_{i,j}\leqslant P_{\max} \quad (i=1,\cdots,n;\ j=1,\cdots,m) \tag{5.24}$$

(4) 出库流量约束。考虑到长江中下游的航运、生态用水的需要，大坝加高后需要控制每天的出库不低于最小出库流量。即

$$Q_{out(i,j)}\geqslant Q_{\min} \quad (i=1,2,\cdots,n) \tag{5.25}$$

以上各式中：$Z_{i,j}$、$Q_{in(i,j)}$、$P_{i,j}$ 分别为水库第 i 年蓄水期第 j 天的库水位、日入库流量和日均出力；$Z_{j\min}$、$Z_{j\max}$ 分别为水库第 j 天允许消落到的最低水位和允许蓄到的最高水位，m；$P_{\min}$、$P_{\max}$ 分别为电站的保证出力和装机出力，kW；$Q_{\min}$ 为允许下泄的最小流量，m^3/s。

3. 模型算法

模型算法主要包括优化、模拟和检验三个模块。求解水库调度优化问题的经典方法是动态规划方法。由于待优化变量较多，采用以动态规划为基础的近似算法求解效率较高，本节采用基于模拟的 POA 优化算法，利用丹江口日均入库径流资料，对调度图蓄水控制线每天的控制水位进行优化，并根据各个指标比较选取最优的解；模拟模块主要是采用实测流量资料系列，按照蓄水调度图的规则对调度图解进行模拟蓄水调度，并统计各个指标的目标函数值；检验模块主要以蓄水期千年一遇设计流量过程是否超过设计洪水位，20年一遇及以下的中小洪水是否超过蓄水水位上限为依据，对调度线进行调洪检验，以检验该蓄水方案在中小洪水年份能否减轻下游的防洪压力，以及在大水年份能否保证水库和下游的防洪安全，通过检验的方案为可行解。

确定汛末期蓄水水位上限采用调洪演算和优化方法进行确定。通过检验模块将设计洪水的调洪检验动态地加入到了优化程序中，即在采用历史资料按照效益最大化不断优化的同时，还利用设计流量过程对优化结果进行检验，既增加了对中小洪水的调控能力，又能够满足大水年份水库及下游的防洪要求，将水库的兴利蓄水与防洪安全有机地结合了起来，有利于实现水库的汛后蓄满，优化过程如下：

(1) 给定一初始蓄水控制线，对控制线各节点水位的可行范围进行离散。

(2) 固定第 2 个节点到最后一个节点的水位，在第 1 个节点的离散范围内寻优，按调度图拟定规则模拟计算水库的蓄满率及模型中各相应指标，并以蓄水期 10 年一遇、20 年一遇、百年一遇和千年一遇的设计流量过程为输入，对调度线进行调洪检验。

(3) 将通过调洪检验，且使蓄满率最大、各指标合理的优化节点水位作为第 1 个节点新的水位。

(4) 重复 (2) ～ (3)，对余下控制线各节点水位寻优，得到新的蓄水控制线。

(5) 重复 (2) ～ (4)，直到连续两次迭代的水库蓄满率满足一定精度要求为止。

5.2.5.4 优化蓄水调度方案结果及分析

假定起蓄时间分别为8月21日、8月25日、9月1日、9月5日、9月10日、9月15日、9月20日和9月25日，起调水位为秋季汛限水位163.5m，通过上述优化调度模型对1954—2011年丹江口水库蓄水期入库日径流资料进行优化调度，结果见表5.13。

表5.13 不同蓄水方案的优化调度结果

起蓄时间	方案	蓄满年数/年	年均蓄满率/%	通航率/%	日均发电量/(万kW·h)	日均引水量/万m^3	日均弃水量/万m^3
10月1日	等水位蓄水方案	4	76.42	100	950	2637	921
	简化蓄水方案	10	79.02	100	913	2676	522
8月21日	等水位蓄水方案	5	79.18	100	1103	2609	3655
	简化蓄水方案	31	89.57	100	1006	2988	2235
	蓄水上限165m优化方案	12	82.82	100	1026	2916	2791
8月25日	等水位蓄水方案	5	79.12	100	1091	2614	3447
	简化蓄水方案	29	89.01	100	994	2968	2095
	蓄水上限165m优化方案	12	82.69	100	1014	2898	2620
9月1日	等水位蓄水方案	5	79.14	100	1072	2624	3239
	简化蓄水方案	25	87.69	100	992	2936	1953
	蓄水上限165m优化方案	12	82.46	100	1001	2890	2405
9月5日	等水位蓄水方案	4	78.99	100	1063	2627	3026
	简化蓄水方案	25	86.51	100	992	2911	1852
	蓄水上限165m优化方案	11	82.26	100	993	2871	2252
9月10日	等水位蓄水方案	5	78.23	100	1036	2622	2599
	简化蓄水方案	20	84.63	100	972	2863	1610
	蓄水上限165m优化方案	11	81.61	100	971	2840	1846
9月15日	等水位蓄水方案	5	77.95	100	1021	2623	2210
	简化蓄水方案	18	83.31	100	962	2819	1357
	蓄水上限166m优化方案	12	81.91	100	954	2815	1477
9月20日	等水位蓄水方案	5	77.89	100	995	2638	1787
	简化蓄水方案	14	82.32	100	946	2776	1058
	蓄水上限166m优化方案	11	81.54	100	942	2779	1121
9月25日	等水位蓄水方案	5	77.23	100	977	2635	1388
	简化蓄水方案	12	80.97	100	929	2726	791
	蓄水上限166m优化方案	11	80.77	100	925	2734	816

根据模拟调度结果，可以得到以下几点结论：

(1) 三种蓄水方案相比，等水位蓄水方案的蓄水效果最差，但发电效益最高；优化蓄水方案的蓄水效果次之；简化蓄水方案的蓄满率最高。这是因为简化策略蓄水方式是在不考虑蓄水期发生大洪水的情况下尽可能地蓄水，此种蓄水方式的防洪库容都被用来蓄水，因此得到的蓄满率是水库的极限蓄满率。而优化调度模型是以下游和大坝的防洪安全为前提，将兴利和防洪库容进行合理分配，在尽可能蓄水的前提下，保证大水年份的最高库水位不超过设计洪水位，中小洪水的最高库水位不超过正常蓄水位。

（2）水库从9月15日起蓄，58年的资料中，蓄满年数达到12年，年均蓄满率达到81.91%。此后随着蓄水时间的提前，蓄水期水位上限值减小，但蓄满年数并未上升，年均蓄水率增幅较小。然而，蓄水时间越早，可能的防洪风险就越大，因此，考虑到防洪要求，在蓄满率相同的情况下，起蓄时间越迟越好，故建议最佳起蓄时间为9月15日，秋汛期蓄水水位上限值为166m。

（3）水库从9月15日起蓄，将优化方案与原设计等水位蓄水方案相比，年均蓄满率从76.42%增加到81.91%，日均发电量增加了4万kW·h，日均引水量增加了178万m^3，即年均可多发电4.36GW·h，多蓄水8.98亿m^3；优化方案与原设计简化蓄水方案相比，年均蓄满率从79.02%增加到81.91%，日均发电量增加了41万kW·h，日均引水量增加了139万m^3，即年均可多发电44.69GW·h，多蓄水4.73亿m^3。

5.2.6 分阶段提前蓄水调度

根据上述优化调度的结果可知，丹江口水库提前蓄水的最佳时间为9月15日，秋汛期蓄水水位上限值为166m，这意味着只要水库在10月1日的蓄水位不超过166m，就能保证水库和下游的防洪安全。该方案只能控制水库在10月1日的水位，对提前蓄水期间水库的实际运行调度缺乏一定的指导作用，因此本节基于优化调度方案的结果，对提前蓄水期实施分阶段蓄水调度。时间以5d为步长，水位以0.5m为步长，则9月15日至10月1日可分为四个阶段，共有15种方案，见表5.14。

表5.14　9月15日—10月1日分阶段蓄水的所有可能方案

方案	水位/m			
	9月15—19日	9月20—24日	9月25—29日	9月30日至10月1日
方案一	164	164.5	165	166
方案二	164	164.5	165.5	166
方案三	164	164.5	166	166
方案四	164	165	165.5	166
方案五	164	165	166	166
方案六	164	165.5	166	166
方案七	164	166	166	166
方案八	164.5	165	165.5	166
方案九	164.5	165	166	166
方案十	164.5	165.5	166	166
方案十一	164.5	166	166	166
方案十二	165	165.5	166	166

续表

方案	水位/m			
	9 月 15—19 日	9 月 20—24 日	9 月 25—29 日	9 月 30 日至 10 月 1 日
方案十三	165	166	166	166
方案十四	165.5	166	166	166
方案十五	166	166	166	166

将各个方案代入蓄水优化调度模型，通过蓄水模拟结果可知所有方案都通过了各频率设计洪水的检验，针对百年一遇和千年一遇的设计洪水，所有方案的最高库水位都不超过 172.2m；针对 10 年一遇和 20 年一遇的设计洪水，所有方案的最高库水位都不超过 170m。但针对方案九到方案十五，当遭遇 20 年一遇的设计洪水时，蓄水提前期（9 月 15—30 日）中出现了水位超过蓄水水位上限 166m 的情况，然而蓄水优化调度方案的防洪规则为：当水位在蓄水控制线和蓄水水位上限区间时，若不发生洪水则按照蓄水控制线进行蓄水，若发生中小洪水则控制最高调洪水位不超过蓄水水位上限并控制最大出库流量不超过 17000m^3/s。这表明方案九到方案十五不符合防洪调度规则，会对水库防洪产生不利影响，故取前八种蓄水方案的蓄水模拟调度结果，见表 5.15。

表 5.15　不同分阶段蓄水方案的蓄水模拟结果

蓄水方案	蓄满年数/年	年均蓄满率/%	通航率/%	日均发电量/(万 kW·h)	日均引水量/万 m^3	日均弃水量/万 m^3
方案一	12	81.73	100	953	2794	1611
方案二	12	81.84	100	951	2795	1602
方案三	12	81.86	100	951	2795	1601
方案四	12	81.93	100	953	2798	1575
方案五	12	81.94	100	953	2798	1577
方案六	12	81.98	100	952	2799	1575
方案七	12	81.98	100	952	2799	1572
方案八	12	81.99	100	953	2799	1567
设计蓄水方案	4	76.42	100	950	2637	918

由表 5.15 可知，与其他方案相比，方案八最优，该方案日均发电量和日均引水量最大，同时日均弃水最少，水资源利用率最高，同时年均蓄水率也最大。同时将方案八与设计蓄水方案相比，可知蓄满年数增加了 8 年，日均发电量增加 3 万 kW·h，日均引水量增加 162 万 m^3。

因此，在丹江口水库实际蓄水调度中，建议从 9 月 15 日起蓄，起调水位为 163.5m，控制 9 月 15—19 日的蓄水位不超过 164.5m，9 月 20—24 日的蓄水位不超过 165m，9 月 25—29 日的蓄水位不超过 165.5m，9 月 30 日至 10 月 1 日的蓄水位不超过 166m，如图 5.9 所示。4 个阶段的水位上涨幅度分别是 1m、0.5m、0.5m 和 0.5m，这与蓄水优化控制线先陡后缓的趋势是一致的。

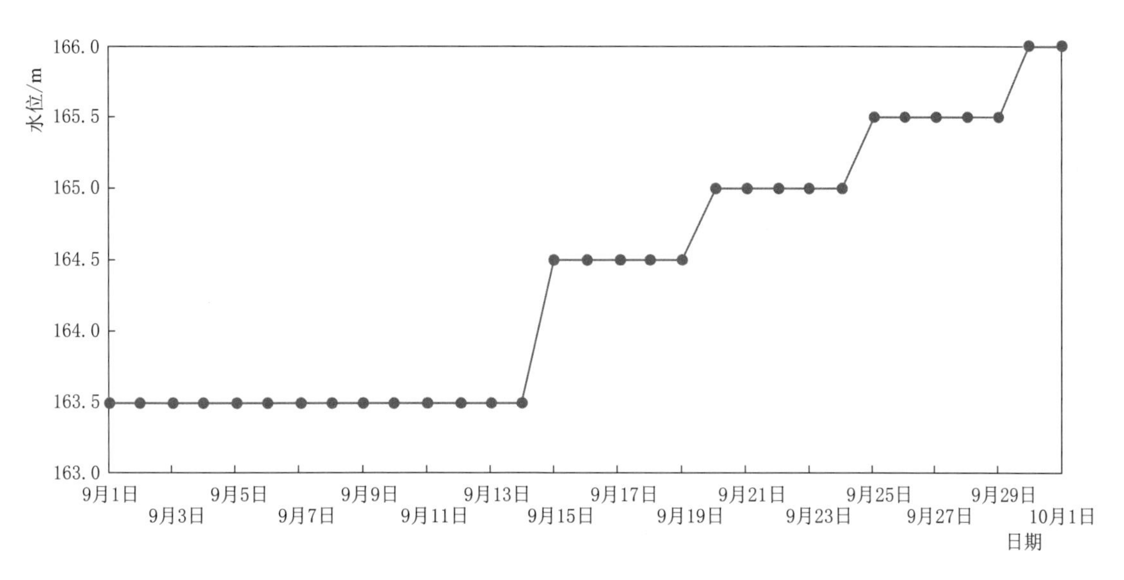

图 5.9 提前蓄水期的分阶段蓄水调度线

5.3 丹江口水库调度对下游水文情势的影响

汉江流域已经建成众多水库，丹江口等水库调度运行在一定程度上改变了下游河流的水文情势，使河道内的生态系统受到了影响[11]。本节选取汉江流域内调节库容较大的控制性水库，以典型水文站为研究对象，探讨汉江流域水库群调度运行对下游河道水文情势的影响。

5.3.1 水利工程对水文情势影响的分析方法

5.3.1.1 Mann - Kendall 检验

在分析水利工程对水文情势影响的分析之前，首先要对资料序列的一致性进行分析，排除气候变化对径流的影响。当降雨、径流资料都没有因为气候变化而发生显著变化时，才能认为径流的改变主要是由于人类活动引起。

Mann - Kendall 检验（简称 M - K 检验）是世界气象组织推荐并已广泛使用的非参数检验方法[2]，最初由 Mann 和 Kendall 提出，在国内外有着广泛的应用[12]。该方法计算简便，不需要样本遵从一定的分布，受样本分布和噪声的影响干扰较少，适用于分析气象、水文等长序列数据的变化。M - K 检验步骤如下：

（1）计算符号函数 sgn：

$$\text{sgn} = \begin{cases} 1, & x_j - x_k > 0 \\ 0, & x_j - x_k = 0 \\ -1, & x_j - x_k < 0 \end{cases} \tag{5.26}$$

式中：$x_k(k=1,2,3,\cdots,n-1)$、$x_j(j=k+1,k+2,\cdots,k+n)$为随机序列，$n$ 为随机序列

的总数。

（2）计算统计变量 S：

$$S=\sum_{k=1}^{n-1}\sum_{j=k+1}^{n}\operatorname{sgn}(x_j-x_k) \tag{5.27}$$

（3）计算标准正态统计变量 Z：

$$Z=\begin{cases}\dfrac{S-1}{\sqrt{\operatorname{var}(S)}}, & S>0\\ 0, & S=0\\ \dfrac{S-1}{\sqrt{\operatorname{var}(S)}}, & S<0\end{cases} \tag{5.28}$$

式中：var(S) 为其方差，均值为0。

根据定义，在给定的 α 置信水平上，若 $-Z_{\alpha/2}\leqslant Z\leqslant Z_{\alpha/2}$，说明统计序列的变化趋势不显著；若 $Z\geqslant Z_{\alpha/2}$，说明统计序列的上升趋势较为显著；若 $Z\leqslant -Z_{\alpha/2}$，说明统计序列的下降趋势较为显著。

如果要检测统计序列的突变点，就需要构造另一秩序列[7]：

$$UF_k=\frac{S_k-E(S_k)}{\sqrt{\operatorname{var}(S_k)}}\quad(k=1,2,\cdots,n) \tag{5.29}$$

式中：UF_k 为统计秩序列，服从正态分布；$E(S_k)$ 和 var(S_k) 为其方差和均值，其中 S_k 是第 i 时刻统计数值大于所有统计序列内其他数值的总个数，其表达式为

$$S_k=\sum_{i=1}^{k}r_i\quad(k=2,3,\cdots,n) \tag{5.30}$$

式中：r_i 根据序列对偶值的大小取值为1或0。

将时间序列 x 按逆序排列，再重复上述过程，同时使

$$UB_k=-UF_{k'}\quad(k=1,2,\cdots,n) \tag{5.31}$$

$$k'=n+1-k \tag{5.32}$$

在求出 UF_k 和 UB_k 计算结果后，不仅可以分析统计序列 x 的趋势变化，还可以进一步根据 UF_k 和 UB_k 曲线的交叉点分析突变发生的时间：当 UF_k 超过临界线时，表明变化趋势显著，如果交点在临界线之间，那么该时刻序列就发生了突变[13]。

5.3.1.2 水文变化指标法（IHA）

水文变化指标法（IHA）[14] 是以各月平均流量（或水位）、年极端（极值）流量的出现时间和频率、出现历时和变化速率5种基本特征33个指标为基础，分析这些指标的变化程度的方法，具体指标和说明详见表5.16。

5.3.1.3 水文变化幅度法（RVA）

水文变化幅度法（RVA）[15] 是在IHA计算因子的基础上，确定因子落入正常范围的概率，进而根据河流变化后因子落入该范围的概率分析其改变程度的方法，评估步骤如下：

（1）以天然径流情况下的日流量资料为输入，计算33个IHA因子特征值。

（2）对依据步骤（1）计算的长序列各年逐个IHA指标进行排序，确定RVA目标范

围，由于丹江口水库于1967年下闸蓄水，建库前的资料序列较短，若有一个指标落入RVA目标范围以外，可能对改变度发生较大影响，因此选取IHA因子中间的80%范围作为RVA目标范围。

表5.16　　水文变化指标法的水文参数

组别	内　容	特性	指标序号	IHA
第1组	各月流量	流量	1～12	各月份流量平均值
第2组	年极端流量	频率	13～22	年最大或最小的1d、3d、7d、30d、90d流量平均值
		延时	23～24	断流天数、基流指数
第3组	年极值流量发生时间	时间	25～26	年最大、最小流量发生时间
第4组	高、低脉冲流量发生的频率及延时	频率	27～28	每年发生高低脉冲流量的次数
		延时	29～30	高低脉冲流量平均延时
第5组	流量变化改变率及频率	频率	31～32	流量平均减少率、增加率
		变化率	33	每年流量逆转次数

（3）以受影响后的径流日流量资料为输入，计算33个IHA因子特征值。

（4）以步骤（2）确定的RVA目标范围来计算水文改变度，计算公式如下：

$$D_i=\left|\frac{Y_{0i}-Y_f}{Y_f}\right|\times 100\% \tag{5.33}$$

式中：D_i为第i个IHA因子的改变度；Y_{0i}为受影响后的第i个因子落于RVA目标范围阈值内的个数；Y_f为按照变化前的规律计算的预计变化后IHA落于RVA目标范围阈值内的个数。一般定义若D_i值介于0～33%属于低度改变；33%～67%属于中度改变；67%～100%属于高度改变。

RVA方法只能计算单独因子的变化情况，对于河流的总体改变情况，采用多少因子可以代表，国内外学者也进行了一些研究。Shiau等[16]建议采用权重方式来评估整体的水文特性改变情况，但该方法过于突出改变度大的指标，而忽略了中低度改变的指标；针对这一缺陷，Shieh等[17]于2007年又提出了一种新的评判方法，改变度的计算公式为

$$D_0=\left(\frac{\sum_{i=1}^{33}D_i^2}{33}\right)^{1/2} \tag{5.34}$$

式中：D_0为河流的整体改变度；D_i为每个因子的改变程度。

考虑到汉江流域来水量较大，单一的因子改变难以代表河流的整体变化情况，因此采用后一种方法计算河道情势的总体改变程度。

5.3.2　汉江水库群调度运行对中下游水文情势影响

5.3.2.1　研究范围和对象

汉江流域水库众多，但有些水库仅具备日调节性能，对水文情势影响较小。选取汉江流域调节库容大于2亿m^3的水库，纳入研究范围的干流水库有安康和丹江口。支流水库

有夹河的陡林子水库，堵河的潘口、黄龙滩水库。下游两座水库（唐白河的鸭河口和激河的温峡口），控制面积较小，径流量也较小（年均流量均为 10m³/s 左右[11]），对汉江的水文情势影响较小，且修建时间较早，建库前资料不足，暂不纳入研究范围。

汉江流域资料最为完整的水文站为白河和皇庄两站，分别是汉江上中游的代表站，因此作为典型水文站选取，白河站来水占丹江口水库的 7 成左右，可基本代表丹江口水库的来水变化情况。采用资料年限为 1950—2015 年日流量资料。

5.3.2.2 降雨径流显著性变化分析

选取汉江上游和汉江流域降雨资料，资料序列为 1950—2015 年的流域面平均降雨资料，进行 M－K 检验，分析汉江上游和流域的面雨量变化趋势，求出雨量序列的 UF_k 和 UB_k 值，图 5.10 为汉江上游和流域年降雨量 M－K 检验方法统计变化图。

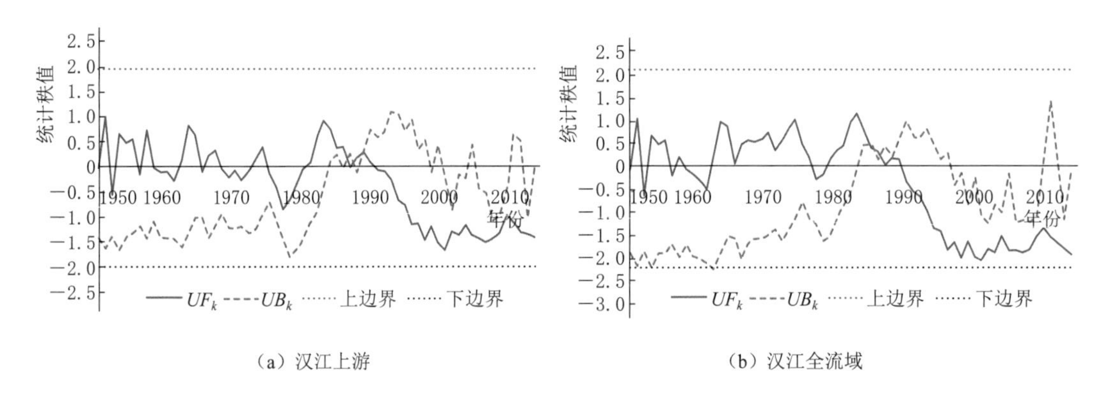

（a）汉江上游　　（b）汉江全流域

图 5.10　汉江上游和流域年降雨量 M－K 检验方法统计变化图

根据图 5.10 可以看出，汉江上游和流域降雨自 1990 年开始有下降趋势，但变化不显著。

白河、皇庄站年径流 M－K 检验方法统计变化如图 5.11 所示，检验统计量序列总体上呈下降趋势，但在显著性水平 $\alpha=0.05$ 下，白河站年径流序列没有发生显著变化，皇庄站年径流序列有发生显著变化的趋势，可能与近年来汉江流域降雨持续偏少或抽水灌溉等人类活动加剧有关。但由于历史上也发生过某一两个年份发生显著变化后趋势又不显著的情况，因此尚不能断定皇庄站流量是否发生了显著性变化，本文暂按变化不显著考虑。与降雨变化一致，白河、皇庄来水自 1990 年呈下降趋势。

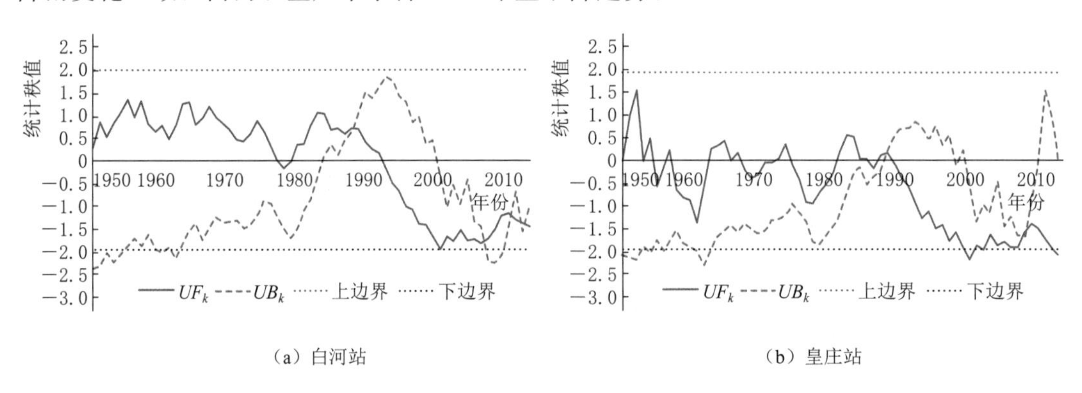

（a）白河站　　（b）皇庄站

图 5.11　白河、皇庄站年径流 M－K 检验方法统计变化图

5.3.2.3 汉江流域水库群调度运行影响分析

目前对于丹江口水库对汉江中下游水文情势的影响研究较多，特别以采用襄阳站为对象的研究较多[18-19]，但襄阳下游还有唐白河汇入，来水不能代表汉江径流的变化情况；一些采用皇庄站作为对象的研究，采用的资料多为2000年以前的[11]，而对于汉江上游水库群对丹江口来水影响研究更少，在南水北调中线工程供水的大背景下，研究汉江上游水库群对丹江口来水的影响极为重要。白河以上纳入研究范围的有安康和陡林子两座水库，其中安康水库最大，投产时间最早。以1989年安康水库下闸蓄水时间为节点[20]，研究上游水库群运行对白河站的水文情势影响，具体指标见表5.17。

表5.17　　不同时期白河站水文情势变化情况及改变度

项目		1950—1989年					1990—2015年			改变度/%
		最小值	最大值	$Y_{10\%}$	$Y_{90\%}$	均值	最小值	最大值	均值	
第1组月平均流量	1月/(m³/s)	92	257	113	238	172	83	426	243	49
	2月/(m³/s)	86	274	106	213	161	36	546	182	31
	3月/(m³/s)	82	488	141	436	225	61	494	283	12
	4月/(m³/s)	172	1490	224	889	437	136	1330	398	3
	5月/(m³/s)	194	1970	231	1098	549	115	1660	492	2
	6月/(m³/s)	111	1475	168	880	416	126	1440	489	17
	7月/(m³/s)	317	2860	419	1736	1020	180	2030	992	7
	8月/(m³/s)	202	2680	319	2306	632	172	1690	789	2
	9月/(m³/s)	267	5550	341	2732	920	68	2320	597	3
	10月/(m³/s)	151	2420	229	1442	761	67	1610	350	17
	11月/(m³/s)	189	826	238	723	455	82	1315	297	26
	12月/(m³/s)	101	382	154	365	263	72	512	253	21
第2组年极端流量	最小1日/(m³/s)	61	163	74	148	109	25	114	55	77
	最小3日/(m³/s)	67	170	76	152	115	25	125	60	63
	最小7日/(m³/s)	72	191	82	158	122	29	162	76	58
	最小30日/(m³/s)	80	213	105	187	142	37	240	118	31
	最小90日/(m³/s)	98	321	149	285	198	85	328	217	12
	最大1日/(m³/s)	2520	27600	6709	17890	12350	1330	24400	6080	54
	最大3日/(m³/s)	1993	16970	5216	14830	9607	1261	19030	4860	58
	最大7日/(m³/s)	1324	12130	3026	9819	6220	1107	11150	2977	54
	最大30日/(m³/s)	942	6689	1552	5385	2962	848	4805	1873	17
	最大90日/(m³/s)	725	4070	987	3390	1728	554	2930	1295	17
	基流指数	0.07	0.33	0.09	0.25	0.14	0.04	0.36	0.14	17
第3组年极值流量及发生时间	断流天数/d	0	0	0	0	0	0	0	0	0
	最小流量/(m³/s)	22	366	364	174	58	10	362	92	35
	最大流量/(m³/s)	90	295	165	279	224	167	321	205	16

续表

项目		1950—1989 年					1990—2015 年			
		最小值	最大值	$Y_{10\%}$	$Y_{90\%}$	均值	最小值	最大值	均值	改变度/%
第 4 组 高低脉冲流量频率及延时	低脉冲次数/次	0	20	1	17	7	6	27	16	100
	低脉冲时间/d	1	51	2	38	5	1	7	3	86
	高脉冲次数/次	3	15	7	14	10	3	18	8	81
	高脉冲时间/d	2	15	3	10	5	1	15	4	77
第 5 组 流量变化改变率及频率	流量增加率/%	28	179	34	150	50	24	81	51	91
	流量减少率/%	12	68	19	61	38	26	90	57	100
	流量逆转次数/次	60	170	64	159	80	87	209	172	100
总体改变度										55

注 $Y_{10\%}$ 和 $Y_{90\%}$ 分别代表对应频率的因子值，改变度由式（5.33）计算。

根据表 5.17 可以看出，发生高度改变的有最小 1d 流量和第 4 组、第 5 组的所有 7 个因子。另外 1 月流量、最小 3d、7d 流量和最大 1～7d 流量和最小流量发生时间发生了中度改变。进一步分析发现，陡林子水库 2002 年建成后，对白河站的水文情势影响并没有发生实质性的变化，表明白河站水文情势主要仍受安康水库影响。上游水库群对白河站的水文情势影响总体为中度。

皇庄站以丹江口水库蓄水的 1967 年为时间序列划分点，分析计算结果见表 5.18。

表 5.18　　不同时期皇庄站水文情势变化情况及改变度

项目		1950—1967 年					1968—2015 年			
		最小值	最大值	$Y_{10\%}$	$Y_{90\%}$	均值	最小值	最大值	均值	改变度/%
第 1 组 月平均流量	1 月/(m^3/s)	188	661	241	612	406	363	1560	864	67
	2 月/(m^3/s)	200	694	201	623	367	285	1535	857	59
	3 月/(m^3/s)	182	889	289	874	477	276	1600	850	36
	4 月/(m^3/s)	341	2675	480	2117	970	312	1780	955	12
	5 月/(m^3/s)	485	4390	559	3877	1340	280	2520	1125	15
	6 月/(m^3/s)	272	2505	308	1745	707	407	2830	1233	1
	7 月/(m^3/s)	672	5540	778	5315	2705	393	4340	1725	17
	8 月/(m^3/s)	720	6350	721	6071	1990	530	6100	1775	17
	9 月/(m^3/s)	473	10000	547	6103	1580	529	6650	1650	17
	10 月/(m^3/s)	280	5130	379	2934	1335	535	5910	998	15
	11 月/(m^3/s)	434	1800	439	1697	910	462	2590	914	10
	12 月/(m^3/s)	257	945	374	928	547	419	1810	808	26
第 2 组 年极端流量	最小 1d/(m^3/s)	172	458	179	396	285	193	971	499	64
	最小 3d/(m^3/s)	173	459	180	407	286	208	980	508	62
	最小 7d/(m^3/s)	176	461	181	430	289	229	1010	535	64
	最小 30d/(m^3/s)	181	471	187	467	308	257	1128	598	72

续表

项目		1950—1967年					1968—2015年			
		最小值	最大值	$Y_{10\%}$	$Y_{90\%}$	均值	最小值	最大值	均值	改变度/%
第2组年极端流量	最小90d/(m³/s)	214	601	345	595	450	286	1218	699	57
	最大1d/(m³/s)	3420	28400	5913	27500	15500	1280	25600	7890	31
	最大3d/(m³/s)	3027	25530	4947	25320	14200	1223	23600	7310	31
	最大7d/(m³/s)	2664	17840	3460	17800	10900	1106	18590	5224	29
	最大30d/(m³/s)	1440	12190	2217	9301	5825	945	10380	3128	21
	最大90d/(m³/s)	1072	7431	1702	6004	3132	852	7320	2197	21
	基流指数	0.09	0.35	0.11	0.35	0.18	0.16	0.75	0.41	57
第3组年极值及发生时间	断流天数/d	0	0	0	0	0	0	0	0	0
	最小流量/(m³/s)	12	366	302	175	84	2	366	56	34
	最大流量/(m³/s)	104	295	145	282	218	126	314	221	15
第4组高低脉冲流量频率及延时	低脉冲次数/次	1	12	1	7.5	3.5	0	19	0	62
	低脉冲时间/d	4	80	4	75	13	1	78	6	64
	高脉冲次数/次	2	11	5	11	8	0	13	5	44
	高脉冲时间/d	3	32	3	26	6	2	96	5	21
第5组流量变化改变率及频率	流量增加率/%	33	220	40	211	91	17	110	34	52
	流量减少率/%	20	100	25	91	47	17	92	38	5
	流量逆转次数/次	59	85	60	83	68	58	171	119	100
总体改变度										47

注 $Y_{10\%}$和$Y_{90\%}$分别代表对应频率的因子值，改变度由式（5.33）计算。

可以看出，最小30d流量和流量逆转次数两个因子发生了高度改变，另外有13个因子发生了中度改变。黄龙滩水库修建年份与丹江口水库差不多，因此在20世纪70—80年代，皇庄站来水受黄龙滩和丹江口共同影响时，平均每年有19个因子可以落入正常范围内；90年代安康水库蓄水以后，落入正常范围的平均因子减少到18个；进入21世纪以来，随着流域内水库的逐渐增多，因子个数减少至17个，近年来随着潘口水库的建成和南水北调中线工程通水，落入正常范围的因子个数进一步减少至16个，可见梯级水库的修建对皇庄水文情势的影响越来越大。皇庄站的总体改变度为中度，改变程度较白河站轻。皇庄、白河站因子改变及程度分布如图5.12所示。

根据图5.12可以看出，发生改变较大的因子主要是年极端流量（特别是最小流量5个因子）。白河站第4、5组因子发生较大变化，主要原因是随着近年来汉江上游大量水库的修建，特别是白河站上游附近的蜀河日调节水库建成后，来水受电站出库流量波动影响较大。

图5.13为白河、皇庄两个典型站建库前后的平均流量与天然径流的对比和距平图。

可以看出，安康水库建成后，白河站枯期平均流量有所增加，蓄水期平均流量有所减少。其中1月增加流量最多，达到4成多；10月减少流量最多，达到5成多。皇庄站12月至次年3月来水增加，6月处于丹江口水库消落期，因此增加下游来水较多，7月丹江

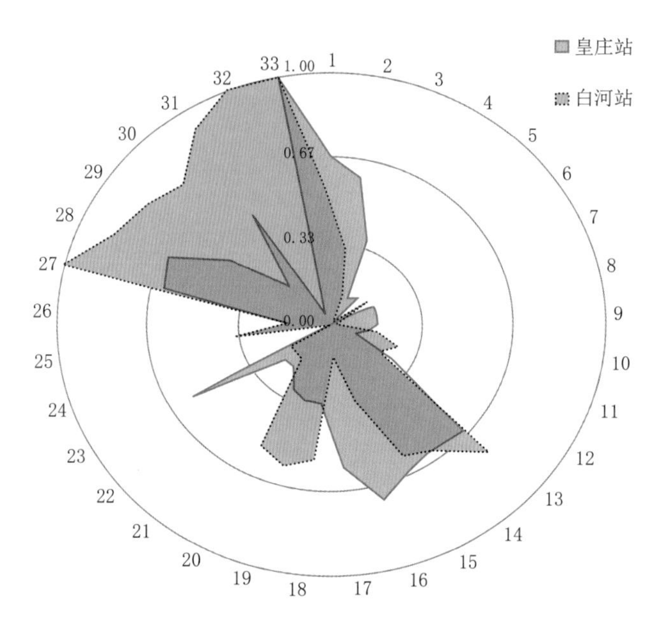

图5.12 白河、皇庄站因子改变及程度分布图

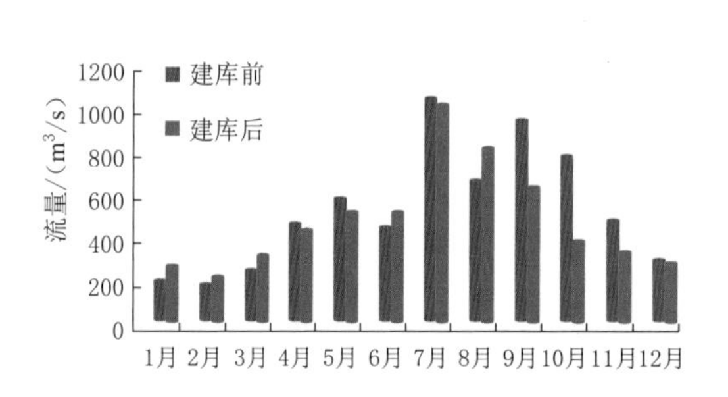

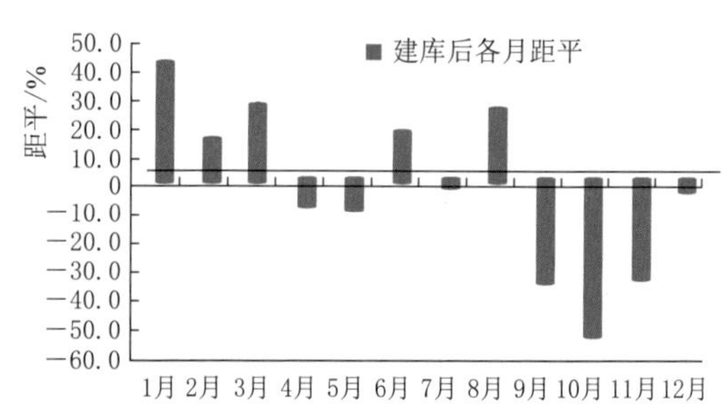

(a) 白河站

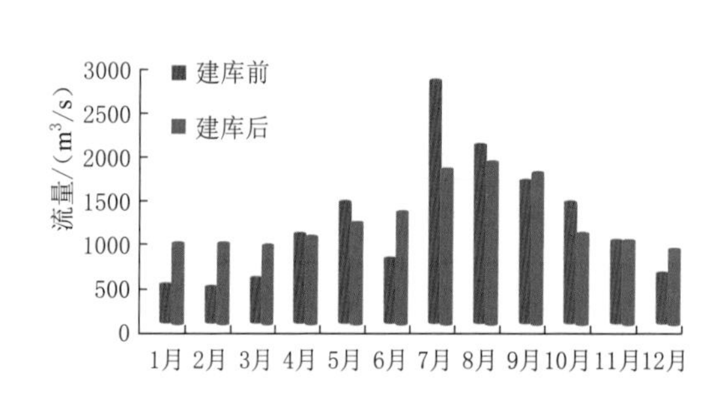

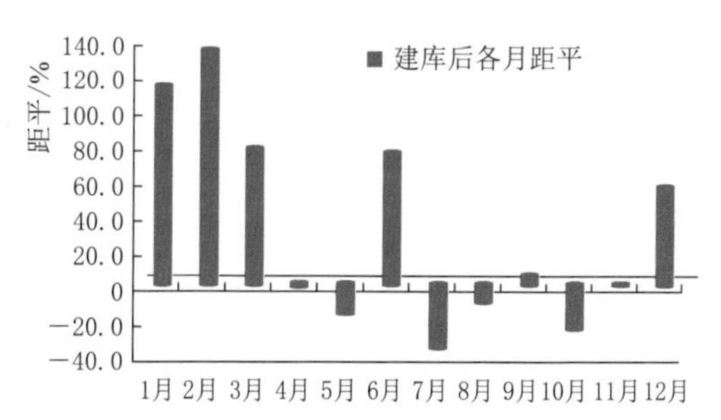

(b) 皇庄站

图5.13 白河、皇庄两个典型站建库前后的平均流量与天然径流的对比和距平图

口水库可大幅削减上游来水，而在9月为了防范后期洪水，库水位往往未进行较大规模的上浮，汉江中下游来水变化不大；10月可能又出于无水可蓄的状态，因此来水减少幅度并不多，只有2成多。

对于最大流量和最小流量而言，白河站最大 1～7d 流量均值已经不在建库前的正常范围内，表明安康水库发挥了较大的拦蓄作用；丹江口水库也对汉江中下游发挥了较大的拦蓄作用，近年来皇庄站最大流量都处于正常范围内的较低水平。

两站的最小流量却出现了截然相反的结论。白河站最小 1d、3d 流量低于建库前的最小值，表明上游水库在电网需求下，有时候发电流量极小，导致白河站最小流量变小；而汉江中下游由于城镇众多，需要严格控制下泄流量的最小值以保证供水，因此丹江口水库建库后的皇庄最小流量几个因子都超过了历史最小流量的极大值。可以看出，白河站以上水库群主要调度目标是防洪和发电，而丹江口水库的主要调度目标是防洪和供水。

根据极端流量发生的时间来看，白河、皇庄两站最大流量发生时间一般在 7 月上中旬，变化不大；白河站最小流量发生时间历史上一般在 3 月底，但建库后有时候在 8 月会出现年最小流量，这是历史上较为罕见的情况，与安康等水库的调度有关。皇庄站最小流量发生时间历史上一般在 3 月底，现已提前至 2 月底。

考虑汉江上游水库群对丹江口水库来水的影响，虽然在 9—10 月，水库群减少了来水，但整个枯水期，上游水库群对来水影响并不大，因此对南水北调供水的影响不大。

5.4 本章小结

本章以水库洪水资源化为目标，开展了丹江口水库汛期运行水位动态控制和提前蓄水方案研究，分析了对水库调度对下游河道水文情势变化的影响，可以得到以下几条结论：

（1）若考虑丹江口水库汛期不同时期来水特性的差异，以分期汛限水位为回落水位，分别利用 1～5d 有效预见期信息，由风险分析法推求出丹江口水库汛期运行水位动态控制域上限：夏汛期分别为 160.3m、160.7m、161.4m、162.1m 和 162.9m；秋汛期分别为 163.7m、164.1m、164.4m、164.9m 和 165.7m。采用风险分析法确定的汛期运行水位动态控制方案，汛期最大可增加发电量 9.96～100.21GW·h。

（2）建立了水库多目标蓄水优化调度模型和“优化-模拟-检验”的算法流程，采用 POA 优化算法得到丹江口水库的蓄水优化调度图。最优起蓄时间为 9 月 15 日，秋汛期蓄水水位上限值为 166m，将优化方案与原设计蓄水方案相比，蓄满年份从 4 年增加到 12 年，年均蓄满率从 76.42%增加到 81.91%，年均多蓄水 8.98 亿 m^3。

（3）实施提前蓄水期的分阶段蓄水优化调度。时间以 5d 为步长，水位以 0.5m 为步长，将 9 月 15 日—10 月 1 日分为四个阶段，共计 15 种方案。推荐丹江口水库提前蓄水方案为：从 9 月 15 日起蓄，起调水位为 163.5m，控制 9 月 15—19 日的蓄水位不超过 164.5m，9 月 20—24 日的蓄水位不超过 165m，9 月 25—29 日的蓄水位不超过 165.5m，9 月 30 日—10 月 1 日的蓄水位不超过 166m。

（4）汉江上游和汉江流域的降雨近年来呈减少趋势，但趋势不显著。白河、皇庄两站的径流呈减少趋势，其中白河站变化趋势不显著；皇庄站变化已有趋于显著变化的趋势。上游水库对中下游水文情势的影响，整体表现为对白河、皇庄站的水文情势影响均为中度，特别是对最小流量因子影响较大。随着梯级水电站的逐步建成，特别是南水北调中线工程和引江济渭工程建设运行，将会给汉江流域的来水产生更为深远的影响。

参 考 文 献

[1] 郭生练，李响，刘心愿，等. 三峡水库汛限水位动态控制关键技术研究 [M]. 北京：中国水利水电出版社，2011.

[2] 郭生练，刘攀. 建立水库汛限水位动态控制推进机制的建议 [J]. 中国水利，2008 (9)：1-3.

[3] 郭生练，汪芸，周研来，等. 丹江口水库洪水资源调控技术研究 [J]. 水资源研究，2015，4 (1)：1-9.

[4] 李响，郭生练，刘攀，等. 三峡水库汛期水位控制运用方案研究 [J]. 水力发电学报，2010，29 (2)：102-107.

[5] 李妍清，郭生练，周研来，等. 汉江安康水库流域汛期分期研究 [J]. 水资源研究，2013，2 (1)：64-69.

[6] 刘攀，郭生练，王才君，等. 三峡水库动态汛限水位与蓄水时机选定的优化设计 [J]. 水利学报，2004，35 (7)：86-91.

[7] 刘心愿，郭生练，刘攀，等. 考虑综合利用要求的三峡水库提前蓄水方案研究 [J]. 水科学进展，2009，20 (6)：851-856.

[8] 王俊，郭生练，郭海晋. 三峡水库提前蓄水关键技术研究 [M]. 武汉：长江出版社，2012.

[9] 李雨，郭生练，郭海晋，等. 三峡水库提前蓄水的防洪风险与效益分析 [J]. 长江科学院院报，2013，30 (1)：8-14.

[10] 汪芸，郭生练，李天元. 丹江口水库提前蓄水方案 [J]. 武汉大学学报（工学版），2014，47 (4)：433-439.

[11] 段唯鑫，郭生练，王俊. 长江上游大型水库群对宜昌站水文情势影响分析 [J]. 长江流域资源与环境，2016，25 (1)：120-130.

[12] 陈华，郭生练，郭海晋，等. 汉江流域1951—2003年降水气温时空变化趋势分析 [J]. 长江流域资源与环境，2006，15 (3)：340-345.

[13] 陈华，闫宝伟，郭生练，等. 汉江流域径流时空变化趋势分析 [J]. 南水北调与水利科技，2008，6 (3)：49-53.

[14] RICHTER B D，BAUMGARTNER J V，WIGINGTON R，et al. How much water does a river need [J]. Freshwater Biology，1997，37 (1)：231-249.

[15] RICHTER B D，BAUMGARTNER J V，BRAUN D P，et al. A spatial assessment of hydrological alteration within a river network [J]. Regulate Rivers Research and Management，1998，14 (4)，329-340.

[16] SHIAU J. T.，WU F. C. Pareto-optimal solutions for environmental flow schemes incorporating the ntra-annual and interannual variability of the natural flow regime [J]. Water Resources Research，2006，43 (43)，813-816.

[17] SHIEH C L，GUH Y R，WANG S Q. The application of range of variability approach to the assessment of a check dam on riverine habitat alteration [J]. Environmental Geology，2007，52 (3)：427-435.

[18] 邹振华，李琼芳，夏自强，等. 丹江口水库对下游汉江径流情势的影响分析 [J]. 水电能源科学，2007，25 (4)：33-35.

[19] 彭涛，严浩，郭家力，等. 丹江口水库运用对下游水文情势影响研究 [J]. 人民长江，2016，47 (6)：23-26.

[20] 毛陶金，曹学章，陈斌. 安康水库对下游生态水文情势的影响研究 [J]. 中国农村水利水电，2014 (7)：92-96.

基于决策因子选择的梯级水库多目标调度模型

水库作为一种径流调节工程，在使水资源适应人类经济社会发展方面发挥着重要作用。随着我国经济社会的快速发展，区域性水资源供需矛盾日益突出，需要进一步协调水库防洪、供水、发电、航运和生态等多个功能目标；同时，通信技术的发展实现了各水库间信息的实时共享，为水库调度者提供了更多的决策参考。如何挖掘水库间的数据联系，建立一个计算高效、应用灵活的梯级水库多目标调度规则，对充分发挥水库综合效益具有重要应用价值。

为描述水库调度中的非线性关系，人工神经网络、支持向量机和决策树等数据挖掘方法被应用于水库调度规则的提取。舒卫民等[1] 利用人工神经网络在水库最优调度过程中提取规律性信息，建立了水电站群非线性优化调度规则，与回归分析调度函数相比，发电量提高显著。习树峰等[2] 采用 C4.5 决策树算法对各时段的水库调度数据集进行分析和归纳，推理出以决策树形式表示的引水调度规则，提高了水资源利用效率，增加了水库综合效益。这些方法虽然更好地描述了梯级水库调度问题中的非线性关系，但多适用于提取单目标优化调度规则，而且这类由已有调度过程拟合得到规则的方法高度依赖原有确定性优化调度过程的精确性。在水库调度决策因子选择方面，一般有基于模拟和回归两种途径[3]，前者通过模拟得到不同因子下的计算结果来判断各因子的敏感性和重要程度，其优点是理论上能够寻找出对模型精度影响最大的因子，缺点是应用中需要很大的计算量；后者通过决策因子与模拟结果的回归关系提取可靠的信息，该方法以其处理能力强、运算量小等特点而被广泛应用[4-6]，但受随机因素影响较大[7]。早期一般采用逐步回归分析的方法[8] 选择决策因子，但该方法仅考虑了决策变量与因子之间的线性关系。随着数据挖掘技术的发展，纪昌明等[9] 利用粗糙集理论对水库调度的样本数据进行属性约简，筛选决策因子，但该方法需要对连续变量进行离散，从而会损失部分信息。Galelli 等[10] 针对水文模型参数的优选问题，提出了一种迭代输入变量选择（iterative input variable selection，IIS）方法，既在一定程度上考虑了各因子间的相关关系，又增加了信息的提取精度。虽然该方法能在大量数据中寻找出最重要信息，但未考虑梯级各水库间的决策联系和已有水库特性，且以模拟结果为导向优选参数，降低了信息提取的稳定性。

我国随着水资源的持续开发利用，已经形成了大量的梯级水库群，水库调度也从单库向梯级水库优化方向发展。水库决策者希望考虑更多的影响因素、融入经验与知识，这些都对水库调度规则的提取提出了更高要求。本章提出梯级水库调度决策因子优选模型，结合各水库调度特性提取出合适的决策因子；为更好地表达决策变量与决策因子的非线性关系，并减少实际决策对优化调度过程的依赖，将优选的决策因子引入 Gaussian 径向基函数建立调度规则，并采用多目标智能算法优化规则参数。

6.1 数据挖掘与水库调度规则提取

6.1.1 极端随机森林预测与评价

数据挖掘，又可称为数据库中的知识发现，是指从大量原始数据中提取人类事先未知的、隐含在其中的又具有潜在使用价值信息的过程，它能寻找大量数据中隐含的相关关系，并将其归纳整理，转换成有用的信息和知识[11]。极端随机森林[12] 作为数据挖掘技术的一种，以运算量小、预测精度高等特点而被广泛应用于分类和回归分析[13]。本章将极端随机森林用于建立水库决策变量与决策因子的回归关系，以挖掘梯级水库优化调度信息。其中，采用的决策变量为水库泄流，决策因子包含水库状态因子（如水位）和径流因子（如入库流量）。极端随机森林树结构如图 6.1 所示，具体回归步骤如下：

（1）将历史入库流量作为输入，采用 DDDP 等算法对梯级水库进行优化调度，并将各时段的相关因子作为数据集 A。各时段相关因子一般包括调度时段、各水库时段初库容或水位、当前及历史时段入库径流信息等。

（2）将数据集 A 中的数据进行 M 次随机排列，生成数据集 S。

（3）以数据集 $S(i)$ 作为节点数据集，在已有数据中随机选取 K 个属性的序列 $\{a_1, a_2, \cdots, a_K\}$，并分别以这些属性为划分指标在可行域内随机选取分割点 $\{s_1, s_2, \cdots, s_K\}$ 对节点数据集进行分割，样本属性 a_x 小于 s_x 的样本被划分到左节点，其余的被划分到右节点。例如：当以库水位 Z 为划分指标对数据集进行分割时，在水库的最高和最低水位之间随机取一个数值，将节点数据分为水位大于和小于该数值的子集。

（4）对步骤（3）中各分割方案进行评价，并在 $\{s_1, s_2, \cdots, s_K\}$ 中选取分割效果最好的 s_* 作为最终节点，将对应的左右节点数据作为新的节点数据集。本章以方差变化量作为衡量数据集分割效果优劣的标准，即节点数据集的方差 var 减去左子节点的方差 varLeft 和右子节点的方差 varRight。该分类方案越能体现出左右节点数据间的差异，数值越大对应的分割效果越好。

（5）重复步骤（3）～（4），对数据集 $S(i)$ 中的元素进行进一步分割，直到剩余的节点数据集不可分割或元素个数少于给定阈值，统计所有不可分割的节点数据集对应的近似最优决策（如出库流量、电站出力等），将其均值作为各节点的决策预测值，以此建立决策因子与决策变量的回归关系，而整个数据结构形成了一个极端随机树。

（6）重复步骤（5），直到 M 个数据集均已完全分割，最终得到由 M 个极端随机树构成的极端随机森林。

（7）将新的决策因子作为输入，根据建立好的极端随机森林模型可预测得到对应的最优决策值。需要指出的是，本章采用交叉验证的方式衡量极端随机森林的预测精度，其中，率定期和检验期分别使用所有数据的 80%和 20%，在尽量避免过拟合的同时降低了随机因素的影响。

（8）统计 M 个极端随机树中所有分割点所利用的属性（决策因子），并通过下式衡量其在极端随机森林模型中的重要程度：

$$G(a_i)=\frac{\sum_{j=1}^{\Omega}[\delta(nod^j,a_i)\cdot\Delta_{\mathrm{var}}(nod^j)\cdot|S^j|]}{\sum_{j=1}^{\Omega}[\Delta_{\mathrm{var}}(nod^j)\cdot|S^j|]} \tag{6.1}$$

式中：nod^j 为所有 Ω 个节点数据集的第 j 个；$\Delta_{\mathrm{var}}(nod^j)$ 和 $|S^j|$ 分别为该数据集对应的方差和元素个数；$\delta(nod^j,a_i)$ 为属性识别因子，当第 j 个节点数据集的分割点为属性 a_i 时，其数值为 1，否则为 0。

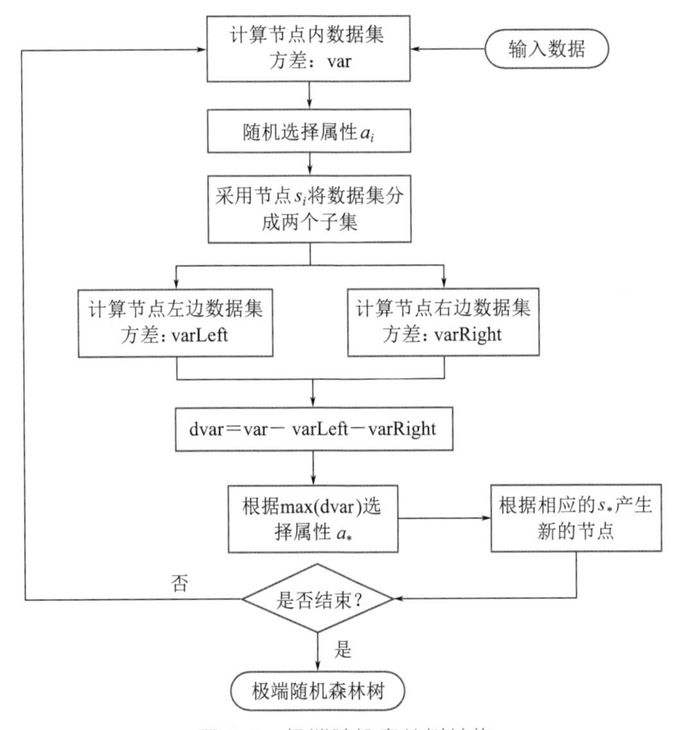

图 6.1　极端随机森林树结构

6.1.2　梯级水库决策因子优选

为指导水库优化运行，需选择合适的决策因子构建调度规则。同时，梯级水库调度模型参数较多、结构复杂，更适合结合现有的数据挖掘技术优选决策因子。因此，本章在IIS方法的基础上，提出了一种新的梯级水库输入变量选择（cascade-reservoir input-variables selection，CIS）方法，采用迭代方式逐步提取水库最优决策信息。CIS方法在继承了IIS处理能力强、可减少伪相关变量干扰等优点的同时，能够利用已有水库特性及决策信息，以模拟过程为导向提高信息提取的稳定性。图6.2给出梯级水库决策信息提取的输入变量选择方法。

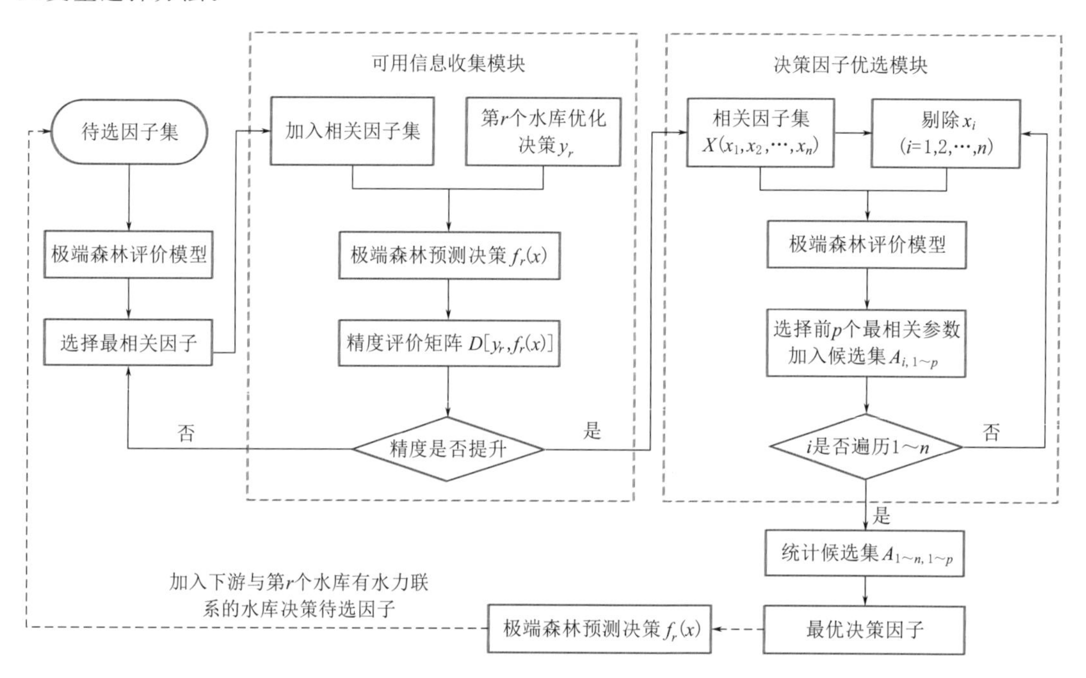

图6.2 梯级水库决策信息提取的输入变量选择方法

从图6.2中可以看出，CIS方法主要由可用信息收集模块和决策因子优选模块构成，前者最大程度地收集与当前水库决策有关的相关因子，后者按照不同因子与最优决策的相关关系进一步筛选。在可用信息收集模块中，相关因子集的初始状态可由水库特性给定，一般而言，假设在梯级水库调度中各水库自身状态信息对其决策至关重要，因此选择水库决策所处的时间t及其对应的库容V和入库径流Q^{in}作为相关因子集的初始成员，这些初始相关因子集的选取在降低漏选概率的同时也提升了整个提取框架的计算效率。精度评价矩阵的选取可以根据水库决策的规模来进行，一般情况下可采用均方根误差（RMSE）评价模型精度，当涉及多个相关决策时，可采用贝叶斯信息准则进行评价。在决策因子优选模块中，其核心是在缺省各决策因子的前提下建立极端随机森林评价模型，与IIS采用模拟结果（精度）衡量因子重要性不同，该模块利用数据挖掘模型的建模过程信息、综合不同因子在模型中的重要性而优选出用于实际调度的决策因子。

值得一提的是，整个梯级水库决策信息的提取由上游至下游依次进行，待选因子应与水库决策有一定的物理联系，同时应满足可计算性原则以方便实际的应用和操作。对于龙头水库，待选因子一般包括水库决策所面临的时段、当前库容、当前及近期水库天然来水和附近雨量站观测信息等；而对于下游水库，除上述信息外，还应加入上游水库预测的决策信息，以考虑各库间的水力联系，并尽量回避已用于上游水库决策的伪相关因子。

6.1.3 梯级水库调度信息整合与决策

确定各水库决策因子后，需要采用合适的函数对已有因子信息进行整合，传统调度函数一般以线性为主，采用隐随机方法建立不同时段水库库容、入库流量与决策的线性关系，初步制定水库优化调度函数，并通过模拟调度实验对调度函数进行检验和修正[14]。为更好地表达梯级水库调度中决策因子和最优决策的非线性关系，这里采用径向基函数整合不同决策因子，本章利用已有决策因子构造，并采用多目标模拟优化的方式确定相关参数。

径向函数 $\varphi(x)=\varphi(\| x \|_2)$ 由一元函数所生成，函数值仅和空间距离有关，将其作平移运算，便得到一系列径向基函数。Giuliani 等[15] 将 Gaussian 径向基函数应用于水库调度规则的拟合，得到了不错的效果，因此本章采用 Gaussian 径向基函数构造梯级水库调度规则，相关表达式如下：

$$Q_t^{\text{out}}=\sum_{u=1}^{U}\omega_u\varphi_u(X_t)\quad(t=1,2,\cdots,T;0\leqslant\omega_u\leqslant 1)\tag{6.2}$$

$$\varphi_u(X_t)=\exp\left[-\sum_{j=1}^{M}\frac{[(X_t)_j-c_{j,u}]^2}{b_u^2}\right]\quad\{c_{j,u}\in[-1,1];b_u\in(0,1)\}\tag{6.3}$$

式中：U 为径向基函数的数量；ω_u 为第 u 个径向基函数对应的权重；M 为输入决策因子 X_t 的个数；$c_{j,u}$ 和 b_u 为第 u 个径向基函数对应的参数。需要指出的是，每一个径向基函数 $\varphi_u(X_t)$ 均对应一种水库调度模式，这些模式根据权重 ω_u 进行综合，可以得到不同情形下水库调度的决策。

6.2 汉江上游梯级水库多目标优化调度模型

6.2.1 梯级水库多目标函数及约束条件

采用安康—丹江口梯级水库为研究对象，丹江口水利枢纽位于湖北省丹江口市，作为南水北调中线一期工程的水源水库，主要功能依次为防洪、供水、发电、航运等。安康水库位于汉江干流上游陕西省安康市境内，以发电为主，兼有航运、防洪、养殖、旅游等多项综合效益。由于丹江口和安康水库的用水目标均与水库泄流相关，因此选择出库流量作为其决策变量，以统一各目标用水决策。考虑到水情和水库状态信息对水库决策的重要性，将各水库当前、前一个和前两个时段入库流量 Q_t^{in}、Q_{t-1}^{in} 和 Q_{t-2}^{in}，水库当前时段库容 V_t 选为该梯级水库的决策因子。同时，入库径流年内分配不均，且具有季节性变化规律，为考虑其对水库决策的影响，也将水库在一年中所处时段 t 作为决策因子。

结合汉江上游梯级水库的利用目标，以产生尽可能多的供水效益和发电效益为准则，对梯级水库进行调度，即优化调度的目标为供水效益最大和发电量最大。

$$W^*=\max\sum_{i=1}^{N}\sum_{t=1}^{T}(Q_{i,t}^{d}M_t)\tag{6.4}$$

$$E^* = \max\sum_{i=1}^{N}\sum_{t=1}^{T}(P_{i,t}M_t) = \max\sum_{i=1}^{N}\sum_{t=1}^{T}(K_i \cdot Q_{i,t}^P \cdot H_{i,t} \cdot M_t) \tag{6.5}$$

式中：W^* 为梯级水库的供水量，亿 m^3；E^* 为梯级水库的发电量，亿 kW・h；$P_{i,t}$ 为第 i 个电站第 t 时段的平均出力，kW；K_i 为第 i 个电站综合出力系数；$Q_{i,t}^d$ 和 $Q_{i,t}^P$ 分别为第 i 个水库第 t 时段供水和发电流量，m^3/s；$H_{i,t}$ 为第 i 个电站第 t 时段平均发电净水头，m；M_t 为计算时段小时数；N 和 T 分别为梯级水库（电站）和调度时段的个数。

梯级水库优化主要考虑如下约束。

（1）水量平衡约束。

$$V_{i,t+1} = V_{i,t} + (Q_{i,t}^{\text{in}} - Q_{i,t}^{\text{out}} - Q_{i,t}^d)\Delta t - EP_{i,t} \tag{6.6}$$

式中：$V_{i,t}$ 和 $V_{i,t+1}$ 分别为第 i 个水库在 t 和 $t+1$ 时段的蓄水量，m^3；$Q_{i,t}^{\text{in}}$ 和 $Q_{i,t}^{\text{out}}$ 分别为第 i 个水库在 t 时段的入库和出库流量，m^3/s；$EP_{i,t}$ 为第 i 个水库在 t 时段的蒸发和渗漏水量，m^3。

（2）水库间水力联系约束。

$$Q_{i,t}^{\text{in}} = Q_{i-1,t}^{\text{out}} + Q_{i,t}^{\text{inter}} \tag{6.7}$$

式中：$Q_{i,t}^{\text{inter}}$ 为第 $i-1$ 和 i 个水库之间在 t 时段的区间流量，m^3/s。

（3）库水位约束。

$$ZL_{i,t} \leqslant Z_{i,t} \leqslant ZU_{i,t} \tag{6.8}$$

式中：$Z_{i,t}$ 为第 i 个水库在 t 时段的水位，m；$ZL_{i,t}$ 和 $ZU_{i,t}$ 分别为第 i 个水库在 t 时段所允许运行的最低和最高水位，m。

（4）下泄流量约束。

$$QL_{i,t} \leqslant Q_{i,t}^{\text{out}} \leqslant QU_{i,t} \tag{6.9}$$

式中：$QL_{i,t}$ 和 $QU_{i,t}$ 分别为第 i 个水库在 t 时段所允许下泄的最小和最大流量，m^3/s。

（5）机组出力限制。

$$PL_{i,t} \leqslant P_{i,t} \leqslant PU_{i,t} \tag{6.10}$$

式中：$PL_{i,t}$ 和 $PU_{i,t}$ 分别为第 i 个水库对应的机组在 t 时段出力范围的下限和上限，kW。

（6）始末水位约束。

$$Z_{i,t} = \begin{cases} Z_i^{\text{begin}}, & t=1 \\ Z_i^{\text{end}}, & t=T \end{cases} \tag{6.11}$$

式中：Z_i^{begin} 和 Z_i^{end} 分别为第 i 个水库在调度时段初和时段末所应保持的水位，m。

根据 CIS 方法选定的最优决策参数，采用 Gaussian 径向基函数制定调度规则，以供水和发电量最大为目标，采用 PA - DDS 多目标算法进行优化，得到最终的梯级水库多目标优化调度规则[16]。

6.2.2 PA - DDS 多目标优化算法

采用 Pareto 存档动态维度搜索（pareto - archived dynamically dimensioned search，PA - DDS）算法[17] 对汉江梯级水库调度规则进行多目标优化。PA - DDS 算法是动态维度搜索（dynamically dimensioned search，DDS）算法[18] 在多目标优化问题上的延伸，

该算法引入 Pareto 存档进化（pareto - archived evolution，PAE）策略[19] 作为多目标寻优机制，并将 DDS 算法应用于优化过程中。其中，动态维度搜索（dynamically dimensioned search，DDS）算法[18] 是由 Tolson 和 Shoemaker 于 2007 年提出的一种随机搜索启发式算法，相比混合竞争进化（shuffled complex evolution，SCE）算法，DDS 算法能更快、更高效地收敛于全局最优解[20]。DDS 算法起始于全局搜索，即在全搜索域上产生初始解，但随着迭代的进行，算法逐渐局限在于一个局部空间内。搜索空间由全局向局部的转化过程通过以一定概率动态地减少解的变化维度实现。只有在选定的维度上，才会在原解的某一邻域内通过扰动产生新的解，这种扰动符合均值为 0、方差为 1 的正态分布。算法中唯一的参数是用于确定该正态分布的标准差的扰动参数 r，即确定原解上用于产生新解的邻域的大小，r 的默认值为 0.2。

DDS 算法计算流程如下：

（1）确定算法参数，包括扰动参数 r 值；最大迭代次数 m，D 维解向量每一个维度上的上下限 X_{min} 和 X_{max}，以及初始解向量 $X_0=[X_1,\cdots,X_D]$。

（2）计算当前解对应的目标函数值 $F(X_0)$，设定当前解为最优解，即 $X_{best}=X_0$，$F_{best}=F(X_0)$。

（3）在 D 维空间内随机选取 J 个维度用以建立产生新解的邻域，计算中每一个决策变量对应的发生变化的概率 $P(i)=1-\ln i/\ln m$，对于 $d=1,\cdots,D$ 维决策变量，将 d 以 $P(i)$ 的概率加入空间 $\{N\}$，如果 $\{N\}$ 为空，选取任一维度 d 作为 $\{N\}$。

（4）对于 $\{N\}$ 中的决策变量，在维度 $j=1,\cdots,J$ 上对当前最优解 x_j^{best} 加入扰动，该扰动符合标准正态分布 $N(0,1)$，扰动的程度通过解在该维度上的上下限表达：

$$x_j^{new}=x_j^{best}+\sigma_j N(0,1) \tag{6.12}$$

其中

$$\sigma_j=r(x_j^{max}-x_j^{min}) \tag{6.13}$$

（5）计算 X_{new} 对应的目标函数值 $F(X_{new})$。

当 $F(X_{new})<F_{best}$［假设目标函数最小化，即（X_{new}）优于 F_{best} 时］时，更新当前最优解，令 $F_{best}=F(X_{new})$，$X_{best}=X_{new}$，否则当前最优解不变。

当前迭代等于 m 时结束，对应的 X_{new} 和 $F(X_{new})$ 分别为最优参数和最优函数值，否则回到步骤（2）。

Tolson 等[21] 在原有 DDS 基础上提出混合离散动态维度搜索（hybrid discrete dynamically dimensioned search，HD - DDS）算法，并用于配水管网的优化配置中，与较为成熟的遗传算法、粒子群算法和蚁群算法等优化算法进行对比时发现，该算法优化效果更好。Asadzadeh 等[22] 在 DDS 算法中加入了 Pareto 前沿的保留机制，提出了能够处理多目标问题的 Pareto 存档动态维度搜索（pareto - archived dynamically dimensioned search，PA - DDS）算法，应用实例表明该算法相比非支配遗传算法（non - dominated sorting genetic algorithm Ⅱ，NSGA - Ⅱ）计算效率更高。

PA - DDS 算法流程图如图 6.3 所示，具体寻优步骤如下：

（1）采用 DSS 算法初始化种群，并生成 Pareto 前沿。

（2）计算当前所有优化结果的拥挤半径，并根据拥挤半径寻找出 Pareto 前沿。

（3）对当前解的集合进行一定邻域上的随机扰动，采用 DDS 算法产生出新的解集，如 DDS 算法中的步骤（4）。

（4）判断步骤（3）中产生的新解集是否是非劣解，如果是则代替原来的解。

（5）重复步骤（2）～（4），直到满足结束条件。

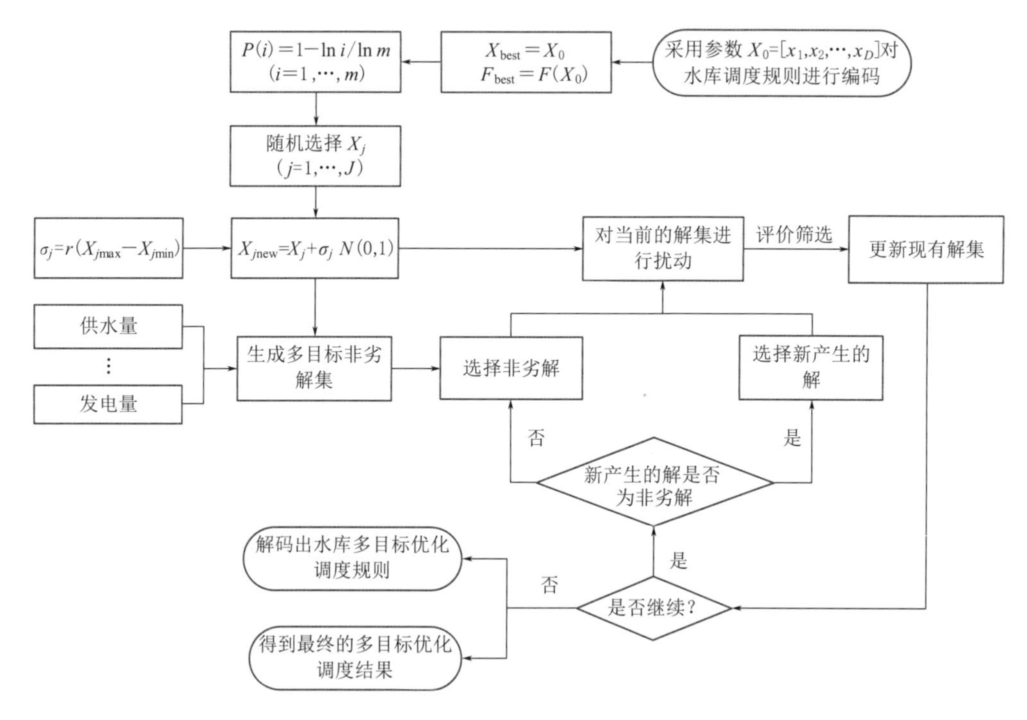

图 6.3 PA - DDS 算法流程图

6.3 安康—丹江口梯级水库优化结果分析

汉江干流已建成运行一批梯级型水库群，其中，不完全年调节的安康水库和多年调节的丹江口水库构成的梯级水库发挥着关键性作用，其特征参数见表 6.1。

表 6.1 汉江梯级水库主要特征参数

水库	正常蓄水位 /m	防洪限制水位 /m	防洪库容 /亿 m^3	调节库容 /亿 m^3	装机容量 /MW	调节能力
安康	330	325.0	3.6	14.7	850	不完全年调节
丹江口	170	160.0/163.5	110.0/81.2	190.5	900	多年调节

6.3.1 梯级水库优化调度信息提取

梯级水库调度采用的决策因子一般包括时间因子和空间因子。前者是指水库自身所处的状态（如时段初水位和天然来水），后者则表示与水库有联系的其他水库所处的状态，从这两方面着手来确定决策因子应能较好地反映水库的实际状态。由于一般参考时段、水库入库流量和水位制定单个水库调度规则，说明这些信息对水库决策较为重要，因此对已有的优化结果进行挖掘时选择各水库当前调度时段 t，当前库容 V_t 和入库流量 Q_t^{in} 构成初始相关因子集；选择上（下）游与之相关联水库当前库容 V_t'，入库流量 $Q_t'^{\text{in}}$ 及所有水库 $t-1$ 和 $t-2$ 时段入库流量构成待选的因子，对于非龙头水库的决策，还应加入上游水库的决策变量。

考虑到汉江上游梯级中各水库均有发电功能，为更好地体现水库间的水力联系，以梯级发电量最大为目标，采用 DDDP 算法对安康和丹江口水库调度过程进行优化，并对优化过程所包含的调度信息进行提取。为检验 CIS 方法在调度信息提取方面的有效性和稳定性，分别采用该方法和 IIS 方法对汉江上游梯级水库调度决策因子进行 50 次优选，图 6.4 中对比了 CIS 与 IIS 方法得到的汉江上游梯级水库调度信息提取结果。图 6.4 中各变量序号与对应的决策因子见表 6.2。

表 6.2　决策因子统计表

变量序号	1	2	3	4	5	6	7	8	9	10
决策因子	t	$Q_{A,t}^{\text{in}}$	$Q_{AD,t}^{\text{in}}$	$Q_{A,t-1}^{\text{in}}$	$Q_{AD,t-1}^{\text{in}}$	$Q_{A,t-2}^{\text{in}}$	$Q_{AD,t-2}^{\text{in}}$	$V_{A,t}$	$V_{D,t}$	$P'_{A,t}$

注　t 代表当前时段，$Q_{A,t}^{\text{in}}$ 和 $Q_{AD,t}^{\text{in}}$ 分别代表安康和丹江口水库 t 时段入库（区间）流量，$V_{A,t}$ 和 $V_{D,t}$ 分别代表安康和丹江口水库 t 时段库容，$P'_{A,t}$ 代表预测的安康水库 t 时段出力。

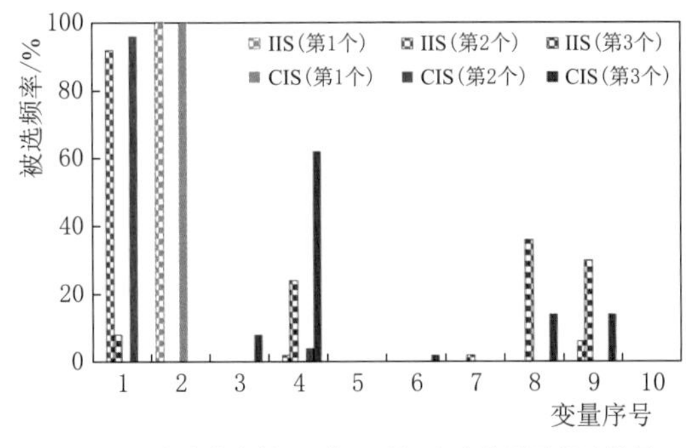

(a) 安康水库第1、第2、第3个决策因子优选结果

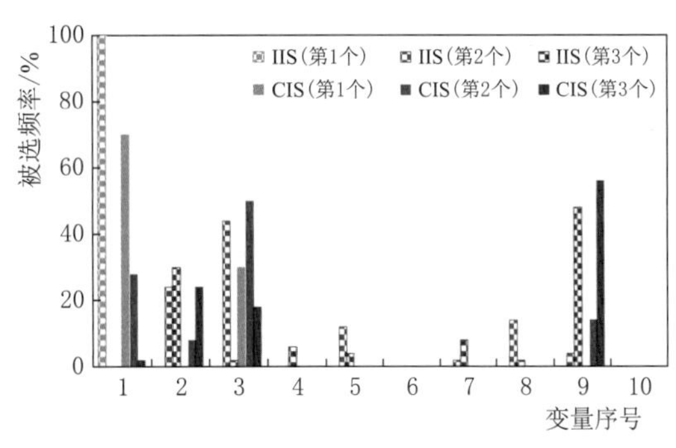

(b) 丹江口水库第1、第2、第3个决策因子优选结果

图 6.4　采用不同因子优选方法提取汉江上游梯级水库调度信息结果对比

从图 6.4 中可以看出，两种方法在提取最重要（第 1 个）决策因子时，均保持着较高的稳定性，且两种方法选择结果一致，均选择第 2 个和第 1 个变量分别作为安康和丹江口水库第 1 个决策因子。随着优选的进行，两种方法进行优选的不确定性越来越明显，具体表现为在对第 2 个和第 3 个决策因子进行选择时，有更多的变量被选中。从安康水库决策因子的优选结果可以看出，CIS 方法在所有决策因子的选择方面均优于 IIS 方法，特别是采用 IIS 对安康水库第 3 个决策因子进行优选时，第 4 个、第 8 个和第 9 个变量所对应的被选频率十分相近，且均低于 50%，而 CIS 方法得到的最高被选频率高于 60%，其余均低于 20%，说明 CIS 能得到更稳定的选择结果。在对丹江口水库决策因子进行优选时，虽然 CIS 相比 IIS 在选择第 1 个决策变量时表现出了更大的不确定性，但在其余的选择中均能保持较高的识别率，具体表现为：在 50 次对第 2 个和第 3 个决策因子进行选择的试

验中，CIS仅存在4种可能的选择，但IIS分别存在6种和7种选择，且CIS对应的最高识别率高于IIS。

总体而言，CIS与IIS得到的结果相差不大。为丹江口水库选择了相同的决策因子，但对于安康水库的第3个决策因子，CIS得到的结果为第4个变量；IIS将第8个或第9个变量作为的最终选择。需要说明的是，为安康水库选择的第9个变量也为丹江口水库的决策因子，因此按照该优选结果进行梯级水库优化调度会造成信息的冗余，不利于优化调度规则的提取，相比之下，CIS方法在选取已有预测（决策）信息的同时，尽可能利用了更多类型的信息，扩展了调度规则的优化范围。

经迭代优选，CIS方法最终得到结果如下：对于安康水库，最优决策因子分别为当前t时段安康水库入库流量$Q_{A,t}^{in}$，水库当前所处时段t和$t-1$时段安康水库入库流量$Q_{A,t-1}^{in}$；对于丹江口水库，最优决策因子分别为调度时段信息t，安康—丹江口区间流量$Q_{AD,t}^{in}$和丹江口水库库容$V_{D,t}$。IIS方法得到的结果基本类似，但对于安康水库分别选择当前t时段入库流量$Q_{A,t}^{in}$，调度时段信息t和水库库容$V_{A,t}$作为决策因子。

图6.5统计了由CIS方法得到的汉江上游梯级水库决策因子优选结果，包含了各个变量的被选频率和重要性排序，其中被选频率代表50次选择中某一变量被选择（每次选择3个变量）的比例，重要性排序根据式（6.1）计算所有被选的3个变量对应的重要程度排序（排名第1的变量赋值为1，排名第3的变量及未被选择的变量赋值为0），取50次排序的平均值得到。以被选频率为第一优先原则，得到图中的绿色、红色和蓝色线条分别对应第1、第2和第3个决策因子。从图中可以看出，对于安康和丹江口水库，除了选择的3个决策因子，青色对应的实线部分代表可能潜在的被选决策因子，即被选频率较低，但重要性排序偏高。对于安康和丹江口水库，第4个潜在的决策因子分别为丹江口水库当前时段库容信息和安康水库入库流量信息，说明梯级水库调度中其余水库对应的状态和入库流量信息会对当前水库产生一定的潜在影响。

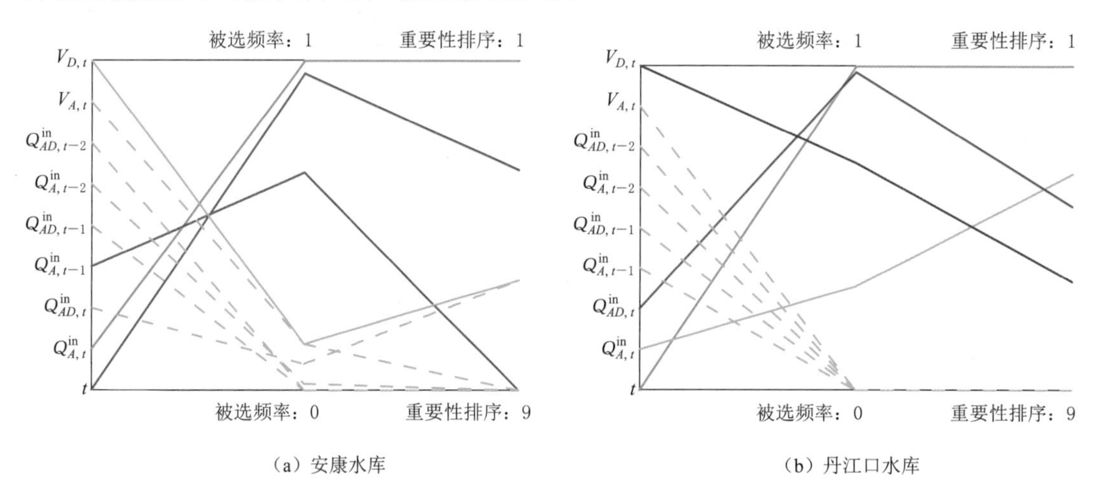

图6.5 汉江上游梯级水库CIS方法得到的50次决策因子优选统计

优化调度信息的提取结果表明：对安康水库而言，入库流量信息和调度时段信息对决策最为重要，考虑到其库容显著小于丹江口水库，其库容信息对决策的影响有限；同时，由于相邻时段的入库流量间存在一定的相关性，可采用自相关模型和前一时段流量预测当前时段流量，因此，CIS 得到的决策变量 $Q_{A,t-1}^{\text{in}}$ 对决策的影响较大，相比 IIS 更为合理。对丹江口水库而言，由于其承担着所有供水任务，而调度图主要通过当前所在时段和库容确定供水流量，因此，除区间入库流量信息外，CIS 和 IIS 均选择了调度时段和库容信息作为决策因子。

为验证极端随机森林在处理梯级水库调度信息的有效性，图 6.6（a）和图 6.6（b）分别显示了采用不同决策因子对安康和丹江口水库最优决策的预测效果，表 6.3 展示了对应各决策因子预测与实际最优出力相关系数。从图 6.6 可以看出，随着用于预测的决策因子个数增加，采用极限随机森林预测的出力与实际优化出力之间的差别逐渐缩小，直到预测精度不再发生变化，此时所利用的决策因子包含了优化决策的主要信息。从表 6.3 可以看出，安康水库最优决策预测与实际值在率定期和检验期的相关系数较为接近，而丹江口水库决策受调度图的影响较大，导致率定期和检验期模拟效果相差较大。总体上该模型在预测梯级水库优化决策方面体现了较强的泛化能力，安康水库对应的散点更为集中，且预测精度明显高于丹江口水库，主要原因在于安康水库不受供水调度图的限制，其规则较为简单，故预测结果更接近梯级水库优化调度过程。

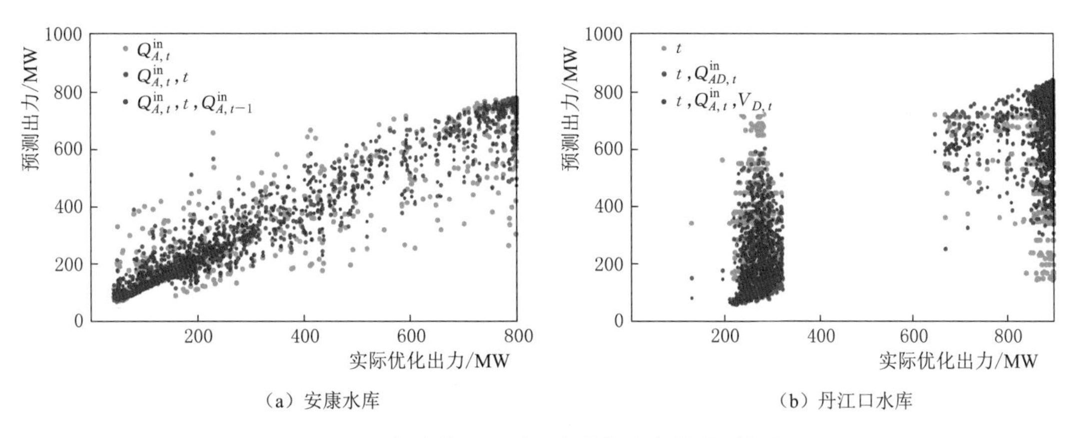

图 6.6　各决策因子对水库最优出力的预测效果

表 6.3　各决策因子预测与实际最优出力相关系数

水　库	安　康			丹江口		
决策因子个数	1	2	3	1	2	3
率定期	0.498	0.922	0.945	0.324	0.657	0.782
检验期	0.461	0.858	0.864	0.270	0.401	0.505

6.3.2　梯级水库优化调度规则

为检验 CIS 方法选择的决策因子在梯级水库优化调度中的效果，将其优选后的决策因子整合到 Gaussian 径向基函数，优化得到非劣解集，并与采用 IIS 方法得到的结果（传统调度决策因子）进行对比。为减少多目标优化中随机成分的影响，所有优化均采用 PA - DDS 算法进行 10 次独立的运算，每次运算的迭代次数选为 5000，不同方案下汉江上游梯级水库多目标优化调度结果如图6.7所示。

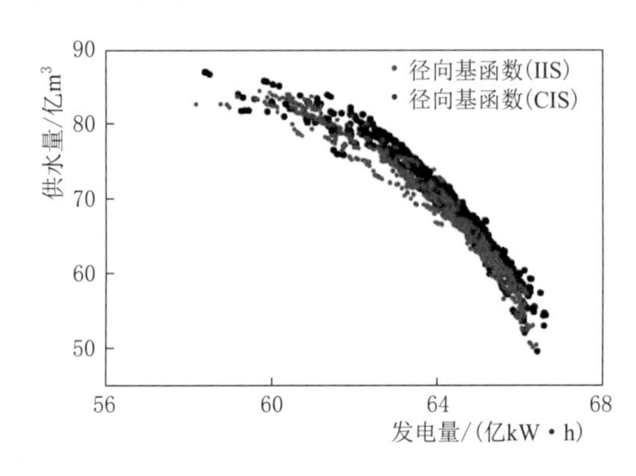

图6.7 不同方案下汉江上游梯级水库多目标优化调度结果

从图6.7中可以明显看出，采用IIS得到传统决策因子对梯级水库的模拟结果趋向于CIS方法对应非劣解集的左下角，说明采用本章提出的CIS方法能够选择出更利于梯级水库多目标优化调度的决策因子。传统水库调度决策因子（安康水库：调度时段t，安康水库库容$V_{A,t}$和入库流量$Q^{in}_{A,t}$；丹江口水库：调度时段t，丹江口水库库容$V_{D,t}$和安康—丹江口区间流量$Q^{in}_{AD,t}$）虽然包含了整个梯级决策所需要的基本信息，结合Gaussian径向基函数能够较好地模拟梯级水库调度中的非线性关系，但没有考虑上下游水库的各自特性及不同信息对这些水库的影响程度，相比之下CIS方法能为不同水库优选出最适合的决策因子，从而进一步协调供水和发电的矛盾，提升整个梯级的综合效益。

将水库调度决策因子依次加入到水库调度规则，并采用PA-DDS算法进行多目标优化，得到10次优化调度结果，并统计各Pareto前沿的超体积以及在发电和供水量方面的效益，如图6.8所示。从图中可以看出，随着决策变量的逐渐增多，汉江上游梯级水库的多目标优化调度结果渐渐向图中的右上角移动，即产生更多的发电和供水量，说明增加有效的决策信息能够有效提高水库综合效益；与之对应的是右侧图中超体积和供水量随着决策因子的增多而逐渐上升。同时可以看出，当决策因子的数量从2个增加到3个时，多目标优化调度结果的提升最为显著，说明第3个决策变量的加入（安康：安康水库上一个时段入库流量；丹江口：丹江口水库当前时段的库容）对汉江梯级水库效益的提升十分关键。

决策因子的增加虽然能够从一定程度上提高水库调度规则的灵活性，但与此同时也可能会增加调度决策的不确定性，尤其当引入无关或是冗余的决策因子时，甚至会影响水库多目标优化的稳定性。从图6.8可以看出，当采用传统决策因子（IIS对应的决策因子）使决策因子数从2个增加到3个时，虽然各部分效益包括超体积的值有明显的上升，但也可以看到超体积对应的10%～90%区间相比2个决策因子对应的调度结果有效幅度的扩大；而采用CIS优选的决策因子时，决策因子个数的增加不仅使得效益得到提升，也减少了超体积对应的10%～90%区间。以上结果说明对于汉江上游梯级水库而言，采用IIS优选或传统方法得到的第3个决策因子可能带有一定的冗余信息，增加了多目标优化调度的不确定性，而CIS模型能够很精确地识别出最有效的决策因子，在提升水库综合效益的同时降低了多目标优化调度的不确定性。

6.3.3 模拟调度结果对比分析

为进一步分析各决策因子对水库调度的重要性，评价其经济价值，将对应的水库多目

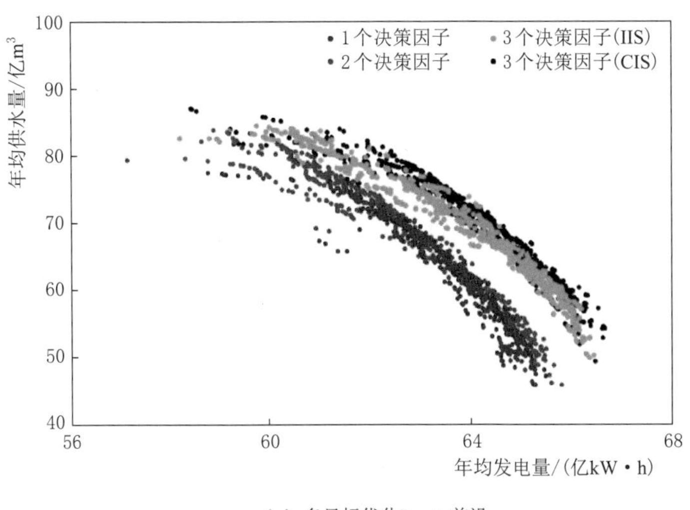

(a) 多目标优化Pareto前沿

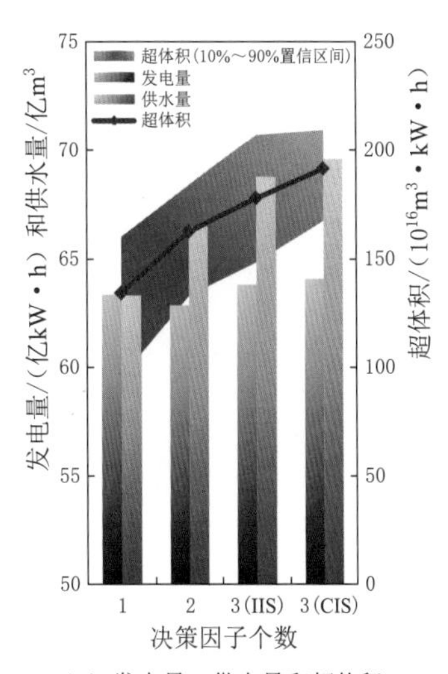

(b) 发电量、供水量和超体积

图 6.8 各决策因子下的梯级水库多目标优化调度结果统计对比

标优化调度结果进行统计，得到不同决策因子对应的经济价值，见表 6.4。需要说明的是，这里的水库调度经济效益按照国家发展和改革委员会 2014 年下达的《关于南水北调中线一期主体工程运行初期供水价格政策的通知》（发改价格〔2014〕2959 号）中的南水北调中线水源工程综合水价（0.13 元/m^3）和联合资信评估有限公司同年发布的《汉江水利水电（集团）有限责任公司相关债项 2014 年跟踪评级报告》中的丹江口电厂计划内用电上网电价［0.21 元/(kW·h)］进行核算。从表中可以看出，当加入安康和丹江口之间当前时段的区间入流为决策信息时，每年能为汉江上游梯级水库提供 3075 万元的经济价值，而当加入安康和丹江口水库当前时段的库容信息时，能够提供 4996 万元经济价值。需要指出的是，当采用 CIS 方法对水库决策因子进行优选后，即采用安康水库上一个时段的入库流量信息替换传统的安康水库当前时段库容信息时，能够在传统优化调度决策因子的基础上增加 1610 万元的经济价值。

表 6.4　　梯级水库调度规则中各决策因子对应的经济价值　　单位：万元

决策因子		经济效益		效益增长		信息的价值
安康水库	丹江口水库	发电	供水	发电	供水	
$Q_{A,t}^{in}$	t	133076	82330	—	—	—
$Q_{A,t}^{in}$，t	t，$Q_{AD,t}^{in}$	132041	86440	−1035	4110	3075
$Q_{A,t}^{in}$，t，$V_{A,t}$	t，$Q_{AD,t}^{in}$，$V_{D,t}$	134045	89431	2005	2991	4996
$Q_{A,t}^{in}$，t，$Q_{A,t-1}^{in}$	t，$Q_{AD,t}^{in}$，$V_{D,t}$	134607	90480	561	1049	1610

为全面比较、验证本章所用调度规则在发电和供水方面的表现，基于 1980—2010 年的逐旬径流资料，考虑水库自身约束、综合利用需求等约束，采用不同调度规则对汉江上游梯级水库进行长系列资料的模拟调度。具体实施调度时，需要判断时段末水位、电站时段出力、梯级时段出力等相关约束是否满足，约束违背时需按照约束违反的重要程度依次

修改决策。为方便比较，分析以发电和供水为主要目标情形下各调度规则的模拟结果，见表6.5，表中供水量为除发电外用于南水北调中线工程的水量，且直接从库区取水，不参与水库泄流。

表6.5　　各梯级水库调度规则模拟结果统计表

目标函数和调度方案		发电量/(亿 kW·h)			供水量/亿 m^3		
		汛期	非汛期	全年	汛期	非汛期	全年
发电为主	径向基函数 A1	32.81	33.62	66.43	21.27	29.17	50.44
	径向基函数＋数据挖掘 A2	32.24	34.40	66.65	24.94	29.45	54.39
供水为主	现有规则 A0	27.03	26.22	53.25	32.64	60.03	92.67
	径向基函数 A1	28.81	30.91	59.72	31.98	52.64	84.62
	径向基函数＋数据挖掘 A2	29.73	28.68	58.41	30.81	56.32	87.13
调度方案对比		发电量变化/%			供水量变化/%		
		汛期	非汛期	全年	汛期	非汛期	全年
发电为主	(A2－A1) /A1	－1.73	2.34	0.33	17.28	0.95	7.84
供水为主	(A1－A0) /A0	6.62	17.87	12.16	－2.01	－12.32	－8.69
	(A2－A1) /A1	3.17	－7.20	－2.19	－3.66	6.99	2.96

从表6.5中可以看出，当采用CIS方法对调度信息进行提取后，以发电为主要目标，采用径向基函数制定的梯级水库调度规则能增加年均发电量0.33%，且增加主要发生在非汛期（2.34%）。与此同时，汛期的多年平均供水量也随着CIS的引入而显著增加(17.28%)，且年均供水量增加7.84%。从以上分析可知，当以发电作为主要调度目标时，CIS方法选择的决策因子能同时提升梯级的供水和发电量，与传统调度因子相比更倾向于将汛期来水用于供水，更利于梯级水库综合利用效益的发挥。

由于现有丹江口水库调度规则（常规调度方法）以供水为主，所以将该规则作为供水为主调度方案与径向基函数描述的调度规则进行对比。从表6.5可以看出，以供水为主要目标时，与径向基函数相比，现有规则虽然能显著提高供水量（8.69%），但大幅牺牲了发电效益（12.16%），原因在于该规则下发电服从于供水，即水库按设计调度图扣除供水流量后采用最小下泄流量（考虑航运、生态等用途）进行发电。此外，采用CIS方法对决策因子进行优选后的梯级水库年均供水量能在传统决策因子优化结果的基础上增加2.96%，其中非汛期增幅为6.99%，但非汛期发电量有所减小（－7.2%）。因此，当以供水作为主要调度目标时，CIS方法识别的决策因子能够很好地调整汛期和非汛期泄流，将非汛期部分发电流量用作供水，显著提高梯级供水效益。

为进一步分析不同决策因子对水库决策过程的影响，将以发电和供水为调度目标，不同决策因子作用下的汉江上游梯级调度过程分别展示于图6.9和图6.10中。从图6.9中可以看出，当以发电为主要目标时，以第1个、第2个和第3个传统决策因子进行调度时得到的水位均接近正常蓄水位（汛期运行水位），说明这些决策因子能够根据安康水库的状况尽量抬高发电水头，以增加其发电效益。但这种调度方式未充分考虑水库在汛期前的水量效益，具体表现为：这些决策因子对应的安康水库在汛前（4—6月）的水位虽然最高，但对应的梯级水库的发电出力却小于CIS对应的决策因子。其原因在于，水库汛前和汛后的入库流量大小十分相似，传统调度规则仅仅利用当前时段信息，未充分考虑两者对应流量不同的变化趋势，且得到的规则是“尽量提高库水位以保证发电的水头效益”，这样的规则在大部分调度期（尤其是枯水季节）能够很好地发挥水库发电效益，但在过渡期（如汛前期）对流量变化趋势的描述不够清晰，限制了这些时期的水量发电效益。相比之下，CIS优选的决策因子中包含了前一个时段安康水库的入库流量，能够更加精准地识别出汛前和汛后，在汛期充分发挥水量效益，提高整个梯级的发电出力。

从图6.10可以看出，以供水为主要调度目标时，随着决策因子个数的增加，安康水库和丹江口水库对应的水位分别逐渐降低和升高，以为丹江口水库提供更多的供水。CIS方法优选的决策因子与传统决策因子相比，倾向于在汛期利用安康水库中的蓄水对下游丹江口水库进行补偿，以提高其供水流量。从图中安康水库的水位变化过程可以看出，CIS方法对应的决策因子使得安康水库在枯水期（1—4月）到达死水位，提高了对应时段的丹江口库水位，由于丹江口水库的设计供水量由其水位控制，所以也相应增加了其供水。需要说明的是，以梯级水库发电量最大为目标的调度轨迹为依据，采用CIS方法优选的决策因子虽然在一定程度上也提高了汉江上游梯级水库的供水效益，但决策过程仍有进一步优化的空间，如将安康水库1—4月的水位始终维持在最低水位未能充分体现其对下游丹江口水库补偿的灵活性，且目前供水效益的增加幅度（2.96%）相比发电效益的显著增幅（7.84%）仍有进一步提升的可能。

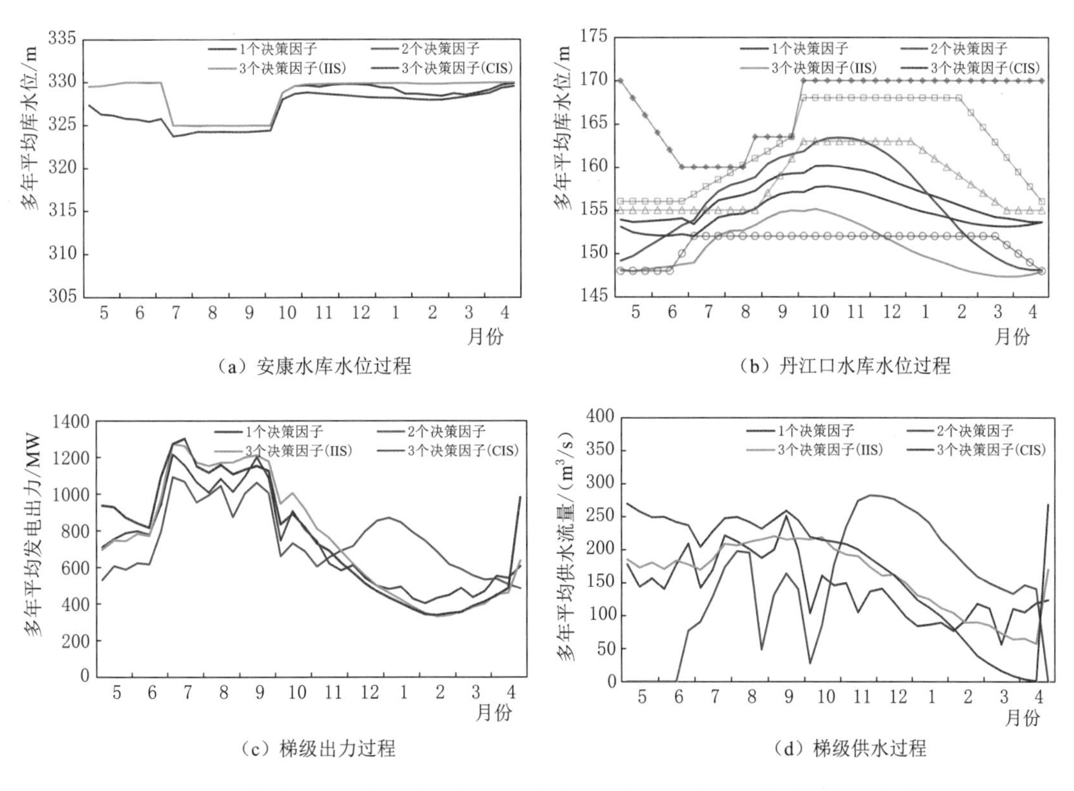

图6.9 以发电量最大为调度目标不同决策因子作用下的汉江上游梯级调度过程

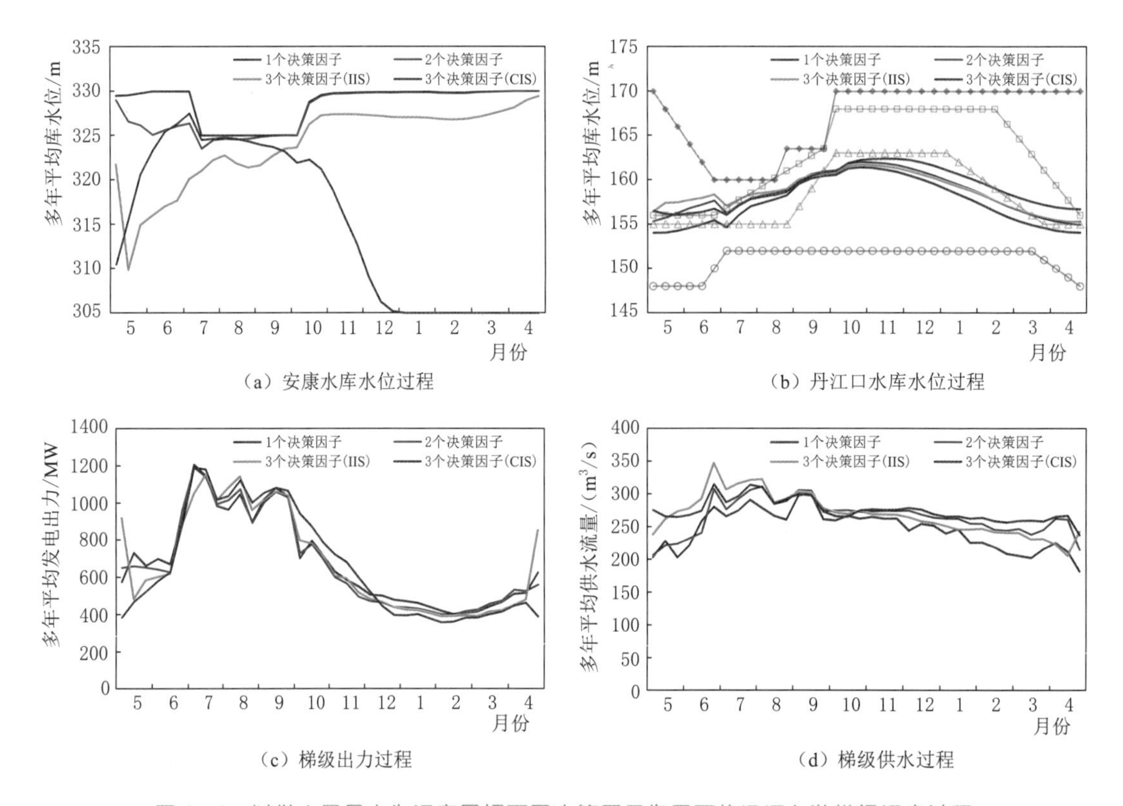

(a) 安康水库水位过程

(b) 丹江口水库水位过程

(c) 梯级出力过程

(d) 梯级供水过程

图 6.10 以供水量最大为调度目标不同决策因子作用下的汉江上游梯级调度过程

6.4 本章小结

本章引入 Gaussian 径向基函数建立水库调度规则，并结合极端随机森林模型提出了能够保留水库原有操作特性、考虑相关水库决策联系的水库调度信息提取方法，采用 PA－DDS 多目标优化算法对水库调度规则参数进行优化，得到了同时考虑供水和发电的多目标优化调度规则集，与常规调度规则和径向基函数的模拟调度结果进行比较，主要结论如下：

(1) 采用 CIS 方法优选的决策因子不仅考虑了上下游水库间的补偿关系，还能隐含一定的入库流量预报信息，与 IIS 方法相比更加稳定，且能在充分利用已有优选信息的同时避免决策因子选取上的重复和冗余。

(2) 采用 CIS 优选因子进行的梯级多目标优化调度相比传统决策因子能得到分布更优的非劣解集，同时还能并行地给出多组满足不同目标的调度规则，所优化的调度规则还兼有精度高、对调度过程依赖性低等优点，可协调供水和发电之间的矛盾，提高水库综合效益。

(3) 无论以发电还是供水为主要目标，CIS 方法优选的决策因子均能有效调整汛期和非汛期的水量利用方式，充分利用汛期来水，以发电为主要目标对汉江上游梯级水库进行优化调度时，相比传统决策因子可提高7.84%年均供水量。

参　考　文　献

[1] 舒卫民，马光文，黄炜斌，等．基于人工神经网络的梯级水电站群调度规则研究[J]．水力发电学报，2011，30（2）：11-14，25．

[2] 刁树峰，彭勇，梁国华，等．基于决策树方法的水库跨流域引水调度规则研究[J]．大连理工大学学报，2012，52（1）：74-78．

[3] KOHAVI R，JOHN G H．Wrappers for feature subset selection[J]．Artificial Intelligence，1997，97（1-2）：273-324．

[4] SHARMA A．Seasonal to interannual rainfall probabilistic forecasts for improved water supply management：Part 1—A strategy for system predictor identification[J]．Journal of Hydrology，2000，239（1）：232-239．

[5] WANG W C，CHAU K W，CHENG C T，et al．A comparison of performance of several artificial intelligence methods for forecasting monthly discharge time series[J]．Journal of Hydrology，2009，374（3）：294-306．

[6] MOGHADDAMNIA A，GOUSHEH M G，PIRI J，et al．Evaporation estimation using artificial neural networks and adaptive neuro-fuzzy inference system techniques[J]．Advance Water Resources，2009，32（1）：88-97．

[7] MAIER H R，JAIN A，DANDY G C，et al．Methods used for the development of neural networks for the prediction of water resource variables in river systems：current status and future directions[J]．Environment Modelling Software，2010，25（8）：891-909．

[8] 纪昌明，苏学灵，周婷，等．梯级水电站群调度函数的模型与评价[J]．电力系统自动化，2010（3）：33-37．

[9] 纪昌明，李继伟，张新明，等．基于粗糙集和支持向量机的水电站发电调度规则研究[J]．水力发电学报，2014，33（1）：43-49．

[10] GALELLI S，CASTELLETTI A．Tree-based iterative input variable selection for hydrological modeling[J]．Water Resources Research，2013，49（7）：4295-4310．

[11] 李明江，唐颖，周力军．数据挖掘技术及应用[J]．中国新通信，2012，14（22）：66-67．

[12] GEURTS P，ERNST D，WEHENKEL L．Extremely randomized trees[J]．Machine Learning，2006，63（1）：3-42．

[13] 王爱平，万国伟，程志全，等．支持在线学习的增量式极端随机森林分类器[J]．软件学报，2011，22（9）：2059-2074．

[14] 杨光，郭生练，李立平，等．考虑未来径流变化的丹江口水库多目标调度规则研究[J]．水力发电学报，2015，34（12）：54-63．

[15] GIULIANI M，MASON E，Castelletti A，et al．Universal approximators for direct policy search in multi-purpose water reservoir management：A comparative analysis[J]．IFAC Proceedings Volumes，2014，47（3）：6234-6239．

[16] 杨光，郭生练，刘攀，等．PA-DDS算法在水库多目标优化调度中的应用[J]．水利学报，2016，47（6）：789-797．

[17] ASADZADEH M，TOLSON B A．A new multi-objective algorithm，Pareto archived DDS[J]．Proceedings of the 11th Annual Conference Companion on Genetic and Evolutionary Computation Conference，2009：1963-1966．

[18] TOLSON B A，SHOEMAKER C A．Dynamically dimensioned search algorithm for computationally efficient watershed model calibration[J]．Water Resources Research，2007，43（1）．

[19] KNOWLES J D, CORNE D W. Approximating the nondominated front using the Pareto archived evolution strategy [J]. Evoluation Computation, 2000, 8 (2): 149-172.

[20] BEHRANGI A, KHAKBAZ B, VRUGT J A, et al. Comment on "Dynamically dimensioned search algorithm for computationally efficient watershed model calibration" by Bryan A. Tolson and Christine A. Shoemaker [J]. Water Resources Research, 2008, 44 (12).

[21] TOLSON B A, ASADZADEH M, MAIER H R, et al. Hybrid discrete dynamically dimensioned search (HD-DDS) algorithm for water distribution system design optimization [J]. Water Resources Research, 2009, 45 (12): W12416.

[22] ASADZADEH M, TOLSON B A. A new multi-objective algorithm, pareto archived DDS [C]. Proceedings of the 11th Annual Conference Companion on Genetic and Evolutionary Computation Conference, 2009: 1963-1966.

考虑预报信息的梯级水库多目标优化调度

随着社会经济的高速发展，人们的用水需求日益增加，给水资源的规划管理带来了挑战，水库作为一种径流调节工程，在缓解供水、发电、灌溉和生态等各方面用水压力方面发挥着重要作用[1-3]。同时，气象预报技术的进步提升了中长期水文预报的精度[4-6]，可以为水库调度提供一定的决策支持。

近年来，水文预报已被国内外学者广泛应用于水库调度，以进一步提高水资源利用效率[7-14]。例如，Faber 和 Stedinger[10] 将集合径流预报信息应用于水库优化调度模型，并采用随机动态规划进行求解，发现考虑预报信息的水库调度能够显著增加水库效益，而集合预报相比多个预报构成的单一预报更有利于水库优化决策；油芳芳等[14] 结合降雨集合预报信息建立了水库优化调度模型，并采用随机动态规划算法求解，浑江桓仁水库的应用结果表明：考虑集合预报的调度能有效提高水库发电量；唐国磊等[8] 利用后验的径流状态转移概率和径流预报的可预测性概率描述了径流预报及不确定性，并将其用于二滩水电站优化调度，增加了水库发电量；徐炜等[9] 通过耦合不同精度径流预报，采用贝叶斯随机动态规划优化建立了浑江梯级水库预报调度图，提高了水库发电效益。以上研究虽然将预报信息应用到了水库调度决策中，但主要集中在对考虑预报信息水库调度过程的优化，且大多采用传统的随机动态规划求解，仅考虑了预报对单个调度目标的影响。

为方便水库决策、满足多个方面的用水需求，有必要建立一种考虑预报信息的水库多目标优化调度规则。水库调度规则表现形式主要有调度图[15] 和调度函数[16] 两种。调度图能够包含的信息有限，一般将水库所处时段和水位信息作为决策的参考，较难直接整合预报信息，无法充分体现预报价值，因此，本章采用调度函数描述水库调度规则。传统调度函数一般以线性为主，为充分整合预报信息，更灵活地表达水库调度中包括预报信息在内的决策因子和优化决策的非线性关系，采用 Gaussian 径向基函数构建水库调度规则[17]。

本章以汉江上游安康—丹江口梯级水库为例，基于历史资料模拟生成满足一定精度条件的径流预报系列，并在有效利用原调度规则参数的基础上采用径向基函数充分整合预报信息，建立了考虑预报信息的梯级水库多目标优化调度规则。经优化，分离出了预报信息对原有水库调度规则的改变模式，并提出多目标预报价值指标衡量不同精度预报信息对水库综合效益的提升效果，挖掘了预报精度与水库调度预报价值之间的相互关系，定量评价了径流预报精度对梯级水库多目标调度效益的影响。

7.1 预报信息与水库调度规则

7.1.1 预报信息模拟

由于预报信息来源有限，为分析不同精度预报信息对水库调度的影响，往往需要根据历史资料模拟生成满足一定条件的预报系列。目前生成径流预报系列的方法主要有两种：第一种是将实测或模拟的降水和气温等气象资料输入到水文模型模拟产生径流系列[18]；第二种是在实测径流或气象资料的基础上采用蒙特卡洛法生成具有一定统计特性的系列[19-20]。

第一种方法往往需要较多的气象资料，且由于水文模型结构一般较为复杂，需要率定的参数较多，给模拟带来了不便。因此，本章采用第二种方法，即根据已有资料和预报的统计特性，在实测径流的基础上模拟预报径流系列。Yeh 等[21] 通过在实测径流基础上添加随机项的方式模拟产生具有一定精度的预报径流系列，该方法操作简单，已被用于模拟洪水预报过程[22]，具体方法流程如下。

首先，假设径流预报的相对误差 $\varepsilon_t = \dfrac{y'_t - y_t}{y_t}$ 服从均值为 0 的正态分布 $\varepsilon_t \sim N(0, \sigma_\varepsilon^2)$，则预报系列可以由式 (7.1) 表示：

$$y'_t = y_t + \varepsilon_t y_t \tag{7.1}$$

式中：y_t 和 y'_t 分别为 t 时段实测和预报值。

其次，采用确定性系数作为衡量径流预报过程与实测过程吻合程度的指标，根据定义，确定性系数 R^2 可以表示为

$$R^2 = 1 - \frac{\sum_{t=1}^{T}(y'_t - y_t)^2}{\sum_{t=1}^{T}(y_t - \overline{y})^2} \tag{7.2}$$

式中：$\overline{y}$ 为实测径流的均值；T 为时段长度。经转换，则有

$$\sum_{t=1}^{T}(y_t - \overline{y})^2(1 - R^2) = \sum_{t=1}^{T}(y'_t - y_t)^2 = \sum_{t=1}^{T}(\varepsilon_t^2 y_t^2) \tag{7.3}$$

由于 $\varepsilon_t \sim N(0, \sigma_\varepsilon^2)$，故有 $E(\varepsilon_t^2) = \mathrm{var}(\varepsilon_t) + E^2(\varepsilon_t) = \sigma_\varepsilon^2$，式 (7.3) 两边同时取期望则有

$$E\left[\sum_{t=1}^{T}(y_t - \overline{y})^2(1 - R^2)\right] = \sum_{t=1}^{T}(y_t - \overline{y})^2(1 - R^2) \tag{7.4}$$

$$E\left[\sum_{t=1}^{T}(\varepsilon_t^2 y_t^2)\right]=\sum_{t=1}^{T}\left[E(\varepsilon_t^2)y_t^2\right]=\sigma_\varepsilon^2\sum_{t=1}^{T}y_t^2 \tag{7.5}$$

经整理，得到预报相对误差对应的方差：

$$\sigma_\varepsilon^2=\frac{\sum_{t=1}^{T}(y_t-\overline{y})^2(1-R^2)}{\sum_{t=1}^{n}y_t^2} \tag{7.6}$$

最后，在实测径流系列基础上，根据式（7.1）和式（7.6）模拟得到各个时段的预报径流值。

7.1.2 考虑预报信息的水库调度规则

为评价径流预报信息对水库调度规则及效益的影响，需将预报径流过程整合到原有调度规则中，经优化得到考虑预报信息的水库调度规则，并根据模拟调度结果衡量预报信息对水库调度的影响。考虑到水库的调度运行一般以水库的基本状态和入库流量信息为参考，同时，由于流域内的降雨及径流具有明显的季节性和周期性，也常常将时段信息 t 作为一个重要的决策参考指标。因此，将水库当前库容、入库流量及对应时段（月或旬）作为决策因子构建水库调度规则[23]。这里采用径向基函数整合不同决策因子，以描述决策因子与优化决策的相互关系，并采用多目标“模拟-优化”方法[24] 确定相关参数。

径向函数 $\varphi(x)=\phi(\|x\|_2)$ 由一元函数所生成，函数值仅和空间距离有关，将其作平移运算，便得到一系列径向基函数。Giuliani 等[17] 和李芳芳等[23] 将 Gaussian 径向基函数应用于水库调度规则的拟合，得到了不错的效果。因此采用 Gaussian 径向基函数建立水库调度规则，当不考虑预报信息时，调度规则表达式如下：

$$Q_t^{\text{out}}=\sum_{u=1}^{U}\omega_u\varphi_u(X_t)\quad(t=1,2,\cdots,T;0\leqslant\omega_u\leqslant 1) \tag{7.7}$$

$$\varphi_u(X_t)=\exp\left\{-\sum_{j=1}^{M}\frac{[(X_t)_j-c_{j,u}]^2}{b_u^2}\right\}\quad(c_{j,u}\in[-1,1],b_u\in(0,1)) \tag{7.8}$$

式中：U 为径向基函数的数量；ω_u 为第 u 个径向基函数对应的权重；M 为输入决策因子 X_t 的个数；$c_{j,u}$ 和 b_u 为第 u 个径向基函数对应的参数。

考虑预报信息时，调度规则变为

$$Q_t^{\text{out}}=\sum_{u=1}^{U}\omega_u\varphi_u(X_t)+\sum_{p=1}^{P}\omega_p\varphi_p(Y_t)\quad(t=1,\cdots,T) \tag{7.9}$$

$$\varphi_p(Y_t)=\exp\left\{-\sum_{j=1}^{L}\frac{[(Y_t)_j-c_{j,p}]^2}{b_p^2}\right\}\quad\{c_{j,p}\in[-1,1];b_p\in(0,1)\} \tag{7.10}$$

式中：Y_t 为 t 时段的预报信息；P 为预报信息径向基函数的数量；$\varphi_p(Y_t)$ 和 ω_p 分别为对应的第 p 个径向基函数和权重；L 为预报信息的个数；$c_{j,p}$ 和 b_p 为第 p 个径向基函数对应的参数。

可以看出，考虑预报信息的调度规则相比原调度规则多出了一项 $\sum_{p=1}^{P}\omega_p\varphi_p(Y_t)$，即增加采用预报信息构建的径向基函数对原有决策进行了修正。为评价预报信息对水库调度规则及效益的影响，先以历史径流过程为输入对原（未考虑预报）调度规则进行模拟优化，得到式（7.7）和式（7.8）的优化参数，然后在对应优化调度规则的基础上进一步优化式（7.10）中的参数，得到考虑预报信息的径向基函数，与原调度规则相结合形成考虑预报信息的水库调度规则，具体流程如下：

（1）以历史径流过程为输入，采用多目标优化算法对原调度规则进行模拟优化，得到式（7.7）和式（7.8）的多目标优化参数（非劣解集）。

（2）在步骤（1）中得到的多目标优化参数中随机选择一组参数构成原优化调度规则，在此基础上将预报信息进行输入，进一步优化式（7.10）中预报信息对应的RBFs结构参数ω_p、$c_{j,p}$和b_p。

（3）整合步骤（2）中被选原优化调度规则对应的RBFs和预报信息对应的RBFs，进行水库模拟调度，并与原优化规则对应的优化结果进行比较，产生新的非劣解集。

（4）重复步骤（2）和（3），直到满足结束条件（产生的非劣解集已经收敛或已达到多目标优化算法最大迭代次数）。

考虑预报信息的水库调度规则建立流程如图7.1所示。

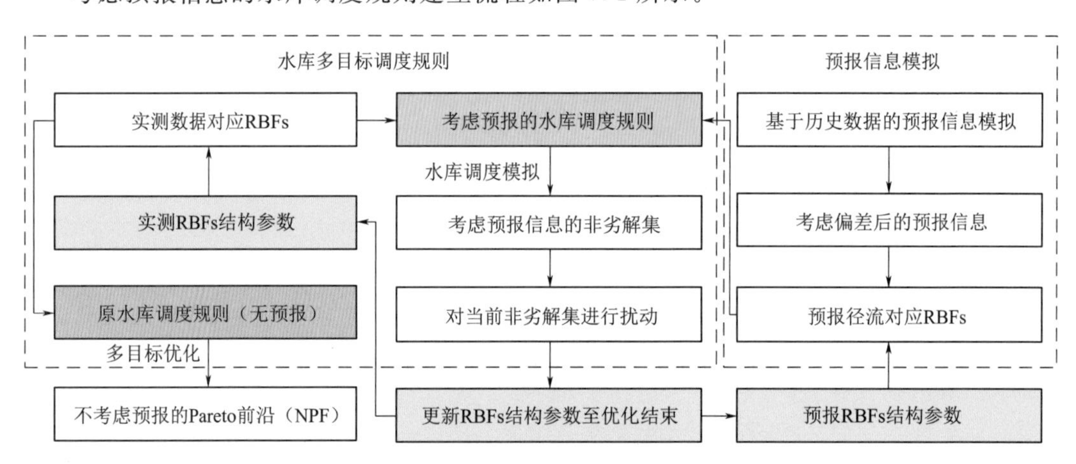

图7.1 考虑预报信息的水库调度规则建立流程图

7.2 安康—丹江口梯级水库多目标调度结果分析

7.2.1 梯级水库调度方式

以汉江上游安康—丹江口梯级水库为研究对象，以产生尽可能多的供水和发电效益为目标，采用1980—2010年以旬为时段的长系列径流资料系列进行调度，水库调度目标函数可表示为

$$W^* = \sum_{i=1}^{N}\sum_{t=1}^{T}(Q^{\circ}_{i,t}M_t) \tag{7.11}$$

$$E^{*}=\sum_{i=1}^{N}\sum_{t=1}^{T}(P_{i,t}M_{t})=\sum_{i=1}^{N}\sum_{t=1}^{T}(K_{i}Q_{i,t}^{\mathrm{P}}H_{i,t}M_{t}) \tag{7.12}$$

式中：W^{*} 为梯级水库的供水量，亿 m^3；E^{*} 为梯级水库的发电量，亿 kW·h；$P_{i,t}$ 为第 i 个电站第 t 时段的平均出力；K_i 为第 i 个电站综合出力系数；$Q_{i,t}^{\circ}$ 和 $Q_{i,t}^{\mathrm{P}}$ 分别为第 i 个水库第 t 时段供水和发电流量，m^3/s；$H_{i,t}$ 为第 i 个电站第 t 时段平均发电净水头，m；M_t 为计算时段小时数；N 和 T 分别为梯级水库（电站）和调度时段的个数。

梯级水库优化主要考虑如下约束：

（1）水量平衡约束。

$$V_{i,t+1}=V_{i,t}+(Q_{i,t}^{\mathrm{in}}-Q_{i,t}^{\mathrm{out}}-Q_{i,t}^{\mathrm{d}})\Delta t-EP_{i,t} \tag{7.13}$$

式中：$V_{i,t}$ 和 $V_{i,t+1}$ 分别为第 i 个水库在 t 和 $t+1$ 时段的蓄水量，m^3；$Q_{i,t}^{\mathrm{in}}$ 和 $Q_{i,t}^{\mathrm{out}}$ 分别为第 i 个水库在 t 时段的入库和出库流量，m^3/s；$EP_{i,t}$ 为第 i 个水库在 t 时段的蒸发和渗漏水量，m^3。

（2）水库间水力联系约束。

$$Q_{i,t}^{\mathrm{in}}=Q_{i-1,t}^{\mathrm{out}}+Q_{i,t}^{\mathrm{inter}} \tag{7.14}$$

式中：$Q_{i,t}^{\mathrm{inter}}$ 为第 $i-1$ 个和第 i 个水库之间在 t 时段的区间流量，m^3/s。

（3）库水位约束。

$$ZL_{i,t}\leqslant Z_{i,t}\leqslant ZU_{i,t} \tag{7.15}$$

式中：$Z_{i,t}$ 为第 i 个水库在 t 时段的水位，m；$ZL_{i,t}$ 和 $ZU_{i,t}$ 分别为第 i 个水库在 t 时段所允许运行的最低和最高水位，m。

（4）下泄流量约束。

$$QL_{i,t}\leqslant Q_{i,t}^{\mathrm{out}}\leqslant QU_{i,t} \tag{7.16}$$

式中：$QL_{i,t}$ 和 $QU_{i,t}$ 分别为第 i 个水库在 t 时段所允许下泄的最小和最大流量，m^3/s。

（5）机组出力限制。

$$PL_{i,t}\leqslant P_{i,t}\leqslant PU_{i,t} \tag{7.17}$$

式中：$PL_{i,t}$ 和 $PU_{i,t}$ 分别为第 i 个水库对应的机组在 t 时段出力范围的下限和上限，kW。

（6）始末水位约束。

$$Z_{i,t}=\begin{cases}Z_{i}^{\mathrm{begin}}, & t=1\\ Z_{i}^{\mathrm{end}}, & t=T\end{cases} \tag{7.18}$$

式中：Z_{i}^{begin} 和 Z_{i}^{end} 分别为第 i 个水库在调度时段初和时段末所应保持的水位，m。

安康和丹江口水库的原调度规则均采用 4 个径向基函数进行描述，考虑到每一个径向基由 3 个决策因子描述，且对应 5 个参数（$c_{1,u}$、$c_{2,u}$、$c_{3,u}$、b_u 和 ω_u），因此，安康—丹江口梯级水库调度规则参数的个数为 40 个。为充分描述预报信息，采用 3 个径向基整合安康入库及安康—丹江口区间未来一个月的平均径流预报，其中安康入库预报用于安康水库泄流决策，安康—丹江口区间预报用于丹江口水库泄流决策，因此，每个水库决策采用 3 个预报信息对应的径向基函数，即考虑预报信息的安康—丹江口梯级水库调度规则参数共为 58 个。此外，本章中水库单目标调度规则采用 DDS 算法[25] 进行优化，多目标调度规则采用 PA - DDS 算法进行优化[26]。

7.2.2 预报径流模拟结果

以安康水库实测入库径流资料为基准，将式（7.6）中的 R^2 设置为 0.40、0.45、0.50、…、0.95、1.00，模拟得到不同精度下的入库预报径流过程，并与实测系列进行对比，图 7.2 中从左到右、从上到下对应的粉红色、绿色、红色和蓝色分别代表当预报与实测系列确定性系数 R^2 分别为 0.6、0.7、0.8 和 0.9 情形下的散点图。从图 7.2 可以看出，各类散点均匀分布于图框对角线两侧，属于无偏预报，且随着 R^2 逐渐增大，模拟与实测值之间的散点变得更为集中，表明模拟结果基本合理。

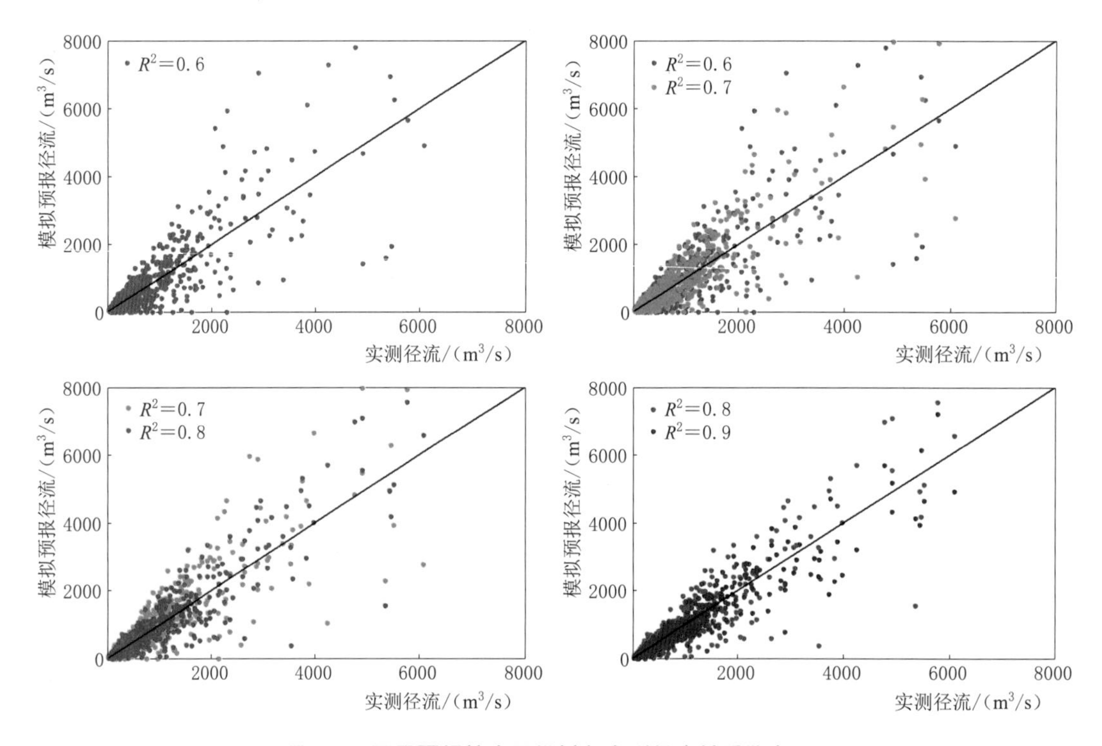

图 7.2 不同预报精度下模拟与实测径流关系散点图

考虑到实际径流预报往往存在一定的偏差，因此，本文在无偏预报的基础上加上一定的偏差，得到各类有偏预报系列，当 R^2 为 0.70 时的各有偏预报系列与实测径流系列散点图如图 7.3 所示，图中各标题中“All”、“Dry”、“Normal”和“Wet”分别代表所添加偏差的系列分别为整体系列、枯水流量系列、平水流量系列和丰水流量系列，其对应的下标代表偏差对应的方向和幅度，其中，“m”和“p”分别代表下偏和上偏情形，即分别在原无偏预报基础上降低和增加流量大小，“10%”和“20%”分别代表在原无偏预报的基础上增加或减少 10%和 20%的流量。以“$Dry_{m20\%}$”为例，代表在原无偏预报的基础上，减少枯水系列的 20%，从图 7.3 中的散点可以看出，在平水和丰水系列中的加入偏差对散点分布的改变较为显著，而由于枯水系列本身流量较小，因此受偏差影响最小。

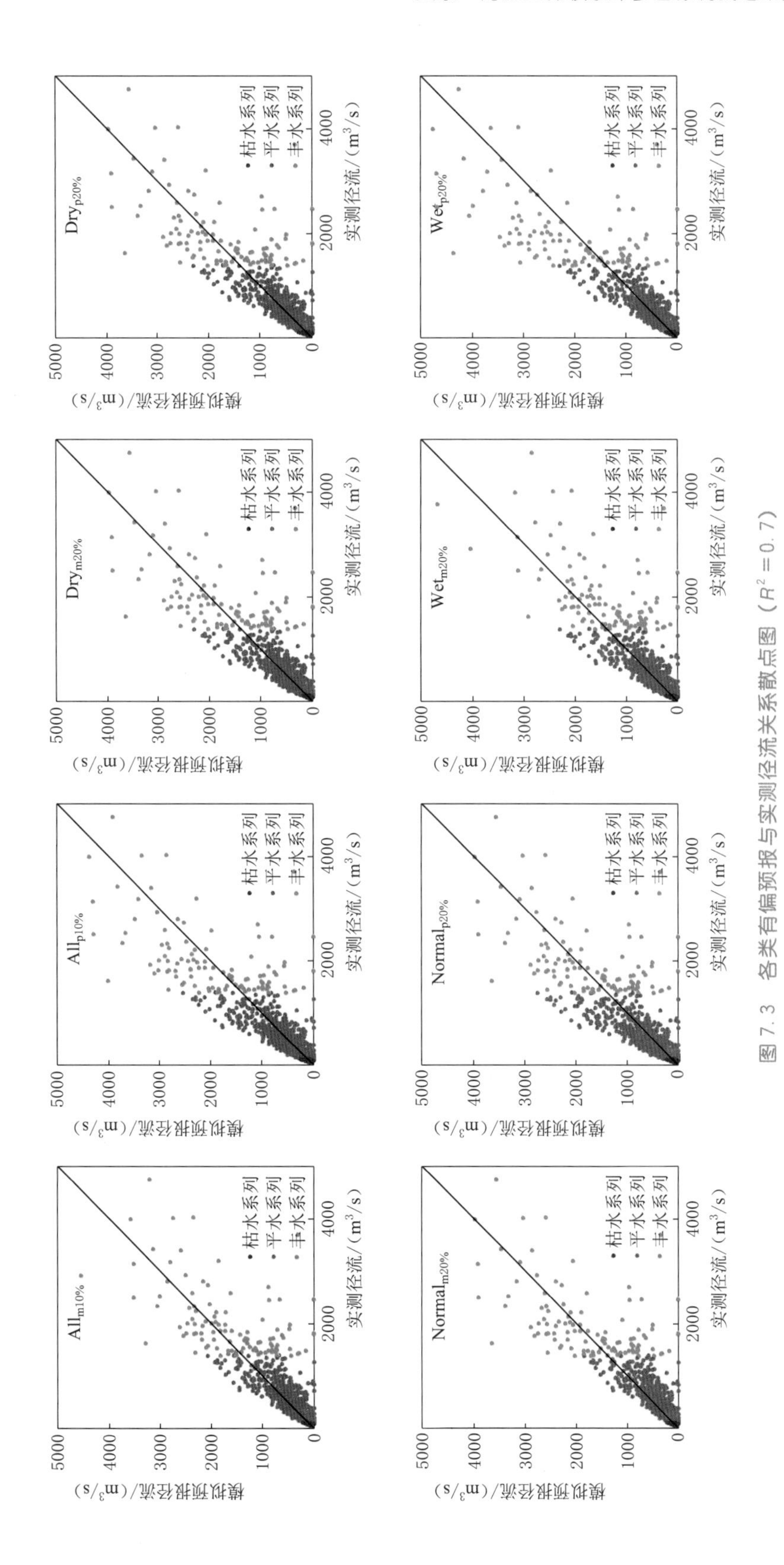

图 7.3 各类有偏预报与实测径流关系散点图（R^2 = 0.7）

本章虽然采用预报和实测径流系列的确定性系数生成不同精度的预报径流系列，但衡量预报精度的指标并不唯一[27]，因此本章除了确定性系数，还将预报与实测径流系列的相关系数（correlation coefficient）、互信息（mutual information）[28] 和相对熵（relative entropy）[29] 作为衡量预报精度的指标。实测径流 y 和预报径流 y'间的相关系数 $\rho_{y,y'}$、互信息 $\mathrm{MI}(Y';Y)$ 和相对熵 $\mathrm{REn}(Y';Y)$ 的定义如下：

$$\rho_{y,y'}=\frac{Cov(y,y')}{\sqrt{\mathrm{var}(y)\mathrm{var}(y')}} \quad \rho_{y,y'}\in[-1,1] \tag{7.19}$$

$$\mathrm{MI}(Y';Y)=\sum_{y\in Y}\sum_{y'\in Y'}p(y',y)\log\left[\frac{p(y',y)}{p(y')p(y)}\right] \tag{7.20}$$

$$\mathrm{REn}(Y';Y)=\sum_{y\in Y}\sum_{y'\in Y'}p(y')\log\left[\frac{p(y')}{p(y)}\right] \tag{7.21}$$

式中：$Cov(y,y')$ 和 $\mathrm{var}(y)$ 分别为计算协方差和方差的函数；$p(y)$、$p(y')$ 和 $p(y',y)$ 分别为实测、预报系列对应的概率密度函数，及它们的联合概率密度函数，对于离散型变量，采用概率质量函数代替概率密度函数。

从定义可以看出：相关系数是研究变量之间线性相关程度的量；互信息衡量了两个变量间线性和非线性相互依赖的强弱程度[30]；相对熵用来衡量两个取值为正的函数或概率分布之间的差异[31]。这三个指标均可以用于衡量预报径流与实测径流之间的相似度，两者越相似，预报精度越高，可以看出，相关系数和互信息的值越大，预报精度越高，相对熵则相反。统计所有模拟预报系列对应的整体偏差、平水系列偏差、枯水系列偏差、丰水系列偏差、与实测系列确定性系数、相关系数、互信息和相对熵，并将这些精度指标的分布频率展示于图 7.4 中，从图中各偏差的分布频率可以看出，更多的系列处于无偏的状态，偏差越大，对应的分布频率越低，且最大的偏差在 0.2（20%）左右；对于确定性系数和相关系数，其分布基本均匀，而互信息和相对熵的分布均左偏。

7.2.3 水库调度规则分析

采用 PA-DDS 算法对原安康—丹江口梯级水库调度规则进行优化，得到 Pareto 前沿如图 7.5 中灰色的点所示。同时以模拟的各精度条件下无偏入库预报径流过程作为输入，在原调度规则基础上再次优化得到不同精度（以预报与实测值的确定性系数 R^2 衡量）下考虑预报水库调度规则的优化结果，也展示在图 7.5 中，分布在原调度规则优化结果的右上方。由于加入预报信息对应径向基函数增加了模型复杂度，为剔除这部分影响，将历史径流系列的均值作为预报信息，采用考虑预报调度规则进行多目标优化，并与原调度规则对应的 Pareto 前沿进行对比，从图 7.5 可以看出，两者几乎重合，说明参数个数增加对安康—丹江口梯级水库多目标优化调度结果影响较小。

从图 7.5 中可以看出，考虑预报信息后的调度规则相比原调度规则能够显著提高水库综合效益，且预报精度越高，效益增加越明显，当以发电量最大为调度目标时，最高增加超过 1 亿 kW·h 的年均发电量。同时，径流预报信息对不同调度目标的影响存在差异，如考虑预报信息后的发电效益比供水效益提升更明显，主要表现在所有调度规则所得供水量最大的解均集中在一点，而发电量最大的解分布得更加分散。造成这种情形的主要原因

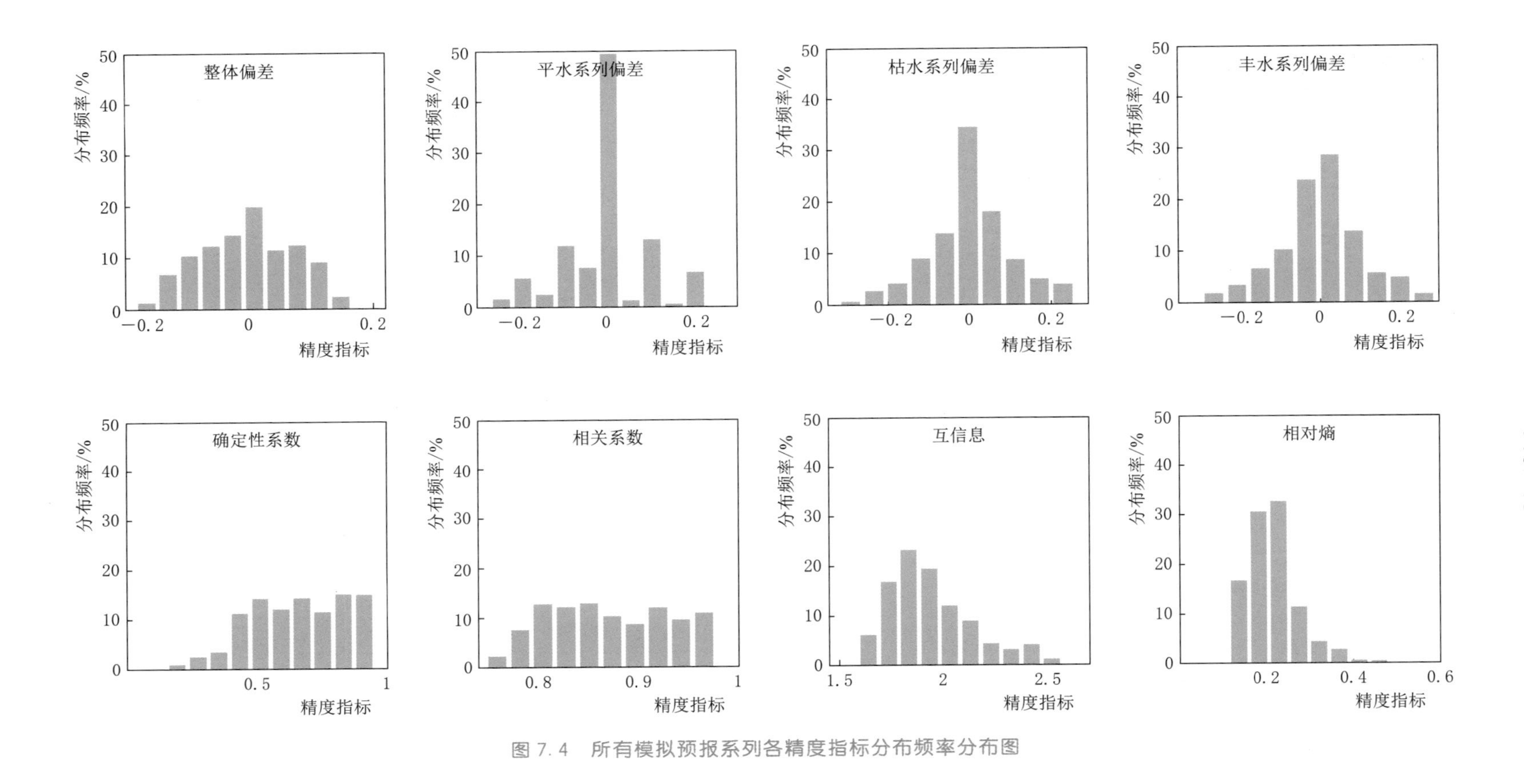

图7.4 所有模拟预报系列各精度指标分布频率分布图

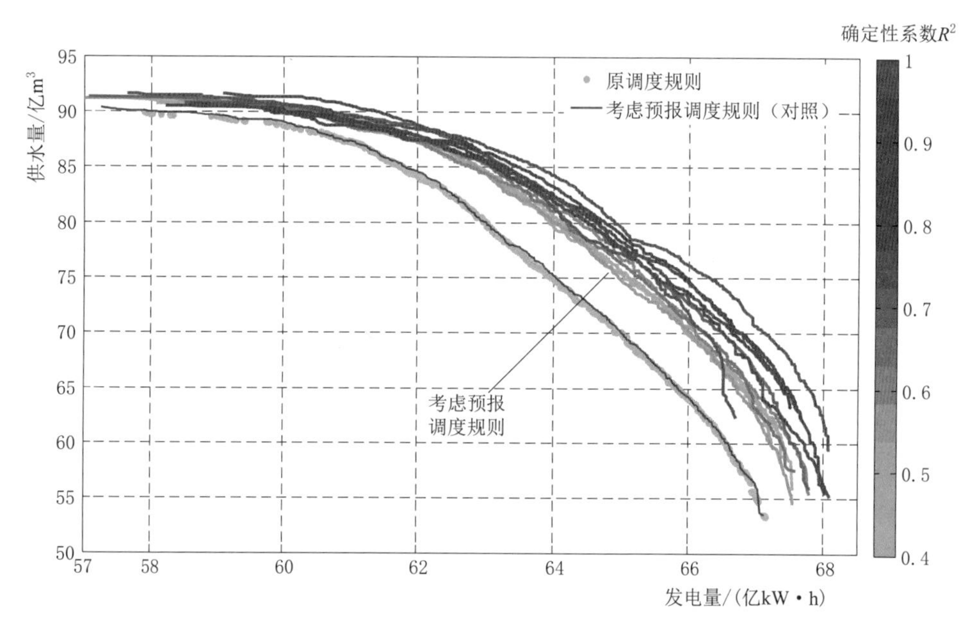

图 7.5 未考虑和考虑预报信息的安康—丹江口梯级水库调度规则多目标优化结果

有：安康—丹江口梯级水库的供水主要由丹江口水库调度图控制，即根据不同时段丹江口水库所处水位状态确定供水流量，而调度图未考虑预报径流信息，使得考虑预报信息的调度规则对供水量影响较小；用于供水的丹江口水库库容较大，水库调蓄作用降低了未来时段径流不确定性对调度的影响，导致供水目标对径流预报信息不敏感。

考虑到发电目标对预报信息较为敏感，为分析不同水库对预报信息的敏感性，以发电量最大为目标，对考虑预报信息的安康—丹江口梯级水库调度规则进行优化，并将各水库多年平均水位变化过程绘制于图 7.6 中。与原调度规则对应的结果及采用动态规划法优化的最优调度轨迹进行对比，可以看出，预报信息对安康水库水位的影响较大，尤其在汛期，考虑预报信息的调度规则相比原调度规则降低了水库水位，将更多的水下泄给下游具有更大装机容量的丹江口水库，充分利用水量增加发电效益；相比之下，丹江口水库的多年平均水位过程并没有因为预报信息的加入产生显著变化。需要说明的是，因为预报信息的加入，安康水库在汛期的水位变化过程与采用动态规划法计算得到的最优调度轨迹十分相似，说明本章提出的考虑预报信息的水库调度规则能够充分利用预报信息，使水库决策趋近于最优调度方式。

为进一步分析径流预报信息对水库放水决策的影响，将不同调度目标下的完美预报（预报值完全等于实测值）信息对应的径向基函数曲线展示于图 7.7 中，图中横坐标为预报流量，纵坐标为引入预报信息后在原调度规则基础上增加的下泄流量。图 7.7 中三种同一颜色的浅色线条分别代表构建考虑预报调度规则的各子 RBFs，而另外一条深色曲线代表这三种子 RBFs 叠加后构建的调度规则，即总 RBFs，图中虚线代表横纵坐标 1∶1 对角线。每一幅图对应的 W 为目标因子，$W=0.0$ 和 $W=1.0$ 分别代表完全以发电和供水为目标的调度规则，$W=0.2$ 代表优化得到的 Pareto 前沿中供水量处于下 20%分位数对应的调度规则。经统计，97%以上的安康入库流量系列低于 2500m^3/s，从图 7.7 也可以明显

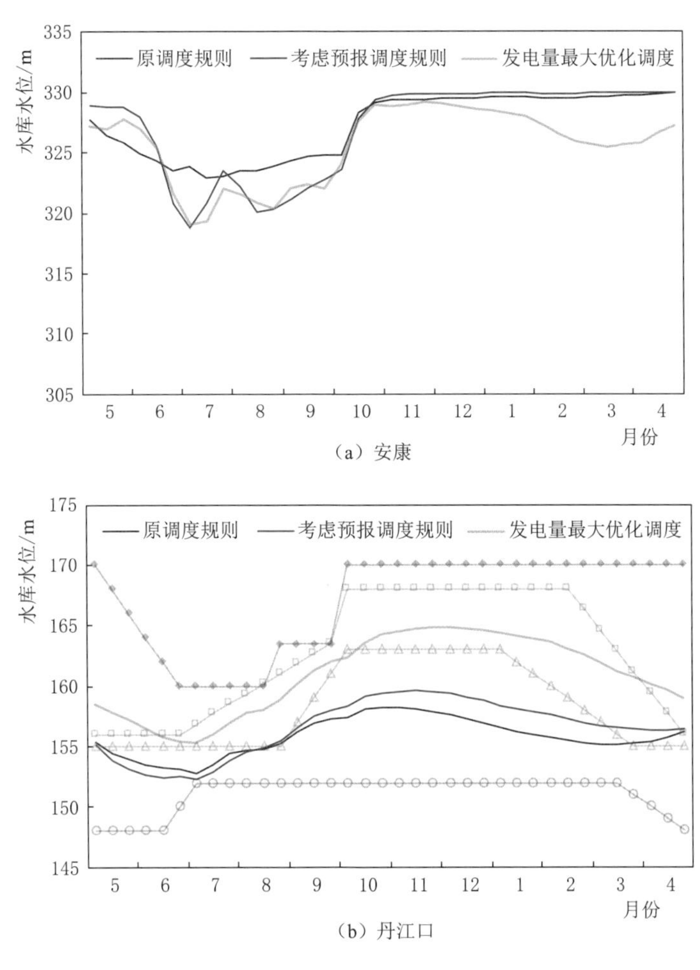

图 7.6 以发电量最大为调度目标不同调度规则下的安康—丹江口梯级水库水位变化过程

看出，大部分流量小于 2500m^3/s，表明实际调度中基本利用该范围内的 RBFs 曲线指导水库决策，而对 RBFs 曲线的分析也主要集中在这部分。

从图 7.7 (a) 中安康水库入库预报流量和安康增加下泄流量可以看出，两者呈现出明显的正相关，说明预报流量越多，下泄流量越大，总体上符合水库调度基本原则，而且 RBFs 曲线的斜率随着预报流量的增加而减小，说明随着预报流量的增多，增加单位预报流量引起的安康水库下泄流量增加逐渐变小。同时，随着目标因子 W 的增多，即水库调度逐渐从以发电为主转变为以供水为主时，曲线斜率逐渐变小，当 $W=1.0$ 时，RBFs 曲线基本与横坐标轴平行，说明主要以供水为调度目标时，预报流量的变化对安康水库决策的影响较小。从安康—丹江口区间预报流量和丹江口增加的泄流可以看出，不同调度目标下，丹江口因预报而增加的下泄流量均随着预报流量而增加，但与安康水库预报决策的不同之处在于，RBFs 曲线的斜率随着预报流量的增加而减小，说明丹江口水库决策对低流量预报值不敏感，但受高流量预报的影响较大，造成这一现象的原因在于丹江口水库库容远大于安康水库，当未来来水较少时，通过水库的调蓄作用能够很大程度上降低预报信息对决策的影响。

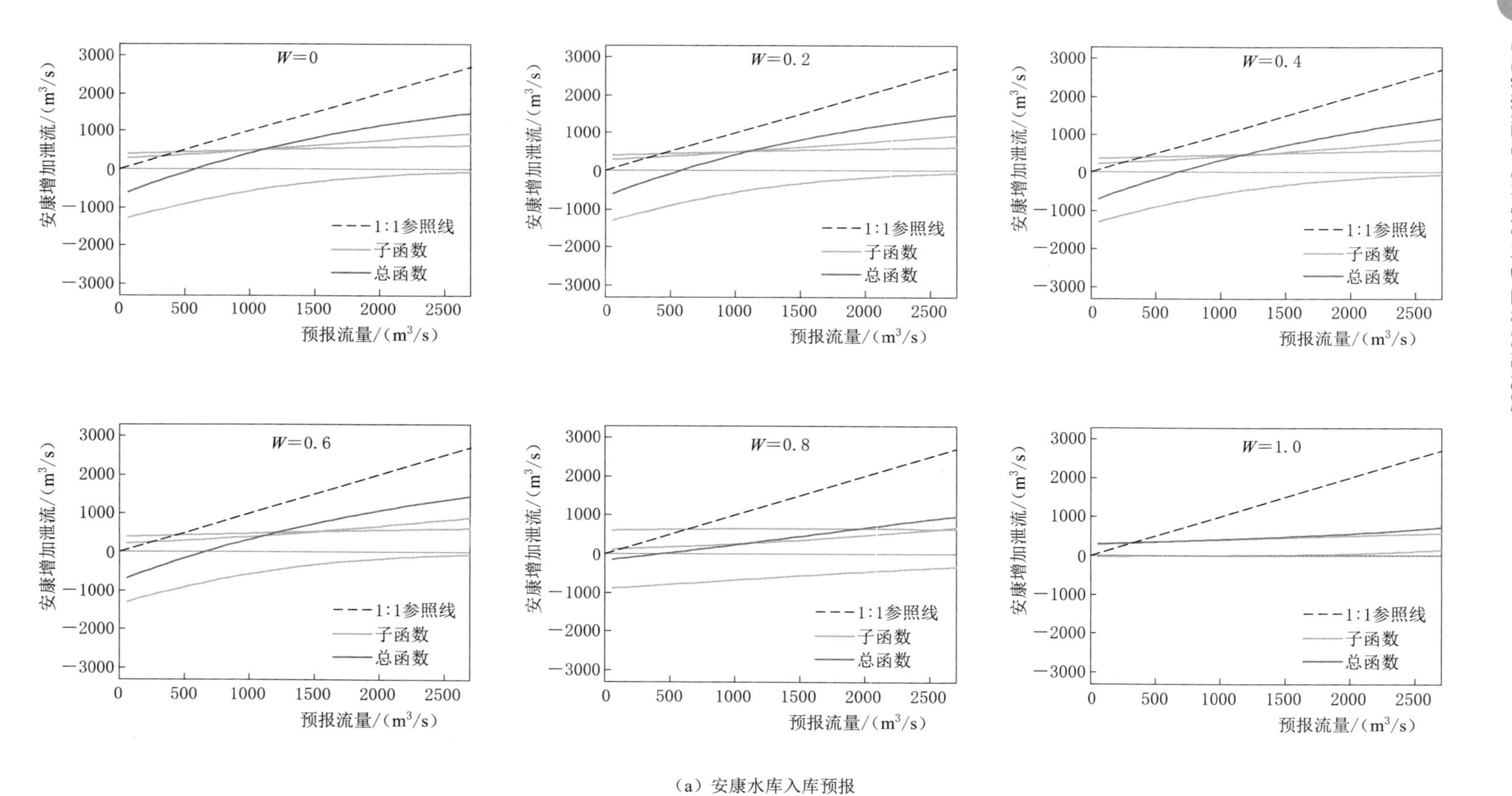

(a) 安康水库入库预报

图 7.7（一） 各调度目标下不同预报精度预报对应 RBFs 展示图

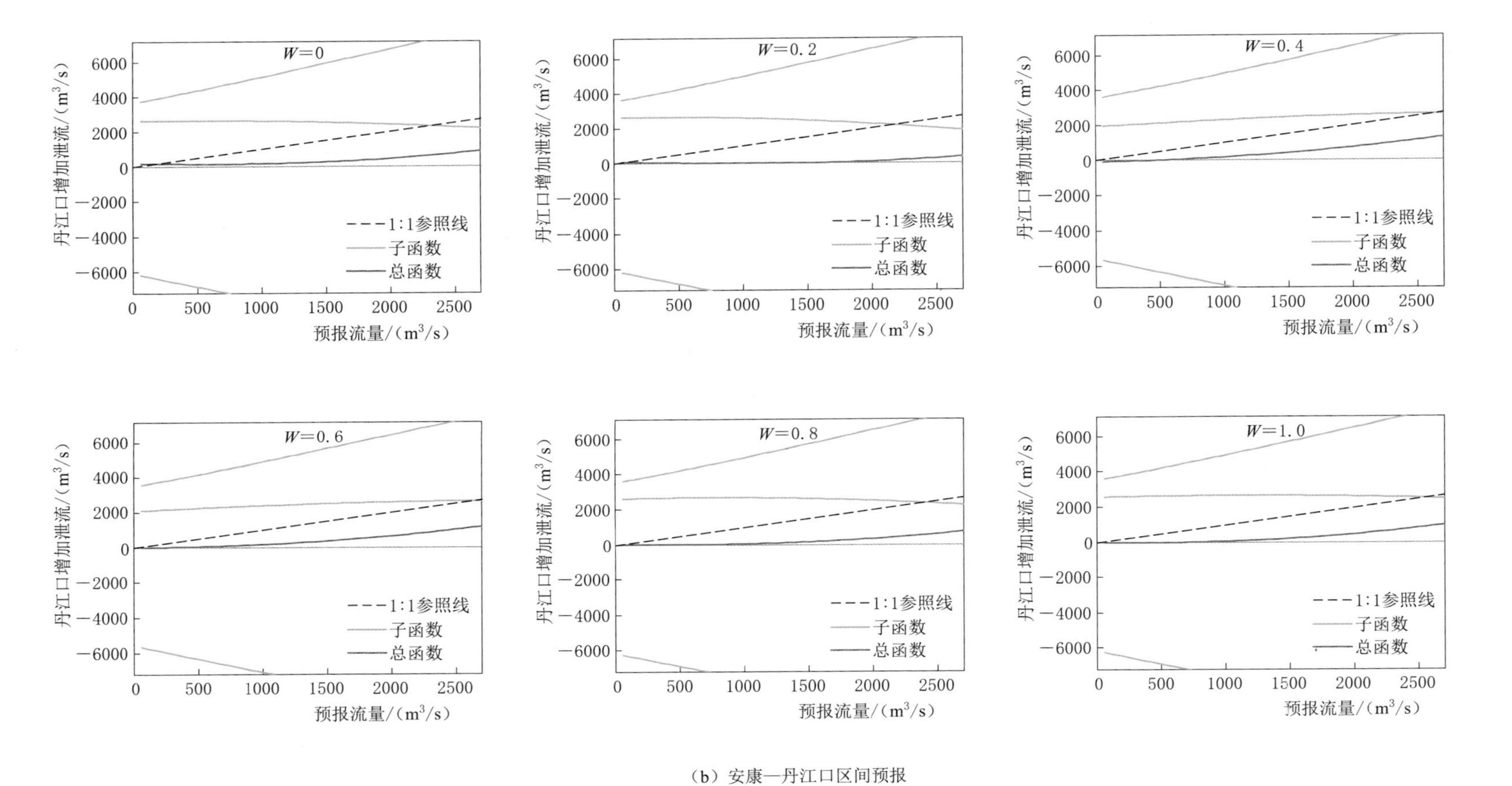

(b) 安康—丹江口区间预报

图 7.7（二） 各调度目标下不同预报精度预报对应 RBFs 展示图

从图 7.7 中还可以看出，大部分 RBFs 曲线与横坐标存在交点，这类交点可以认为是水库在考虑预报径流情形下决策的平衡点，即当预报径流高于和低于该点对应的预报径流值时，水库分别在原调度规则基础上增加和减少下泄流量。对于安康水库，当目标因子 $W \leqslant 0.6$ 时，其“平衡点”在 $600m^3/s$ 附近，当 $W=1.0$ 时，水库在任何预报情形下均增加下泄流量。经分析，发现 $W=1.0$ 时对应的原调度规则并不是原供水量最大对应的调度规则，因此会出现“平衡点”不存在的情形，这种情况也出现在丹江口水库 $W=0$ 对应的 RBFs。对于丹江口水库，基本不存在减少下泄流量的情形，说明以整个梯级为调度对象时，在未来来水减小的情形下更倾向于让安康水库减小下泄流量。

7.2.4 水库多目标预报价值

为综合衡量预报信息对安康—丹江口梯级水库多目标优化调度的影响，并更直观地反映出预报信息为水库带来的综合经济效益，本章在超体积（hypervolume）[32] 的基础上提出了多目标预报价值评价指标对预报径流信息带来的水库多目标调度结果进行评价。以两目标优化调度为例，多目标预报价值示意图如图 7.8 所示，通过对考虑和未考虑预报调度规则所得多目标优化结果进行对比，得到预报信息对多目标优化结果的改善程度。图 7.8 中横纵坐标分别代表两种越大越优的调度目标，在本章中，调度目标分别为发电和供水，其效益按照南水北调中线水源工程综合水价：0.13 元/m^3 和丹江口水电站上网电价：0.21 元/(kW·h) 进行核算；图 7.8 中考虑预报信息的调度规则与原调度规则所得 Pareto 前沿包含区域的平均宽度代表多目标预报价值，反映了预报信息为水库多目标优化调度带来的综合效益。

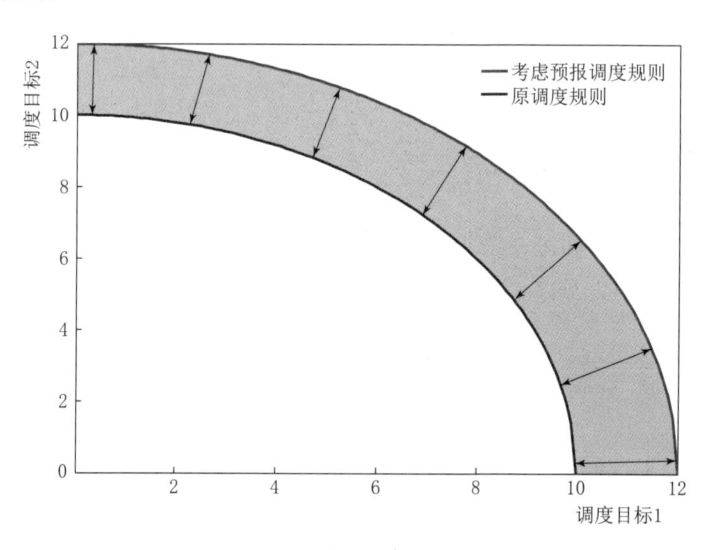

图 7.8 多目标预报价值示意图

对于某一特定水库调度系统，径流预报精度越高，对应的调度价值一般越大，采用无偏径流预报系列优化得到考虑预报信息的安康—丹江口梯级水库调度规则，计算梯级水库多目标预报价值并建立其与预报精度之间的相关关系，如图 7.9 所示。从图 7.9 可以看出，多目标预报价值与确定性系数、相关系数和互信息呈正相关，与相对熵呈负相关，说明相关关系基本合理。同时，确定性系数和相关系数所描述的预报精度与多目标预报价值的线性相关性最好，说明这它们相比其余两种指标更易于衡量预报信息所带来的水库调度综合效益。为衡量预报偏差对水库多目标预报价值的影响，将各种偏差下预报信息求得的安康—丹江口梯级水库多目标调度价值与不同预报精度指标直接的相关散点图展示于图7.10中，图中各标题含义与前面相同。

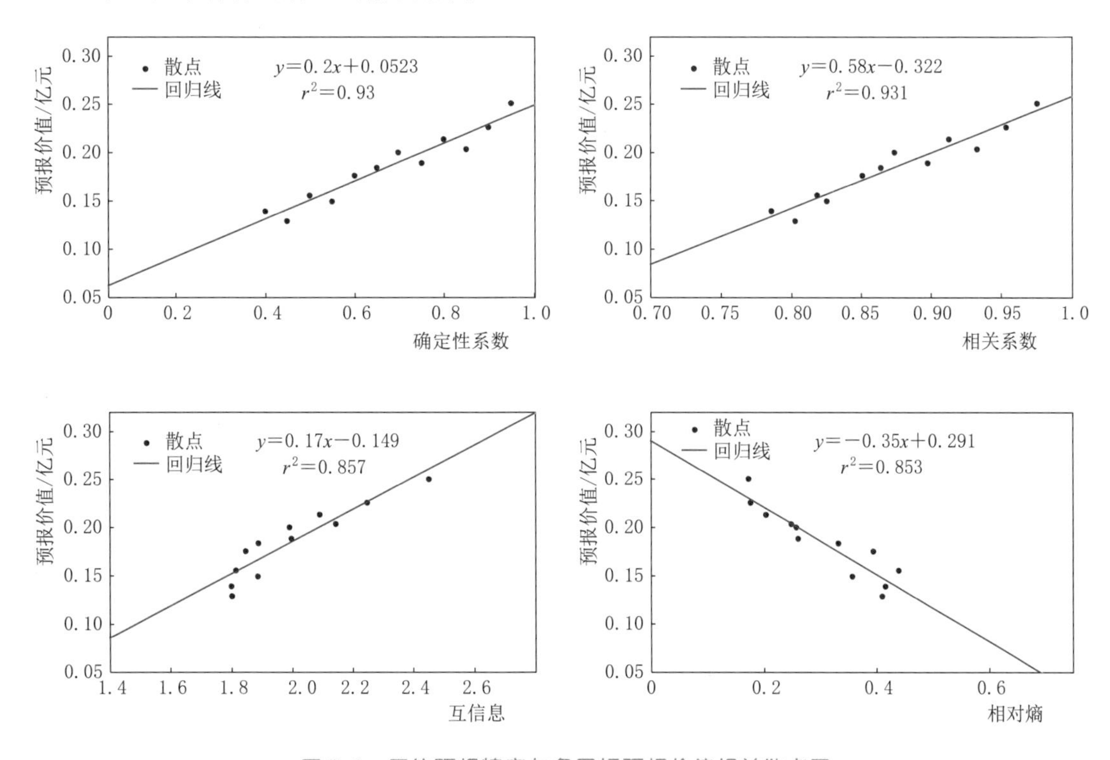

图7.9 无偏预报精度与多目标预报价值相关散点图

从图7.10可以看出，添加一定偏差后确定性系数、相关系数、互信息和相对熵这些预报精度指标与水库多目标预报价值仍保持着较好的相关性，与无偏预报情形下的规律一致：确定性系数和相关系数与多目标预报价值相关性最显著。但值得注意的是，在预报偏差虽然没有显著降低预报精度与预报价值间的相关性，但却在一定程度上改变了它们的相关关系。以图7.10（a）中确定性系数为例，对于$All_{m10\%}$和$All_{p10\%}$，即分别在无偏预报的基础上对所有系列分别减小和增大10%的流量的情形下，预报精度与预报价值间相关系数虽然较为相近，分别为0.856和0.835，但回归方程对应的系数却相差较大，斜率分别为0.23和0.13。这种回归关系的改变不利于建立预报精度与预报价值间的相关关系，因为在实际调度中预报偏差往往难以预测且不可控，会导致某一偏差情形下所得的相关关系无法用于衡量其他情形偏差下不同预报精度对应的多目标预报价值。

从图7.10还可以看出，“$All_{p10\%}$”、“$Wet_{m20\%}$”、“$Wet_{p10\%}$”和“$Wet_{p20\%}$”情形下的确定性系数，以及“$All_{p10\%}$”、“$Normal_{m20\%}$”、“$Wet_{m20\%}$”、“$Wet_{p10\%}$”和“$Wet_{p20\%}$”情形下的相对熵对应回归线斜率与其他回归线相比存在明显差异。相比之下，相关系数和互信息

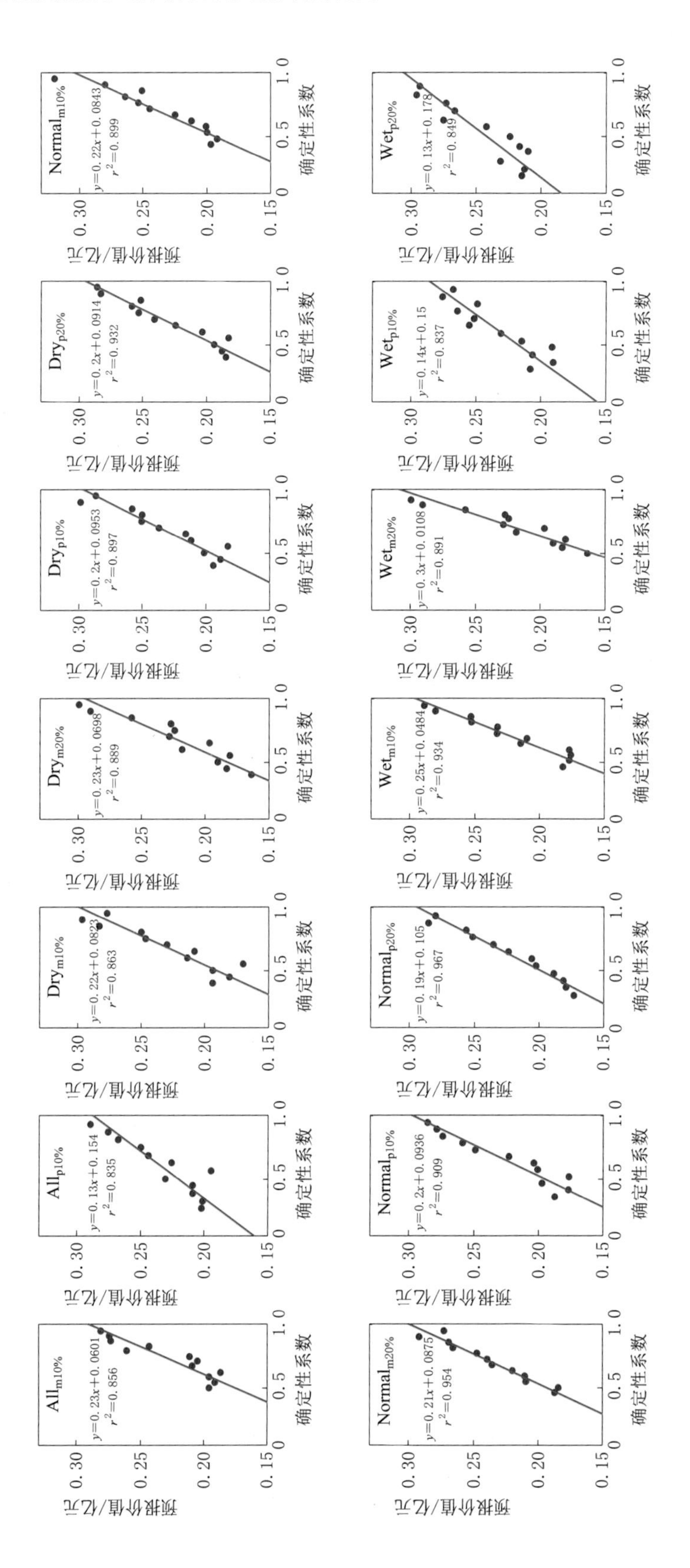

图 7.10（一） 有偏预报精度与多目标预报价值相关散点图

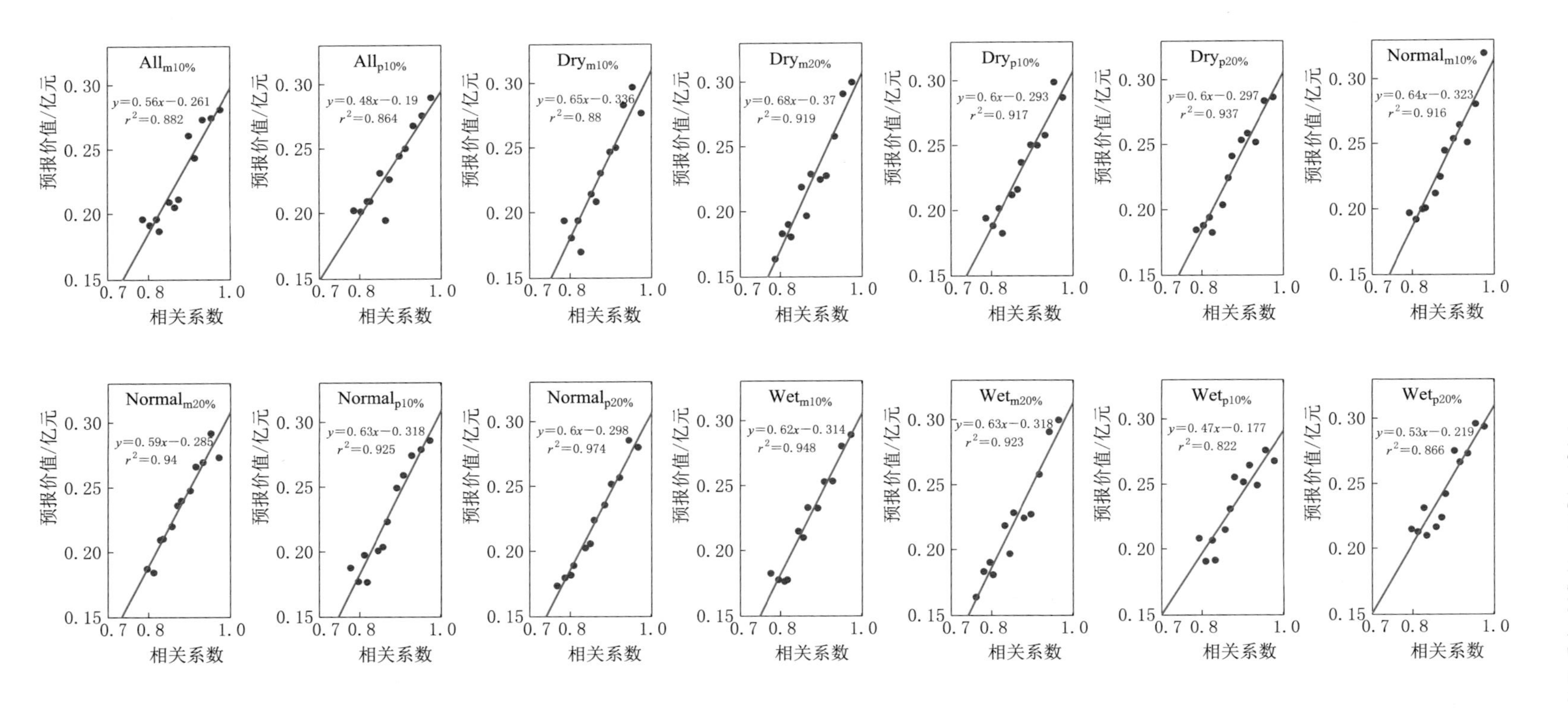

图 7.10（二） 有偏预报精度与多目标预报价值相关散点图

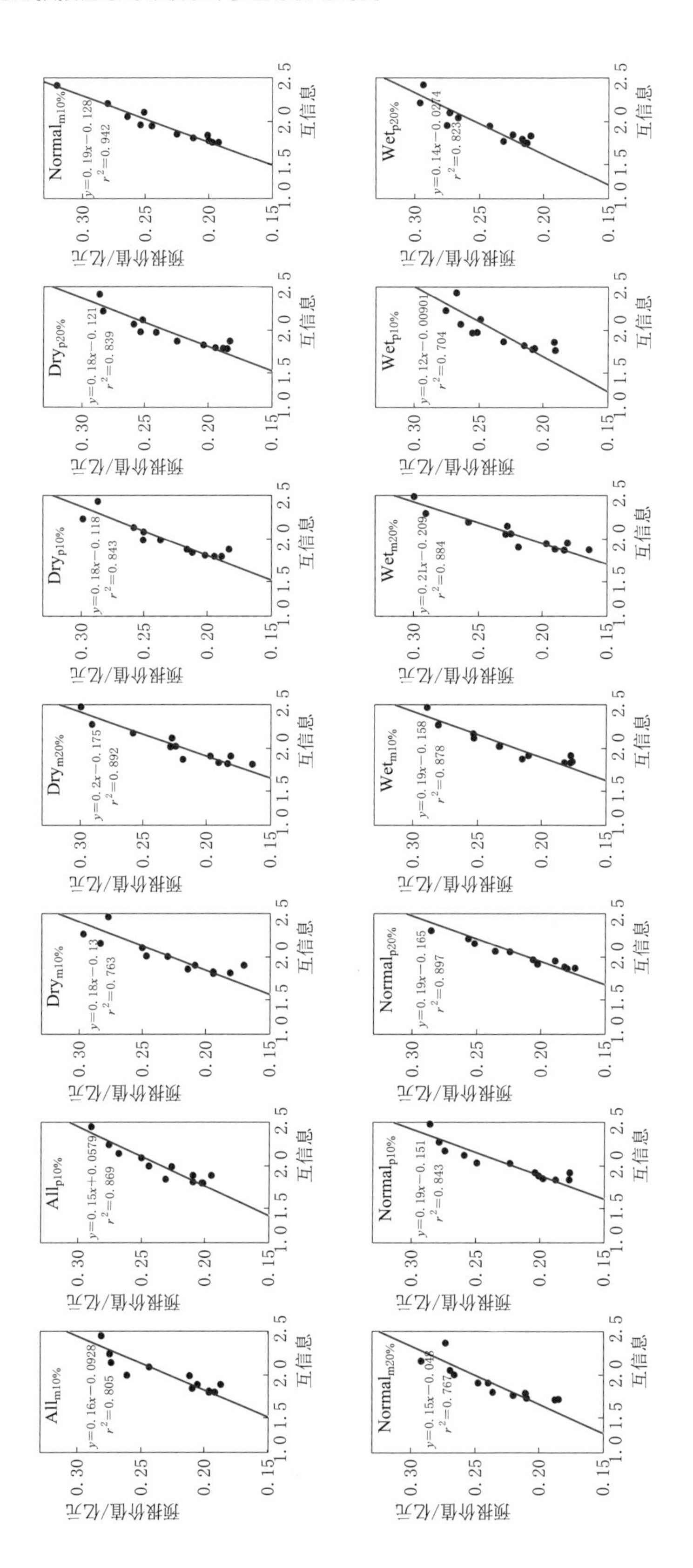

图 7.10（三） 有偏预报精度与多目标预报价值相关散点图

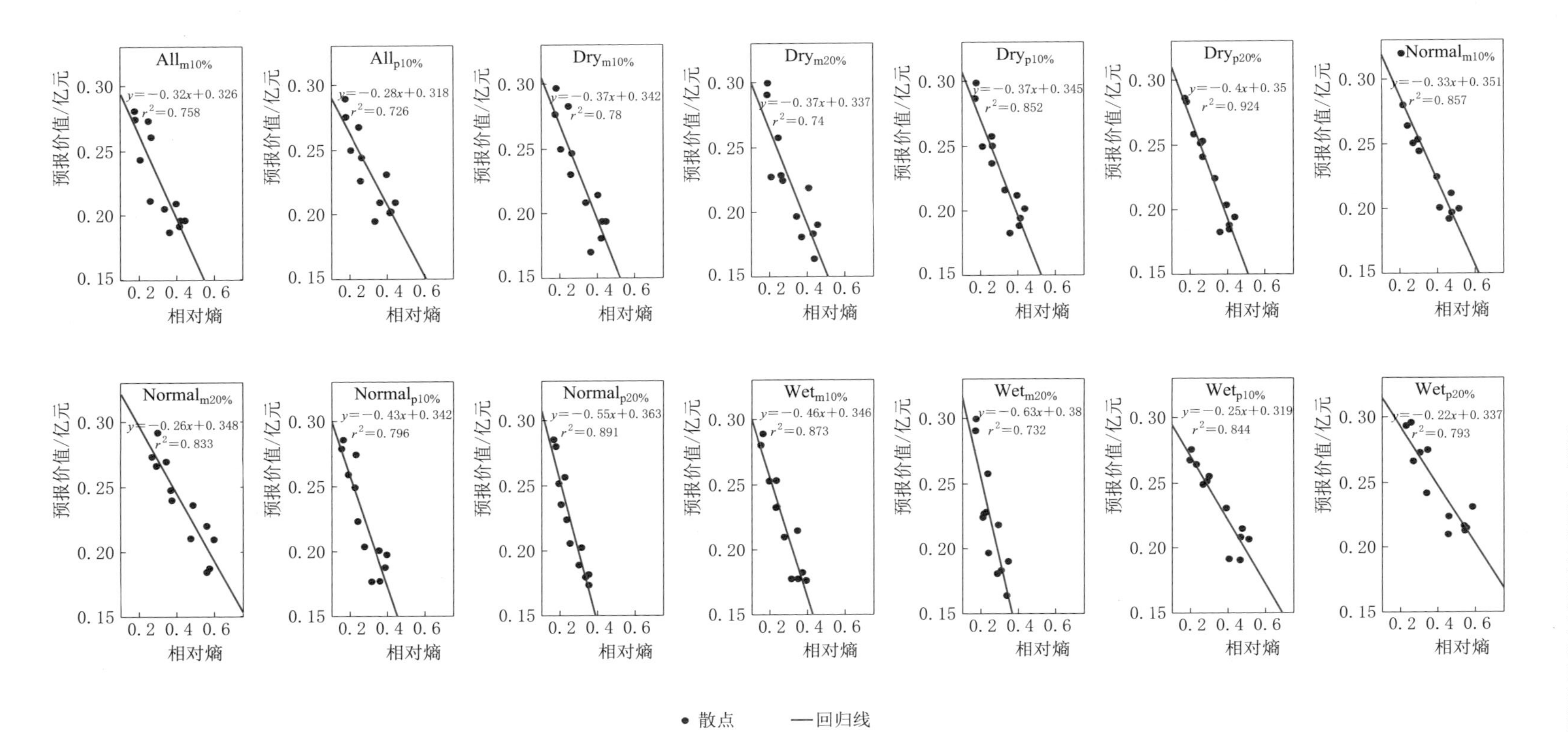

图 7.10（四） 有偏预报精度与多目标预报价值相关散点图

指标所对应的回归线受预报偏差的影响较小，但"$All_{p10\%}$"、"$Wet_{p10\%}$"和"$Wet_{p20\%}$"情形下的回归线仍然与其他情形具有一定的差异，说明上偏预报，尤其是丰水系列的上偏预报相比下偏预报更能改变预报精度与水库调度多目标预报价值之间的回归关系。总体上，相关系数和互信息所描述的预报精度与多目标预报价值的线性相关关系受预报偏差的影响最小，说明与它们相比其余两种指标更能稳定地衡量预报信息所带来的水库调度综合效益。

为综合分析各预报偏差下预报精度与多目标预报价值的相关关系，采用所有模拟预报系列（频率分布如图7.4所示）构建多目标预报价值与预报精度的相关关系，如图7.11所示。从图7.11中可以看出，将无偏和各种偏差预报情形下的数据进行综合后，确定性系数与多目标预报价值的线性相关性出现了大幅减弱，而相关系数依然能得到不错的线性回归结果。出现这种情况的原因在于，确定性系数作为一种预报精度衡量指标，将偏差信息也作为预报误差，但相关系数仅仅考虑预报和实测径流系列之间的相关关系，从而对偏差信息进行了校正。综合考虑预报精度与多目标预报价值的线性相关程度及受预报偏差的影响大小，最终将预报与实测系列的相关系数作为径流预报精度以衡量预报信息对水库多目标调度效益的影响。

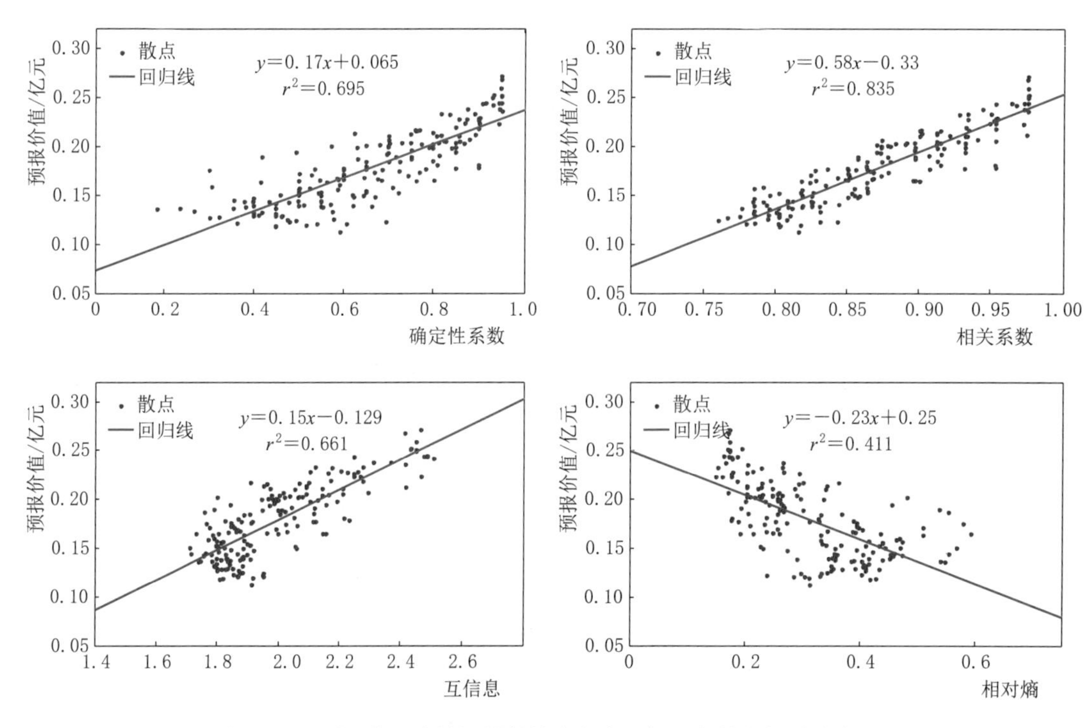

图7.11 （无偏+有偏）预报精度与多目标预报价值相关散点图

为进一步分析以上预报精度指标对水库预报价值的评价能力，采用多项式回归建立各精度指标与多目标预报价值的回归关系，并将回归结果（r^2）展示在表7.1中。此外，以发电量最大为调度目标，对原调度规则和考虑预报信息的调度规则进行优化，将两者所得发电效益的差值作为单目标优化的预报价值，同样采用多项式回归建立其与预报精度之间的联系，回归结果也展示在表 7.1 中。需要说明的是，为了减小回归中过拟合的风险，采用交叉验证[33] 的方式评估回归效果，即把样本集分成 K 份，分别使用其中的 $K-1$ 份作为训练集，剩下的 1 份作为交叉验证集，本算例中的 K 取为 3。

表 7.1　　预报精度与预报价值多项式回归结果（r^2）对比表

预报精度指标	无偏预报			无偏+有偏预报		
多项式阶数	1	2	3	1	2	3
确定性系数	0.930	0.931	0.933	0.695	0.749	0.749
相关系数	0.931	0.931	0.935	0.835	0.838	0.838
互信息	0.857	0.891	0.908	0.661	0.661	0.669
相对熵	0.853	0.869	0.869	0.411	0.542	0.542

从表 7.1 中可以看出，采用一阶多项式能够较好地反映出多目标预报价值与预报精度之间的回归关系，且水库多目标预报价值与相关系数之间的回归效果最好，仅考虑无偏预报和同时考虑有偏和无偏预报两种情况下，回归结果 r^2 分别能达到 0.9 和 0.8 以上。因此，可以结合图 7.11 中展示的相关系数与多目标预报价值的相关关系得出预报精度提升所带来的水库调度效益，从图中可以看出，当预报与实测系列相关系数达到 0.75 和 0.90 时，预报信息能够为安康—丹江口梯级水库多目标优化调度分别提供约 1000 万和 2000 万元经济价值。

7.3　本章小结

本章基于历史资料模拟生成满足一定精度条件的径流预报系列，采用径向基函数耦合预报信息，在有效利用原调度规则参数的基础上充分整合预报信息，建立了考虑预报信息的梯级水库多目标优化调度规则，分离出了预报信息对原有水库调度规则的改变模式，衡量了不同精度预报信息对水库综合效益的提升效果，挖掘了预报精度与水库调度预报价值之间的相互关系，定量评价了径流预报精度对梯级水库多目标调度综合效益的影响。主要结论如下：

（1）采用径向基函数建立的考虑预报信息的调度规则会降低径流预报偏差对调度结果的影响，相比原调度规则能够显著提高水库综合效益，且预报精度越高，效益增加越明显，当以发电量最大为调度目标时，能增加超过 1 亿 kW·h 的年均发电量。

（2）考虑预报信息的水库调度规则能够充分利用预报信息，使水库以趋近于最优调度决策的方式运行。同时，不同水库和调度目标对应的调度规则受径流预报的影响存在差异，对安康—丹江口梯级水库而言，考虑预报信息的调度规则相比原调度规则，发电效益比供水效益提升更显著，安康水库决策过程比丹江口水库变化更明显。

（3）采用相关系数衡量径流预报精度有助于建立起径流预报精度与水库多目标调度预报价值之间的相互联系，总体上，当预报与实测系列相关系数达到 0.75 和 0.90 时，预报信息能够为安康—丹江口梯级水库多目标优化调度分别提供约 1000 万元和 2000 万元经济价值。

（4）多目标优化算法可生成一系列方案，提供管理者灵活决策。未来情景下，若以经济效益最大为提取准则，相较年均供水量最大方案与年均发电量最大方案，其经济效益可分别年增加约 0.84 亿元和 1.35 亿元，尤其是非汛期经济效益提升潜力更大。

参 考 文 献

[1] 杨光，郭生练，李立平，等. 考虑未来径流变化的丹江口水库多目标调度规则研究 [J]. 水力发电学报，2015，34（12）：54-63.

[2] 杨光，郭生练，刘攀，等. PA-DDS 算法在水库多目标优化调度中的应用 [J]. 水利学报，2016，47（6）：789-797.

[3] 王兴菊，赵然杭. 水库多目标优化调度理论及其应用研究 [J]. 水利学报，2003，3：104-109.

[4] BECKERS J V，WEERTS A H. ENSO-conditioned weather resampling method for seasonal ensemble streamflow prediction [J]. Hydrology and Earth System Sciences，2016，20（8）：3277.

[5] ISMAIL M F，BOGACKI W. Scenario approach for the seasonal forecast of Kharif flows from the Upper Indus basin [J]. Hydrology and Earth System Sciences，2018，22（2）：1391.

[6] SENE K，TYCH W，BEVEN K. Exploratory studies into seasonal flow forecasting potential for large lakes [J]. Hydrology and Earth System Sciences，2018，22（1）：127.

[7] 姜树海，范子武. 水库防洪预报调度的风险分析 [J]. 水利学报，2004，（11）：102-107.

[8] 唐国磊，周惠成，李宁宁，等. 一种考虑径流预报及其不确定性的水库优化调度模型 [J]. 水利学报，2011，42（6）：641-647.

[9] 徐炜，彭勇，张弛，等. 基于降雨预报信息的梯级水电站不确定优化调度研究Ⅱ：耦合短，中期预报信息 [J]. 水利学报，2013，44（10）：1189-1196.

[10] FABER B A，STEDINGER J. Reservoir optimization using sampling SDP with ensemble streamflow prediction（ESP）forecasts [J]. Journal of Hydrology，2001，249（1-4）：113-133.

[11] SANKARASUBRAMANIAN A，LALL U，Souza Filho F A，et al. Improved water allocation utilizing probabilistic climate forecasts：Short-term water contracts in a risk management framework [J]. Water Resources Research，2009，45（11）.

[12] AJAMI N K，HORNBERGER G M，SUNDING D L. Sustainable water resource management under hydrological uncertainty [J]. Water Resources Research，2008，44（11）.

[13] FICCHì A，RASO L，DORCHIES D，et al. Optimal operation of the multi-reservoir system in the seine river basin using deterministic and ensemble forecasts [J]. Journal of Water Resources Planning and Management，2015，142（1）：05015005.

[14] 油芳芳，彭勇，徐炜，等. ECMWF 降雨集合预报在水库优化调度中的应用研究 [J]. 水力发电学报，2015，34（5）：27-34.

[15] 张铭，王丽萍，安有贵，等. 水库调度图优化研究 [J]. 武汉大学学报工学版，2004，37（3）：5-7.

[16] 周晓阳，马寅午，张勇传. 梯级水库的参数辨识型优化调度方法（Ⅱ）——最优调度函数的确定 [J]. 水利学报，1999，9（9）：10-19.

[17] GIULIANI M，MASON E，CASTELLETTI A，et al. Universal approximators for direct policy search in multi-purpose water reservoir management：A comparative analysis [J]. IFAC Proceedings Volumes，2014，47（3）：6234-6239.

[18] DEMARGNE J，MULLUSKY M，WERNER K，et al. Application of forecast verification science to operational river forecasting in the US National Weather Service [J]. Bulletin of the Amer-

ican Meteorological Society, 2009, 90 (6): 779 - 784.

[19] LETTENMAIER D P. Synthetic streamflow forecast generation [J]. Journal of Hydraulic Engineering, 1984, 110 (3): 277 - 289.

[20] GRYGIER J C, STEDINGER J R, YIN H B. A generalized maintenance of variance extension procedure for extending correlated series [J]. Water Resources Research, 1989, 25 (3): 345 - 349.

[21] YEH W W, BECKER L, ZETTLEMOYER R. Worth of inflow forecast for reservoir operation [J]. Journal of Water Resources Planning and Management, 1982, 108 (3): 257 - 269.

[22] 闫宝伟，郭生练．考虑洪水过程预报误差的水库防洪调度风险分析 [J]．水利学报，2012，43 (7)：803 - 807.

[23] 李芳芳，曹广晶，王光谦．考虑径流不确定性的水库优化调度响应曲面方法 [J]．水力发电学报，2012，31 (6)：49 - 54.

[24] RANI D, MOREIRA M M. Simulation-optimization modeling: a survey and potential application in reservoir systems operation [J]. Water Resources Management, 2010, 24 (6): 1107 - 1138.

[25] TOLSON B A, SHOEMAKER C A. Dynamically dimensioned search algorithm for computationally efficient watershed model calibration [J]. Water Resources Research, 2007, 43 (1).

[26] 杨光，郭生练，刘攀，等．PA - DDS 算法在水库多目标优化调度中的应用 [J]．水利学报，2016，47 (6)：789 - 797.

[27] MAURER E P, LETTENMAIER D P. Potential effects of long - lead hydrologic predictability on Missouri River main - stem reservoirs [J]. Journal of Climate, 2004, 17 (1): 174 - 186.

[28] FRASER A M, SWINNEY H L. Independent coordinates for strange attractors from mutual information [J]. Physical review A, 1986, 33 (2): 1134.

[29] VEDRAL V. The role of relative entropy in quantum information theory [J]. Reviews of Modern Physics, 2002, 74 (1): 197.

[30] 范雪莉，冯海泓，原猛．基于互信息的主成分分析特征选择算法 [J]．控制与决策，2013，(6)：915 - 919.

[31] 孙棣华，刘卫宁，宋伟．基于相对熵的决策属性均衡性评价模型 [J]．系统工程理论与实践，2001，(6)：83 - 85，95.

[32] KNOWLES J, CORNE D. Properties of an adaptive archiving algorithm for storing nondominated vectors [J]. IEEE Transactions on Evolutionary Computation, 2003, 7 (2): 100 - 116.

[33] BAUER E, KOHAVI R. An empirical comparison of voting classification algorithms: Bagging, boosting, and variants [J]. Machine Learning, 1999, 36 (1 - 2): 105 - 139.

汉江中下游河道水质模拟和水华控制

为抢抓汉江生态经济带建设这一重大战略机遇，湖北省发展改革委出台了《汉江生态经济带发展规划湖北省实施方案（2019—2021年）》（简称《方案》），对汉江重要水功能区的水质进行了明确要求[1]：

（1）打造“美丽汉江”，重要水功能区水质达标率达到100%。生态红线，不可逾越的“高压线”。建设秦巴山（湖北）生物多样性生态功能区及大洪山、桐柏山水土保持生态功能区，实施“生态红线”管理。建设沿江绿化带，推进沿汉江干流生态林带、国家储备林建设。同时，加强中小流域治理，推进神定河、泗河、滚河、竹皮河、天门河、汉北河、府澴河、通顺河等中小河流治理工程及丹江口库区水土保持重点工程建设。取缔汉江非法码头、非法采砂，建设沿江砂石集并中心。严格防治工业点源污染，集中治理工业聚集区水污染，2020年前依法完成沿江1km范围内化工企业“关改搬转”。到2020年养殖场治污设施配套率达到95%，畜禽养殖废弃物资源化利用率达75%。

（2）建设“活力汉江”，探索建立生态保护补偿机制。根据《方案》，湖北省将全面落实自然资源资产有偿使用制度。编制实施重点生态功能区产业准入负面清单。建立环保“黑名单”制度。建立统一的实时在线环境监控系统。建立资源环境承载能力监测预警机制。推进武汉创建长江经济带绿色发展示范区，推进十堰建设国家生态文明建设示范市和国家“绿水青山就是金山银山”实践创新基地。推进汉江流域生态补偿试点。探索多元化投融资模式，建立湖北汉江生态经济带融资项目库，研究建立汉江生态经济带发展基金，设立省预算内固定资产投资汉江生态经济带示范建设专项。

8.1 汉江中下游河道水质模拟

8.1.1 汉江中下游污染物调查与分析

8.1.1.1 沿江主要入河排污口统计

汉江中下游河段共有55处主要入河排污口，2010年入河排放量总计46730.66万t，其中NH_3-N含量为8961.26万t，TP含量为852.94万t。汉江中下游2010年主要入河排污口情况统计见表8.1。

表8.1 汉江中下游2010年主要入河排污口情况统计表

排污口名称	入河排污量			至丹江口距离/km
	废污水量/(万t/a)	NH_3-N/(t/a)	TP/(t/a)	
老河口市污水处理厂排污口	1934.0	154.72	19.34	33.78
曾家河闸排污口	898.8	314.58	44.94	61.08
陈家沟闸排污口	104.1	111.28	13.91	61.08
牛首七组排污闸排污口	15.6	6.24	0.78	88.48
牛首四组排污闸排污口	13.2	5.28	0.66	88.48
竹条孙庄闸排污口	12.5	3.88	0.625	93.58
襄阳市政隆中排污口	28.24	33.88	4.2354	102.08
琵琶山泵站排污口	8.5	3.40	0.425	105.44
陵园泵站排污口	6.03	4.82	0.603	106.78
闸口排污口	8.5	2.98	0.425	108.66
张湾镇联山排污口	50.0	9.50	0.09	112.33
鱼梁州污水排污口	7303.0	5842.40	730.3	112.33
东津镇东津村四组涵闸排污口	28.0	16.00	2	114.48
东津镇酒厂涵闸排污口	31.0	18.00	2.25	114.48
襄阳汉水清漪水务有限公司排污口	2038.0	163.04	20.38	119.48
岘山泵站排污口	8.6	2.58	0.43	119.48
王集镇街道社区排污口	18.5	7.40	0.925	141.28
南营办事处街道社区排污口	12.5	5.00	0.625	162.08
宜城市城区排污口	600.0	48.00	6	182.88
郑集镇街道社区排污口	30.0	11.10	1.5	200.48
流水镇街道社区排污口	12.0	4.80	0.6	207.31
磷矿镇生活排污口	28.0	6.16	0.00532	242.31
荆门市荆钟化工有限责任公司排污口	9.7	2.13	0.001843	250.03
柴湖镇生活排污口	20.0	4.40	0.0038	298.73

续表

排污口名称	入河排污量			至丹江口距离/km
	废污水量/(万 t/a)	NH_3-N/(t/a)	TP/(t/a)	
沈集镇生活污水排污口	11.361	2.50	0.0021586	311.63
沙洋云龙社区居民委员会生活排污口	36.5	8.03	0.007	341.63
江汉油田盐化工总厂排污口	58.0	12.76	0.011	388.73
汉江泽口二码头排污口	72.53	15.96	0.014	396.22
岳口福临化工有限公司排污口	10.0	2.20	0.002	425.62
彭市镇排污口	10.0	2.20	0.002	447.62
麻洋镇排污口	10.0	2.20	0.002	458.52
多祥镇排污口	10.0	2.20	0.002	469.82
湖北仙鄰化工股份责任公司排污口	83.47	18.36	0.016	474.32
湖北仙隆化工股份有限公司排污口	21.84	4.80	0.004	481.18
团结闸排污口	4477.54	985.06	0.851	482.35
沉湖泵站闸排污口	695.3765	152.98	0.132	492.15
杨林低闸排污口	103.74	22.82	0.020	507.45
庙头低闸排污口	274.0	60.28	0.052	529.95
邱子闸排污口	659.21	145.03	0.125	539.05
桐木闸排污口	125.0	27.50	0.024	540.35
三益闸排污口	310.68	68.35	0.059	548.21
汉川闸排污口	490.37	107.88	0.093	549.35
徐家口低闸排污口	207.45	45.64	0.039	550.79
曹家口低闸排污口	618.48	136.07	0.118	562.29
电厂一期排水口排污口	13577.76			568.57
电厂二期排水口排污口	10026.44			569.57
大桥泵站杨柳堤排污口	116.47	25.62	0.022	590.17
大桥泵站排污口	379.73	83.54	0.072	591.66
国棉低涵闸排污口	55.728	12.26	0.011	614.16
宗关排水泵站排污口	40.9	9.00	0.008	614.16
曹家碑泵站排污口	173.87	38.25	0.033	614.16
四小闸泵站排污口	746.14	164.15	0.142	616.81
沈家庙排水泵站排污口	46.9	10.32	0.009	619.48
武汉一棉集团有限公司排污口	49.9	10.98	0.009	619.48
国棉三厂排水泵站排污口	12.5	2.75	0.002	619.48

8.1.1.2 营养物因子分析

水体中的营养物质过量增加，致使水体达到富营养化状态，这是发生水华现象的最重要的物质基础[2-3]，故从水质指标中选取 NH_3-N 和 TP 指标作为营养物特征指标。通过统计分析得出 2001—2012 年多年平均与枯水期（1—3 月）汉江中下游干流皇庄、泽口、岳口、仙桃水质监测断面营养物的历年变化（图 8.1 和图 8.2）及沿程变化（图 8.3 和图 8.4）。

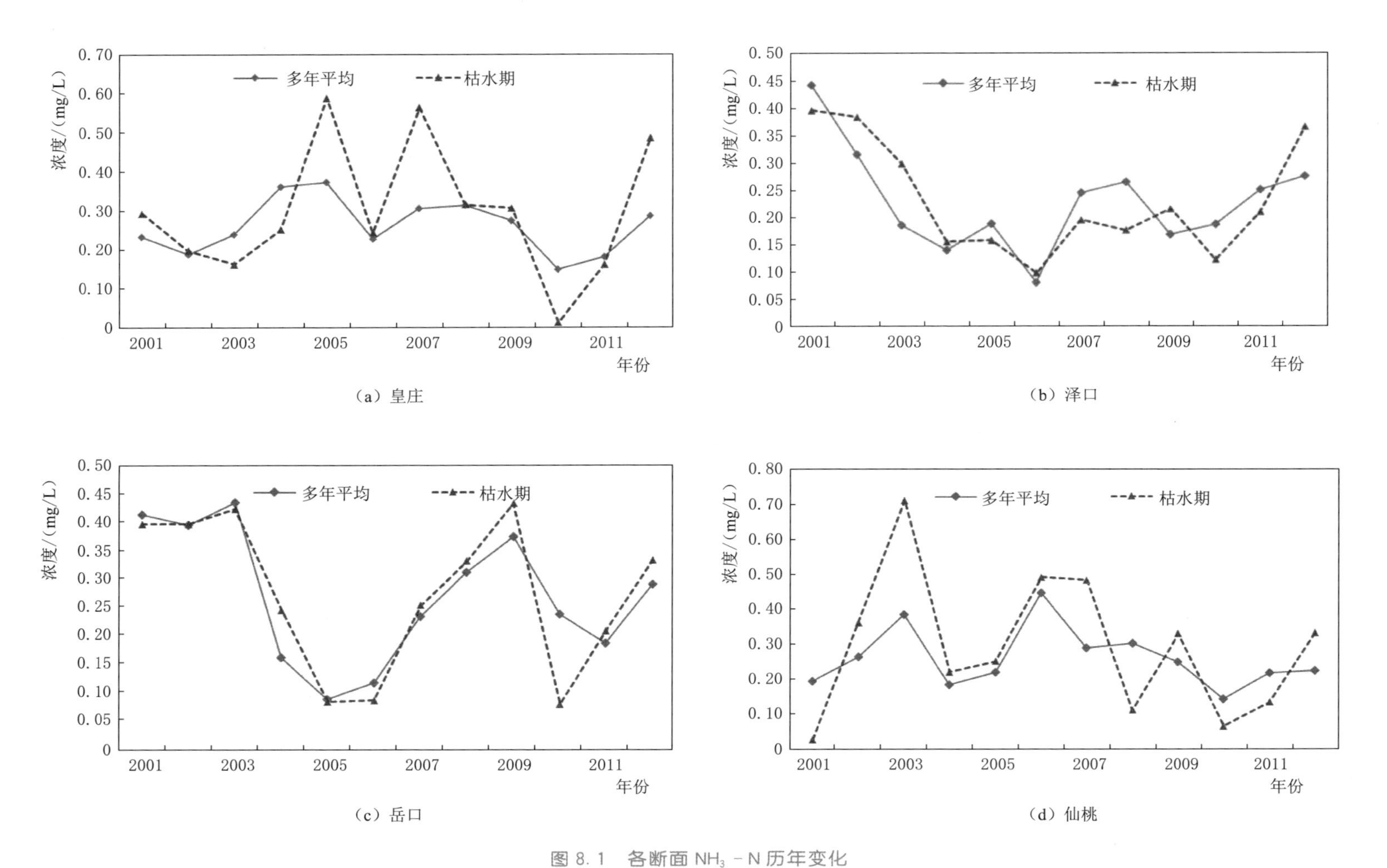

图 8.1 各断面 NH_3 - N 历年变化

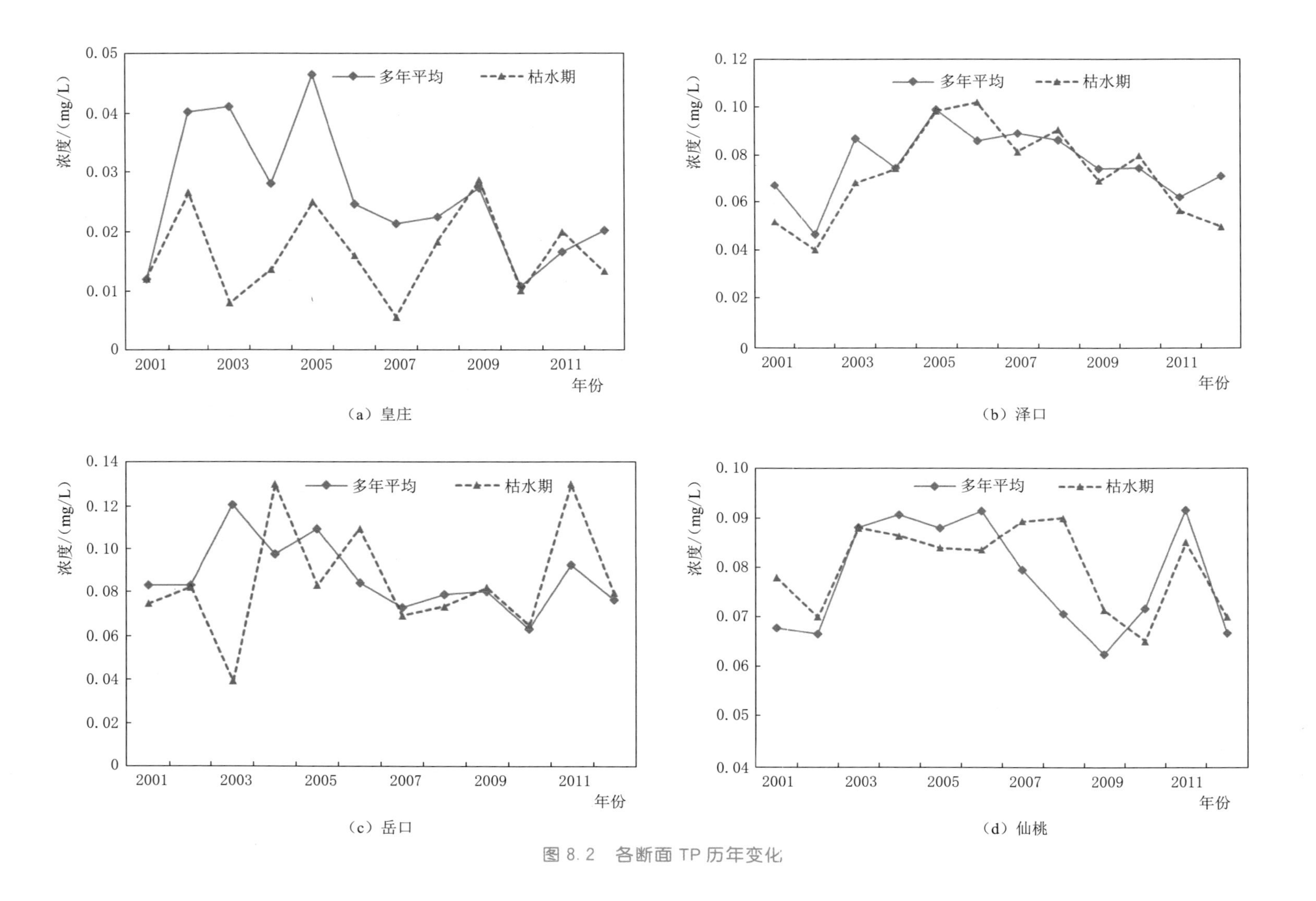

图 8.2 各断面 TP 历年变化

（1）各断面历年营养物变化。各断面 NH_3-N 历年变化如图 8.1 所示。由图可知：在时间上无论是多年平均还是枯水期（1—3 月），皇庄断面枯水期 NH_3-N 浓度波动变化，无明显趋势；泽口断面 NH_3-N 浓度先减小后增加，在 2006 年浓度最小；岳口断面 NH_3-N 浓度先减小后增加再减少最后增加，多年平均还是枯水期的变化趋势完全吻合。总体来看，各个断面均为枯水期的 NH_3-N 浓度较高，变幅较大。

各断面 TP 历年变化如图 8.2 所示。由图可知：皇庄及泽口断面多年平均 TP 浓度呈现先增加后减小的趋势；岳口断面基本波动变化，无明显趋势；仙桃断面 TP 浓度有减小趋势。四个断面枯水期 TP 浓度在多年平均 TP 浓度上下波动。总体来看，皇庄、泽口、岳口、仙桃断面不同时期 TP 浓度变化平缓。

（2）营养物沿程变化。NH_3-N 与 TP 平均浓度沿程变化如图 8.3 和图 8.4 所示。从图中可以看出 NH_3-N 多年平均浓度在唐白河汇入后出现峰值，特别是枯水期浓度增加明显，另在宗关处又有小幅上升，特别是枯水期。

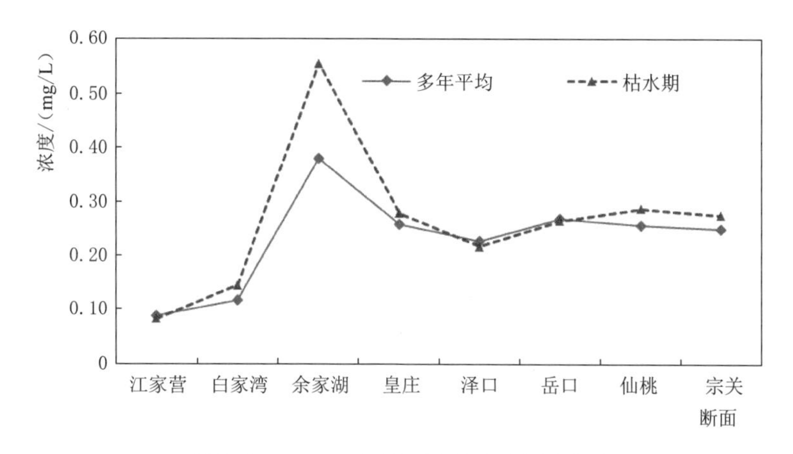

图 8.3　NH_3-N 多年平均浓度沿程变化图

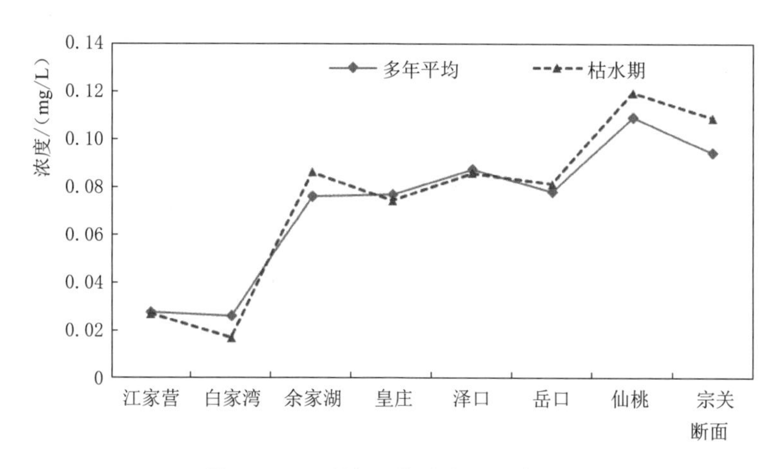

图 8.4　TP 多年平均浓度沿程变化图

TP 各个时期的浓度在江家营、白家湾、余家湖及皇庄断面处变化不大，之后就有所不同，TP 浓度在泽口、岳口、仙桃及宗关处枯水期最大，其次为平水期，丰水期最小。

多年平均浓度在唐白河汇入后出现明显上涨，然后沿程小幅波动，在宗关处又出现明显上升。

综上所述，江家营、白家湾处 NH_3-N 和 TP 浓度均较低，在唐白河汇入后上述污染物浓度均有明显的增加，之后又慢慢的降低，趋于平稳，在仙桃以下又有增加趋势。

8.1.2 汉江中下游河道水质模型

8.1.2.1 一维水质模型数学模型

基于水资源优化配置模型得到的河道内生态流量和工业、生活部门的污水排放量情况，采用一维水质模型对河道内的水质进行分析和约束。一维水质模型是目前应用最广的水质模型，它由三维模型简化而来，而通式为（$D=D_x$）：

$$\frac{\partial C}{\partial t}=-\frac{\partial}{\partial x}(u_x C)-\frac{\partial}{\partial x}\left(D\frac{\partial C}{\partial x}\right)+S \tag{8.1}$$

式中：$S=K_1C$，K_1 为污染物降解的速率常数（$1/d$ 或 $1/h$）。

一维稳态水质模型。所谓稳态，是指在均匀河段上定常排污条件下，河段横截面、流速、流量、污染物的输入量和弥散系数在不断随时间变化，如污染物按一级化学反应，不考虑源和汇，则

$$\frac{\partial}{\partial x}(u_x C)=u_x\frac{\mathrm{d}C}{\mathrm{d}x} \tag{8.2}$$

$$\frac{\partial}{\partial x}\left(D\frac{\partial C}{\partial x}\right)=D\frac{\mathrm{d}^2C}{\mathrm{d}x^2} \tag{8.3}$$

令 $\frac{\partial C}{\partial x}=0$，则

$$\frac{u}{D}\frac{\mathrm{d}C}{\mathrm{d}x}-\frac{\mathrm{d}^2C}{\mathrm{d}x^2}-\frac{K_1}{D}C=0 \tag{8.4}$$

在边界条件：$x=0$ 时，$C=C_0$，该常微分方程下游距离 x 处的浓度其解为

$$C_x=C_0\exp\left[\frac{u}{2D}(1-m)x\right] \tag{8.5}$$

$$m=\sqrt{1+\frac{4K_1D}{u^2}} \tag{8.6}$$

忽略弥散的一维稳态水质模型，在前面的条件下，如果河流较小，流速不大，弥散系数很小。近似地认为 $D=0$，这时水质模型的微分方程变为

$$D\frac{\mathrm{d}C}{\mathrm{d}x}=-K_1C \tag{8.7}$$

在初始条件 $x=0$，$C=C_0$ 的情况下其解为

$$C_x=C_0\exp(-K_1x/u) \tag{8.8}$$

式中：$x/u=t$，故上式变为

$$C_x=C_0\exp(-K_1t) \tag{8.9}$$

只要知道初始断面河水中污染物的初始浓度 C_0 和 K_1 值以及河道内流速，即可利用上式求下游某一点的浓度。此模型常用于预测易降解有机物在河流中的浓度变化。

（1）初始条件。根据初始时刻干流各水文站和水位站的实测资料，以及水质断面的水质监测资料，通过插值内插出干流所有断面的初始流量 Q、水位 Z 和水质指标[4]，确定计算初始条件：

$$Z(x,t)\big|_{t=0}=Z(x,0),Q(x,t)\big|_{t=0}=Q(x,0),C(x,t)\big|_{t=0}=C(x,0) \quad (8.10)$$

其中 $C=(C_1, C_2, C_3)$

（2）边界条件。边界条件包括干流的上游边界流量 Q、下游水位 Z、水质指标等。

上游边界条件： $$Q=Q(0,t), C_i=C_i(0,t) \quad (x=0) \quad (8.11)$$

下游边界条件： $$Z=Z(L,t), \frac{\partial C_i}{\partial x}=0 \quad (x=L) \quad (8.12)$$

（3）河道地形条件。由于汉江中下游河道已进行了多年的冲淤调整，河道基本趋于稳定，且本书研究工况都是在南水北调调水情况下，仅考虑调水量不同，故在分析时，一直采用汉江中下游在基准年的实测河道地形资料。

（4）计算断面及时间步长。根据研究需要与汉江中下游的实际情况，将汉江中下游652km长河段，划分为8个河段，时间步长选为1d。

8.1.2.2 模型参数率定与验证

模型计算涉及的主要参数有河道糙率、扩散系数、紊动黏性系数、降解系数等。计算所采用的河道糙率主要由实测水流资料率定计算确定；扩散系数、紊动黏性系数采用经验公式计算；降解系数由实测水质资料率定计算确定。

（1）糙率。天然河道的糙率受河床组成、河床形状、河滩覆盖情况、汉江流量及含沙量等多种因素的影响，不同河段的糙率不尽相同。

（2）扩散系数。汉江水体的扩散系数 E_x 采用经验公式求得，按拉格朗日紊动长度及紊动长度强度概念[5]，E_x 值可表达为

$$E_x=\alpha h u_* \quad (8.13)$$

$$u_*=\sqrt{ghI} \quad (8.14)$$

式中：α 为无量纲系数，取0.1～0.2；u_* 为摩阻流速，m/s；I 为水面比降；h 为水位，m。

（3）紊动黏性系数。采用 $\gamma t=\alpha u_* h$ 公式计算，α 为常数，取为0.5，u_* 为摩阻流速，m/s。

（4）降解系数。江河自身对污染物都有一定的自然净化能力，即污染物在水环境中通过物理降解、化学降解和生物降解等使水中污染物的浓度降低。反映江河自然净化能力的指标称为降解系数。不同的水力条件、不同的污染物有不同的降解系数。本书依据已有的研究[6]，对 NH_3-N、TP 的降解系数的取值见表8.2。

表8.2 模型降解系数率定值

河段	降解系数 $k/(d^{-1})$		河段	降解系数 $k/(d^{-1})$	
	NH_3-N	TP		NH_3-N	TP
0～1	0.33	0.07	4～5	0.34	0.06
1～3	0.33	0.07	5～6	0.35	0.06
3～4	0.34	0.06	6～8	0.35	0.06

采用以2010年的水文条件作为水动力过程边界条件，丹江口水库下泄水体的水质浓度作为水质模型的上边界条件，以2010年的排污口的监测数值作为污染入汇的污染负荷。

本模型选择皇庄、泽口、小河、岳口4个水质监测断面，以2010年的监测数据对模型进行验证。各断面 NH_3-N 和TP在2010年的模拟和实测过程验证结果如图8.5和图8.6所示。各断面 NH_3-N 和TP的均值验证情况见表8.3。

表8.3　各断面 NH_3-N 和TP均值验证情况　单位：mg/L

水平年	污染物	项目	皇　庄	泽　口	岳　口	小　河
现状水平年	NH_3-N	实测值	0.290	0.180	0.190	0.280
		模拟值	0.208	0.203	0.171	0.318
	TP	实测值	0.085	0.064	0.059	0.080
		模拟值	0.073	0.064	0.053	0.067
规划水平年	NH_3-N	实测值	0.290	0.180	0.190	0.280
		模拟值	0.205	0.202	0.175	0.294
	TP	实测值	0.085	0.064	0.059	0.080
		模拟值	0.069	0.064	0.055	0.067

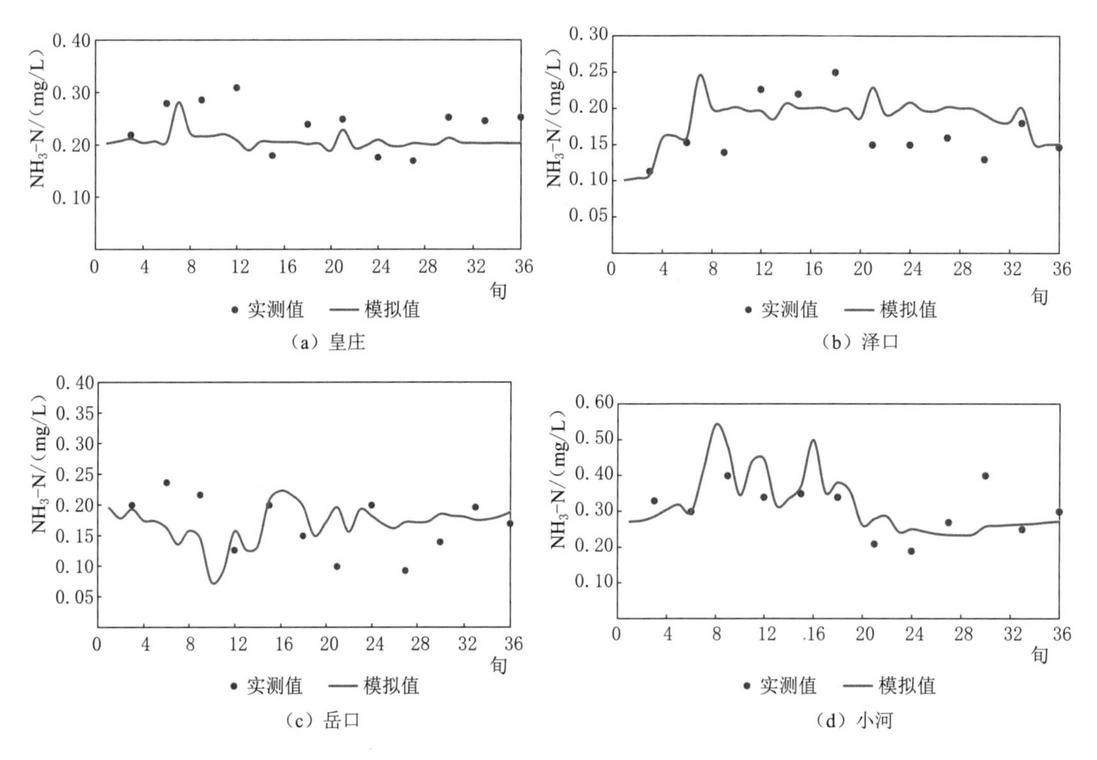

图8.5　各断面 NH_3-N 验证结果

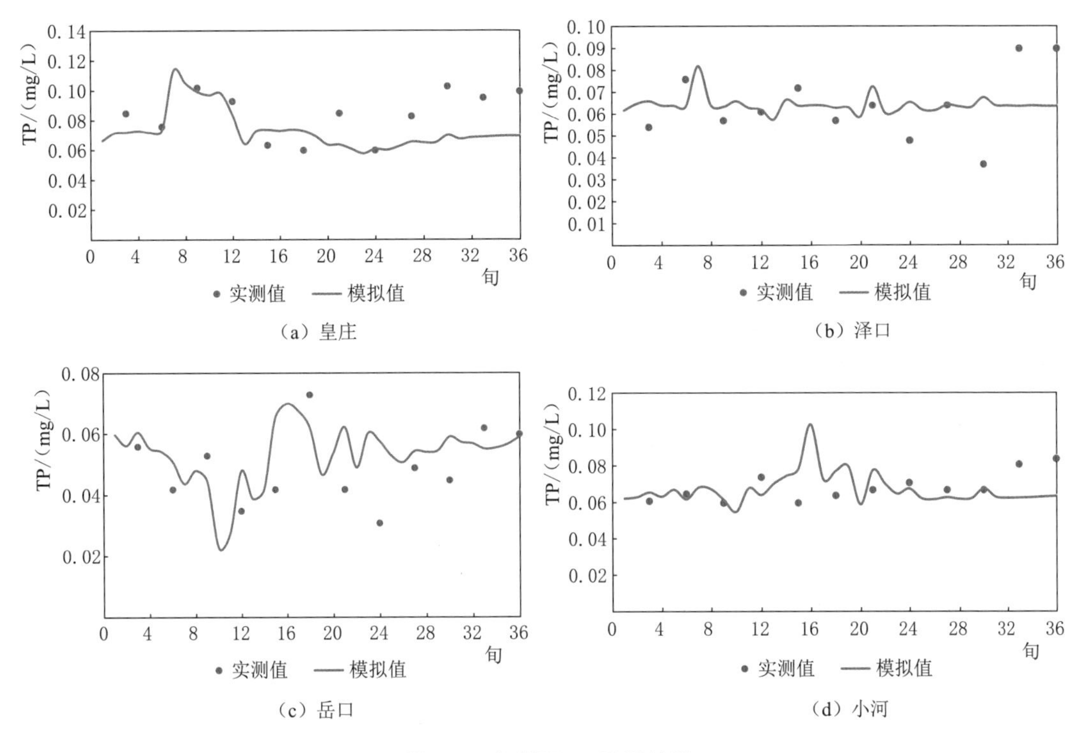

图 8.6 各断面 TP 验证结果

由图 8.5 和图 8.6 可知，NH_3-N 的模拟值与实测结果吻合比较一般，尤其在岳口断面。而 TP 的模拟值与实测结果吻合比较好。虽然模拟的过程线结果不够那么理想，但由表 8.3 可以看出各个断面模拟的 NH_3-N 和 TP 的均值均与实际均值非常接近，表明水质模型的模拟效果良好。

8.1.3 汉江中下游河道水质模拟分析

对历史来水条件下的汉江中下游河道水质进行模拟分析。为了反映不同断面的水质情况，根据地表水环境质量标准基本项目标准限值，将 NH_3-N、TP 的浓度标准列于表 8.4 中。

表 8.4 水 质 分 类 标 准 单位：mg/L

分类项目	Ⅰ类	Ⅱ类	Ⅲ类	Ⅳ类	Ⅴ类
NH_3-N	0.15	0.5	1.0	1.5	2.0
TP	0.02 湖泊水库 0.01	0.1 湖泊水库 0.025	0.2 湖泊水库 0.05	0.3 湖泊水库 0.1	0.4 湖泊水库 0.2

8.1.3.1 2016 现状水平年模拟分析

采用 1956—2016 年长系列水文条件，基于现状（规划）水平年水资源配置结果和现状（规划）年污染负荷，模拟 NH_3-N 和 TP 的时空变化情况。针对各典型断面在 75% 来水条件下（历史 75%来水情况对应 1962 年）的逐旬模拟结果见表 8.5。

表 8.5　现状（规划）水平年各典型断面 75%来水条件下水质指标均值情况　单位：mg/L

水平年	水质指标	皇　庄	泽　口	岳　口	小　河
现状水平年	NH_3-N	0.506	0.373	0.350	0.516
	TP	0.146	0.126	0.111	0.167
规划水平年	NH_3-N	0.706	0.442	0.392	0.601
	TP	0.177	0.138	0.117	0.170

在我国《地表水环境质量标准》（GB 3838—2002）中，Ⅲ类及以上水源可以作为饮用水源。因此按照表 8.4 的水质标准，将各典型断面 1956—2016 年 2196 个旬的 NH_3-N 与 TP 浓度与Ⅲ类水质标准进行对比，得到各断面的旬达标个数和达标率见表 8.6。4 个典型断面水质达标率均在 98%以上。其中岳口断面的达标率最高，NH_3-N 与 TP 指标下的达标率分别达到 99.6%和 99.0%。

表 8.6　现状水平年各典型断面 1956—2016 年逐旬水质达标情况

指标	达标情况	典型断面			
		皇　庄	泽　口	岳　口	小　河
NH_3-N	旬达标个数	2181	2181	2187	2160
	旬达标率	99.3%	99.3%	99.6%	98.4%
TP	旬达标个数	2162	2168	2173	2153
	旬达标率	98.5%	98.7%	99.0%	98.0%

8.1.3.2　2035 规划水平年水质模拟分析

汉江干流 2035 规划水平年各典型断面 75%来水条件下 NH_3-N 和 TP 模拟均值情况见表 8.5。与 2016 年的模拟结果相比，各个断面在各个时期的浓度均有所增加。岳口和小河断面的 NH_3-N 浓度波动相对较大，且与其他断面相比浓度较高，水质类别一部分处于Ⅱ～Ⅲ类之间，另一部分处于Ⅲ类和Ⅳ类之间。

按照表 8.4 的水质标准，将 2035 规划水平年下各典型断面 1956—2016 年 2196 个旬的 NH_3-N 与 TP 浓度与Ⅲ类水质标准进行对比，得到各断面的旬达标个数和达标率见表 8.7。4 个典型断面水质达标率均在 98.5%以上，且与 2016 现状水平年相比，各断面的水质达标率均有所增加。其中岳口断面的达标率最高，NH_3-N 与 TP 指标下的达标率分别达到 99.6%和 99.1%。虽然没能够满足《方案》中重要水功能区水质达标率 100%的要求，但在 2035 规划水平年，可通过控制个别时段的排污情况，来实现水质功能达标率 100%的目标。

总的来看，2035 现状水平年下汉江干流各断面的 NH_3-N、TP 的浓度主要为Ⅰ～Ⅱ类、Ⅱ～Ⅲ类；2035 规划水平年下，汉江干流各断面的 NH_3-N、TP 的浓度主要为Ⅱ～Ⅲ类、Ⅲ～Ⅳ类；这意味着基于 NH_3-N 的水质结果几乎完全能够满足年内的目标水质等级。但基于 TP 的水质评价结果往往达不到指标要求，说明 TP 浓度是研究区水质是否达到指标的关键指标。

表 8.7　　规划水平年各典型断面 1956—2016 年逐旬水质达标情况

指标	达标情况	典型断面			
		皇庄	泽口	岳口	小河
NH_3-N	达标个数	2184	2184	2187	2168
	达标率	99.5%	99.5%	99.6%	98.7%
TP	达标个数	2175	2176	2176	2163
	达标率	99.0%	99.1%	99.1%	98.5%

此外，小河、皇庄段的污染物浓度均明显高于泽口、岳口段。这是因为小河段位于干流下游，上下游的污染负荷越来越大。至于皇庄段面，虽然位于其他三个段面的上游，但由于河流的衰减能力有限，上游工业城市（襄阳、荆门）排放的污染量较大，因此其浓度仍处于较高水平。而泽口和岳口段面的污染物浓度处于较低水平，可以从两个方面进行解释：一方面，两段上游的污染物排放量很小；另一方面，这两个段面位于引江济汉工程受益区的下游，补充的水量缓解了水质的恶化。

8.2　汉江中下游河道水华控制研究

8.2.1　汉江中下游发生水华成因分析

在适宜的物理、化学等条件下，水体中的藻类短时间内大量繁殖并聚集，出现生态异常现象，发生在海洋则被称为“赤潮”；发生在江河湖泊，则称为藻花，又称水花或水华。

8.2.1.1　汉江水华发生状况

长江的最大支流——汉江中下游湖北境内的水域的水质逐年恶化，水中藻类逐年增加，特别是 1992 年、1998 年和 2000 年的初春先后多次发生水华，即硅藻大量繁殖，水色发褐，并伴有腥味，使汉江中下游水厂净化处理发生严重困难，用水水质急剧下降。据有关资料介绍[7-11]，水华通常发生在湖泊、水库中，而暴发在一个流动水体中的情况，在国内外都比较少见。汉江沿岸由于城镇污水、工业废水排放和农业污染逐年增加，碳、氮、磷成为汉江及其支流主要污染物，这些都成了藻类生长的物质基础。另外，受长江水位顶托的影响，汉江河段实际上已成为一个狭长的“湖泊”，水流速度减缓；同时，受气象条件影响，近年汉江流域 1—3 月多晴少雨，江面水温升高，这也为浮游植物的光合作用提供了良好的水温和光照环境。2008 年 3 月，湖北省境内的汉江支流暴发了大规模的水华事件，导致了 5 个各级的自来水厂停止使用，20 多万人饮水受到影响，江汉平原四湖总干渠监利段发生水华现象，导致四湖流域监利段沿河群众饮水困难。近年来，汉江水华多发生在 2—3 月，持续时间一般为一周或半个月。2018 年 2 月汉江中下游再次出现疑似硅藻水华，从 2 月 8 日至 3 月中下旬，历时 30 余天，是有资料记载以来最长的一次。特别值得注意的是，2018 年这一次出现的疑似水华出现在兴隆水库库区，这是与以往出现在下游河道所不同的现象，是在兴隆水库建成后，库区流速变缓后新出现的现象，对于今后将水工程作为一种水资源配置行为后可能产生的负面效应，具有提示意义。自 1992

年汉江中下游首次暴发春季硅藻水华以来，至今已经报道过十余次水华事件。水华现象都是隔年或隔几年发生，时间间隔越来越近。此外，汉江水华藻密度增大，并且波及范围不断扩大。汉江的第一次水华只影响到潜江以下240km江段，而第二次和第三次水华，则波及钟祥以下约400km的所有下游江段。汉江水华呈现新趋势，持续时间延长频率加快，表明汉江中下游春季硅藻水华有逐渐加重的趋势。

8.2.1.2 汉江水华发生的影响因素

人为因素引发的水华则是由于人为的工业、企业或生活污水排放导致水体富营养化引起浮游藻类大规模增殖的现象。自然水华与人为水华的特征比较见表8.8。

表8.8 自然水华与人为水华的特征比较

水华类型	自然水华	人为水华
发生频率与面积	频率低，面积小	频率高，面积大
暴发时期	夏秋季节发生，持续时间较短	气候条件适宜，四季均可能发生，持续时间较短
水质，水色与气味变化	明显，但局限在局部水面，气味变化小	极为显著，覆盖整个水面，具鱼腥臭味
危害程度	发展或威胁较小，不会造成生态与景观的破坏	严重威胁邻近其他物种的生存
治理难易程度	较易	困难

（1）诱发水华的内因。碳、氮、磷是藻类生长的物质基础。水华的出现与水体富营养化有直接关系，其中磷的浓度起决定性作用，中营养化的水体就已经具备了发生水华的条件。不同藻类对营养物质的需求也存在一些差异，蓝藻和绿藻对磷、氮的要求要高一些，硅藻对磷、氮的要求相对低一些甚至有研究表明高浓度的磷对小环藻的生长还有抑制作用，但要求水体中含有丰富的硅。中营养化以上的湖泊、水库易发生蓝藻、绿藻水华，而硅含量较高的河流多发生硅藻水华。汉江水华事件中TP浓度、NH_3-N、高锰酸盐指数均满足水华水质标准。

（2）诱发水华的外因。诱发水华的外在因素主要有三个：一是日照，日照充分，光合作用强烈，藻类繁殖就快，浊度高的水体会影响日照，抑制藻类生长；二是温度，藻类适应温度的范围较广，环境温度在20～30℃，水温在10℃左右为最佳；三是水体流速，藻类普遍喜欢流速较缓的水域，蓝藻、绿藻偏爱静水区，硅藻偏爱缓流水域。因此，湖泊、水库、水利工程上游回水区和下游流速较慢的干、支流在每年2—5月、天气晴朗时，容易爆发水华。

近年来，汉江水华呈现新趋势，持续时间延长频率加快。造成这种加剧趋势的原因主要有以下几个：一是随着经济的发展和农村城镇化的进程，居住在城市的人口不断增加，导致城市生活污水中外排的污染物尤其是目前还未得到有效控制的磷排放总量日益增加；二是目前大量兴建的水电站、水库等水利工程极大地改变了附近水域水文状况和原有的生态平衡，形成了大量适合藻类繁殖的静水区和潜水区，如2003年135m水位蓄水前从无水华现象的小江、汤溪河、磨刀溪、长滩河、梅溪河、大宁河和香溪河7条三峡库区长江支流，近几年出现水华的次数一年多于一年；三是渔业养殖规模不断扩大，不仅投向湖库、河流的肥料日益增多，而且还导致一些湖库的生态失去平衡，相当多的湖库中大型水生植物已经灭绝，缺乏营养物的竞争，藻类就可以肆意泛滥；四是我国淡水资源相对较为匮乏，一些湖泊、湖库没有充足的水源更换新鲜水，换水频率不够，再加上底泥未得到有效疏浚，水华高发水域中富集的磷无法及时流出；五是随着生活水平的提高，农村大量实施的水改工程需要更多的水源地作为保障，一旦发生水华事件，无形中扩大了影响。

8.2.2 控制汉江水华暴发的水文水力条件阈值

汉江自1992年开始发生水华以来，汉江中下游1—3月的营养盐负荷水平已能满足发生水华所需，且调水后汉江中下游的营养盐负荷有进一步增加的趋势，故汉江水华的控制性指标主要是水文水力条件。河流的水力学条件，特别是流速变化很大，不同的河段由于其河宽、河道状况导致其流速差异大，难以从流速角度提出控制水华暴发的流速阈值。而对某个具体的河流断面，流量与流速间存在较好的相关性。因此，从流量的角度研究提出控制汉江中下游水华的暴发的水文条件阈值，不仅具有合理性，也具有现实操作性。

因此，依据1992年以来的汉江中下游主要水文站点1—3月的实测水文数据，分析汉江中下游历次水华事件发生期间流量特征，通过对比分析发生水华年份与不发生水华年份的1—3月的流量特征，计算不同流量级别下发生水华的概率，据此推求汉江中下游水华暴发的水文阈值。

从历次水华暴发的区间范围来看，主要是钟祥至汉江河口区间的干、支流（东荆河）。考虑到汉江中下游的“引江济汉工程”已经实施并于2014年9月正式通水，渠道设计流量为350m^3/s，最大引水流量500m^3/s，可增加汉江兴隆水利枢纽下游的干流流量350～500m^3/s，有利于抑制汉江兴隆以下干流春季硅藻水华暴发。因此，本研究以兴隆为界，将汉江中下游干流河段分为上下两段，兴隆以上河段以沙洋站为代表站，兴隆以下河段以仙桃站为代表站，分别提出控制汉江中下游水华暴发的水文阈值。

8.2.2.1 控制兴隆以上干流水华暴发的水文阈值

对于兴隆以上的干流河段，统计分析沙洋站1992—2013年以来水华暴发期间（1—3月）的枯水流量特征，包括发生水华的年份及没有发生水华的年份。统计分析的流量特征指标包括1月、2月和3月的月平均流量、月最大和最小流量。由于水华的暴发是一个由低密度到高密度逐渐发展的过程，水华期间的连续多日最小平均流量与水华发生具有很高的相关性，根据汉江水华暴发期间的多年跟踪调查结果发现，在枯水期连续7d左右的低流速条件和适宜的气候条件，汉江中下游极易暴发硅藻水华。因此重点分析水华发生期间的最小7d平均流量。对于发生水华的年份，统计分析水华发生前及过程中的最小7d平均流量；对于没有发生水华的年份，分析1—3月的最小7d平均流量。

表8.9列出了沙洋站1992—2013年1—3月的平均流量、最小月平均流量、最小日流量和最小7d平均流量。其中加粗的行表示该年发生水华。对这些流量按发生水华年份和不发生水华年份进行统计分析发现（表8.10），发生水华年份沙洋站1—3月平均流量为669m^3/s，平均流量最小值为336m^3/s，明显小于不发生水华年份的平均值1049m^3/s和最小值699m^3/s；发生水华年份的1—3月在最小日流量平均值和最小值分别为526m^3/s和260m^3/s，明显小于不发生水华年份的平均值838m^3/s和最小值556m^3/s；发生水华年

份的最小 7d 平均流量的均值和最小值分别为 549m³/s 和 265m³/s，也明显小于不发生水华年份的相应数值。统计检验表明，发生水华年份的 1—3 月平均流量、最小日流量和 7d 最小平均流量与不发生水华年份的对应流量具有显著的差异性。

表 8.9　　沙洋站 1992—2013 年 1—3 月流量统计分析表　　单位：m³/s

年份	1—3 月平均流量	1—3 月的最小月平均流量	1—3 月最小日流量	最小 7d 平均流量	备注
1992	**538**	**515**	**469**	**478**	**水华**
1993	1139	1013	751	765	
1994	912	886	680	705	
1995	870	764	662	686	
1996	714	647	556	572	
1997	1239	1071	872	942	
1998	**336**	**299**	**260**	**265**	**水华**
1999	699	691	658	667	
2000	**432**	**369**	**372**	**351**	**水华**
2001	1251	1182	985	1005	
2002	**606**	**561**	**467**	**508**	**水华**
2003	**451**	**430**	**325**	**376**	**水华**
2004	1216	1160	1025	1077	
2005	1008	985	918	937	
2006	1064	1030	926	980	
2007	**576**	**479**	**431**	**455**	**水华**
2008	**740**	**699**	**546**	**558**	**水华**
2009	**928**	**908**	**847**	**853**	**水华**
2010	**906**	**883**	**737**	**758**	**水华**
2011	**968**	**924**	**725**	**767**	**水华**
2012	1428	1386	1180	1224	
2013	**880**	**808**	**609**	**672**	**水华**

注　对于发生水华年份，统计数据为水华发生前及过程中最小日流量和最小 7d 平均流量。

表 8.10　　沙洋站发生和不发生水华年份 1—3 月流量特征统计　　单位：m³/s

流量指标	1—3 月平均流量		最小日流量		最小 7d 平均流量	
	平均值	最小值	平均值	最小值	平均值	最小值
发生水华年份的流量	669	336	526	260	549	265
无水华年份的流量	1049	699	838	556	869	572

为了方便比较，绘制了沙洋站 1992—2013 年 1—3 月的平均流量曲线，如图 8.7 所示，图中的橙色虚线是区分水华发生与否的标识线。可见，2008 年以前 1—3 月平均流量小于 600m³/s 的年份都发生了水华，但 2008 年后发生水华的平均流量有了明显上升，2008—2011 年和 2013 的 5 年都发生了水华，平均流量分别为 740m³/s、928m³/s、906m³/s、968m³/s 和 880m³/s。同样的，也绘制了 1992—2013 年沙洋站水华发生期间的最小 7d 平均流量，如图 8.8 所示。由图可见，2008 年以前最小 7d 平均流量小于 540m³/s 的年份都发生了水华，但 2008 年后水华发生期间的最小 7d 平均流量有了明显上升，这一点和 1—3 月平均流量具有相同的特征。

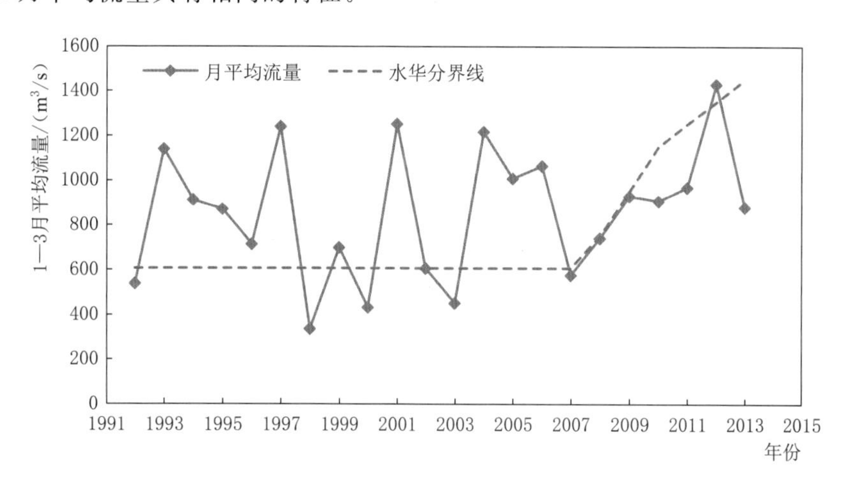

图 8.7 沙洋站 1992—2013 年 1—3 月的平均流量

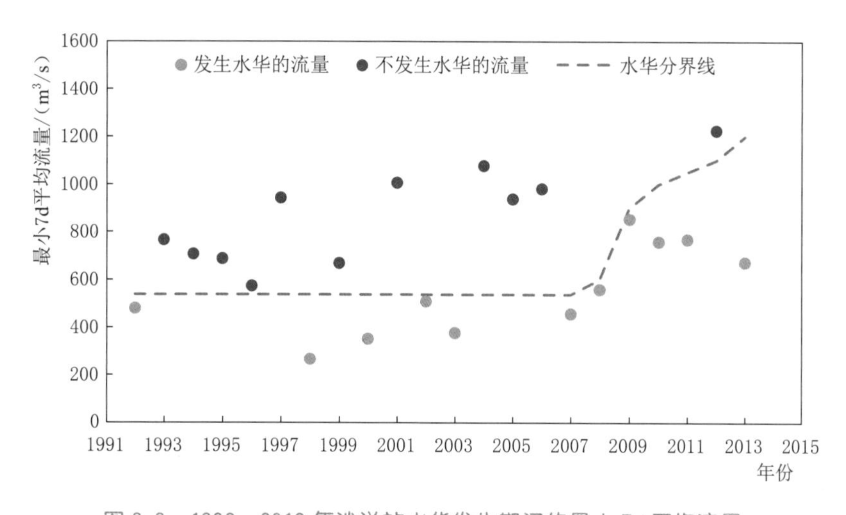

图 8.8 1992—2013 年沙洋站水华发生期间的最小 7d 平均流量

本书忽略了天气条件因素的影响，在汉江中下游营养盐负荷水平能满足发生水华所需且调水后可能进一步增加的条件下，可以认为汉江中下游春季水华发生与否仅与当时的水文条件密切相关。经分析，水华暴发期间的最小 7d 平均流量与水华发生与否具有高度的相关性，因此选择 1992—2013 年间的 22 年间 1—3 月最小 7d 平均流量作为样本，将流量样本与水华事件相关联，计算不同流量级别下发生水华的概率，推求汉江中下游春季硅藻水华暴发的水文阈值。

沙洋站 1992—2013 年 1—3 月的最小 7d 平均流量范围为 265～1224m^3/s。简化起见，以 50m^3/s 为步长单位，统计分析在不同流量区间范围内发生水华的次数。按照从小到大的进行排序，分析大于 250m^3/s、300m^3/s、350m^3/s、400m^3/s、…、1000m^3/s 的流量条件下，发生水华的次数，分析水华发生的频率与对应流量之间的相关关系，据此得到不同流量下发生水华的频率表。从表 8.11 中可以看出，1992—2012 年间 11 次水华事件中有 7 次是发生在最小 7d 平均流量为 600m^3/s 以下的，有 3 次发生在 750m^3/s 以上（2009 年、2010 年和 2011 年）；流量越大则高于该流量发生水华的次数越小，当流量高于 900m^3/s 时，没有水华事件发生。将高于某流量时发生水华的实际次数相比于高于某流量的实际流量次数，就得到了高于该流量时发生水华的频率。用 1 减去该频率就得到了高于该流量时不发生水华的频率。

表 8.11　　沙洋站不同最小 7d 平均流量下水华发生频率分析表

最小 7d 平均流量区间/(m^3/s)		在该流量区间实际发生水华的次数	高于该流量区间下限时发生水华的实际次数	实际流量大于该流量下限时的次数	高于该流量下限时发生水华的频率/%	高于该流量下限时不发生水华的频率/%
下限	上限					
250	300	1	11	22	50.00	50.00
300	350	0	10	21	47.62	52.38
350	400	2	10	21	47.62	52.38
400	450	0	8	19	42.11	57.89
450	500	2	8	19	42.11	57.89
500	550	1	6	17	35.29	64.71
550	600	1	5	16	31.25	68.75
600	650	0	4	14	28.57	71.43
650	700	1	4	14	28.57	71.43
700	750	0	3	11	27.27	72.73
750	800	2	3	10	30.00	70.00
800	850	0	1	7	14.29	85.71
850	900	1	1	7	14.29	85.71
900	950	0	0	6	0	100
950	1000	0	0	4	0	100
1000	1250	0	0	3	0	100

由于样本数量有限，得到的不同流量下水华发生的频率存在部分不合理现象，如高于 750m^3/s 发生水华的频率比高于 600m^3/s 发生水华的频率大。为此，对沙洋站最小 7d 平均流量和其对应的水华发生频率进行了线性拟合，拟合相关系数达到 93.4%，拟合关系

图如图 8.9 所示，通过拟合关系图推求得到了不同最小 7d 平均流量下不发生水华的概率（表 8.12）。最小 7d 平均流量按 $50m^3/s$ 为基本单位，沙洋站对应 $300m^3/s$、$600m^3/s$、$750m^3/s$、$850m^3/s$ 和 $950m^3/s$ 流量下不发生水华的概率约为 50%、70%、80%、90%和 95%。即要保证兴隆以上河段不发生水华，对应 70%、80%、90%保证率下的最小 7d 平均流量不能低于 $600m^3/s$、$750m^3/s$ 和 $850m^3/s$。

表 8.12　　沙洋站不同最小 7d 平均流量下不发生水华的概率

最小 7d 平均流量/(m^3/s)（流量以 50 m^3/s 为步长）	300	600	750	850	950
高于该流量不发生水华的概率/%	50	70	80	90	95

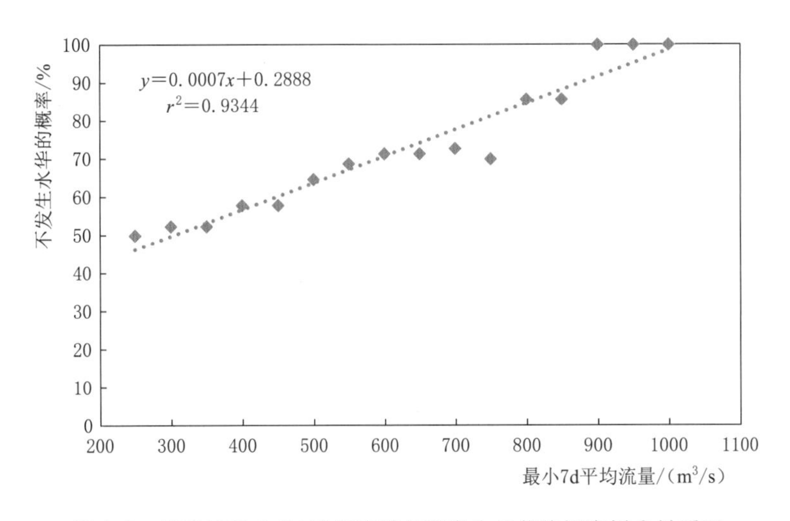

图 8.9　沙洋站最小 7d 平均流量与不发生水华的概率拟合关系图

8.2.2.2　控制兴隆以下干流水华暴发的水文阈值

对于兴隆以下汉江干流河段，统计分析仙桃站 1992—2013 年以来水华暴发期间（1—3 月）的枯水流量特征，包括发生水华的年份及没有发生水华的年份。统计分析的流量特征指标包括 1 月、2 月和 3 月的月平均流量、月最大和最小流量，以及水华发生期间的最小 7d 平均流量。

表 8.13 列出了仙桃站 1992—2013 年 1—3 月的平均流量、最小月平均流量、最小日流量和最小 7d 平均流量，其中加粗的行表示该年发生水华。对这些流量按发生水华年份和不发生水华年份进行统计分析发现（表 8.14），发生水华年份仙桃站 1—3 月平均流量为 $609m^3/s$，平均流量最小值为 $372m^3/s$，明显小于不发生水华年份的平均值 $988m^3/s$ 和最小值 $643m^3/s$；发生水华年份的 1—3 月在最小日流量平均值和最小值分别为 $513m^3/s$ 和 $311m^3/s$，明显小于不发生水华年份的平均值 $792m^3/s$ 和最小值 $517m^3/s$；发生水华年份的最小 7d 平均流量的均值和最小值分别为 $530m^3/s$ 和 $314m^3/s$，也明显小于不发生水华年份的相应数值。统计检验表明，发生水华年份的 1—3 月平均流量、最小日流量和最小 7d 平均流量与不发生水华年份的对应流量具有显著的差异性。

表 8.13 仙桃站 1992—2013 年 1—3 月流量统计分析表 单位：m^3/s

年份	1—3 月平均流量	1—3 月的最小月平均流量	1—3 月最小日流量	最小 7d 平均流量	备注
1992	**512**	**484**	**454**	**462**	水华
1993	1122	1017	752	798	
1994	835	802	627	684	
1995	782	659	517	551	
1996	708	648	547	559	
1997	1127	980	809	866	
1998	**372**	**336**	**311**	**314**	水华
1999	643	630	592	607	
2000	**385**	**309**	**356**	**365**	水华
2001	1161	1114	990	1003	
2002	**536**	**484**	**490**	**522**	水华
2003	**459**	**424**	**371**	**394**	水华
2004	1181	1127	995	1016	
2005	885	856	814	824	
2006	1018	1007	925	941	
2007	**527**	**464**	**421**	**431**	水华
2008	**613**	**582**	**540**	**548**	水华
2009	**785**	**763**	**754**	**756**	水华
2010	**796**	**754**	**660**	**697**	水华
2011	**897**	**857**	**680**	**706**	水华
2012	1403	1293	1140	1164	
2013	**818**	**784**	**611**	**631**	水华

注 对于发生水华年份，统计数据为水华发生前及过程中最小日流量和最小 7d 平均流量。

表 8.14 仙桃站发生和不发生水华年份 1—3 月流量特征统计 单位：m^3/s

流量指标	1—3 月平均流量		最小日流量		最小 7d 平均流量	
	平均值	最小值	平均值	最小值	平均值	最小值
发生水华年份的流量	609	372	513	311	530	314
不发生水华年份的流量	988	643	792	517	819	551

绘制了仙桃站 1992—2013 年 1—3 月的平均流量曲线，如图 8.10 所示，图中的橙色虚线是区分水华发生与否的标识线。由图可见，2008 年以前 1—3 月平均流量小于 $600m^3/s$ 的年份都发生了水华，但 2008 年后发生水华的平均流量有了明显上升，2009—2011 年 3 年在平均流量 $785m^3/s$、$796m^3/s$ 和 $897m^3/s$ 都发生水华。同样的，也绘制了 1992—2013 年仙桃站水华发生期间的最小 7d 平均流量，如图 8.11 所示，由图可见，

2008 年以前最小 7d 平均流量小于 550m^3/s 的年份都发生了水华，但 2008 年后发生水华的最小 7d 流量有了明显上升，这一点和 1—3 月平均流量具有相同的特征。

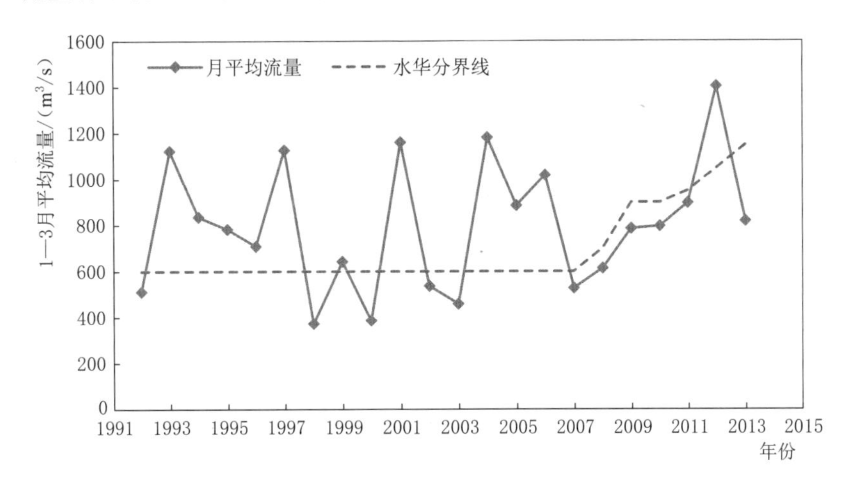

图 8.10 仙桃站 1992—2013 年 1—3 月的平均流量曲线

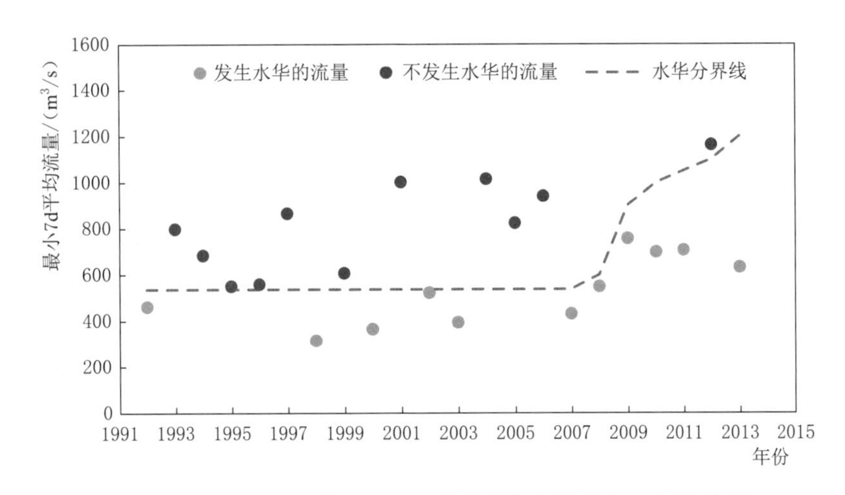

图 8.11 1992—2013 年仙桃站水华发生期间的最小 7d 平均流量

仙桃站 1992—2013 年 1—3 月的最小 7d 平均流量的范围为 314～1164m^3/s，简化起见，以 50m^3/s 为步长，统计分析在不同流量区间范围内发生水华的次数。按照从小到大的进行排序，分析大于 300m^3/s、350m^3/s、400m^3/s、…、1000m^3/s 的流量条件下，发生水华的次数，分析水华发生的频率与对应流量之间的相关关系（表 8.15），据此得到不同流量下发生水华的频率。

从表中可以看出，1992—2013 年间 11 次水华事件中有 7 次发生在最小 7d 平均流量为 550m^3/s 以下，有 3 次（2009 年、2010 年和 2011 年）发生在 650m^3/s 以上；流量越大则高于该流量发生水华的次数越小，当仙桃站流量高于 800m^3/s 时，没有水华事件发生。将高于某流量时发生水华的实际次数相比于高于某流量的实际流量次数，就得到高于该流量时发生水华的频率。

表 8.15　　仙桃站不同最小 7d 平均流量下水华发生频率分析表

最小 7d 平均流量区间 /(m^3/s)		在该流量区间实际发生水华的次数	高于该流量区间下限时发生水华的实际次数	实际流量大于该流量下限时的次数	高于该流量下限时发生水华的频率 /%	高于该流量下限时不发生水华的频率 /%
下限	上限					
300	350	1	11	22	50.00	50.00
350	400	2	10	21	47.62	52.38
400	450	1	8	19	42.11	57.89
450	500	1	7	18	38.89	61.11
500	550	2	6	17	35.29	64.71
550	600	0	4	15	26.67	73.33
600	650	1	4	13	30.77	69.23
650	700	1	3	11	27.27	72.73
700	750	1	2	9	22.22	77.78
750	800	1	1	8	12.50	87.50
800	850	0	0	6	0	100
850	900	0	0	5	0	100
900	950	0	0	4	0	100
950	1000	0	0	3	0	100
1000	1250	0	0	3	0	100

对仙桃站最小 7d 平均流量和其对应的水华发生频率进行了对数拟合，拟合相关系数达到 94.7%，拟合关系图如图 8.12 所示，通过拟合关系图推求得到了不同最小 7d 平均流量下不发生水华的概率（表 8.16）。最小 7d 平均流量按 50m^3/s 为基本单位，仙桃站对应 300m^3/s、450m^3/s 、550m^3/s、700m^3/s 和 800m^3/s 流量下不发生水华的概率约为 50%、60%、70%、80%和 90%。

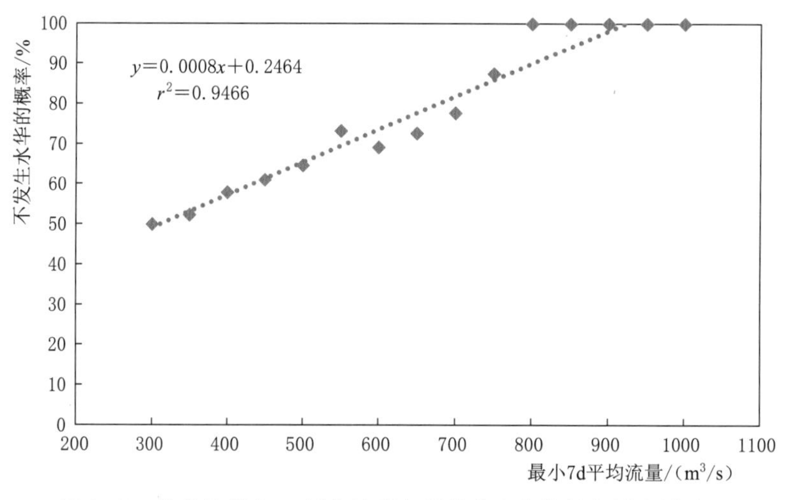

图 8.12　仙桃站最小 7d 平均流量与不发生水华的概率拟合关系图

可见，仙桃站在 550m^3/s 流量下只能保证 70%的概率不发生水华，区别于已有相关研究认为“仙桃站最小流量大于 500m^3/s 就能控制水华”的论断。这是因为该论断是基于 2005 年以前的水华事件样本总结得出的，而 2009 年后发生水华的最小流量有了明显的增加（2009 年、2010 年和 2011 年发生水华对应的最小 7d 平均流量分别为 756m^3/s、697m^3/s 和 706m^3/s），从而导致仙桃站控制水华发生的最小流量也有了增加。基于目前的样本数据，仙桃站在 50%、60%、70%、80%、90%保证率下不发生水华的最小 7d 平均流量分别应不低于 300m^3/s、450m^3/s、550m^3/s、700m^3/s 和 800m^3/s。

表 8.16　　仙桃站不同最小 7d 平均流量下不发生水华的概率

最小 7d 平均流量/(m^3/s)（流量以 50 为单位）	300	450	550	700	800
高于该流量不发生水华的概率/%	50	60	70	80	90

8.2.3　缓解下游水华暴发的水量调度方案

汉江中下游春季水华暴发有着显著的时空特性。从时间上看，汉江春季硅藻水华主要集中在春季的 1 月底至 3 月中下旬，特别是 2 月前后相对集中；从空间来看，汉江中下游春季硅藻水华主要空间范围为钟祥以下至汉口，尤其是潜江以下至河口的汉江干流。

南水北调中线调水后，兴隆以上河段受调水的影响较大，枯水期水量将明显减少。由于实施了引江济汉工程，枯水期兴隆以下干流江段可由引江济汉工程补充流量 350～500m^3/s。因此，控制汉江中下游水华暴发的水量调度方案应分别考虑兴隆以上江段和兴隆以下江段。对汉江兴隆以上汉江干流江段的水华问题，主要依靠丹江口水库加大下泄流量；对于兴隆以下江段的水华问题，主要依靠兴隆水利枢纽工程与引江济汉工程联合运用，补充加大下游仙桃站流量。缓解下游水华暴发的丹江口水库水量调度方式定位于应急调度，具体的调度方案建议为：

（1）对汉江兴隆以上汉江干流江段，若出现水华暴发征兆时，则加大丹江口水库下泄流量，使得沙洋站的流量增加到 850m^3/s（对应 90%的保证率），持续 7d 使得钟祥以下水体水华藻类冲刷到兴隆水利枢纽坝前水体，以尽可能达到控制汉江兴隆以上春季水华的目的。

（2）对江汉兴隆以下汉江干流江段，若出现水华暴发征兆，则可以通过兴隆水利枢纽加大下泄与引江济汉工程调水联合运用，补充汉江水量使得仙桃站的流量增加到 800m^3/s（对应 90%的保证率），持续 7d，以尽可能达到控制汉江兴隆以下春季硅藻水华的目的。

若兴隆以上和以下河段同时出现水华暴发征兆时，则考虑丹江口水库、兴隆水利枢纽和引江济汉工程的联合运行，在丹江口水库加大下泄满足沙洋站 850m^3/s 的 7d 最小流量时，兴隆水利枢纽同步加大下泄，并配合引江济汉工程，满足仙桃站 800m^3/s 的 7d 最小流量。

8.3　本章小结

本章首先对汉江中下游地区的污染物排放情况进行了分析，其次建立了一维水质模型，来模拟在得到的配置方案下汉江中下游河道的水质状况。最后分析了汉江水华发生的成因及控制性指标，提出了控制汉江水华的水文阈值及相应的水量调度方案建议。主要结论如下：

（1）从水质指标中选取 NH_3-N 和 TP 指标作为营养物特征指标，通过统计分析得出2001—2012 年多年平均与枯水期（1—3 月）汉江中下游干流皇庄、泽口、岳口、仙桃水质监测断面营养物的历年变化情况。结果表明与多年平均变化情况相比，各个典型断面均为枯水期的 NH_3-N 和 TP 的浓度较高，变幅较大。

（2）建立的一维水质模型模拟效果良好，营养物浓度均值与实测均值非常接近，表明该水质模型可应用于模拟汉江中下游地区的污染物浓度分布情况。整体上，与 2016 现状水平年相比，2035 规划水平年汉江中下游各断面的 NH_3-N 和 TP 浓度有所增加；且汉江中下游泽口以下断面，总磷在部分水文条件下，可能出现Ⅳ类、Ⅴ类甚至劣Ⅴ类的水质情况，需注意采取措施，保证供水安全。

（3）从控制水华的可操作性方面，提出了控制汉江中下游水华最有效且最现实的途径是改变河流的水文水力条件。以兴隆为界，将汉江中下游干流河段分为上下两段，分别提出了控制汉江中下游水华暴发的最小流量阈值。兴隆以上河段以沙洋站为代表站，对应70％、80％和 90％保证率，兴隆以上河段不发生水华最小 7d 平均流量分别为 $600m^3/s$、$750m^3/s$ 和 $850m^3/s$；兴隆以下河段以仙桃站为代表站，对应 70％、80％、90％保证率，兴隆以下河段不发生水华的最小 7d 平均流量分别为 $550m^3/s$、$700m^3/s$ 和 $800m^3/s$。

（4）建议控制下游水华暴发的丹江口水库水量调度方式定位于应急调度，若出现水华暴发征兆时，则启动应急调度。对汉江兴隆以上汉江干流江段，主要依靠丹江口水库和拟议中的引江补汉工程加大下泄流量，使沙洋站的流量增加到 $850m^3/s$，并持续 7d；对于兴隆以下江段，主要依靠兴隆水利枢纽加大下泄与引江济汉工程调水联合运用，补充汉江下游流量，使仙桃站的流量增加到 $800m^3/s$，并持续 7d。若兴隆以上和以下河段同时出现水华爆发征兆时，则考虑丹江口水库、兴隆水利枢纽和引江济汉工程的联合运行。在丹江口水库加大下泄满足沙洋站 $850m^3/s$ 的最小 7d 平均流量时，兴隆水利枢纽同步加大下泄，并配合引江济汉工程，满足仙桃站 $800m^3/s$ 的最小 7d 平均流量。

参 考 文 献

[1] 湖北省发展改革委. 汉江生态经济带发展规划湖北省实施方案（2019—2021 年）[Z]，2019.

[2] 王建华，肖伟华，王浩，等. 变化环境下河流水量水质联合模拟与评价 [J]. 科学通报，2013，58（12）：1101-1108.

[3] 景朝霞，夏军，张翔，等. 汉江中下游干流水质状况时空分布特征及变化规律 [J]. 环境科学研究，2019，32（01）：104-115.

[4] 彭虹，齐迪，张万顺. 河流环境中硝基苯的归趋模型研究 [J]. 人民长江，2011，42（24）：81-84，88.

[5] 常立早. 引江济汉输水干渠阻隔对拾桥河拾桥镇段水质的影响 [J]. 安徽农业科学，2010，307（18）：9747-9749.

[6] WANG Y，ZHANG W，ZHAO Y，et al. Modelling water quality and quantity with the influence of inter-basin water diversion projects and cascade reservoirs in the middle-lower Hanjiang River

[J]. Journal of Hydrology, 2016, S0022169416305297.

[7] 窦明，谢平，夏军，等. 汉江水华问题研究 [J]. 水科学进展，2002 (5)：557-561.

[8] 殷大聪，郑凌凌，宋立荣. 汉江中下游早春冠盘藻 (Stephanodiscus hantzschⅡ) 水华暴发过程及其成因初探 [J]. 长江流域资源与环境，2011，20 (4)：451-458.

[9] 殷大聪，尹正杰，杨春花，等. 控制汉江中下游春季硅藻水华的关键水文阈值及调度策略 [J]. 中国水利，2017 (9)：31-34.

[10] 王俊，汪金成，徐剑秋，等. 2018 年汉江中下游水华成因分析与治理对策 [J]. 人民长江，2018，49 (17)：7-11.

[11] 吴卫菊，陈晓飞. 汉江中下游冬春季硅藻水华成因研究 [J]. 环境科学与技术，2019，42 (9)：55-60.

汉江流域水资源承载力研究

“承载力”一词源于生态学，原用以衡量特定区域在某一环境条件下可维持某一物种个体的最大数量。在对资源短缺和环境污染问题的研究中，“承载力”概念得到延伸发展并广泛用于说明环境或生态系统承受发展和特定活动能力的限度。承载力概念的演变与发展是对发展中出现问题的反应与变化结果。在不同的发展阶段，产生了不同的承载力概念和相应的承载力理论。如针对环境问题，人们提出了环境承载力的概念与理论，针对土地资源短缺问题，人们提出了土地资源承载力的概念与理论。随着水问题的日益突出，我国学者在 20 世纪 80 年代末提出“水资源承载力”。水资源承载力是一个国家或地区持续发展过程中各种自然资源承载力的重要组成部分，且往往是水资源紧缺和贫水地区制约人类社会发展的瓶颈因素，它对一个国家或地区综合发展和发展规模有至关重要的影响。作为可持续发展研究和水资源安全战略研究中的一个基础课题，水资源承载力研究已引起社会高度关注并成为水资源科学中一个重点和热点研究问题[1-4]。

9.1　水资源承载力评价指标体系和方法

9.1.1　水资源承载力概念和定义

目前我国对水资源承载力的定义有多种表述，惠泱河等[4] 认为水资源承载力可理解为某一区域的水资源条件在自然-人工二元模式影响下，以可预见的技术、经济、社会发展水平及水资源的动态变化为依据，以可持续发展为原则，以维护生态良性循环发展为条件，经过合理优化配置，对该地区社会经济发展所能提供的最大支撑能力。该定义充分考虑了人类活动影响对水资源系统的干预和水文循环过程的影响作用，并强调了动态发展的观念。何希吾和陆亚洲[5] 将水资源承载力定义为一个流域、一个地区、一个国家，在不同阶段的社会经济和技术条件下，在水资源合理开发利用的前提下，当地水资源能够维系和支撑的人口、经济和环境规模总量。这一定义将环境规模和社会经济发展规模一并纳入水资源承载力的范畴，从理论上而言是正确的，然而对环境规模进行界定和度量却较为困难。

考虑到水资源承载力研究的现实与长远意义，对它的理解和界定，要遵循下列事实：第一，必须把它置于可持续发展战略构架下进行讨论；第二，要从水资源系统-自然生态系统-社会经济系统耦合机理上综合考虑水资源对地区人口、资源、环境和经济协调发展的支撑能力；第三，要识别水资源与其他资源不同的特点，它既是可再生、流动的、不可浓缩的资源，又是可耗竭、可污染、利害并存和不确定性的资源；第四，水资源承载能力受自然资源影响外，还受到许多社会因素如社会经济状况、国家方针政策包括水政策、管理水平和社会协调发展机制的影响和制约[7]。

因此，水资源承载力是一个动态、变化的概念[4]，在此可将水资源承载力定义为：某一区域在特定历史阶段的特定技术和社会经济发展水平条件下，以维护生态良性循环和可持续发展为前提，当地水资源系统可支撑的社会经济活动规模和具有一定生活水平的人口数量。水资源承载能力的大小是随空间、时间和条件变化而变化，具有动态性、地区性、相对极限性、模糊性等特点。影响水资源承载力大小的因素可概括为以下方面：

(1) 水资源数量、质量及开发利用程度。当地水资源总量及根据法律规定分配给当地可利用过境水量，水资源的矿化程度、埋深条件等质量情况，以及当前水资源开发利用方式和程度。

(2) 生态环境状态。生态环境不但自身需要一定的水资源量得以维持，并通过对水文循环的影响在相当程度上决定了水资源总量的大小。

(3) 社会经济技术条件。在不同阶段一定社会经济与技术条件决定了可开发控制的可利用水量和水资源利用效率。

(4) 社会生产力水平。不同历史时期或同一历史时期的不同地区具有不同的生产力水平，决定了水资源可承载社会经济发展规模的差异。

(5) 社会消费水平与结构。在社会生产能力确定的条件下，社会消费水平和结构将决定水资源承载力的大小。

(6) 区际交流。劳动区域分工与产品交换也将间接影响水资源承载力的大小。

9.1.2 水资源承载力评价指标和模型

水资源承载力评价指标体系的建立应注意两点。第一，影响水资源承载力的因素是多样的，要从众多要素中选取能反映问题本质的因素、并除去重复性因素的作用，目前多应用主成分分析法、均方差法避免要素选取重复和遗漏。第二，指示区域水资源承载力大小的指标有两类，一是水资源承载力绝对指标，即从定义出发直接根据可供给水量和水环境容量计算其可支撑的人口和社会经济发展规模；二是水资源承载力相对指标，即用水资源承载力系数来衡量水资源承载力的高低，确定水资源承载力是否在合理的阈值范围内和进行区域间或时间段上的比较。根据水资源承载主体和客体的关系、水资源-生态系统-社会经济系统的耦合关系以及区际交流影响，可拟定水资源承载力评价指标体系，如图9.1所示。

水资源承载力分析关系到地区环境、人口和经济发展规模和代际持续发展的前景，涉

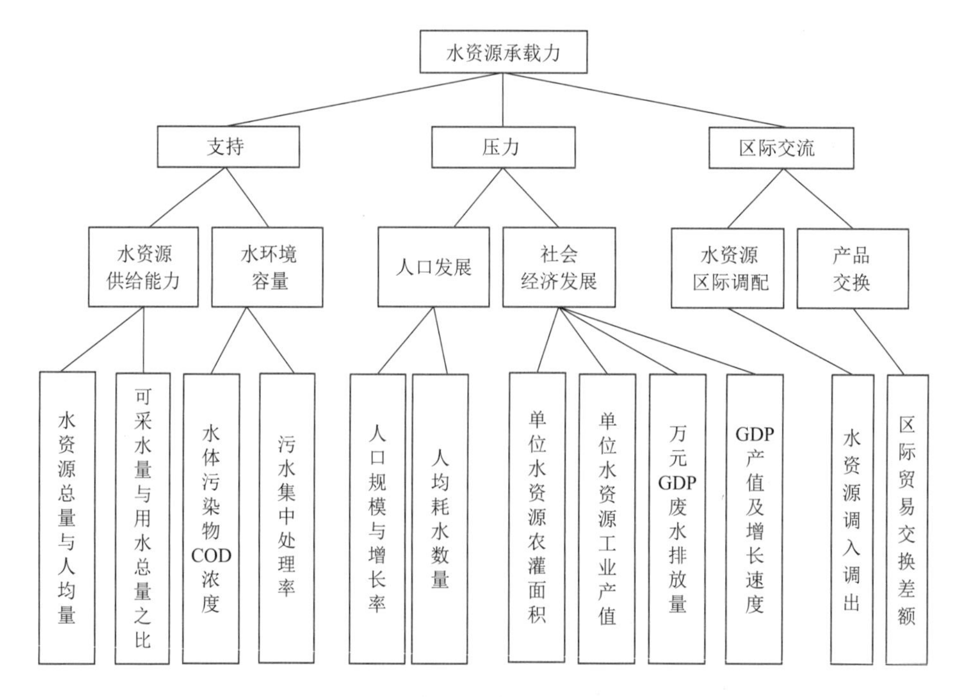

图 9.1 水资源承载力评价指标体系

及面广、内容复杂，目前国内外尚无统一和成熟的方法。在已有的研究成果基础上，设想解决问题的方法可以有以下几类。

9.1.2.1 水资源供需平衡法与多目标分析模型

采用水资源供需平衡法进行水资源承载力评估与预测与水资源的合理配置有密切关系，它首先以维护生态平衡和生态环境质量以及可持续发展为前提，将水资源在生态系统和社会经济系统之间进行平衡分析和配置，然后以对社会经济系统可供给水量为约束条件，通过多目标分析模型确定社会发展模式（经济结构、农业种植结构等）、供水组成（节水、污水回流、开发当地水、外流域调水等）及供水分配状况，最后在上述水资源供需平衡及水资源合理配置的基础上计算水资源承载力的大小（绝对指标）——包括人口发展规模和社会经济发展规模。本方法中主要采用的模型包括：

（1）生态环境模拟模型。以生态保护与环境保护约束关系作为模型框架建立模型，揭示生态系统平衡与生态系统耗水关系、生态系统平衡与社会经济活动方式和强度关系的规律，从天然植被面积指标、绿洲面积指标、水环境指标等方面提出生态环境重点保护对象和生态环境保护规模，确定生态需水量，作为水资源供需平衡的参考依据。

（2）多目标分析模型。以对社会经济系统可供给水量为约束条件，建立描述水资源在社会经济系统内部各子系统之间的分配关系以及这种关系是怎样决定社会发展模式的模型，通过经济发展目标、结构优化目标、资源约束与利用效益等多目标之间的权衡来确定社会发展模式（经济结构、农业种植结构等）、供水组成（节水、污水回流、开发当地水、外流与调水等）及供水在国民经济各部门之间的分配状况。

9.1.2.2 多指标综合评价法与综合评判模型

该方法通过水资源系统支持力和水资源系统压力来共同反映水资源承载状况。水资源系统支持力表示承载媒体的客观承载能力大小，其分值越大，表示水资源现实承载力越高；水资源系统压力代表了被承载对象的压力大小，其分值越大，表示系统所受压力越大，水资源承载力约低；通过两值相比得到水资源承载力系数（相对指标）并进行分级，可表示水资源承载状况。

（1）评价指标的标准化处理。在多指标综合评价问题中，通常评价指标有“效益型”和“成本型”两大类。“效益型”为指标值属性值越大越好的指标，“成本型”指标为属性值越小越好的指标，应分别对这两类指标进行无量纲化处理。在水资源系统支持力和水资源系统承受压力指标体系中，有人均水资源量、可采水量与用水总量之比、水体污染物COD浓度，污水集中处理率、人口规模与增长率、GDP产值及增长速度、万元GDP废水排放量属于“效益型”指标，其余属于“成本型”指标。对于区际交流指标，可将产品调入调出量折算成水资源调入调出量计入支持力指标（差额为正时）或压力指标（差额为负时）。

（2）评价因子权重的确定。多指标的综合评价因子权重的确定是整个评价过程中关键的一环，根据计算权数时，原始数据来源的不同，权数的确定方法大体上可分为主观赋权法和客观赋权法两大类。主观赋权法主要是由专家根据经验主观判断得到，如古林法、Delphi法、AHP法等，这种方法研究较早，也较为成熟，但客观性较差。客观赋权法的原始数据是由各指标在评价单位中的实际数据形成，它不依赖于人的主观判断，因而客观性较强，如主成分分析法、均方差法等。

（3）综合评价值的计算。对于支持力和压力指标，分别以公式多因子综合评价公式进行计算。

9.1.2.3 系统分析方法（动态模拟递推算法）

动态模拟递推法主要是通过水的动态供需平衡计算来显示水资源承载力的状况和支持人口与经济发展的最终规模，其实质是模拟法，将动态模拟和数学经济分析相结合，利用计算机模拟程序，模仿地区水资源供需真实系统运动行为进行模拟预测，根据逐年运行的实际结果，有目的地改变模拟参数或结构，使其与真实系统尽可能一致。当水资源供应能力达到“零增长”（对水资源紧缺地区）或地区人口增长，或经济增长达到“零增长”（对水资源丰富地区）时，水资源承载力按定义已达到最大。

地区水资源承载力分析系统描述。水资源供需系统一般由供水子系统、用水子系统、排水子系统和水资源子系统组成。分析步骤如下：

第一步：对区域水资源进行评价和开发利用条件分析。

第二步：根据地区社会经济发展计划，预测未来各项用水的需求量和总量。

第三步：根据地区拥有的水资源量和开采利用条件，预测满足用水需要的新增供水工程的可供水量和相应措施。

第四步：通过逐年或一定时期的水资源供需平衡计算，采用动态模拟递推算法，进行水资源的现时承载力和承载过程的计算和分析，直到找到可供水量达到零增长时的水资源极限承载力或人口增长、经济发展达到零增长时的最大水资源承载力限度。

9.1.2.4 系统动力学方法与系统动力学仿真模型

系统动力学模型是一种定性与定量相结合，系统、分析、综合与推理集成的方法，并配有专门的DYNAMO软件，给模型的仿真、政策模拟带来很大方便，可以较好地把握系统的各种反馈关系，适合于进行具有高阶次、非线性、多变量、多反馈、机理复杂和时变特征的承载力研究。用系统动力学模型计算的水资源承载力不是简单地给出区域所能养活人口的上限，而是通过各种决策在模型上模拟，清晰地反映人口、资源、环境和发展之间的关系，可操作性较强。

（1）系统流图设计。系统流图是系统动力学的基本变量和表示符号的有机组合。根据水-生态-社会经济复合系统内部各因素之间的关系设计系统流图，其目的主要是反映系统各因素因果关系中所没能反映出来的不同变量的性质和特点，使系统内部的作用机制更加清晰明了，然后通过流图中关系的进一步量化，实现政策仿真的目的。流图中一般包含两种重要变量：状态变量和变化率。

（2）主要状态方程描述与模型构建。根据水资源承载力及承载状况的反馈关系，建立描述各类变量的数学方程和模型。这些描述方程通过包括状态方程、常数方程、速率方程、表函数、辅助方程等。系统模型正是由这一组动态方程有机组合而成。

（3）模型的仿真计算。对不同（提高水资源承载力）方案确定不同的变量输入值，通过仿真操作运算，得到不同发展方案下的水资源承载力仿真运算结果，包括GDP、人口数、农业产值、COD含量及可供水量等各种具体的水资源承载指标，通过对比分析来进行方案的比较择优。

9.1.3 水资源承载力评价方法

9.1.3.1 主成分分析法

主成分分析法也称主分量分析法，是揭示大样本、多变量数据或样本之间内在关系的一种方法，旨在利用降维的思路，把多指标转化为少数几个综合指标，降低观测空间的维数，以获取最主要的信息。主成分分析法是一种降维的统计方法，它借助于一个正交变换，将其分量相关的原随机向量转化成其分量不相关的新随机向量，这在代数上表现为将原随机向量的协方差阵变换成对角形阵，在几何上表现为将原坐标系变换成新的正交坐标系，使之指向样本点散布最开的 p 个正交方向，然后对多维变量系统进行降维处理，使之能以一个较高的精度转换成低维变量系统，再通过构造适当的价值函数，进一步把低维系统转化成一维系统。

1. 主成分分析法计算步骤

如果将选取的第一个线性组合即第一个综合指标记为 F_1，自然希望 F_1 尽可能多地反映原来指标的信息。这里的“信息”最经典的方法就是用 F_1 的方差来表达，即 $\mathrm{var}(F_1)$ 越大，表示 F_1 包含的信息越多。因此在所有的线性组合中所选取的 F_1 应该是方差最大的，故称 F_1 为主成分1。如果主成分1不足以代表原来 p 个指标的信息，再考虑选取 F_2 即选第二个线性组合，为了有效地反映原来信息，F_1 已有的信息就不再需要出现在 F_2 中，即 $Cov(F_1,F_2)=0$，称 F_2 为主成分2，以此类推可以造出主成分3、主成分4，…，主成分 k。这些主成分之间不仅不相关，而且它们的方差依次递减，因此在实际工作中，就挑选前几个最大主成分。虽然这样做会损失一部分信息，但是由于抓住了主要矛盾，并从原始数据中进一步提取了某些新的信息，这既减少了变量的数目，又抓住了主要矛盾。

主成分分析法主要步骤包活：①将原始数据标准化；②求指标数据的相关系数矩阵；③求相关矩阵的特征值和特征向量，确定主成分；④求方差贡献率，确定主成分个数；⑤对 k 个主成分进行综合评价。

2. 主成分分析法优点

（1）主成分分析能降低所研究的数据空间的维数。用研究 k 维的 Y 空间代替 p 维的 X 空间（$k<p$），而低维的 Y 空间代替高维的 X 空间所损失的信息很少。即使只有一个主成分 Y_i（即 $k=1$）时，这个 Y_i 仍是使用全部 X 变量（p 个）得到的。在所选的前 k 个主成分中，如果某个 X_i 的系数全部近似于零的话，就可以把这个 X_i 删除，这也是一种删除多余变量的方法。

（2）多维数据的一种图形表示方法。当维数大于 3 时，便不能画出几何图形，多元统计研究的问题大都多于 3 个变量。要把研究的问题用图形表示出来是不可能的。然而，经过主成分分析后，可以选取前两个主成分或其中某两个主成分，根据主成分的得分，画出 n 个样品在二维平面上的分布状况，由图形可直观地看出各样品在主分量中的地位，进而还可以对样本进行分类处理，可以由图形发现远离大多数样本点的离群点。

（3）由主成分分析法构造回归模型，把各主成分作为新自变量代替原来自变量 x 做回归分析。回归变量的选择有着重要的实际意义，为了使模型本身易于做结构分析、控制和预报，好从原始变量所构成的子集合中选择最佳变量，构成最佳变量集合。用主成分分析筛选变量，可以用较少的计算量来选择，获得选择最佳变量子集合的效果。

3. 主成分分析存在的缺点和不足

（1）在主成分分析中，首先应保证所提取的前几个主成分的累积贡献率达到一个较高的水平，其次对这些被提取的主成分必须都能够给出符合实际背景和意义的解释。

（2）主成分的解释其含义一般带有模糊性，不像原始变量的含义那么清楚、确切。

9.1.3.2 熵值法

熵原本是一热力学概念，它最先由 C. E. Shannon 引入信息论，称之为信息熵，现已在工程技术和社会经济等领域得到十分广泛的应用。Shannon 定义的信息熵是一个独立于热力学熵的概念，但具有热力学熵的基本性质（单值性、可加性和极值性），并且具有更为广泛和普遍的意义，所以称为广义熵。

熵值法是一种客观赋权法。在具体使用过程中，熵值法根据各指标的变异程度，利用信息熵计算出各指标的熵权重，再通过熵权对各指标的权重进行修正，从而得出较为客观的指标权重[9]。在信息论中，熵是对不确定性的一种度量。信息量越大，不确定性就越小，熵也就越小；信息量越小，不确定性就越大，熵也越大。根据熵的特性，我们可以通过计算熵值来判断一个方案的随机性及无序程度，也可以用熵值来判断某个指标的离散程度，指标的离散程度越大，该指标对综合评价的影响越大。

熵值法是根据各项指标值的变异程度来确定指标权数的，这是一种客观赋权法，避免了人为因素带来的偏差，但由于忽略了指标本身重要程度，有时确定的指标权数会与预期的结果相差甚远，同时熵值法不能减少评价指标的维数。熵值法计算步骤如下：

（1）选取 n 个方案，m 项指标，则 x_{ij} 为第 i 个方案的第 j 项指标的数值。

（2）指标的标准化处理：异质指标同质化。由于各项指标的计量单位并不统一，因此

在用它们计算综合指标前，先要对它们进行标准化处理，即把指标的绝对值转化为相对值，并令 $x_{ij}=|x_{ij}|$，从而解决各项不同质指标值的同质化问题。

（3）计算第 j 项指标下第 i 个方案占该指标的比重。

（4）计算第 j 项指标的熵值和差异系数。

（5）求权值和各方案的综合得分。

9.1.3.3 层次分析法

层次分析法（analytic hierarchy process，AHP）是美国运筹学家 Saaty 教授于 20 世纪 80 年代提出的一种实用的多方案或多目标的决策方法。其主要特征是：它合理地将定性与定量的决策结合起来，按照思维、心理的规律把决策过程层次化、数量化。层次分析法自 1982 年被介绍到我国以来，以其定性与定量相结合地处理各种决策因素的特点，以及其系统灵活简洁的优点，迅速地在我国社会经济各个领域内得到广泛的重视和应用[8]。运用层次分析法建模来解决实际问题，大体上可分为四个步骤进行：建立问题的递阶层次结构；构造两两比较判断矩阵；由判断矩阵计算被比较元素相对权重；计算各层元素的组合权重。

1. 层次分析法的明显优点

（1）适用性。用层次分析法进行决策，输入的信息主要是决策者的选择与判断，决策过程充分反映了决策者对决策问题的认识，这种方法容易掌握，这就使以往决策者与决策分析者难于互相沟通的状况得到改变。在多数情况下，决策者直接使用层次分析法进行决策，这就大大增加了决策的有效性。

（2）简洁性。了解层次分析法的基本原理，掌握它的基本步骤，用层次分析法进行决策分析可以不用计算机，用简单的计算足以完成全部运算，所得的结果简单明确，一目了然。

（3）实用性。层次分析法不仅能进行定量分析，也可以进行定性分析。它把决策过程中定性与定量因素有机地结合起来，用一种统一方式进行处理。层次分析法也是一种最优化技术，从学科的隶属关系看，人们往往把层次分析法归为多目标决策的一个分支。但层次分析法改变了最优化技术只能处理定量分析问题的传统观念，使它的应用范围大大扩展。许多决策问题如资源分配、冲突分析、方案评比、计划等均可使用层次分析法，对某些预测、系统分析、规划问题，层次分析法也不失为一种有效方法。

（4）系统性。人们的决策大体有三种方式。第一种是因果推断方式，在相当多的简单决策中，因果推断是基本方式，它形成了人们日常生活中判断与选择的思维基础。事实上，对于简单问题的决策，因果推断是够用的。当决策问题包含了不确定因素，则需要第二种推断方式，即概率方式。此时决策过程可视为一种随机过程。人们需要根据各种影响决策的因素出现的概率，结合因果推断进行决策。近年来发展起来的系统方式是第三种决策思维方式。它的特点是把问题看成一个系统，在研究系统各组成部分相互关系以及系统所处环境的基础上进行决策。对于复杂问题系统方式是有效的决策思维方式。相当广泛的一类系统具有递阶层次的形式。层次分析法恰恰反映了这类系统的决策特点。当然，由递阶层次可以进而研究更复杂的系统，如反馈系统。

2. 层次分析法在应用上的局限性

（1）层次分析法的应用主要是针对那种方案大致确定的决策问题，一般来说它只能从已知方案中选优，而不能生成方案。也就是说，应用层次分析法时，对实现决策的各种方案要有比较明确的规定。

（2）层次分析法得出的结果是粗略的方案排序。对于那种有较高定量要求的决策问题，单纯运用层次分析法是不适合的。层次分析法可以与其他决策方法结合起来，例如，在运用多目标规划时，把层次分析法作为目标加权的方法已为实践证明是有效的。也可以采用层次分析法自身派生出来的一些方法。例如资源分配的层次分析法，成本效益分析的层次分析法，使某些定量分析要求精度不很高的问题有满意的解答。

（3）在层次分析法的使用过程中，无论建立层次结构还是构造判断矩阵，人的主观判断、选择、偏好对结果的影响极大，判断失误极可能造成决策失误。这就使得用层次分析法进行决策主观成分很大。规划论采用比较严格的数学计算，以期把人的主观判断降到最低程度，但得出的结果有时往往难于被决策者所接受。层次分析法的本质是试图使人的判断条理化，但所得到的结果基本上依据人的主观判断。当决策者的判断过多地受其主观偏好影响，而产生某种对客观规律的歪曲时，层次分析法的结果显然就靠不住了。要使层次分析法的决策结论尽可能符合客观规律，决策者必须对所面临的问题有比较深入和全面的认识。此外，在运用层次分析法时采用群组的判断方式也不失为克服主观偏见的一个好办法。

9.1.3.4 模糊综合评判

作为综合评价指数方法之一，模糊数学法引用了模糊矩阵复合运算方法。此方法首先对各单项参数进行评价，然后考虑各项参数在总体中的地位，配以适当的权重，再用模糊概念进行推理，经过模糊矩阵复合运算，得出综合评价结果。

模糊综合评判方法在水资源承载力评价中应用较为广泛，该方法可为区域水资源承载力的研究提供有效途径，其实质是在对影响水资源承载能力的各单因素评价的基础上，通过综合评判矩阵展开对水资源承载能力多因素综合评价，从而得出水资源承载能力的大小，该方法可较全面地分析区域水资源承载力状况[10]。

1. 模糊综合评判步骤

（1）建立评价因子集与评价集。根据区域水资源特性，权衡考虑指标选取六大原则：科学性、整体性、动态性与静态性相结合、定性与定量相结合、可比性、可行性原则，参照全国水资源供需分析中指标体系，在此基础上，充分考虑不同区域水资源自然赋存量的差异以及开发利用方式的不同，借鉴水资源评价标准，参考水资源专家建议，选择若干个水资源承载力指标作为评价因子，建立因子集。

（2）建立模糊关系矩阵。假设参与水资源承载力的评价因子有 m 个，评价标准由 n 个级别组成。由于水资源承载力的指标和分级标准有一定的模糊性，故用隶属度来刻划分级界限比较合理。设 r_{ij} 表示第 i 指标可以被评价为第 j 等的可能性（即 i 对 j 的隶属度，它们的关系即为隶属函数），这样就构成了水环境承载力评价因子与评价等级的模糊关系矩阵。

（3）权重向量的计算。权重是衡量评价因子集中某一因子对水资源承载力影响相对大小的量，权重系数越大，则该因子对水资源承载力的影响程度越大。可以用评价因子贡献率的方法确定权重向量，通过计算超标比来计算权重值。

（4）建立模糊综合评判模型。

2. 模糊综合评判方法的优缺点

模糊综合评判方法具有一定的优点：模糊综合评判通过精确的数字手段处理模糊的评价对象，能对蕴藏信息呈现模糊性的资料做出比较科学、合理、贴近实际的量化评价。同时，评价结果是一个向量，而不是一个点值，包含的信息比较丰富，既可以比较准确地刻画被评价对象，又可以进一步加工，得到参考信息。

但同时，模糊综合评判方法存在一些缺点：模糊综合评判方法计算复杂，对指标权重向量的确定主观性较强。且当指标集 U 较大，即指标集个数较大时，在权向量和为 1 的条件约束下，相对隶属度权系数往往偏小，权向量与模糊矩阵 R 不匹配，结果会出现超模糊现象，分辨率很差，无法区分谁的隶属度更高，甚至造成评判失败，此时可用分层模糊评估法加以改进。

9.1.3.5 集对分析评价

受区域自然地理、社会经济和科学技术等众多因子的影响，区域水资源系统评价是一个复杂的动态系统。区域水资源系统评价必须解决两个关键问题，一是合理确定水资源评价指标体系及其评价等级标准；二是根据各种指标等级标准和实际的相应样本指标值间的关系建立评价方法或模型。集对分析法（set pair analysis，SPA）是一种新的不确定性分析途径，能从整体和局部上剖析研究系统内在的关系[11]。基于 SPA 的优势，近几年众多学者将 SPA 引入到水文水资源领域并开展了系统的应用研究，其中 SPA 在水文水资源系统评价中取得了可喜进展[12]。但就 SPA 评价方法而言，尚未形成系统的体系和构架，还没充分显示出 SPA 的简单性和有效性。

9.2 汉江流域水资源承载力评价结果

9.2.1 汉江流域水资源承载力评价指标

进行区域水资源承载力评价，首先要建立起一套能反映区域水资源承载力的指标体系。然后，根据该指标体系对区域水资源承载力进行监测、评价、预测等研究，为区域可持续发展规划提供决策支持，使区域的发展不偏离可持续发展的正确轨道。区域水资源承载能力评价指标体系，是一组既相互联系又相互独立的，能采用量化手段进行量化的区域水资源系统和区域社会经济发展指标因子所构成的有机整体[13]。在建立区域水资源承载能力指标体系的过程中，对各项指标的选择，必须遵循区域性原则、科学性原则、规范性原则和实用性原则。承载能力大小的判断是依据各项具体的水资源承载能力指标来决定的。水资源承载力受水资源禀赋条件、社会经济发展水平、生态环境保护水平等诸多方面的影响[14]。鉴于此，通过对水资源承载力内涵理解和影响因素分析，结合不同指标的特性，分析其科学性、代表性、可获得性等性质，构建了包含 3 个系统层 12 个指标层的水资源承载力评价体系[15]。本书中所构建的水资源承载力评价指标体系见表 9.1。

表 9.1　　水资源承载力评价指标体系

目标层	特性层	指标层	指标含义	指标极性
水资源承载力	水资源系统	X_1 产水模数	单位面积的年水资源量	正向
		X_2 供水模数	单位面积的供水量	负向
		X_3 水资源开发利用率	供水量与水资源总量的比值	负向
		X_4 人均水资源量	水资源总量与地区常住人口的比值	正向
	社会经济系统	X_5 人均 GDP	地区国内生产总值与常住人口的比值	正向
		X_6 人口密度	单位面积土地上居住的人口数	负向
		X_7 城镇化率	常住城镇人口占常住总人口的比例	负向
		X_8 万元 GDP 用水量	总用水量与总 GDP 的值	负向
		X_9 人均生活用水量	单位人口的生活用水量	负向
		X_{10} 万元工业增加值用水量	工业用水量与工业增加值的比值	负向
	生态环境系统	X_{11} 生态用水率	生态用水量与总用水量的比值	正向
		X_{12} 单位面积废水排放量	年废水排放总量与地区面积的比值	负向

遵循上述区域水资源承载能力指标体系的选取原则，根据汉江流域水资源公报与统计年鉴资料（2010—2016 年），建立汉江流域水资源承载能力指标体系，相关指标值见表 9.2。

表 9.2　　水资源承载力评价指标

年份	X_1 /(万 m^3/km^2)	X_2 /(万 m^3/km^2)	X_3 /%	X_4 /(m^3/人)	X_5 /(万元/人)	X_6 /(人/km^2)	X_7 /%	X_8 /(m^3/万元)	X_9 /(L/d)	X_{10} /(m^3/万元)	X_{11} /%	X_{12} /(万 t/km^2)
2010	48.87	9.36	19.2	2195	2.23	222.59	40.51	188.38	112.72	161.21	0.36	1.31
2011	43.15	9.71	22.5	193	2.77	222.91	41.81	157.52	116.02	122.71	0.68	1.41
2012	29.79	9.71	32.6	1333	3.16	223.33	43.66	137.39	117.72	108.26	0.44	1.40
2013	25.05	9.51	38.0	1121	3.56	223.24	45.10	119.63	123.60	75.72	0.49	1.17
2014	28.74	9.29	32.3	1287	3.94	223.17	46.35	105.71	126.91	65.67	0.54	1.26
2015	30.06	9.51	31.7	1342	4.22	223.99	47.32	100.59	132.51	64.52	0.62	1.35
2016	31.94	9.12	28.6	1419	4.46	225.04	49.48	90.89	137.96	56.54	0.92	1.26

9.2.2　汉江流域水资源承载力主成分分析法评价

按照主成分分析法的原理和步骤对各年份水资源承载力进行计算和评价，首先第一步是对表 9.2 中数据进行标准化处理，从而得到各分区的标准化矩阵 y_{ij}($i=1$，2，…，7；$j=1$，2，…，12)，为方便记录，标准化后的数据仍用 X 表示，见表 9.3。

表 9.3　　评价指标标准化矩阵

年份	X_1	X_2	X_3	X_4	X_5	X_6	X_7	X_8	X_9	X_{10}	X_{11}	X_{12}
2010	1.724	−0.458	−1.564	1.729	−1.545	−1.073	−1.393	1.714	−1.219	1.753	−1.19	0.011
2011	1.063	1.167	−1.044	1.064	−0.883	−0.69	−0.981	0.83	−0.86	0.756	0.561	1.18
2012	−0.48	1.141	0.517	−0.475	−0.39	−0.166	−0.391	0.253	−0.675	0.382	−0.739	1.031
2013	−1.027	0.229	1.35	−1.016	0.103	−0.281	0.068	−0.257	−0.035	−0.461	−0.497	−1.638
2014	−0.601	−0.785	0.476	−0.592	0.571	−0.362	0.464	−0.656	0.326	−0.721	−0.185	−0.565
2015	−0.448	0.253	0.372	−0.454	0.924	0.643	0.773	−0.803	0.935	−0.751	0.205	0.51
2016	−0.231	−1.547	−0.106	−0.256	1.22	1.929	1.459	−1.081	1.529	−0.957	1.844	−0.528

第二步计算评价指标相关系数矩阵，见表 9.4。第三步计算出相关矩阵 R 的特征值 λ、累计方差贡献值 e，见表 9.5。由主成分分析法的步骤可知，主成分量的个数由累计贡献率 E 来确定。由表可知，前 2 个特征值的累计贡献率已经达到了 85.939%，大于 85%，基本代表了所选取的评价因子对汉江流域水资源承载力的影响。但是为了使研究结果更加科学、全面，故本次研究将选取前 3 个主成分进行分析，对应的 3 个特征值分别为：$\lambda_1=8.141$；$\lambda_2=2.171$；$\lambda_3=1.233$。由公式可知，各个特征值的方差贡献率即为各主成分量的权重：$e_1=67.845\%$；$e_2=18.094\%$；$e_3=10.277\%$。

表 9.4　　评价指标相关系数矩阵

R	X_1	X_2	X_3	X_4	X_5	X_6	X_7	X_8	X_9	X_{10}	X_{11}	X_{12}
X_1	1.000											
X_2	0.064	1.000										
X_3	−0.978	0.047	1.000									
X_4	1.000	0.070	−0.976	1.000								
X_5	−0.760	−0.474	0.627	−0.767	1.000							
X_6	−0.455	−0.518	0.299	−0.466	0.841	1.000						
X_7	−0.714	−0.560	0.574	−0.722	0.990	0.894	1.000					
X_8	0.830	0.399	−0.710	0.836	−0.990	−0.791	−0.970	1.000				
X_9	−0.604	−0.601	0.458	−0.612	0.970	0.909	0.984	−0.930	1.000			
X_{10}	0.851	0.378	−0.746	0.855	−0.974	−0.734	−0.946	0.993	−0.905	1.000		
X_{11}	−0.166	−0.402	0.003	−0.177	0.652	0.818	0.687	−0.612	0.739	−0.583	1.000	
X_{12}	0.449	0.594	−0.492	0.448	−0.354	−0.170	−0.387	0.368	−0.364	0.432	−0.011	1.000

表 9.5　　特征值及方差贡献率

组件	初始特征值			提取载荷平方和			旋转载荷平方和		
	总计	方差贡献/%	累计/%	总计	方差贡献/%	累计/%	总计	方差贡献/%	累计/%
1	8.141	67.845	67.845	8.141	67.845	67.845	5.109	42.575	42.575
2	2.171	18.094	85.939	2.171	18.094	85.939	4.701	39.175	81.750
3	1.233	10.277	96.217	1.233	10.277	96.217	1.736	14.467	96.217

主成分荷载矩阵是主成分与变量间的相关系数，根据确定的3个主成分统计分析进一步计算3个主成分的荷载，详见表9.6。由表可知，主成分1与人均GDP、城镇化率、人均生活用水量、人口密度、水资源开发利用率有强正相关关系，与万元GDP用水量、万元工业增加值用水量、人均水资源量、产水模数有强负相关关系，这些变量涉及了水资源数量、用水水平、社会经济水平，综合性较强。主成分2在生态用水率上有较大荷载，可以反映出汉江流域生态环境状况。主成分3在供水模数、单位面积废水排放量上有较大荷载，说明主成分3在一定程度上反映了供水与污染排放水平。

其中，主成分1的贡献率占67.85%，说明水资源数量和社会经济发展水平是影响汉江流域水资源承载力的最主要因子。2016年较2010年汉江流域产水模数下降34.64%，且综合分析这几年数据显示产水模数有减小趋势；2016年较2010年人均水资源量也下降35.35%；人均GDP翻一番，城镇化率和人均生活用水量均不断提高，随着未来城市人口的不断增加，城市化进程的不断推进，各类用水要求也不断提高，这些影响势必会对汉江流域水资源承载力造成更大的压力。主成分2的贡献率达到了18.09%，说明生态用水率也是影响汉江流域水资源承载力的一个重要因子。

表9.6　　成　分　矩　阵

指标	主成分1	主成分2	主成分3	指标	主成分1	主成分2	主成分3
X_8	−0.988	0.013	−0.108	X_1	−0.830	0.548	−0.064
X_5	0.982	0.099	0.084	X_6	0.821	0.451	0.164
X_{10}	−0.982	0.073	−0.064	X_3	0.718	−0.691	0.006
X_7	0.979	0.182	0.023	X_{11}	0.608	0.650	0.274
X_9	0.941	0.307	0.011	X_{12}	−0.474	0.207	0.815
X_4	−0.836	0.539	−0.066	X_2	−0.473	−0.540	0.660

第四步计算主成分量。初始因子荷载矩阵中每一个荷载量表示主成分与对应变量的相关系数，用成分矩阵中第k列向量除以第k个特征值的开根后，即得到主成分k分量Z_k中每个指标所对应的系数，即特征向量U_1、U_2、U_3，见表9.7。

表9.7　　相关系数矩阵特征向量

特征向量	X_1	X_2	X_3	X_4	X_5	X_6	X_7	X_8	X_9	X_{10}	X_{11}	X_{12}
U_1	−0.291	−0.166	0.252	−0.293	0.344	0.288	0.343	−0.346	0.330	−0.344	0.213	−0.166
U_2	0.372	−0.366	−0.469	0.366	0.067	0.306	0.123	0.009	0.208	0.049	0.441	0.141
U_3	−0.057	0.594	0.006	−0.059	0.076	0.148	0.020	−0.097	0.010	−0.058	0.247	0.734

借助特征向量矩阵，分别计算出3个主成分的得分，再根据各自的贡献率计算出综合得分，并以此来分析汉江流域水资源承载力在年际间的变化趋势。

将以上3个主成分分别记为C_1、C_2、C_3，以各主成分的方差贡献率占总方差贡献率的百分比作为主成分的权重进行加权求和，计算汉江流域2010—2016年的水资源承载力综合得分：

$$C = 0.678C_1 + 0.181C_2 + 0.103C_3 \tag{9.1}$$

式中：C 为汉江流域水资源承载力的综合得分；C_1、C_2、C_3 分别为各主成分得分，并依次可以看出，得分有正有负，正值表示高于评价时段的平均水平；负值表示低于平均水平；C 分值越高，说明该年的水资源承载力越强。具体结果见表 9.8。

表 9.8　　水资源承载力综合评价

年份	2010	2011	2012	2013	2014	2015	2016
主成分 1 得分	−4.497	−2.823	−0.866	1.278	1.487	1.887	3.535
主成分 2 得分	0.895	0.735	−1.438	−2.024	−0.526	0.068	2.290
主成分 3 得分	−1.351	1.246	1.196	−1.043	−0.747	0.941	−0.242
综合得分	−3.028	−1.654	−0.725	0.393	0.837	1.389	2.788
排序	7	6	5	4	3	2	1

为了更加直观清晰地反映汉江流域 2010—2016 年水资源承载力的动态变化情况，图 9.2 绘制了水资源承载力的变化趋势图。可以看出 2010—2016 年间汉江流域水资源承载能力总体上呈不断增加趋势。尤其是 2016 年增长幅度最大，是时段系列的极值点，造成这一原因主要是因为这 2016 年的诸多社会经济发展指标，如人均 GDP、万元 GDP 用水量、万元工业增加值用水量，及生态环境保护指标生态用水率分别达到了 4.46 万元、90.89m^3、56.54m^3 及 0.92%，均为 2010—2016 年的峰值，有效地加强了水资源的高效利用及对生态环境保护的用水力度，同时相较于过往年份，产水模数、人均水资源量、单位面积废水排放量这些数据，也分别排到了对应指标的第 3 位，有效地增加了水资源的天然供应和污染排放管控，因而使得该年的水资源承载压力得到了缓解。这表明水资源的自然禀赋虽是影响水资源承载力的基础，但在当前阶段，社会经济因素已经成为影响一地区水资源承载力的主要因素。人类可以在认识自然的基础上，科学合理地改造自然以满足自身发展需要，近几年，汉江流域各省市通过加大经济投入、调整产业结构、科技创新等方面对自然因素的不足做出了适应与挑战，并且取得了理想的结果。

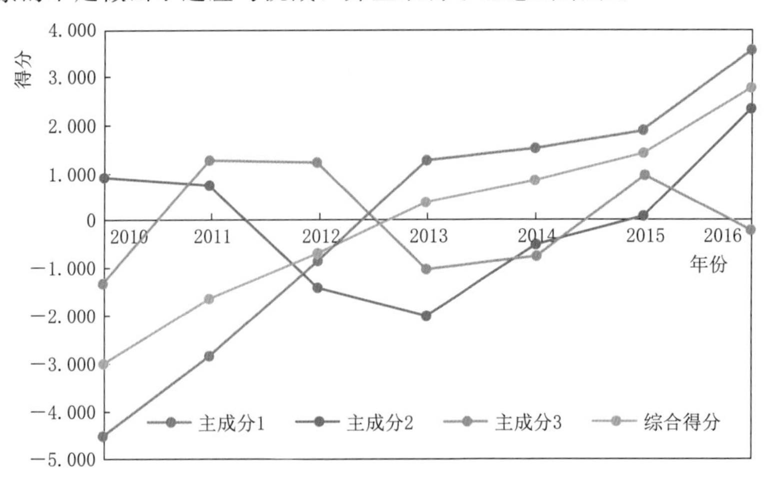

图 9.2　水资源承载力变化趋势

同时还可以看出，主成分 1 的变化趋势和水资源承载力的总趋势大体一致，主要是因为主成分 1 包含了 67.85%的影响率，是影响整体趋势的最主要因子。主成分 2 变化的波动较大，缺乏稳定性，主要是受生态用水率的影响。主成分 3 也具有较大的波动性，主要受供水模数和单位面积废水排放量的影响。

9.2.3 汉江流域水资源承载力熵值法评价

第一步，首先将指标体系构成的原始数据矩阵初始化，得到表 9.9。

表 9.9 指标数据初始化（熵值法）

指标	X_1	X_2	X_3	X_4	X_5	X_6	X_7	X_8	X_9	X_{10}	X_{11}	X_{12}
2010 年	1.00	0.60	1.00	1.00	0.00	1.00	1.00	0.00	1.00	0.00	0.00	0.41
2011 年	0.76	0.00	0.82	0.76	0.24	0.87	0.86	0.32	0.87	0.37	0.58	0.00
2012 年	0.20	0.01	0.29	0.20	0.42	0.70	0.65	0.52	0.80	0.51	0.15	0.05
2013 年	0.00	0.35	0.00	0.00	0.60	0.74	0.49	0.71	0.57	0.82	0.23	1.00
2014 年	0.16	0.72	0.30	0.15	0.77	0.76	0.35	0.85	0.44	0.91	0.33	0.62
2015 年	0.21	0.34	0.34	0.21	0.89	0.43	0.24	0.90	0.22	0.92	0.46	0.24
2016 年	0.29	1.00	0.50	0.28	1.00	0.00	0.00	1.00	0.00	1.00	1.00	0.61

数据经过整理后，根据熵值法公式计算出各评价指标的熵和熵权值，结果见表 9.10。由熵权计算公式及计算结果可以看出，熵值越小时，熵权越大，表明相应的评价指标的信息量越有效，该评价指标越重要。反之，指标的熵值越大，其熵权越小，该指标越不重要。熵权体现了客观信息中指标的作用大小，是客观权重。

表 9.10 各指标信息熵及熵权值

指标	X_1	X_2	X_3	X_4	X_5	X_6	X_7	X_8	X_9	X_{10}	X_{11}	X_{12}
熵值	0.985	0.985	0.988	0.985	0.988	0.990	0.988	0.988	0.988	0.988	0.988	0.986
熵权	0.097	0.097	0.079	0.097	0.081	0.065	0.079	0.076	0.082	0.078	0.078	0.090

通过计算可以得到熵值权重，最终得到熵值计算公式如下：

$$Y=0.097X_1+0.097X_2+0.079X_3+0.097X_4+0.081X_5+0.065X_6+0.079X_7+0.076X_8+0.082X_9+0.078X_{10}+0.078X_{11}+0.090X_{12} \tag{9.2}$$

可以得到，根据熵值法，对汉江流域水资源承载力影响较大的指标有产水模数、供水模数、人均水资源量、单位面积废水排放量等。代入各年指标标准化值得到熵值法求得的各年水资源承载力综合评价值见表 9.11。

表 9.11 水资源承载力熵值法评价值

年份	2010	2011	2012	2013	2014	2015	2016
得分	0.154	0.147	0.129	0.137	0.145	0.137	0.150

由综合评价值可得，在 2010—2016 年，汉江流域水资源承载力整体呈现波动状态，振幅较大。2012 年，汉江流域水资源承载力最小。从原始数据来看，2012 年，汉江流域

产水模数和人均水资源量偏少，占据第3位；万元GDP用水量、万元工业增加值用水量偏大，同比占据第3位；单位废水排放量偏大，占据第3位。因此综合比较来看，2012年的水资源供需矛盾比其他年份大。另外，汉江流域水资源承载力整体上处于波动变化状态中。这是因为一方面汉江流域在面临水资源偏枯且年际分布不均的情境下，不断提高用水效率和用水效益，谋求地区经济社会发展的同时，也逐渐加强到对生态环境的保护和治理工作，因此在多方面因素的综合博弈之下呈现出波动的状况。

为了达到科学计算汉江流域水资源承载能力的目的，必须要考虑到压力和支持力这两个系数，由此得出计算公式为

$$CCI=\frac{CCP}{CCS} \tag{9.3}$$

式中：CCI为水资源承载力系数；CCS为水资源承载的支持系数；CCP为水资源承载力的压力系数。

在汉江流域水资源承载能力的指标体系中，把指标层的指标分为两部分，分别来计算支持系数和压力系数。

水资源支持力的主要影响因素是水资源子系统中的各个指标，将水资源系统中的各指标评价值求和（表9.12），得出支持力系数CCS，则CCS为

$$CCS=\sum_{i=1}^{4}z_iW_i \tag{9.4}$$

水资源压力的影响因素主要为社会经济和生态环境两个子系统中的指标，将其中各指标评价值求和（表9.12），得出压力系数CCP为

$$CCP=\sum_{i=5}^{12}z_iW_i \tag{9.5}$$

表9.12　水资源承载力系数（熵值法）

年份	CCS	CCP	CCI	年份	CCS	CCP	CCI
2010	0.233	0.207	0.889	2014	0.112	0.254	2.263
2011	0.258	0.287	1.112	2015	0.157	0.353	2.252
2012	0.190	0.270	1.416	2016	0.094	0.422	4.471
2013	0.142	0.196	1.381				

从表9.12中可以看出汉江流域2010—2016年的水资源支持力系数在0.094与0.258之间波动，水资源压力系数在波动中上升，并且最高达到0.422；从表9.12可以看出，除2010年外，其他年份的水源承载力系数均大于1，并且有逐渐加大的趋势，说明了汉江流域水资源的超载状态在不断加剧且形势严峻，我们应及时正视水资源的承载力问题。

9.2.4 汉江流域水资源承载力层次分析法评价

层次分析法的原理和步骤是通过建立层次分析结构模型，构造判断矩阵，利用求特征值的方法，确定各评价因子重要性权重。再根据综合权重按最大权重原则来确定水环境承载力等级。

用层次分析法来确定水体环境影响评价中各因素组成和因素因子的权重时，首先需要将

被评价的因素组成和因素因子按照评价的目标层次进行排列，建立起层次结构的综合评价体系，每层指标最好不要超过 9 个。图 9.3 绘出汉江流域水资源承载力评价层次结构体系。

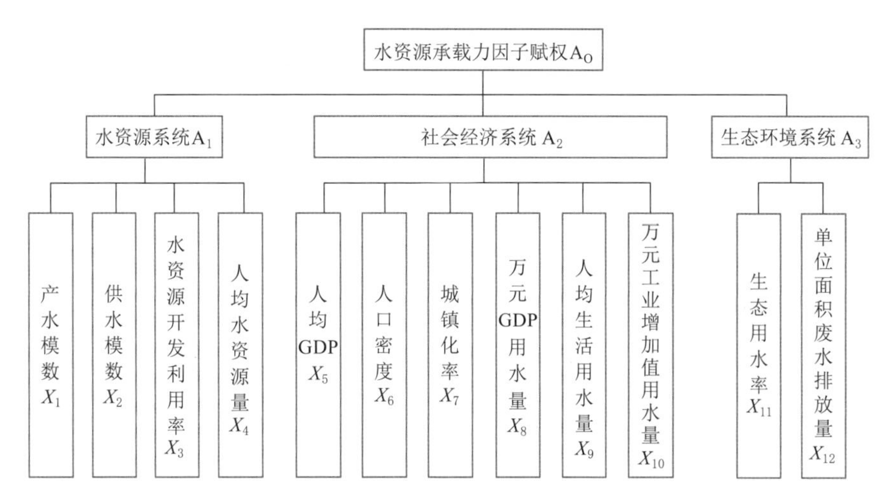

图 9.3 汉江流域水资源承载力评价层次结构体系

9.2.4.1 指标权重的确定

研究汉江流域水资源承载能力，首先将体系中的准则层和指标层的权重确定。使用层次分析法，通过建立判断矩阵，对各层次的指标进行权重确定（其中，判断矩阵的建立是通过对专家进行调研，并对得到的结果进行合规处理）。

（1）判断矩阵的构建。层次分析法中采用 1～9 标度对各指标的重要性进行两两比较，若因素 i 与因素 j 的重要性之比为 a_{ij}，那么因素 j 与因素 i 重要性之比为 $a_{ji}=1/a_{ij}$。首先构造第二层（图 9.3 中水资源系统 A_1、社会经济系统 A_2、生态环境系统 A_3）相对于第一层的比较判断矩阵，见表 9.13。

表 9.13　　O－A 比较判断矩阵

i	j		
	水资源	社会经济	生态环境
水资源	1	2	1/2
社会经济	1/2	1	1/4
生态环境	2	4	1

然后给出第三层（图 9.3 中共有 12 个因子 $X_1\sim X_{12}$）相对于第二层的各个比较判断矩阵，见表 9.14、表 9.15、表 9.16。

表 9.14　　$A_1-X_1\sim A_1-X_4$ 比较判断矩阵

i	j			
	产水模数	供水模数	水资源开发利用率	人均水资源量
产水模数	1	1	1/2	1/2
供水模数	1	1	1/2	1/2
水资源开发利用率	2	2	1	1
人均水资源量	2	2	1	1

表 9.15　　　$A_2-X_5 \sim A_2-X_{10}$ 比较判断矩阵

i	j					
	人均 GDP	人口密度	城镇化率	万元 GDP 用水量	人均生活用水量	万元工业增加值用水量
人均 GDP	1	1/2	2	1/2	1/3	1/2
人口密度	2	1	4	1	1/2	1
城镇化率	1/2	1/4	1	1/4	1/6	1/4
万元 GDP 用水量	2	1	4	1	1/2	1
人均生活用水量	3	2	6	2	1	2
万元工业增加值用水量	2	1	4	1	1/2	1

表 9.16　　　$A_3-X_{11} \sim A_3-X_{12}$ 比较判断矩阵

i	j	
	生态用水率	单位面积废水排放量
生态用水率	1	
单位面积废水排放量	2	1

（2）计算权重向量。对表 9.13～表 9.16 中各比较判断矩阵进行检验，用 Matlab 软件编程得到一致性指标 CI 和一致性比例 CR，结果表明准则层对方案层以及层次的总排序均通过一致性检验。表 9.17 列出水资源承载力指标权重值。

表 9.17　　　水资源承载力指标权重值

一级指标	二级指标	二级指标权重	三 级 指 标	三级指标权重
水资源承载力	水资源系统	0.2857	产水模数 X_1	0.0476
			供水模数 X_2	0.0476
			水资源开发利用率 X_3	0.0952
			人均水资源量 X_4	0.0952
	社会经济系统	0.1429	人均 GDP X_5	0.0134
			人口密度 X_6	0.0255
			城镇化率 X_7	0.0067
			万元 GDP 用水量 X_8	0.0255
			人均生活用水量 X_9	0.0465
			万元工业增加值用水量 X_{10}	0.0255
	生态环境系统	0.5714	生态用水率 X_{11}	0.1904
			单位面积废水排放量 X_{12}	0.3809

9.2.4.2 原始数据的无量纲化

由于各个指标之间的计算单位和数量级不同，导致各个指标之间不具有可比性，直接将原始数据进行计算不具有科学性。所以，在分析数据之前，先对原始数据进行无量纲化，使各个指标间的数据具有可比性，从而达到科学计算的目的。数据无量纲化的方法主要有四种，包括极值化方法、标准化方法、均值化方法、标准差化方法。根据实际情况，采用极值化方法计算如下：

$$x'_{ij}=\frac{x_{ij}-\min(x_{1j}, x_{2j}, \cdots, x_{nj})}{\max(x_{1j}, x_{2j}, \cdots, x_{nj})-\min(x_{1j}, x_{2j}, \cdots, x_{nj})} \tag{9.6}$$

式中：x'_{ij} 为第 i 个方案的第 j 个指标的无量纲化值（$i=1, 2, \cdots, n$；$j=1, 2, \cdots, m$）。为了方便起见记数据 $x'_{ij}=x_{ij}$ 。水资源承载力指标无量纲化值见表 9.18。

表 9.18　　水资源承载力指标无量纲化值

年份	X_1	X_2	X_3	X_4	X_5	X_6	X_7	X_8	X_9	X_{10}	X_{11}	X_{12}
2010	1.00	0.40	0.00	1.00	0.00	0.00	0.00	1.00	0.00	1.00	0.00	0.58
2011	0.76	1.00	0.18	0.76	0.24	0.13	0.14	0.68	0.13	0.63	0.58	1.00
2012	0.20	0.99	0.71	0.20	0.42	0.30	0.35	0.48	0.20	0.49	0.15	0.95
2013	0.00	0.65	1.00	0.00	0.60	0.26	0.51	0.29	0.43	0.18	0.23	0.00
2014	0.16	0.28	0.70	0.15	0.77	0.24	0.65	0.15	0.56	0.09	0.33	0.38
2015	0.21	0.66	0.66	0.21	0.89	0.57	0.76	0.10	0.78	0.08	0.46	0.76
2016	0.29	0.00	0.50	0.28	1.00	1.00	1.00	0.00	1.00	0.00	1.00	0.39

9.2.4.3 水资源承载力系数计算

通过表 9.17 可以得到各指标权重，采用层次分析法计算得到水资源承载力系数见表 9.19。

表 9.19　　水资源承载力系数（层次分析法）

年份	CCS	CCP	CCI	年份	CCS	CCP	CCI
2010	0.162	0.274	1.691	2014	0.102	0.261	2.556
2011	0.173	0.538	3.110	2015	0.124	0.450	3.623
2012	0.143	0.439	3.059	2016	0.088	0.433	4.927
2013	0.126	0.094	0.743				

从表 9.19 中可以看出汉江流域 2010—2016 年的水资源支持力系数在 0.088 与 0.173 之间波动，水资源压力系数在波动中上升，并且最高达到 0.538；除 2013 年外，其他年份的水源承载力系数均大于 1，并且有逐渐加大的趋势，说明了汉江流域水资源的超载状态在不断加剧且形势严峻，应及时正视水资源的承载力问题。

9.2.5 汉江流域水资源承载力模糊综合评价

9.2.5.1 评价指标的选取、分级和评分

水资源承载力综合评价指标体系是对区域水资源、社会、经济与生态环境协调发展状况进行综合评价与研究的依据和标准。同样遵循全面性、层次性、简明性、可操作性、动态性和差异性的原则，所选具体指标在此不予赘述。

指标体系建立以后，需要对各单项指标进行分析，确立其合理的取值范围和分级标准。将研究区水资源承载力划分为 5 种状态，各单项指标也相应地划分为 5 个等级（表

9.20)。Ⅰ级属很好，表示本区水资源有较大的承载力，水资源的供给情况比较乐观；Ⅱ级属较好，表示水资源开发利用已经初具规模，但仍有较大的开发利用潜力，区内水资源对社会经济的发展有较好的保障；Ⅲ级属一般，表示本区水资源与社会经济与生态环境之间处于基本平衡状态；Ⅳ级属较差，表示水资源开发利用已经有了相当的规模，但仍有一定的开发利用潜力，区内水资源对社会经济的发展有一定的保障；Ⅴ级属很差，表示水资源承载力已经接近饱和值，进一步开发会对水资源系统生态环境系统等造成破坏，这时应采取相应的政策。

表 9.20　　评价指标及分级情况

指　标	单位	分　级				
		Ⅰ	Ⅱ	Ⅲ	Ⅳ	Ⅴ
产水模数 X_1	万 m^3/km^2	>25	20～25	15～20	10～15	≤10
供水模数 X_2	万 m^3/km^2	<1	1～3	3～10	10～15	>15
水资源开发利用率 X_3	%	<20	20～35	35～45	45～60	>60
人均水资源量 X_4	m^3/人	>550	500～550	450～500	400～450	<400
人均 GDP X_5	万元/人	>5	2.5～5	1～2.5	0.4～1	<0.4
人口密度 X_6	人/km^2	<110	110～150	150～200	200～250	>250
城镇化率 X_7	%	<15	15～30	30～50	50～60	>60
万元 GDP 用水量 X_8	m^3/万元	<80	80～110	110～250	250～600	>600
人均生活用水量 X_9	L/d	<100	100～150	150～200	200～300	>300
万元工业增加值用水量 X_{10}	m^3/万元	<8	8～10	10～15	15～20	>20
生态用水率 X_{11}	%	>4	3～4	2～3	1～2	<1
单位面积废水排放量 X_{12}	万 t/km^2	<1.5	1.5～2.0	2～2.5	2.5～3.0	>3.0

9.2.5.2　评价指标隶属度计算

隶属函数的建立是模糊数学应用的关键，根据隶属函数可确定各指标实际值的隶属度，进行单因素评价并得到隶属函数关系矩阵。隶属函数的种类有很多，选取不当会偏离实际情况，影响计算结果。在进行模糊综合评判过程中，科学合理地定义隶属度函数是综合评判成功的关键，定义隶属度函数常用的主要有二元比较排序法、三角形模糊分布法、待定系数法和模糊统计法。

"降半梯形分布"是较为简单实用的方法，在对汉江流域水资源承载力的研究中，对上述 12 项指标采用"降半梯形分布"，定义了其隶属度函数。当评价指标越小越优时，各指标对Ⅰ、Ⅱ、Ⅲ、Ⅳ、Ⅴ级水资源承载力的隶属度函数为

$$\mu_1(u)=\begin{cases}1, & u \leqslant a_1\\ \dfrac{a_2-u}{a_2-a_1}, & a_1<u<a_2\\ 0, & u \geqslant a_2\end{cases} \tag{9.7}$$

$$\mu_2(u)=\begin{cases}0, & u\leqslant a_1,\ u\geqslant a_3\\ \dfrac{u-a_1}{a_2-a_1}, & a_1<u<a_2\\ \dfrac{a_3-u}{a_3-a_2}, & a_2\leqslant u\leqslant a_3\end{cases} \tag{9.8}$$

$$\mu_3(u)=\begin{cases}0, & u\leqslant a_2,\ u\geqslant a_4\\ \dfrac{u-a_2}{a_3-a_2}, & a_2<u<a_3\\ \dfrac{a_4-u}{a_4-a_3}, & a_3\leqslant u\leqslant a_4\end{cases} \tag{9.9}$$

$$\mu_4(u)=\begin{cases}0, & u\leqslant a_3,\ u\geqslant a_5\\ \dfrac{u-a_3}{a_4-a_3}, & a_3<u<a_4\\ \dfrac{a_5-u}{a_5-a_4}, & a_4\leqslant u\leqslant a_5\end{cases} \tag{9.10}$$

$$\mu_5(u)=\begin{cases}0, & u<a_4\\ \dfrac{u-a_4}{a_5-a_4}, & a_4\leqslant u<a_5\\ 1, & u\geqslant a_5\end{cases} \tag{9.11}$$

式中：a_1 为Ⅰ级和Ⅱ级的临界点；a_5 为Ⅳ级和Ⅴ级的临界点；a_2 为Ⅱ级的中间值；a_3 为Ⅲ级的中间值；a_4 为Ⅳ级的中间值。

对于越大越优型指标，隶属度函数的计算公式，只需将式（9.7）～式（9.11）中的≤、<改为≥、>，将≥、>改为≤、<即可。表 9.21 给出降半梯形分布定义隶属度函数的等级界定值。

表 9.21　降半梯形分布定义隶属度函数的等级界定值

指标层	X_1	X_2	X_3	X_4	X_5	X_6	X_7	X_8	X_9	X_{10}	X_{11}	X_{12}
a_1	25	1	20	550	5	110	15	80	100	8	4	1.5
a_2	22.5	2	27.5	525	3.75	130	22.5	95	125	9	3.5	1.75
a_3	17.5	6.5	40	475	1.75	175	40	180	175	12.5	2.5	2.25
a_4	12.5	12.5	52.5	425	0.7	225	55	425	250	17.5	1.5	2.75
a_5	10	15	60	400	0.4	250	60	600	300	20	1	3

根据单因素评价矩阵计算公式得到各年份各等级隶属度矩阵 R。

9.2.5.3　指标权重集确定

在水资源承载力的研究中，除考虑各个评价因子自身性质对其相对的重要性，也要考虑它们组态对水资源承载力的影响。因此，采用常规权重与变权方法相结合的方式来确定诸因子的取值状况对水资源承载力的影响。

彭补拙等[15] 在进行环境质量综合评价时，提出了评价因子“变权”的思想。在汉江流域水资源承载力综合评价研究中，既要考虑各评价因子本身特性对水资源承载力的相对重要性，同时也要考虑它们的组态（各因子的取值状况）对水文生态系统质量的影响，这两方面的影响可同时在可变的权重中体现出来。

设有评价因子集 $U=(u_1, u_2, \cdots, u_m)$，如果评价对象的某一个评价因子的状态（取值）十分差，致使即便其余评价因子的状态（取值）很理想，该评价对象的质量也很差。如某个评价单元的产水模数很低，则该评价单元的水资源承载力应认为很差，然而，若仅以常权来综合计算评价值，一般很难反映出这一特征。由于汉江流域的特殊性，其水资源系统的结构、功能、状态、质量和演进等虽然由诸多因子影响、控制和决定，但在很多情况下，少数十分差的水资源承载力因子的状态（取值）往往影响、控制和决定着其状态和质量。

因此，在进行汉江流域水资源承载力综合评价研究中，考虑评价因子权重时，在常权的基础上采用“变权”进一步处理，使之更符合实际。本书确定“变权”基本思想是：调整指标因子的权重，调整方法是调高“差”因子的权重，同时调低“好”因子的权重，从而降低评价对象的综合评价值。李洪兴[16] 从数学的角度给出了“变权”的公理化定义，提出了 Hadarmard 乘积变权模型（变权原理），本书根据汉江流域水资源承载力综合评价的特点与要求，经适当地改进，提出了基于隶属度的 Hadarmard 乘积变权模型：

（1）常权的确定。在综合评价中，考虑各评价因子对水资源承载力的影响不同以及各个评价指标之间的各个量纲不统一，故采用主成分分析法。

基于汉江流域水资源承载力的原始数据，运用 SPSS 软件进行主成分分析，确定各个评价指标的权重值，得出权重（表 9.22）。

表 9.22　　汉江流域水资源承载力各指标常权向量

指标	X_1	X_2	X_3	X_4	X_5	X_6	X_7	X_8	X_9	X_{10}	X_{11}	X_{12}
权重	0.0559	0.0588	0.0903	0.0555	0.1161	0.118	0.1167	0.0393	0.1175	0.0413	0.1155	0.0751

根据各评价指标对水资源承载力的影响大小，结合汉江流域的实际情况运用主成分分析法，对影响汉江流域水资源承载力的各指标进行权重系数的计算，得权重矩阵 $A=\{0.0559, 0.0588, 0.0903, 0.0555, 0.1161, 0.118, 0.1167, 0.0393, 0.1175, 0.0413, 0.1155, 0.0751\}$。在影响汉江流域水资源承载力的 12 个指标中，按照重要性排序为 $X_6 > X_9 > X_7 > X_5 > X_{11} > X_3 > X_{12} > X_2 > X_1 > X_4 > X_{10} > X_8$，人口密度、人均生活用水量、城镇化率、人均 GDP、生态用水率是影响汉江流域水资源承载力的最主要因子，总权重为 05838；其他因子影响相对较小，人均水资源量、万元 GDP 用水量、万元工业增加值用水量这 3 个指标所占权重最小。

（2）最低评语等级隶属度向量。诸评价因子的状态隶属于汉江流域水资源承载力综合评价最低评语等级的隶属度组成的向量：

$$\mu=[\mu(u_1), \mu(u_2), \cdots, \mu(u_m)] \tag{9.12}$$

式中：m 为综合评价中指标总数，本书中取 $m=12$。

（3）状态影响向量。

$$S_j(\mu)=\begin{cases}2-\log_{b_j}\mu(x_j) & \mu(x_j)>b_j\\ 1 & \mu(x_j)\leqslant b_j\end{cases} \tag{9.13}$$

式中：b_j 为调整水平（$j=1, 2, \cdots, m$），即某一因子的状态隶属于汉江流域水资源承载力综合评价最低评语等级的隶属度受调整的阈值，本书 $b_j=80\%$。当该因子状态（取值）隶属于最低评语等级的隶属度大于 b_j 时，就进行调整，其值根据评价因子对汉江流域水资源承载力影响情况而确定，为了问题研究的方便，将 b_j（$j=1, 2, \cdots, m$）取为同一值，并规定当某一指标隶属于最低评语等级的隶属度大于 80 时，认为其因子状态已经很差，应该受到调整，所以本书 $b_j=80\%$（$j=1, 2, \cdots, m$）。

（4）基于隶属度的 Hardarnard 乘积变权计算。

$$W(\mu)=\frac{[a_1s_1(\mu), a_2s_2(\mu), \cdots, a_ms_m(\mu)]}{\sum_{j=1}^{m}[a_js_j(\mu)]}=\frac{AS_\mu}{\sum_{j=1}^{m}[a_js_j(\mu)]} \tag{9.14}$$

9.2.5.4 综合计算与分析

根据综合评价模型，综合评价结果矩阵 $B=W\cdot R$ 得到汉江流域各年份水资源承载力模糊综合评价结果。

$$B=\begin{bmatrix}0.367 & 0.068 & 0.264 & 0.134 & 0.168\\ 0.331 & 0.145 & 0.211 & 0.145 & 0.168\\ 0.277 & 0.203 & 0.196 & 0.157 & 0.168\\ 0.256 & 0.225 & 0.189 & 0.162 & 0.168\\ 0.264 & 0.265 & 0.136 & 0.167 & 0.168\\ 0.284 & 0.242 & 0.129 & 0.177 & 0.168\\ 0.319 & 0.219 & 0.107 & 0.187 & 0.168\end{bmatrix} \tag{9.15}$$

为了更好地反映水资源承载力的情况，对各指标 $\alpha_4=0.25$ 影响做定量化，对等级Ⅰ、Ⅱ、Ⅲ、Ⅳ、Ⅴ评分分别取 $\alpha_1=0.95$，$\alpha_2=0.75$，$\alpha_3=0.50$，$\alpha_4=0.25$，$\alpha_5=0.05$，即：$A=\text{Ⅰ}\cdot\alpha_1+\text{Ⅱ}\cdot\alpha_2+\text{Ⅲ}\cdot\alpha_3+\text{Ⅳ}\cdot\alpha_4+\text{Ⅴ}\cdot\alpha_5$，数值越高，表示水资源承载力潜力越大，结果详见表 9.23。

表 9.23　　汉江流域水资源承载力综合评价结果

年份	Ⅰ	Ⅱ	Ⅲ	Ⅳ	Ⅴ	综合评分值 A
2010	0.367	0.068	0.264	0.134	0.168	0.5727
2011	0.331	0.145	0.211	0.145	0.168	0.5732
2012	0.277	0.203	0.196	0.157	0.168	0.5605
2013	0.256	0.225	0.189	0.162	0.168	0.5551
2014	0.264	0.265	0.136	0.167	0.168	0.5677
2015	0.284	0.242	0.129	0.177	0.168	0.5685
2016	0.319	0.219	0.107	0.187	0.168	0.5761

由表 9.23 可见，2010—2016 年汉江流域水资源承载力综合评分值分别为 0.5727、0.5732、0.5605、0.5551、0.5677、0.5685、0.5761，均处于中等略偏上水平，表明汉江水资源开发利用已经初具规模，仍有一定的开发利用潜力。以最大隶属度原则确定模糊综合评价对应等级结果，2010—2016 年的评价等级结果分别是Ⅰ级、Ⅰ级、Ⅰ级、Ⅰ级、Ⅱ级、Ⅰ级、Ⅰ级，表明汉江流域水资源承载状况较好。分析模糊关系矩阵可知，2014 年年人均 GDP、水资源开发利用率、万元 GDP 用水量和人均生活用水量这些指标隶属于第Ⅱ等级的隶属度较高，抬高了整个系统对第Ⅱ等级的隶属度。流域水资源承载力综合评分随时间上先下降后上升，变化趋势同第Ⅰ等级隶属度。最高综合评分出现在 2016 年，最低评分出现在 2013 年，二者相差 0.0211。在对各等级的隶属度数值上，出现了对于Ⅱ级隶属度先上升后下降，Ⅲ级隶属度逐步下降，Ⅳ级隶属度逐步上升，Ⅴ级隶属度保持不变的情况。

9.2.6 汉江流域水资源承载力集对分析评价

从系统论观点出发，将水资源承载系统分为承载主体和承载客体，其中承载主体为社会经济系统和生态环境系统，承载客体为水资源系统。3 个子系统之间以水量和水质要素为桥梁，相互作用、相互影响。选用相同的指标，建立了包含 12 个指标的水资源承载力 3 级评价指标体系。其中，对于各指标权重的计算，结合主成分分析法和熵值法，综合作为各指标的复合权重。根据指标的分级惯例，分为 5 个评价等级，分别为Ⅰ级（不超载）、Ⅱ级（临界超载）、Ⅲ级（轻微超载）、Ⅳ级（超载）和Ⅴ级（严重超载）。具体分级情况可查看表 9.20。

9.2.6.1 汉江流域水资源承载力等级

指标权重的计算。主成分分析法的计算步骤主要包括：①数据标准化；②用标准化数据矩阵计算相关系数矩阵；③求相关系数矩阵的特征值与相应的特征向量；④确定主成分个数，提取主成分。

一般利用主成分分析中主成分系数来确定主成分的权重不同，根据各指标传递给决策者信息量的大小确定主成分的权重。具体以熵值法计算。指标权重的计算结果见表 9.24。由表 9.24 可知，在 12 个所选指标因子中，人口密度、人均生活用水量、生态用水率及单位面积废水排放量所占权重较大，均达到 0.09 以上。万元 GDP 用水量和万元工业增加值用水量权重较小，处于 0.07 以下。

表 9.24　基于主成分和熵权的指标权重

指标	X_1	X_2	X_3	X_4	X_5	X_6	X_7	X_8	X_9	X_{10}	X_{11}	X_{12}
权重	0.0777	0.0788	0.0713	0.0775	0.0893	0.0959	0.0892	0.066	0.0908	0.0681	0.1000	0.0954

将收集的数据，借助与前文有关联系度计算的相关公式，从而得到了汉江流域在评价时段内的水资源承载状况，见表 9.25。

如表 9.25 所示，由置信度准则可知，若选择置信度 $\lambda=0.5$，则汉江水资源承载等级在 2010—2016 年间从Ⅲ级转变为Ⅱ级，即从处于轻微超载转变为临界超载状态，能够较为安全支撑目前的社会经济发展状况。若保守稳妥评价选择 $\lambda=0.75$，汉江水资源承载等级在2010—2016年间一直处于Ⅳ级，即超载状态，对于目前的社会经济发展状况较为不利。进一步分析表中的5个分量，可以发现a的值从0.366下降至0.256，再逐步回升至0.319，而c的值一直保持于0.168不变，说明汉江流域水资源承载状态经历了向超载再向临界超载的发展过程。接下来将进一步对汉江流域水资源承载力开展定量评价，以分析其在2010—2016年间的变化情况。上述情况也表明：汉江流域在面对近年水资源偏枯的自然资源条件下，政府目前所大力推进的产业升级和淘汰落后产能，以及在环境保护和治理方面的投入持续加大等措施，将会使汉江流域的水资源承载状态得到继续改善。

表9.25　汉江流域水资源承载状态

年份	五元联系数					评价等级 $\lambda=0.5$	评价等级 $\lambda=0.75$
	a	b_1	b_2	b_3	c		
2010	0.366	0.068	0.264	0.134	0.168	Ⅲ	Ⅳ
2011	0.331	0.145	0.212	0.145	0.168	Ⅲ	Ⅳ
2012	0.277	0.203	0.195	0.157	0.168	Ⅲ	Ⅳ
2013	0.256	0.225	0.189	0.162	0.168	Ⅲ	Ⅳ
2014	0.264	0.265	0.136	0.167	0.168	Ⅱ	Ⅳ
2015	0.284	0.242	0.128	0.177	0.168	Ⅱ	Ⅳ
2016	0.319	0.219	0.107	0.187	0.168	Ⅱ	Ⅳ

9.2.6.2　汉江流域水资源承载力发展趋势和风险

将水资源承载力指标体系分为水资源、社会经济和生态环境3个子系统。根据减法集对势的定义，将数据进行了整理，见表9.26，得到了汉江流域水资源承载力五元联系数和减法集对势结果。同时，参照陆广地等[17]的研究成果，将水资源承载状态5个等级的联系数在数轴上进行表示，如图9.4所示。联系数的集对势函数是联系数的伴随函数，其含义为联系数所表达的研究对象在当前宏观期望层次上所处的相对确定性状态和发展趋势。采用减法集对势进行态势分析。

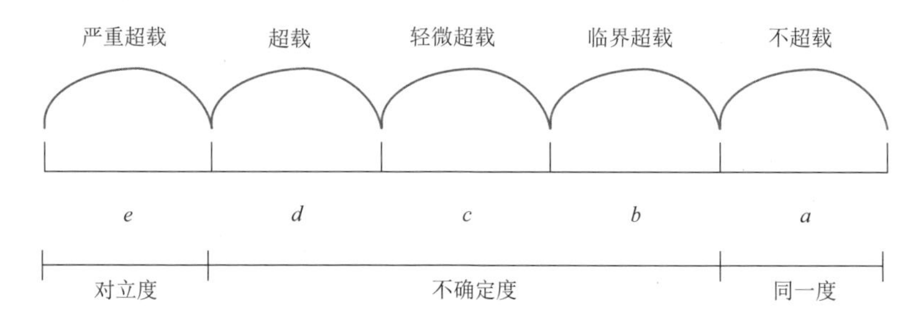

图9.4　水资源承载状态示意

由表9.26可知，汉江流域水资源承载力的五元联系数在2010—2016年，除了在2010年处于偏同态势，剩下6年均处于均势区，变化不大，具有发展方向平稳的态势。其中汉江流域水资源承载力风险在2010年得到最低，对应减法集对势为0.2292；在2013年水资源承载力风险最高，对应减法集对势为0.1044。虽然从态势分析上看在2010—

2016 年汉江流域水资源承载力态势多处于均势状态，但减法集对势的结果出现了一定程度的波动，很容易出现减法集对势在 0 以下的情况，对整个水资源承载力系统不利。

表 9.26　　水资源承载力联系数

评价对象	年份	五元联系数					减法集对势	态势分析
		a	b_1	b_2	b_3	c		
水资源承载力	2010	0.37	0.07	0.26	0.13	0.17	0.2292	偏同势
	2011	0.33	0.14	0.21	0.14	0.17	0.1897	均势
	2012	0.28	0.20	0.20	0.16	0.17	0.1291	均势
	2013	0.26	0.23	0.19	0.16	0.17	0.1044	均势
	2014	0.26	0.26	0.14	0.17	0.17	0.1141	均势
	2015	0.28	0.24	0.13	0.18	0.17	0.1375	均势
	2016	0.32	0.22	0.11	0.19	0.17	0.1771	均势
水资源子系统	2010	0.74	0.00	0.14	0.12	0.00	0.8057	同势
	2011	0.66	0.08	0.12	0.14	0.00	0.7382	同势
	2012	0.51	0.14	0.22	0.14	0.00	0.5917	偏同势
	2013	0.51	0.04	0.32	0.13	0.00	0.5917	偏同势
	2014	0.51	0.14	0.23	0.12	0.00	0.5917	偏同势
	2015	0.51	0.16	0.21	0.13	0.00	0.5917	偏同势
	2016	0.51	0.21	0.17	0.11	0.00	0.5917	偏同势
社会经济系统	2010	0.09	0.14	0.45	0.19	0.14	−0.0592	均势
	2011	0.07	0.24	0.35	0.21	0.14	−0.0900	均势
	2012	0.05	0.32	0.26	0.23	0.14	−0.1060	均势
	2013	0.01	0.43	0.18	0.25	0.14	−0.1621	均势
	2014	0.03	0.44	0.13	0.26	0.14	−0.1401	均势
	2015	0.07	0.39	0.13	0.28	0.14	−0.0871	均势
	2016	0.14	0.31	0.11	0.30	0.14	0.0016	均势
生态环境系统	2010	0.49	0.00	0.00	0.00	0.51	−0.0235	均势
	2011	0.49	0.00	0.00	0.00	0.51	−0.0235	均势
	2012	0.49	0.00	0.00	0.00	0.51	−0.0235	均势
	2013	0.49	0.00	0.00	0.00	0.51	−0.0235	均势
	2014	0.49	0.00	0.00	0.00	0.51	−0.0235	均势
	2015	0.49	0.00	0.00	0.00	0.51	−0.0235	均势
	2016	0.49	0.00	0.00	0.00	0.51	−0.0235	均势

在水资源子系统中，五元联系数在 2010—2011 年间为同势，在 2012—2016 年间为偏同势，均显示出较好的发展态势，但势度有所下降。但细致分析表中的 5 个分量，可以发现，a 的值在 7 年间从 0.74 下降到 0.66，最终下降到 0.51，而隶属于Ⅱ、Ⅲ等级的 b_1、b_2 值却在波动有所上升，这表明水资源系统面临的状况也不容乐观，这与减法集对势的

结果一直。上述结果表明，水资源系统风险有加大的趋势，但现状条件下仍能在一定程度上支撑流域社会经济发展。

在社会经济子系统和生态环境子系统中，社会经济系统的减法集对势从－0.0592先下降至－0.1621，再逐步回升至0.0016，其中有主要两大影响指标，分别是人均GDP和万元GDP用水量。在这7年间，人均GDP从2010年的2.23万元/人逐步提升至2016年的4.46万元/人，万元GDP用水量从2010年的188.38m^3/万元下降至2016年的90.89m^3/万元。而人口密度和城镇化率的不断提高以及万元工业增加值用水量虽不断下降但仍处于高位的情形，形成了这种波动变化态势。在生态环境子系统中，各年各联系数及减法集对势的结果相同，这与生态环境子系统中指标所处等级状态紧密相关。

综合上述对汉江流域水资源承载力情况的分析，可以看出，3个子系统中，水资源子系统表现最好，风险最低；其次是社会经济系统，在近7年来逐步提升；最后是生态环境，在7年中态势保持不变，并且两极分化严重，其中一个指标单位面积废水排放量能维持在Ⅰ级水平，而另一个指标生态环境用水率也维持在Ⅴ级水平，整体上并不利于生态环境系统的发展。

9.2.6.3 汉江流域水资源承载力评价

对于本书中选定的以汉江流域为研究区域，前述章节仅从发展趋势和风险两个方面分析了流域内水资源承载状态，并未给出定量化的水资源评价。因此，基于五元联系数模型中差异度的分布区间 $\{i_1 \in (0.333, 1], i_2 \in [-0.333, 0.333], i_3 \in [-1, -0.333)\}$，得到了汉江流域水资源承载力联系数区间数（表9.27）。联系度值越大，表明水资源承载力越高。

表9.27　　水资源承载力联系度

年份	综合	水资源	社会经济	生态环境
2010	[0.34，0.65]	[0.57，0.75]	[－0.07，0.45]	[1.00，1.00]
2011	[0.33，0.67]	[0.51，0.74]	[－0.04，0.49]	[1.00，1.00]
2012	[0.29，0.66]	[0.34，0.67]	[－0.02，0.52]	[1.00，1.00]
2013	[0.27，0.66]	[0.28，0.61]	[－0.02，0.55]	[1.00，1.00]
2014	[0.31，0.69]	[0.36，0.69]	[0.01，0.56]	[1.00，1.00]
2015	[0.31，0.68]	[0.36，0.69]	[0.01，0.55]	[1.00，1.00]
2016	[0.34，0.68]	[0.41，0.74]	[0.03，0.52]	[1.00，1.00]
m	0.35	0.29	0.53	0.00

注　表中 m 为每个对象在2010—2016年间承载力联系度区间长度的均值。

另外，根据五元联系数表达式，可以总结如下：若一个系统的不确定性越高，其联系度区间的极差就越大，从表9.27可以发现，3个子系统之间的不确定排序（从大到小）为社会经济（0.53）＞水资源（0.29）＞生态环境（0）。

上述分析表明，在人为选取不确定性系数时，社会经济的联系度受影响最大，其次为水资源，影响最小的是生态环境。汉江水资源承载力联系度整体而言在2010—2016年间经历了先下降后提高的过程，中值从2010年的0.49下降到2013年的0.47，再上升至

2016 年的 0.51，水资源承载状态变化不甚明显。汉江水资源承载力取决于 3 个子系统，其中社会经济的贡献最大，占 49.92%；水资源的贡献次之，为 30.53%；生态环境的贡献为 19.55%。社会经济的联系度在 2010—2016 年持续提高，生态环境联系度一直保持在高位，水资源联系度则处于先降后升状态，造成了汉江水资源综合联系度在这段时间内呈现出波动变化。

3 个子系统中，生态环境联系度常年保持在最高水平，社会经济联系度在 7 年间不断上升，水资源系统联系度先降后升，具有高不稳定性。这说明汉江流域在水资源年际不均的条件下，实现了社会经济的快速发展，但是生态环境也一直面临着巨大压力，人与自然的矛盾凸显，亟须针对当前的发展思路进行调整，以适应新形势下的可持续发展的要求。

在对子系统进行分析时，水资源所包含的 4 个指标中，水资源开发利用率和供水模数为限制类指标，根据历史资料可知，两者在 7 年间均出现了先增后降的情况，同时产水模数出现了先降后增的情况，因此造成了其联系度出现了波动。因此，在无法控制天然降雨的前提下，做好区域的水资源存蓄、分配及合理利用，并加大节约用水力度，对改善水资源子系统的承载能力有一定的作用。

根据流域统计公报及各省（自治区、直辖市）、市（州）相关年鉴，汉江流域 2010—2016 年废水排放量废水排放总量最高为 218758 万 t，发生在 2011 年；排放总量最低 182015 万 t，发生在 2013 年。整体呈现出先降后增再降的波动状态，2016 年较 2010 年有所下降。但 2010—2016 年单位面积废水排放总量均低于 1.5 万 t/km^2，处于Ⅰ级，状况良好。在生态环境用水率方面，数据整体呈现出波动上升状态，最低为 2010 年生态环境用水率 0.36%，最高为 2016 年 0.92%，但数据均严重偏低，小于 1%，属Ⅴ级，状况堪忧。生态环境子系统中两指标的数据特性，是生态环境子系统联系度一直保持在高位的重要原因。因此，为了能更好适应新时代下流域健康文明发展，推动汉江流域生态保护和高质量发展，推动汉江经济带生态文明建设等，需要进一步加大对环境保护和生态修复的工作力度。

社会经济联系度在整体上呈现出逐步增长的趋势，从 2010 年的 0.19 上升至 2016 年的 0.28，得益于汉江流域在 2010—2016 年间的经济高速增长，汉江流域人均 GDP 从 2010 年的 2.23 万元增加到了 2016 年的 4.26 万元；除此之外，随着产业结构的优化和生产技术的升级换代，水资源的利用效率越发提高，实现了万元 GDP 用水量、万元工业增加值用水量的不断降低，使得社会经济子系统承载力不断提高。针对上述情况，从经济学角度来分析，可以说上述现象为后续进一步提高社会经济联系度指明了方向。对于高耗水、低效率的第一、第二产业应加快淘汰步伐。将有限的水资源用于高附加值产业，以实现产业结构的转型升级。

9.2.7 汉江流域水资源承载力各种方法比较

通过对以上各类评价方法作回顾比较分析，综合比选相对较好的评价方法，以使评价结果更具说服力。

9.2.7.1 主成分分析法、熵值法、层次分析法评价结果比较

主成分分析法中得出的汉江水资源承载力逐渐增强，在 2013 年以前水资源承载综合得分低于研究区平均水平，在 2013 年及以后综合得分高于研究区平均水平，得分变化幅

度为先高后低再高。

熵值法的评价结果与主成分分析法不尽相同，在承载力得分结果上水资源承载力整体呈现波动状态，振幅较大。2012 年，汉江流域水资源承载力最小，2012 年前趋势为下降趋势，2012 年以后为波动上升趋势，在利用水资源承载的支持系数和压力系数计算水资源承载力系数的评价结果上，水资源承载力系数有加大的趋势，表明汉江流域水资源的超载状态在不断加剧且形势严峻，这与主成分分析法的结果几乎相反。

评价结果的差异主要因为两种方法的赋权方式不同，主成分分析法是通过分析原始数据序列相关性，以各主成分的方差贡献率作为其权重，赋权方法及评价过程都比较客观；熵值法同样是一种客观赋权法，但在使用过程中是根据各指标的变异程度，利用信息熵计算出各指标的熵权，再通过熵权对各指标的权重进行修正，从而得出较为客观的指标权重；二者进行权重提取的方式有所不同，因此造成了评价结果的不同。在主成分分析中，所得的主成分 1 与人均 GDP、城镇化率、人均生活用水量、人口密度、水资源开发利用率有强正相关关系，与万元 GDP 用水量、万元工业增加值用水量、人均水资源量、产水模数有强负相关关系，这些变量涉及了水资源数量、用水水平、社会经济水平，综合性较强，因此水资源承载力综合得分与主成分 1 的得分趋势保持一致；在熵值法中，各指标的权重相差不大故造成了水资源承载力模拟趋势出现了波动状态，而利用支持系数和压力系数计算的承载力系数越大，可能是基于指标初始化及支持系数和压力系数计算公式的性质造成的，故这两种方法中推荐主成分分析法。

层次分析法的结果也出现了波动变化趋势，除 2013 年外，其他年份的水源承载力均大于 1，并且有逐渐加大的趋势；由于层次分析法主观性较强，造成对生态环境系统及其系统内指标赋予的权重较大，因此由层次分析法得出的总系统变化趋势与生态环境系统变化趋势大体一致。因此对水资源承载力总趋势的分析，较为不推荐层次分析法。但以上三种方法原理较为简单，计算相对方便，在研究对象合适的时候，这些方法也可以用来研究该地区的水资源承载力，以作一定的参考。

9.2.7.2 模糊综合评判法与集对分析评价法的结果比较

为了便于与集对分析法得出的结果比较，将模糊综合评判法中各子系统评价结果提取，由模糊综合评判法得出各年份三大子系统的承载级别，与集对分析法的评价结果进行比较，见表 9.28，其中集对分析中取置信度为 0.5。

表 9.28　　模糊评判与集对分析评价结果对比

评价年份	水资源子系统		社会经济子系统		生态环境子系统		总系统	
	模糊评判	集对分析	模糊评判	集对分析	模糊评判	集对分析	模糊评判	集对分析
2010	Ⅰ	Ⅰ	Ⅲ	Ⅲ	Ⅴ	Ⅴ	Ⅰ	Ⅲ
2011	Ⅰ	Ⅰ	Ⅲ	Ⅲ	Ⅴ	Ⅴ	Ⅰ	Ⅲ
2012	Ⅰ	Ⅰ	Ⅱ	Ⅲ	Ⅴ	Ⅴ	Ⅰ	Ⅲ
2013	Ⅰ	Ⅰ	Ⅱ	Ⅲ	Ⅴ	Ⅴ	Ⅰ	Ⅲ
2014	Ⅰ	Ⅰ	Ⅱ	Ⅲ	Ⅴ	Ⅴ	Ⅱ	Ⅱ
2015	Ⅰ	Ⅰ	Ⅱ	Ⅲ	Ⅴ	Ⅴ	Ⅰ	Ⅱ
2016	Ⅰ	Ⅰ	Ⅱ	Ⅲ	Ⅴ	Ⅴ	Ⅰ	Ⅱ

由表9.28可知，采用两种评价模型得出的结果在水资源子系统和生态环境子系统保持一致，在水资源子系统中，两种方法所得到的结论均显示该子系统在各年份处于Ⅰ级状态；在生态环境子系统中，两种方法所得到的结论均显示该子系统在各年份处于Ⅴ级状态；在社会经济子系统中，模糊综合评判给出的结论是在2010—2011年1年处于Ⅲ级状态，在2012—2016年处于Ⅱ级状态，而集对分析给出的结论显示在研究期2010—2016年社会经济系统均处于Ⅲ级状态，两种分析方法在2012—2016年出现了不同等级状态的结论；在水资源承载力总系统中，模糊综合评判给出的系统等级一般处于Ⅰ级和Ⅱ级状态；而集对分析给出的结论是处于Ⅲ级和Ⅱ级，二者相较而言集对分析的评价更为严格一些。在模糊综合评判法中，采用了主成分分析法来确定指标权重；在集对分析评价法中，采用主成分及熵值法来确定指标权重。在模糊综合评判法中，采用最大隶属度来确定系统所隶属的等级层次，而模糊隶属度的确定目前有各种不同的计算方法，最终隶属度结论的得出很大程度上取决于所选隶属度计算方法的准确性及适用性；在集对分析评价法中，基于置信度原则来确定系统所处的等级状态，不同大小置信度的选取也会直接影响水资源承载力综合系统所属的等级，也就是与评价是否保守及保守程度紧密相关。

总体来看，利用集对分析法与模糊综合评判法计算所得评价结果反映的水资源承载状态基本一致，两种方法得出的结果相互印证，进一步论证了评价结果的准确性、可靠性。同时，这两种评价方法分别隶属度和联系数等角度反映了水资源系统中的不确定性因素，且反映的水资源承载力状态在2010—2016年间先降后升的趋势吻合，可根据实际需要选择简便可行的评价方法。

9.3 本章小结

根据汉江流域水资源和经济社会发展现状，结合指标特性构建了包含3个系统层12个指标层的水资源承载力评价体系。采用主成分分析法和熵权法相结合确定各指标权重，并选用模糊综合和集对分析理论分别对汉江流域水资源承载力状况进行建模评估，主要结论如下：

(1) 模糊综合评判结果显示2010—2016年汉江流域水资源承载力综合评分值均略高于0.50，处于中等稍微偏上水平，各年的评价等级分别是Ⅰ级、Ⅰ级、Ⅰ级、Ⅰ级、Ⅱ级、Ⅰ级、Ⅰ级，表明汉江流域水资源承载状况较好。

(2) 集对分析理论评判结果显示，汉江水资源承载力联系度在2010—2016年经历了先下降后提高的过程，中值从2010年的0.49下降到2013年的0.47，再上升至2016年的0.51，水资源承载状态变化不甚明显。采用减法集对势对水资源承载力发展趋势和风险进行分析，发现水资源系统风险有加大趋势，系统减法集对势有出现反势或偏反势的较大可能。

本书所采用的模糊综合评判和基于集对分析的评价均考虑了水资源承载力系统中的不确定性因素，且反映的水资源承载力状态在2010—2016年先降后升的趋势吻合，可根据实际需要选择简便可行的评价方法。两种评价方法均显示汉江流域水资源开发已达一定规模，但仍有一定的开发潜力，要深化产业结构改革，坚持节水优先方针，加强水资源综合规划，加大生态环境保护力度，推动汉江生态经济带的高质量发展。

参 考 文 献

[1] 龙腾锐，姜文超，何强．水资源承载力内涵的新认识［J］．水利学报，2004，35（1）：38－45．

[2] 刘佳骏，董锁成，李泽红．中国水资源承载力综合评价研究［J］．自然资源学报，2011，26（2）：258－269．

[3] 刘雁慧，李阳兵，梁鑫源，等．中国水资源承载力评价及变化研究［J］．长江流域资源与环境，2019，28（5）：1080－1091．

[4] 惠泱河，蒋晓辉，黄强，等．二元模式下水资源承载力系统动态仿真模型研究［J］．地理研究，2001，20（2）：191－198．

[5] 何希吾，陆亚洲．区域社会经济发展与水资源［J］．科学与社会，1996（2）：12－16．

[6] 段春青，刘昌明，陈晓楠，等．区域水资源承载力概念及研究方法的探讨［J］．地理学报，2010，65（1）：82－90．

[7] 刘旭东．基于多目标决策与主成分分析的水资源承载力评价及预测——以河北省为例［J］．安徽农业科学，2008，36（2）：751－753．

[8] 刘朝露，陈星，崔广柏，等．临海市水资源承载力动态变化及驱动因素分析［J］．水资源与水工程学报，2019，30（1）：46－52．

[9] 程兵芬，罗先香，王刚．基于层次分析-模糊综合评价模型的东辽河流域水环境承载力评价［J］．水资源保护，2012，28（6）：37－40．

[10] 王文圣，金菊良，丁晶，等．水资源系统评价新方法——集对评价法［J］．中国科学（E辑：技术科学），2009，39（9）：1529－1534．

[11] 刘童，杨晓华，赵克勤，等．基于集对分析的水资源承载力动态评价——以四川省为例［J］．人民长江，2019，50（9）：94－100．

[12] 曾浩，张中旺，孙小舟，等．湖北汉江流域水资源承载力研究［J］．南水北调与水利科技，2013，11（4）：22－25，30．

[13] 高超，梅亚东，吕孙云，等．基于AHP－Fuzzy法的汉江流域水资源承载力评价与预测［J］．长江科学院院报，2014，31（9）：21－28．

[14] 邓乐乐，郭生练，李千珣，等．汉江流域水资源承载力综合评价研究［J］．水资源研究，2020，9（3）：21－28．

[15] 彭补拙，窦贻俭，张燕．用动态的观点进行环境综合质量评价［J］．中国环境科学，1996，16（1）：16－19．

[16] 李洪兴．因素空间理论与知识表示的数学框架（Ⅷ）——变权综合原理［J］．模糊系统与数学，1995，9（3）：1－9．

[17] 陆广地，吴宝明，赵克勤．用偏联系数与态势函数对高效评价的聚类分析［J］．数学的实践与认识，2015，45（19）：50－59．

第10章

汉江中下游水资源供需现状和预测分析

水资源在时空上分布的不均匀性和不合理的开发利用方式，是造成水资源短缺和水生态环境恶化的根源，已经成为制约国民经济可持续发展的难点问题。而水资源配置遵循有效性、公平性和可持续性原则，利用各种工程与非工程措施，按照市场经济的规律和资源配置准则，通过合理抑制需求、保障有效供给、维护和改善生态环境质量等手段和措施，对多种可利用水源在区域间和各用水部门间进行调配，因此，水资源供需平衡分析和优化调度是缓解水资源供需矛盾、改善水环境质量的一条不可或缺的重要途径。

10.1 汉江中下游地区水资源现状水系概化

10.1.1 汉江中下游地区水资源现状和需求

汉江是长江中游最大支流，是国家水资源配置的战略水源地。汉江在湖北省境内河长868km，流域面积约6.23万km^2，约占全省面积的1/3。汉江中下游是湖北省重要的工业基地、水电基地和汽车工业走廊，是经济社会发展的精华所在地，同时汉江干流又是湖北省的航运大通道和沿江两岸人民生产、生活的重要水源地以及国家南水北调中线工程的水源地，在湖北省乃至全国经济社会发展中具有重要的地位和作用。近几年来，随着"南水北调"一期工程、"引汉济渭"工程、兴隆水利枢纽、"引江济汉"工程、部分闸站改扩建和局部航道整治四项治理工程以及汉江中下游干流梯级开发的实施，汉江流域水资源系统呈现出明显的动态演化特点。同时，由于社会经济的发展，汉江流域中下游地区水资源开发利用矛盾日益突出，已经面临着用水量不断增加、水污染日趋严重和人类活动对水生态环境影响日益增加等问题[1-2]。

汉江流域日益严重的水资源问题已引起国家和政府的高度关注，党中央、国务院先后出台了一系列水资源管理和保护的政策：

2011年12月，水利部以水资源函〔2011〕934号文件将汉江流域列为加快实施最严格水资源管理制度试点流域，研究汉江流域特别是中下游地区的水资源优化配置问题成为汉江流域实施最严格的水资源管理制度的迫切需求。

2012年，国务院发布《关于实行最严格水资源管理制度的意见》（国发〔2012〕3号），确立水资源开发利用控制、用水效率控制和水功能区限制纳污“三条红线”，实施包括用水总量控制制度、用水效率控制制度、水功能区限制纳污制度，水资源管理责任与考核制度在内的“四项制度”，从制度上推动经济社会发展与水资源、水环境承载能力相适应。

2016年7月，水利部以水资源函〔2016〕262号文件批复了《汉江流域水量分配方案》，并在批复中明确指出：汉江是我国重要的战略水源地，随着经济社会发展以及跨流域调水工程相继实施，水资源供需与生态环境保护面临较大压力，组织实施《汉江流域水量分配方案》对保障流域乃至国家经济社会可持续发展具有重要意义。要求政府要加强组织领导，将《汉江流域水量分配方案》的实施纳入地方经济社会发展规划和最严格水资源管理制度考核内容，按照分配方案中确定的水量份额，合理配置水资源，实行用水总量控制，确保流域主要控制断面下泄流量。

2018年10月，国务院以国函〔2018〕127号文件批复了《汉江生态经济带发展规划》，给汉江流域经济社会发展带来了历史性机遇。规划要求要围绕改善提升汉江流域生态环境，共抓大保护，不搞大开发，加快生态文明体制改革，推进绿色发展，着力解决突出环境问题，加大生态系统保护力度；围绕推动质量变革、效率变革、动力变革，推进创新驱动发展，加快产业结构优化升级，进一步提升新型城镇化水平，打造美丽、畅通、创新、幸福、开放、活力的生态经济带。汉江生态经济带被定位为国家战略水资源保障区、内河流域保护开发示范区、中西部联动发展试验区和长江流域绿色发展先行区。汉江中下游地区应把生态文明建设摆在首要位置，重点保护和修复汉江生态环境，深入实施《水污染防治行动计划》，划定并严守生态保护红线，扎实推进水环境综合治理，加强水生态修复，严格控制水资源总量，优化水资源配置和合理调度，开展“引江补汉”前期研究，提高鄂北、鄂中丘陵等重点干旱地区水资源优化配置能力，科学利用和有效管理水资源，努力建成人与自然和谐共生的绿色生态走廊。

根据汉江生态经济带的总体部署，针对汉江近些年出现的新情况、新变化以及经济社会发展对水资源的需求，统筹生产、生活及生态用水需求，在充分挖掘节水潜力和提升现有工程体系能力的基础上，考虑“引江济汉”“鄂北调水”工程，兴隆水利枢纽等已建工程的影响，系统地开展汉江中下游水资源优化配置研究，进一步论证“引江补汉”太平溪自流引水方案工程的建设必要性以及对汉江中下游区域的水资源保障作用，定量提出湖北省对丹江口水库下泄流量的要求和配置方案的需补水过程。本章开展汉江中下游地区水资源现状和供需平衡分析，第11章重点探讨汉江中下游水资源优化配置和水量调度。

10.1.2 汉江中下游地区水资源系统特点

本书的研究范围主要为“引江补汉”工程太平溪自流方案干渠沿线（图 10.1）汉江以西引江沿线直供区 1.42 万 km^2 及汉江中下游干流供水区 2.04 万 km^2，总面积 3.46 万 km^2。

汉江中下游地区地域广阔，地貌类型主要为低山、丘陵、岗垅、河谷盆地、平原等，以丘陵和平原为主，山地很少。较大的平原有汉江下游平原、唐白河平原和襄阳宜城平原，它们在全流域乃至全国农业生产上占有重要地位。其自然生态环境类型多样，土地适应性广泛，有丰富的物种多样性。下游平原地势平坦，土壤肥沃，湖泊星罗棋布，河渠纵横交错，历来是湖北省粮、棉、油的主产区和商品粮基地，素有“鱼米之乡”美誉。汉江中下游地区降水量分布主要受地形及水汽来源的影响，其特点是南大北小，地区分布不均匀。年降水量总的趋势是由南向北、由西向东递减；全区域变化为 800～1300mm。中游地区多年平均降水量为 700～900mm，下游地区平均降水量为 900～1200mm。降水时间上具有时间分配不均，年际变化大的特点。5—10 月降水量约占年降水量的 70%～80%，且以 7 月、9 月最多。流域性特大暴雨的暴雨带大致为东西向，暴雨中心自西向东移动，恰与干流流向一致，与各支流洪水易于发生遭遇。汉江水位和流量变化基本上与降水变化一致，每年 5—10 月为汛期，12 月至次年 2 月为枯水期。汉江中下游干流两岸支流较短，主要有：北河、南河、小清河、唐白河、蛮河、竹皮河、汉北河等。这些大小河流和支流形成叶脉状水网格局。集水面积在 5000km^2 以上的支流有唐白河和南河。流域水系的配置及主要河流的流向明显地受到地质构造等因子的控制，所构成的水系呈不对称型：左岸河多流长，右岸河少流短。

汉江中下游流域按取用水水源划分大致可以分为两部分：一部分主要以水库为水源，这部分区域因为地势原因，只能依赖于水库供水，加之多年的灌区设施建设，形成了较完善和独立的灌排体系，基本能满足水库控灌区域的用水要求；另一部分以汉江干流为主要水源或补充水源，从建在汉江边的水闸和泵站取水，也形成了较完善的灌溉体系，襄阳市以分散、小型的提灌为主，荆门市及钟祥市大体属于提灌向自流引灌的过渡地带，沿岸既有泵站也有水闸，潜江、仙桃、天门等由罗汉寺、兴隆、东荆河、谢湾、泽口灌区组成，属于自流引水灌区，汉川、孝感、武汉等沿江区域主要以提灌为主，也有部分水闸。同时，汉江中下游区域还进行了干流梯级开发，且均在湖北省境内，汉江中下游地区水利工程体系基本形成，功能比较齐全。防洪工程已形成以堤防为基础、丹江口水库为骨干的包括杜家台分洪区和沙洋以上 14 个蓄洪民垸在内的工程体系。整体防洪能力达到可以抵御 20 年一遇的洪水。正常年份灌溉工程可以满足区内工农业用水的需求，灌溉面积占耕地面积总面积的 76%。汉江中下游干流用水范围耕地面积大部分位于沙洋以下，该区为平原区，有效库容较小，灌溉用水主要从汉江干流引用。南水北调中线工程近期从汉江丹江口水库引水，可解决干渠沿线包括北京、天津在内的约 20 座大城市，100 多个县市，800 万 hm^2 耕地和 1 亿多人口的用水问题。南水北调中线工程是解决我国华北地区尤其是京津地区资源性缺水的水资源优化配置工程和重大战略措施。对于北方供水区来说，工程的社会效益、经济效益和环境效益十分显著，但对水源区汉江中下游而言，调水势必会改变

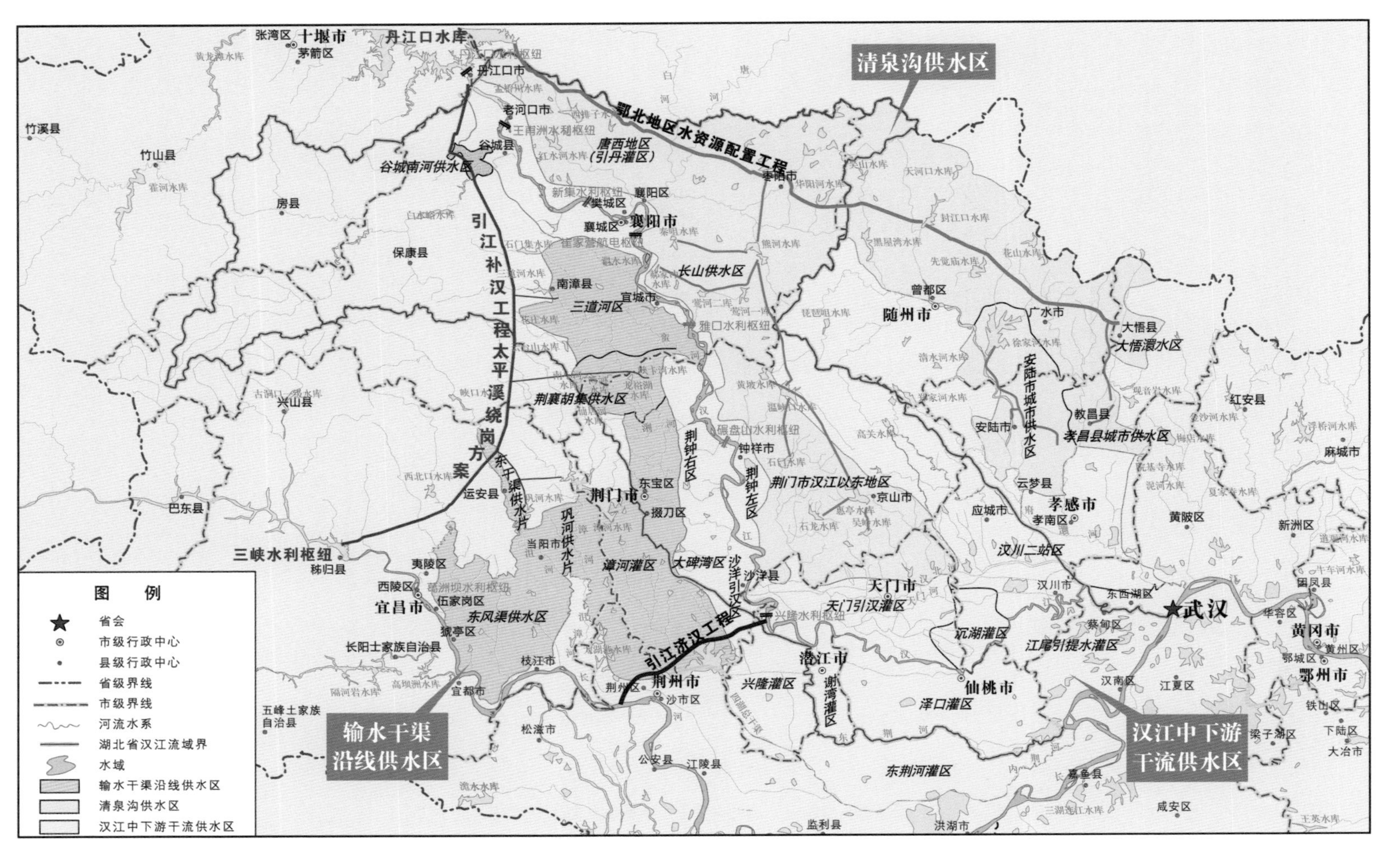

图 10.1 引江补汉工程湖北受益范围示意图

汉江中下游的水文情势，对汉江中下游的灌溉、航运、生态、生活及生产用水等产生重大影响[3-4]。

为了既有利于实现向北调水的任务，又不损失汉江中下游地区的发展利益，必须采取以抬高汉江中下游干流水位，补充河道水量为目标的补偿工程措施，以消除调水带来的不利影响。水利部审查后同意在汉江中下游实施兴建兴隆枢纽、“引江济汉”、部分闸站改扩建和局部航道整治等四项治理工程。上述四项治理工程已经列入了《南水北调中线一期工程项目建议书》，并经国家有关主管部门审批通过。四项补偿治理工程最重要的作用在于增加河道供水量，提高供水保证率。这些水利工程的实施和运行改变了原有的水资源条件，为建立最严格的水资源管理制度提供保障的同时，也增加了水资源系统的不一致性，急需研究新的水资源配置理论与方法，建立适应外界变化条件下的水资源配置模型和应用体系。

10.1.3 汉江中下游地区水资源分区

为较详细地进行水资源评价和规划工作，湖北省汉江中下游地区和引江沿线直供区配置模型按照分区原则共划分为 40 个计算分区，其分区原则为：①考虑现状及规划水利工程的分布情况；②考虑现状情况的实际分区；③能反映水资源的合理利用。汉江中下游地区水资源分区见表 10.1。

表 10.1 汉江中下游地区水资源分区 单位：万亩

供水区	分区（片）	代码编号	现状水平年灌溉面积	规划水平年灌溉面积
引江沿线直供区	东风渠直灌片	U_1	107.1	116.2
	巩河灌区	U_2	18.01	18.01
	远安东干渠灌区	U_3	5.48	5.5
	漳河灌区	U_4	132.12	180.35
	仙居河灌区	U_5	4.98	5
	小南河灌区	U_6	6.44	6.44
	宜城沙河冷泉片	U_7	6.7	6.7
	三道河灌区	U_8	6.3	6.3
	石门集灌区	U_9	16.7	16.7
	云台山灌区	U_{10}	15.12	15.12
	谷城南河片	U_{11}	13.12	15
汉江中下游干流供水区（灌区）	上游引提水区	U_{12}	88.7	91.6
	荆钟左区	U_{13}	49.7	56.1
	荆钟右区	U_{14}	42.3	44.6

续表

供水区	分区（片）	代码编号	现状水平年灌溉面积	规划水平年灌溉面积
汉江中下游干流供水区（灌区）	沙洋引汉区	U_{15}	22.4	22.4
	天门引汉灌区	U_{16}	145.4	159.9
	兴隆灌区	U_{17}	74.7	74.9
	谢湾灌区	U_{18}	25.9	26.4
	东荆河灌区	U_{19}	136.4	138.3
	泽口灌区	U_{20}	175.7	178.6
	沉湖灌区	U_{21}	23.4	24.7
	汉川二站	U_{22}	181.1	190.9
	江尾提水灌区	U_{23}	106.8	120.5
	一江三河黄陂片	U_{24}	32	32
汉江中下游干流供水区（城市）	武汉城区	U_{25}	0	0
	襄阳城区	U_{26}	0	0
	孝感城区	U_{27}	0	0
	丹江口市	U_{28}	0	0
	老河口市	U_{29}	0	0
	宜城市	U_{30}	0	0
	钟祥市	U_{31}	0	0
	应城市	U_{32}	0	0
	汉川市	U_{33}	0	0
	仙桃市	U_{34}	0	0
	天门市	U_{35}	0	0
	潜江市	U_{36}	0	0
	谷城县	U_{37}	0	0
	沙洋县	U_{38}	0	0
	云梦县	U_{39}	0	0
	胡集工业区	U_{40}	0	0

10.1.4 汉江中下游地区系统网络图及其概化

为进行供需分析计算，需要依据供水区内的片区绘制水资源系统供需网络图（或称系统节点网络图）。系统供需网络图除包括以基本计算分区和城市构成的用水节点外，还包括以水库（湖泊）、河流分水工程、调水工程、入流节点等组成水源节点；以渠系作为供水网络形成的地表水供水系统，按供水网络考虑输水损失；以降水入渗、山前侧渗、河道渗漏、库塘渗漏、渠系渗漏、渠灌田间入渗、井灌回归、人工回灌及越流补给等形成地下水供水系统。此外还包括当地水资源的开发潜力（包括中小型水库、塘坝等）、污水处理再利用、集雨工程利用等组成其他供水方式。在上述供水中，地下水供水系统和其他供水方式仅在计算分区内考虑。这样将计算分区与地表水之间按地理关系和水力联系相互联结后就形成流域或区域的系统节点网络图。在系统节点网络图中，对于某一个计算分区，可能有若干个供水工程供水，也可能由一个水源向几个计算分区供水；计算分区相互之间有来水和退水关系，供水工程之间有上下游关系。

将各地区水资源子系统构成研究区水资源总系统，这是一个巨型复杂系统。各地区及研究区水资源系统网络图以图 10.2 为例制作。

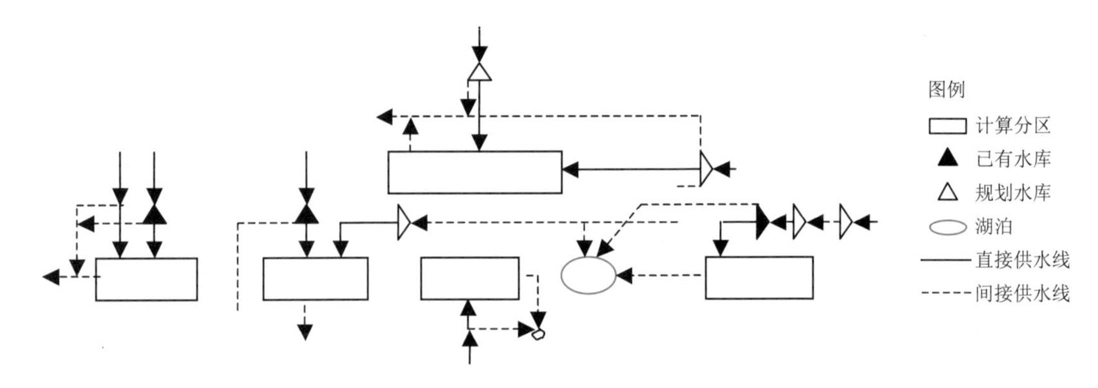

图 10.2 水资源系统的局部节点网络示意图

节点网络图某些要素选择应遵循如下原则：

(1) 水库：库容大于或等于 1000 万 m^3 的水库，或认为需要列为节点的重要水库。

(2) 具有调节能力的大型湖泊。

(3) 水库节点的 2035 规划水平年上游来水系列作为水库入流过程用于水库调节计算。

(4) 重要的无控制河流存在直接取水过程时，其来水系列可视为水库库容为零的入流过程。

(5) 用水区：各分片内城镇和农村分别为用水节点。

(6) 流域或区域、计算分区边界上的分水点、水量调配控制点要作为网络节点。

(7) 用水节点要标明水流方向（节点退水及所承受的退水）。

(8) 用水节点编号采用所划分片区编号。

本书以各单元（用水户）为需水控制节点，对应水系控制断面（或用水户取水口）为配水控制节点，由水系、水库水源地及用水户，构成水资源合理配置系统，绘制的水资源系统网络图如图 10.3 所示。

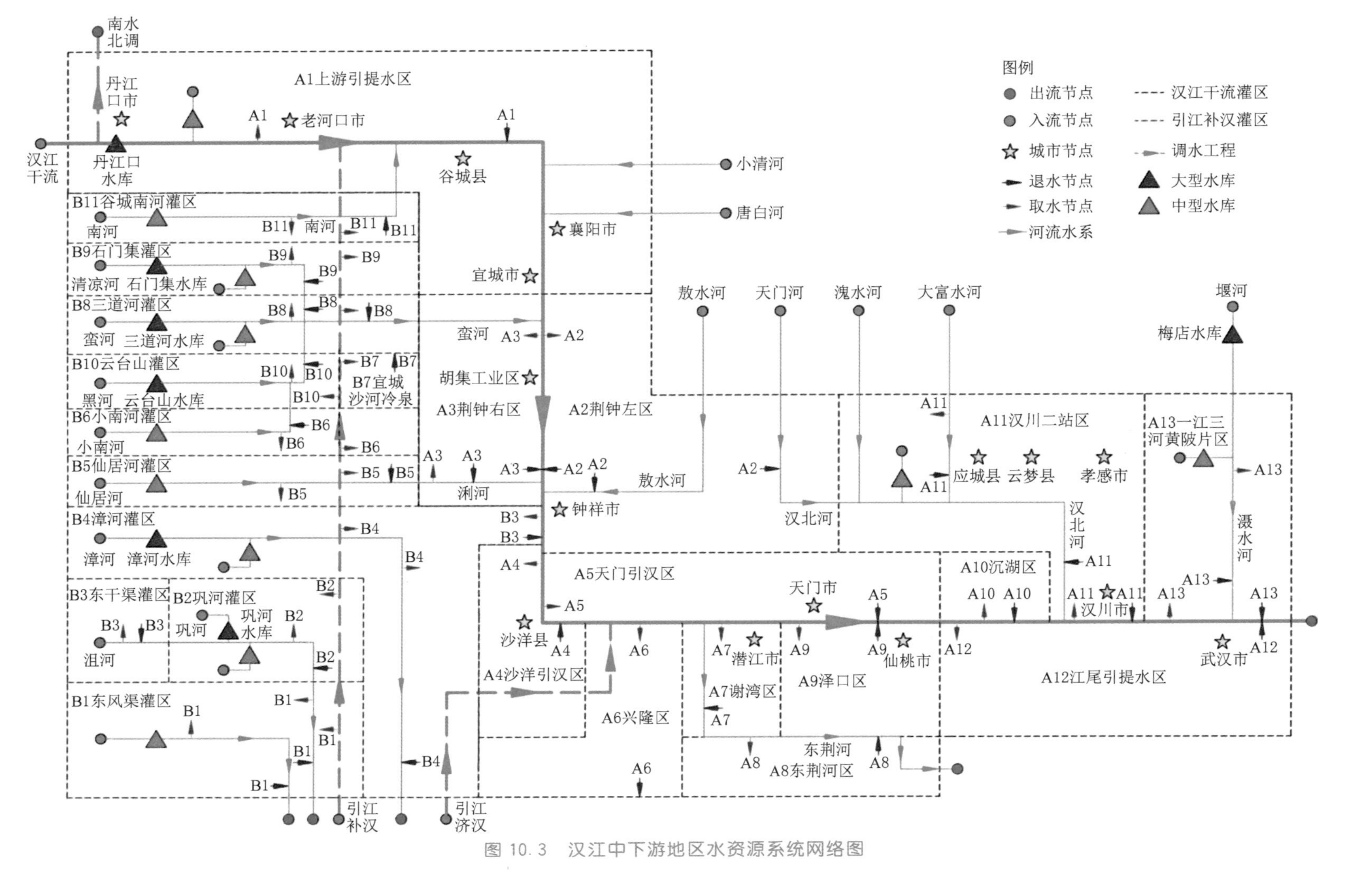

图 10.3 汉江中下游地区水资源系统网络图

10.2 汉江中下游地区水资源可利用量分析

依据《第三次全国水资源调查评价》中的“汉江中下游水资源开发利用调查评价”成果，主要包括：各行政区水资源开发利用现状、现状水资源供需平衡分析，已经运行或即将运行的水利工程情况，汉江中下游区域各计算单元的水资源供、用、耗、排等情况。基于以上成果，分析各分区供水水源与结构及其变化趋势，生活、生产、生态用水的结构、用水定额及变化趋势，各类供水水量、供水能力、用水及其消耗量的变化情况，指出汉江中下游典型区域水资源开发利用的主要问题和障碍。

为预测变化环境下汉江流域未来的水资源天然来水量，为区域供水预测和供需分析提供边界条件，将全球气候模式与分布式水文模型SWAT耦合[5]，模拟预测未来气候情景下汉江流域水文水资源状况。其中，全球气候模式选用耦合模式比较计划第五阶段（CMIP5）中收录的应用比较广泛的BCC-CSM1.1、BNU-ESM等10种全球气候模式，全球气候模式与流域水文模型的耦合选用DBC统计降尺度模型预测的汉江流域日降水、日最高气温、最低气温作为流域分布式水文模型SWAT模型的输入，在两种代表性浓度路径RCP4.5和RCP8.5情景下，预测分析汉江流域未来径流变化情况[6]。

10.2.1 水资源量及水质评价

10.2.1.1 水资源量情况

1. 汉江中下游干流供水区

湖北省汉江流域多年平均降水量为800～1100mm。降水年内分配不均匀，连续最大4个月降水占年降水的55%～65%。丹江口以下至钟祥干流区域径流深为250～300mm，钟祥以下河段径流深在逐渐增加，在汉江河口处径流深在450mm左右。湖北省汉江流域地表水资源总量为213.49亿m^3，地下水资源量为83.33亿m^3，扣除重复量后，湖北省汉江流域水资源总量为220.05亿m^3，见表10.2。

表10.2 湖北省汉江流域水资源量成果表

水资源分区	所占国土面积/km^2	地表水资源总量/亿m^3	地下水资源量/亿m^3	水资源总量/亿m^3	不重复量/亿m^3
丹江口以上	21214	77.83	30.63	77.83	0
唐白河	4493	9.09	4.10	9.88	0.79
丹江口以下干流	36600	126.57	48.60	132.34	5.78
合计	62307	213.49	83.33	220.05	6.57

客水资源主要为丹江口水库以上来水，1956—2016年丹江口水库多年平均天然径流为374亿m^3，平均流量为1180m^3/s。

2. 引江沿线直供区

引江沿线直供区主要涉及沮漳河、黄柏河、蛮河、南河等流域。

沮漳河流域地表水资源量约 29.80 亿 m^3，地下水资源量约 9.98 亿 m^3，地表水与地下水资源重复计算量 8.95 亿 m^3，流域多年平均水资源总量 30.83 亿 m^3，人均水资源量 $2353m^3$。

黄柏河流域系长江一级支流，在葛洲坝三江船闸上游引航道汇入长江。流域面积 $1923.5km^2$，流域多年平均地表水资源和水资源总量为 10 亿 m^3。

蛮河为汉江中游支流，流经宜城、钟祥两市，至转斗弯北注入汉江，长 188km，流域面积 $3244km^2$，流域多年平均地表水资源量 14.51 亿 m^3，水资源总量 14.53 亿 m^3。

南河流域多年平均地表水资源量 24.0 亿 m^3，多年平均地下水资源量 10.3 亿 m^3，重复水资源量 9.67 亿 m^3，多年平均水资源总量 24.6 亿 m^3，人均水资源量 $2671m^3$。

10.2.1.2 水质评价

1. 汉江中下游干流供水区

汉江中下游干流河长 652km，占汉江总长的 41%，干流设有丹江口水库坝上、余家湖、泽口、岳口和宗关 5 个水质监测代表站。根据 2015—2017 年水质监测资料表明，中游水质整体良好基本可达到Ⅱ类及以上水质，下游水质整体变差，以汉江岳口段水质最差，个别时段可达劣Ⅴ类，但 2017 年水质有所好转。其中汉江潜江段水质大部分水质可达Ⅱ类，个别时段水质可达Ⅲ类或Ⅳ类，超标项目有总磷、氨氮和 BOD；汉江岳口段水质在 2015 年和 2016 年个别月份达Ⅳ类、Ⅴ类或劣Ⅴ类，超标项目主要为总磷，2017 年水质明显好转，可达到Ⅱ类；汉江宗关段水质大部分时段达Ⅱ类，部分时段达Ⅲ类。

2. 引江沿线直供区

根据引江沿线直供区诸河 2015—2017 年水质监测数据，南河、沮漳河水质情况较好，绝大多数时间内水质能保持在Ⅲ类以上，北河、蛮河水质情况一般，尤其是蛮河的总磷指标偏高，只有 60%的时间段内可以保持在Ⅲ类以上，浰河、竹皮河水质较差，绝大多数时间内，水质都在Ⅳ类以下，甚至更差。

10.2.2 水资源开发利用程度和实际供水量

10.2.2.1 水资源开发利用现状

1. 汉江中下游干流供水区

汉江中下游干流供水区已形成较为完备的供水体系。据调查，汉江中下游沿岸直接从干流取水的水源工程共有 222 座公用及自备水厂和 243 座农业灌溉闸站，总设计流量达 $1158m^3/s$。汉江中下游干流沿岸水厂和灌溉闸站汇总见表 10.3。

表 10.3　汉江中下游干流沿岸水厂和灌溉闸站汇总表

地市	公用及自备水厂			农业提灌站			农业灌溉闸	
	座数	装机容量/kW	设计流量/(m^3/s)	座数	装机容量/kW	设计流量/(m^3/s)	座数	设计流量/(m^3/s)
十堰市（丹江口市）	5	855	0.8	1	100	0.1		
襄阳市	32	9972	28.4	75	13681	49.4		
荆门市	21	4106	9.83	31	14917	71.5	8	128.8

续表

地市	公用及自备水厂			农业提灌站			农业灌溉闸	
	座数	装机容量/kW	设计流量/(m^3/s)	座数	装机容量/kW	设计流量/(m^3/s)	座数	设计流量/(m^3/s)
潜江市	6	1295	1.83	2	600	3.3	2	62
天门市	14	1391	3.63	4	6200	32.6	4	161.9
仙桃市	9	855	2.57	1	6000	80	6	246.9
孝感市	61	4369	15.25	56	27150	207.1	2	2.1
武汉市	74	11060	25.42	49	10874	22.7	2	2
总　计	222	33903	87.73	219	79522	466.7	24	603.7

由表10.3可知，农业灌溉泵站的数量以襄阳市、孝感市、武汉市居多，但其规模大都较小，且较分散；荆门市、潜江市、天门市、仙桃市的农业灌溉闸站数量虽然不多，但规模较大，几大引水灌溉闸大都分布于此。如荆门市的马良闸、潜江市的兴隆闸和谢湾闸、天门市的罗汉寺闸、仙桃市的泽口闸等。

2. 引江沿线直供区

引江沿线直供区已形成了以大中型灌区为主的灌溉、供水体系，大型灌区主要有东风渠灌区、漳河灌区、三道河灌区，中型灌区主要有巩河水库灌区、云台山水库灌区、石门集水库灌区等。

东风渠灌区以黄柏河东支上的尚家河水库为水源，灌区内已建中型水库10座，集水面积283.18km²，有效库容18567万m³；小（1）型水库36座，集水面积195.26km²，有效库容11210万m³；小（2）型水库146座，集水面积150.14km²，有效库容3141.9万m³；塘堰39676口，集水面积476.09km²，有效蓄水容积6348.2万m³。

漳河灌区除建有总库容20.35亿m³、兴利库容9.24亿m³的漳河大型水库以外，还建有中小型水库310座，总库容6.95亿m³，有效库容4.38亿m³；塘堰62951口，总库容2.377亿m³；单机155kW以上或总装机200kW以上的电灌站83处，装机237台81181kW，设计提水能力131.46m³/s。

三道河灌区以三道河水库及其结瓜水库为水源，三道河大（2）型水库，总库容1.5亿m³，承雨面积780km²，兴利库容1.27亿m³。灌区内还有中型水库1座、小型水库14座，总库容0.3757亿m³，兴利库容0.2147亿m³。

10.2.2.2 实际供水量

1. 汉江中下游干流供水区

根据湖北省水资源公报以及上报流域委员会各流域分区的供用水量成果，经过合理性分析得到汉江中下游干流供水区各地市2014—2016年的供水量情况，详见表10.4。从表中可以看出，汉江干流片供水主要以地表供水为主，占比达97%以上。供水量总体呈波动趋势，2015年较2014年有所增长，增长率为2.14%，个别区域略有下降，2016年较2015年有所下降，下降7.29%，除武汉市有所增长，其他城市供水量均下降。2016年汉江干流片总供水量为72.03亿m³，其中地表水供水总量为70.28亿m³，占供水总量的

97.58%；地下水供水总量为1.74亿 m³，占供水总量的2.42%。供水量主要集中在汉江中下游区，以孝感市、襄阳市、武汉市以及天门市、潜江市为主。

表 10.4　　各地市 2014—2016 年供水量情况　　单位：亿 m³

片区	年份	地市	地表供水量					地下供水量	总供水量
			蓄水	引水	提水	调水	小计	浅层水	
汉江中下游干流供水区	2014	武汉市	1.23	1.02	6.63	0	8.88	0.22	9.10
		十堰市	0.07	0.00	0.00	0	0.07	0	0.07
		襄阳市	1.72	0.19	10.98	0	12.89	0.52	13.41
		荆门市	3.94	0.59	1.04	0	5.57	0.17	5.74
		孝感市	6.74	4.04	6.06	0	16.84	0.47	17.31
		荆州市	0.47	3.92	1.91	0	6.30	0.10	6.40
		仙桃市	0.05	6.15	2.64	0	8.84	0.30	9.14
		潜江市	0.00	6.23	0.44	0	6.67	0.05	6.72
		天门市	0.14	7.54	0.29	0	7.97	0.20	8.17
		合计	14.36	29.68	29.99	0	74.03	2.03	76.06
	2015	武汉市	1.13	1.20	6.22	0	8.55	0.15	8.70
		十堰市	0.07	0.00	0.01	0	0.08	0.00	0.08
		襄阳市	2.87	0.20	10.88	0	13.95	0.56	14.51
		荆门市	4.85	0.77	1.35	0	6.97	0.19	7.16
		孝感市	6.98	4.19	6.28	0	17.45	0.40	17.85
		荆州市	0.53	3.68	2.01	0	6.22	0.06	6.28
		仙桃市	0.05	5.98	2.57	0	8.60	0.28	8.88
		潜江市	0.00	6.59	0.26	0	6.85	0.04	6.89
		天门市	0.11	6.87	0.21	0	7.19	0.17	7.36
		合计	16.59	29.48	29.79	0	75.86	1.85	77.71
	2016	武汉市	1.99	1.64	5.42	0	9.05	0.14	9.19
		十堰市	0.04	0.02	0.01	0	0.07	0.00	0.07
		襄阳市	2.86	0.19	10.73	0	13.78	0.56	14.34
		荆门市	4.47	0.67	1.14	0	6.28	0.18	6.46
		孝感市	4.67	6.09	3.27	0	14.03	0.31	14.34
		荆州市	0.58	3.69	1.83	0	6.10	0.05	6.15
		仙桃市	0.04	5.46	2.34	0	7.84	0.30	8.14
		潜江市	0.00	6.58	0.26	0	6.84	0.04	6.88
		天门市	0.10	6.00	0.19	0	6.29	0.15	6.44
		合计	14.75	30.34	25.19	0	70.29	1.73	72.01

续表

片区	年份	地市	地表供水量					地下供水量	总供水量
			蓄水	引水	提水	调水	小计	浅层水	
引江沿线直供区	2014	宜昌市	4.01	2.31	2.94	0	9.26	0.33	9.59
		襄阳市	2.04	0.85	1.26	0	4.15	0.13	4.28
		荆门市	5.66	0.85	1.49	0	8.00	0.16	8.16
		荆州市	0.10	0.86	0.39	0	1.35	0.00	1.35
		合计	11.81	4.87	6.08	0	22.76	0.62	23.38
	2015	宜昌市	4.16	2.49	3.54	0	10.19	0.32	10.51
		襄阳市	2.08	1.05	1.31	0	4.44	0.14	4.58
		荆门市	5.44	0.86	1.51	0	7.81	0.15	7.96
		荆州市	0.16	0.75	0.62	0	1.53	0.00	1.53
		合计	11.84	5.15	6.98	0	23.97	0.61	24.58
	2016	宜昌市	3.83	2.34	3.17	0	9.34	0.32	9.66
		襄阳市	1.93	1.00	1.27	0	4.20	0.14	4.34
		荆门市	5.14	0.79	1.36	0	7.29	0.15	7.44
		荆州市	0.13	0.88	0.41	0	1.42	0.00	1.42
		合计	11.03	5.01	6.21	0	22.25	0.61	22.86
2014年受水区合计			26.16	34.55	36.07	0	96.77	2.64	99.41
2015年受水区合计			28.45	34.62	36.76	0	99.83	2.46	102.29
2016年受水区合计			25.78	35.37	31.41	0	92.54	2.35	94.89

根据湖北省水文水资源局上报长江水利委员会的各分区供用水量成果，考虑水资源公报与水资源综合规划对火电用水量统计口径的差别，对2000年以后新增的火（核）电机组用水量均按照耗水量口径进行修正，使其统计口径一致。汉江干流片2014—2016年总用水量情况见表10.5。

受供水量的影响汉江干流片用水量也呈现2015年较2014年增长，但2016年较2015年下降的趋势。用水量结构中，以农业灌溉用水量和工业用水量所占比重最大，2014—2016年农业和工业平均用水量分别占总用水量的57.3%和31.5%。2016年汉江下游干流片总用水量为72.03亿m^3。其中农田灌溉用水40.19亿m^3，占总用水量的55.8%；工业用水23.03亿m^3，占总用水量的32.0%；生活用水8.47亿m^3，占总用水量的11.8%；生态环境用水0.34亿m^3，占总用水量的0.47%。

从增长率来看，生态与环境补水量增长最快，特别是十堰市、襄阳市和潜江市，2016年较2015年增长率平均为70.1%，最高达250%。生活用水三年来逐步增长，平均增长率为3.6%；受2016年供水量减少影响，以及节水水平的提高，农业和工业用水量均有所降低，特别是农业用水量下降幅度达10.3%，工业用水量下降幅度为6.5%。

2. 引江沿线直供区

根据湖北省水资源公报以及上报长江水利委员会各流域分区的供用水量成果，得到引江沿线直供区2014—2016年的供水量情况，详见表10.4。引江沿线直供区供水量主要以地表水供水为主，多年平均地表供水量占97.4%。2016年引江沿线直供区总供水量为22.87亿m^3，其中地表水供水总量为22.26亿m^3，占供水总量的97.3%；地下水供水总量为0.61亿m^3，占供水总量的2.70%。供水量主要集中在引江沿线直供区，以宜昌市和襄阳市为主。

由表10.5可知，引江沿线直供区2014年以后，总用水量总体呈波动下降趋势，其中2016年用水总量下降主要表现在农业用水量下降幅度较大，其他用水均呈增长趋势，以生态环境用水量增幅最大，达46.8%。用水量结构中，以工业用水量和农田灌溉用水量所占比重最大，分别占总用水量的25.9%和66.2%。

2016年引江沿线直供区总用水量为22.88亿m^3。其中农业用水14.33亿m^3，占总用水量的62.7%；工业用水6.56亿m^3，占总用水量的28.7%；生活用水1.92亿m^3，占总用水量的8.4%；生态环境用水0.06亿m^3，占总用水量的0.3%。

表10.5　汉江干流片2014—2016年总用水量情况　单位：亿m^3

片区	年份	地市	农业用水量	工业用水量	生活用水量	生态与环境用水量	总用水量
汉江中下游干流供水区	2014	武汉市	4.37	2.33	2.34	0.07	9.11
		十堰市	0.03	0.02	0.01	0.00	0.06
		襄阳市	4.57	7.74	1.07	0.02	13.40
		荆门市	3.95	1.27	0.52	0.01	5.75
		孝感市	8.82	6.75	1.71	0.03	17.31
		荆州市	5.84	0.28	0.27	0.00	6.39
		仙桃市	6.52	1.93	0.69	0.01	9.15
		潜江市	4.22	1.93	0.55	0.01	6.71
		天门市	6.16	1.28	0.73	0.01	8.18
		合计	44.48	23.53	7.89	0.16	76.06
	2015	武汉市	3.79	2.40	2.42	0.08	8.69
		十堰市	0.05	0.03	0.01	0.00	0.09
		襄阳市	5.69	7.75	1.04	0.03	14.51
		荆门市	5.21	1.38	0.55	0.01	7.15
		孝感市	8.61	7.47	1.74	0.03	17.85
		荆州市	5.68	0.30	0.30	0.01	6.29
		仙桃市	6.17	2.00	0.70	0.01	8.88
		潜江市	4.33	2.00	0.54	0.01	6.88
		天门市	5.28	1.32	0.74	0.01	7.35
		合计	44.81	24.65	8.04	0.19	77.69

续表

片区	年份	地市	农业用水量	工业用水量	生活用水量	生态与环境用水量	总用水量
汉江中下游干流供水区	2016	武汉市	4.30	2.33	2.40	0.15	9.18
		十堰市	0.03	0.03	0.01	0.00	0.07
		襄阳市	5.36	7.79	1.12	0.08	14.35
		荆门市	4.36	1.48	0.60	0.01	6.45
		孝感市	6.16	6.26	1.90	0.02	14.34
		荆州市	5.53	0.29	0.34	0.01	6.17
		仙桃市	5.62	1.77	0.73	0.03	8.15
		潜江市	4.38	1.87	0.60	0.03	6.88
		天门市	4.44	1.22	0.76	0.02	6.44
		合计	40.18	23.04	8.46	0.35	72.03
引江沿线直供区	2014	宜昌市	5.90	2.84	0.83	0.02	9.59
		襄阳市	3.38	0.65	0.24	0.00	4.27
		荆门市	5.73	1.86	0.57	0.01	8.17
		荆州市	0.89	0.31	0.14	0.00	1.34
		合计	15.90	5.66	1.78	0.03	23.37
	2015	宜昌市	6.60	3.09	0.81	0.02	10.52
		襄阳市	3.63	0.70	0.24	0.00	4.57
		荆门市	5.40	2.01	0.55	0.01	7.97
		荆州市	1.05	0.34	0.15	0.00	1.54
		合计	16.68	6.14	1.75	0.03	24.60
	2016	宜昌市	5.32	3.41	0.90	0.03	9.66
		襄阳市	3.35	0.71	0.27	0.01	4.34
		荆门市	4.75	2.10	0.59	0.01	7.45
		荆州市	0.92	0.34	0.16	0.00	1.42
		合计	14.34	6.56	1.92	0.05	22.87
2014年受水区合计			60.38	29.2	9.66	0.19	99.43
2015年受水区合计			61.49	30.78	9.79	0.24	102.30
2016年受水区合计			54.52	29.59	10.39	0.40	94.90

10.2.2.3 现状水资源开发利用程度

供水工程供水量与水资源量的比值为水资源开发利用率，是一个地区水资源开发利用程度的主要判别指标。供水区以地表水供水为主，可用地表水开发利用率进行水资源开发利用程度评价。

1. 汉江流域

汉江流域水资源时空分布不均，水资源年际、年内变幅大，流域50%频率地表水资源量是75%频率地表水资源量的1.27倍，是95%频率地表水资源量的1.87倍；多年平均连续最大4个月径流占全年径流的60%～65%。汉江流域2016年水资源开发利用率达34.7%，为长江流域除太湖水系外水资源开发利用率最高的水资源二级区。待南水北调中线一期工程达到设计调水规模时，汉江流域水资源开发利用率将达47%左右，2035年，将达到54%，远超出通常40%的水资源开发利用率上限。

2. 引江沿线直供区

依据最近十年实际年供用水调查资料，加上向流域外调出水量，减去外流域调入水量，沮漳河流域水资源开发利用程度在50%左右，蛮河流域在40%左右，黄柏河流域东支水资源开发利用程度在70%左右。

引江沿线直供区内现状蓄引提工程众多，农业灌溉体系较为完善，耕地面积较大，因此农业供水量较多。此外，区域内涉及城市区域属于湖北省经济较发达地区，生活和工业用水量也较多，故该区域水资源开发利用程度较高。

10.2.2.4 水资源及其开发利用存在的主要问题

1. 汉江中下游干流供水区

汉江中下游地区为湖北省经济、社会和文化核心区，丹江口下泄水量减少不可避免影响汉江中下游经济社会发展和生态文明建设。自2014年一期工程未达产调水以来，就遭遇连续枯水年，为保证向北方供水，丹江口水库下泄流量多数时段难以达到最小490m^3/s的要求，2014—2017年未达到490m^3/s的时段占30%～60%，最小下泄流量不足300m^3/s，给汉江中下游经济发展、生态环境和人民生活带来诸多不利影响。近年来，汉江中下游由于来水减少及水污染等原因，在冬春季节水华现象频繁发生，且有向兴隆河段以上蔓延的趋势。即在南水北调中线工程一期调水未达设计情况下，汉江中下游水资源供需矛盾已较为突出。

当南水北调中线一期工程达到设计值后，将减少丹江口至兴隆河段来水量25%～18%，多年平均下泄流量减少约300m^3/s，使得兴隆以上河段的来水量大幅减少。且随着干流的梯级开发，建库后库内流速减小，将大大降低丹江口至兴隆河段的水环境容量。引汉济渭调水工程的实施将对汉江中下游将产生叠加影响，进一步降低汉江中下游的水资源承载能力，使得湖北省汉江中下游原已存在的水资源供需矛盾将更加突出。

南水北调中线一期工程目前已成为北京、天津、石家庄、郑州等大、中城市的主要水源，已超出原设计北调水主要作为北方补充水源的范畴，对供水的水量和供水保证率都提出了很高的要求，这对汉江供水安全提出了更高要求。根据国务院批复的《南水北调工程总体规划》、《长江流域综合规划（2012—2030年）》和相关研究，为保证2035年向北方调水130亿m^3，增加陕西省引汉济渭工程调水量5亿～15亿m^3，加重了汉江的调水任务。

汉江丹江口水库坝址以上流域，预测至2020年水资源开发利用率将达41%；2035年将超过40%的阈值，达到42%，汉江黄家港以上水资源开发利用已无压缩空间。考虑整个汉江流域，2020年，汉江流域水资源开发利用率将达47%左右，2035年，将达到54%，远超出通常40%的水资源开发利用率上限，届时汉江中下游现已存在的水资源、水环境问题将会更加突出。另外，受全球气候变暖影响，汉江年径流近几十年出现减少趋势。流域水文情势变化，可能影响中线工程的调水量和丹江口水库的补偿下泄水量。

2. 引江沿线直供区

鄂北、鄂中丘陵区为湖北省降水、径流低值区，水资源短缺，给区域经济发展形成较大制约。虽然建设了鄂北水资源配置工程，但尚不能解决湖北省鄂中丘陵区和江汉平原周边丘陵地区的水资源短缺问题。湖北省汉江以西的宜昌、荆门、襄阳丘陵区，面积约1.44万km^2，总人口约490万人，耕地面积约500万亩，是湖北省水资源较短缺的地区。随着城镇化进程和工业化的加快，用水需求不断增加，现有水源难以满足用水需求，生活、生产挤占生态用水现象严重，水资源供需矛盾突出，造成区域水环境恶化。宜昌当阳市城乡一体化供水以巩河大型水库为城市供水水源，由于来水面积有限，多年来水库基本未蓄满过，为保障城市供水，当阳市计划兴建引沮河水入巩河水库工程；宜昌东风渠灌区水源和宜昌城区水源主要供水水源为黄柏河东支，用水量占了该断面来水量的近70%，严重影响下游河流生态用水。荆门市主要供水水源地漳河水库，同时也是湖北省大型灌区漳河灌区的主水源，随着城市用水和工业用水的增加，挤占农业用水和河流生态用水严重。另外，由于开发利用水资源，现状该区域多条河流如黄柏河、沮河、漳河、竹皮河、俐河、南河等河流基本生态用水不足，水生态环境恶化，影响河流健康和居民生产生活环境。

10.2.3 未来水资源可利用量预测

10.2.3.1 选择GCM模式和气候排放情景

为预测变化环境下汉江流域未来的水资源天然来水量，为区域供水预测和供需分析提供边界条件，将全球气候模式与分布式水文模型耦合，模拟预测未来气候情景下汉江流域水文水资源状况。其中，为了降低单一气候模式对未来气候情景预估的不确定性，选用了耦合模式比较计划第五阶段（CMIP5）中收录的应用比较广泛的10种全球气候模式（表10.6）。由于多模式集合在月、季、年时间尺度下模拟的平均值优于大部分单个模式的结果，因此采用多模式集合预测的汉江流域降水、最高气温、最低气温的平均值作为降尺度模型输入的气候数据；再利用DBC统计降尺度模型预测的日降水、日最高气温、最低气温作为流域分布式水文模型SWAT模型的输入，在两种代表性浓度路径RCP4.5和RCP8.5情景下，研究整个汉江中下游地区水资源量的总体发展趋势，系统分析水资源总量及时空分布特征，科学预测未来水资源的可利用量[7]。

表 10.6　　所选 GCM 模式基本信息

序号	模式名称	单位及所属国家	分辨率（经向格点数×纬向格点数）
G1	BCC-CSM1.1	BCC，中国	128×64
G2	BNU-ESM	GCESS，中国	128×64
G3	CanESM2	CCCMA，加拿大	128×64
G4	CCSM4	NCAR，美国	288×192
G5	CNRM-CM5	CNRM-CERFACS，法国	256×128
G6	CSIRO-Mk3.6.0	CSIRO-QCCCE，澳大利亚	192×96
G7	GFDL-ESM2G	NOAA-GFDL，美国	144×90
G8	MRI-CGCM3	MRI，日本	320×160
G9	MPI-ESM-LR	MPI-M，德国	192×96
G10	NorESM1-M	NCC，挪威	144×96

10.2.3.2　未来降水气温预测

将 DBC 统计降尺度模型应用到 GCM 未来输出序列，预估得到 RCP4.5 和 RCP8.5 两种代表性情景下汉江流域的未来降水、气温变化情况。与 GCM 输出的历史时期（1961—2005 年）降水、气温相比，统计得到多年均值变化情况见表 10.7。可以看出：汉江流域未来时期年降水量、日最高、最低气温相较于基准期均呈现增加趋势，在 RCP4.5 情景下，将分别增加 42.5mm（+5.07%）、1.55℃和 1.46℃。在 RCP8.5 情景下，未来年降水量将增加 50.89mm（+6.06%），显著高于 RCP4.5 情景；而日最高、最低气温将分别增加 2.10℃和 1.96℃，增长幅度均大于 RCP4.5 情景。

表 10.7　　10 种 GCM 下未来降水和气温年均值变化情况

全流域	基准期（1961—2005 年）	未来（2020—2050 年）			
		RCP4.5		RCP8.5	
	均值	均值	变化量 Δ	均值	变化量 Δ
降水/mm	839.91	882.50	+42.59	890.80	+50.89
最高气温/℃	20.29	21.84	+1.55	22.39	+2.10
最低气温/℃	10.52	11.98	+1.46	12.48	+1.96

汉江流域未来日降水和气温的年内变化情况如图 10.4 所示。从年内变化情况来看，RCP4.5 情景下，汉江流域未来时期月均降水量基本呈增加趋势（7 月、9 月、11 月除外）；RCP8.5 情景下，汉江流域未来枯水期降水大致呈现增加趋势，汛期（5—9 月）呈现减少趋势。日最高、最低气温在两种情景下的年内变化情况一致，均为在春季的增加幅度最小，夏季最大。

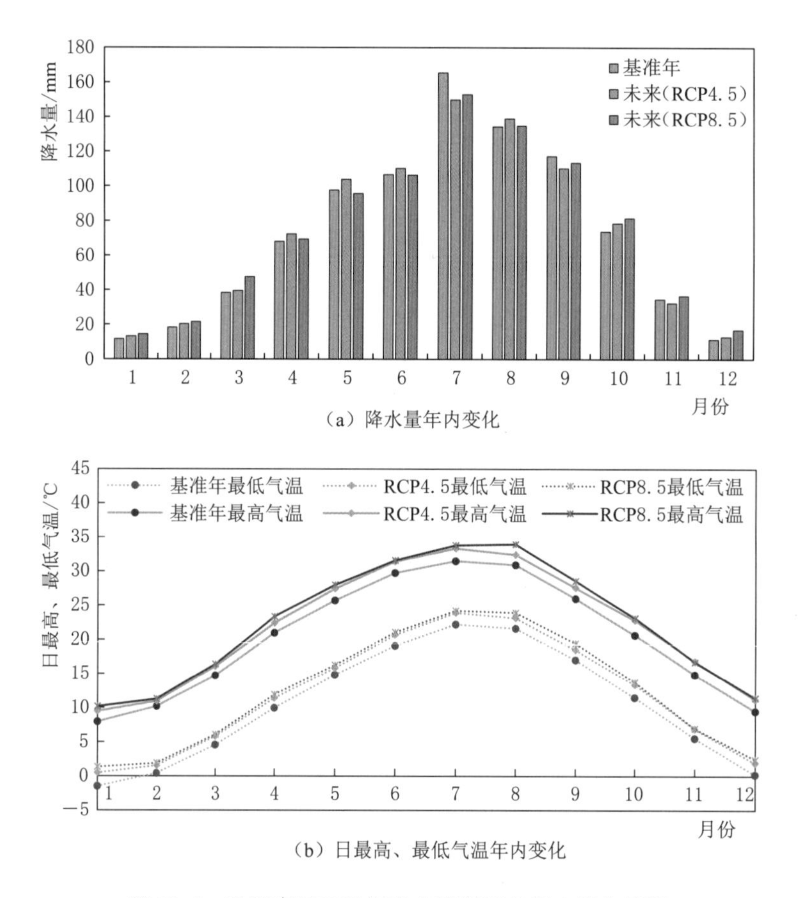

图 10.4 汉江流域未来日降水和气温的年内变化情况

10.2.3.3 径流模拟结果与适应性分析

以 1980—1993 年为模型率定期、1994—2000 年为模型检验期以检验 SWAT 模型的适用性。选取的汉江干流 4 个水文站中，安康和白河位于流域上游，丹江口位于中游，皇庄站位于下游，各站的模拟结果见表 10.8，各控制站在率定期和检验期模拟的平均 NSE 和 RE 的绝对值分别为 0.90、2.8%和 0.76、6.2%，说明 SWAT 模型整体的模拟结果较好。各水文站率定期和检验期实测值与模拟值对比如图 10.5 所示。

表 10.8　　SWAT 模型的率定和检验结果

序号	水文站	率定期（1980—1993 年）		检验期（1994—2000 年）	
		NSE	RE/%	NSE	RE/%
1	安康	0.93	2.4	0.83	8.1
2	白河	0.91	−0.3	0.78	−1.9
3	丹江口	0.92	6.9	0.75	7.5
4	皇庄	0.82	−1.4	0.66	7.1
绝对值平均		0.90	2.8	0.76	6.2

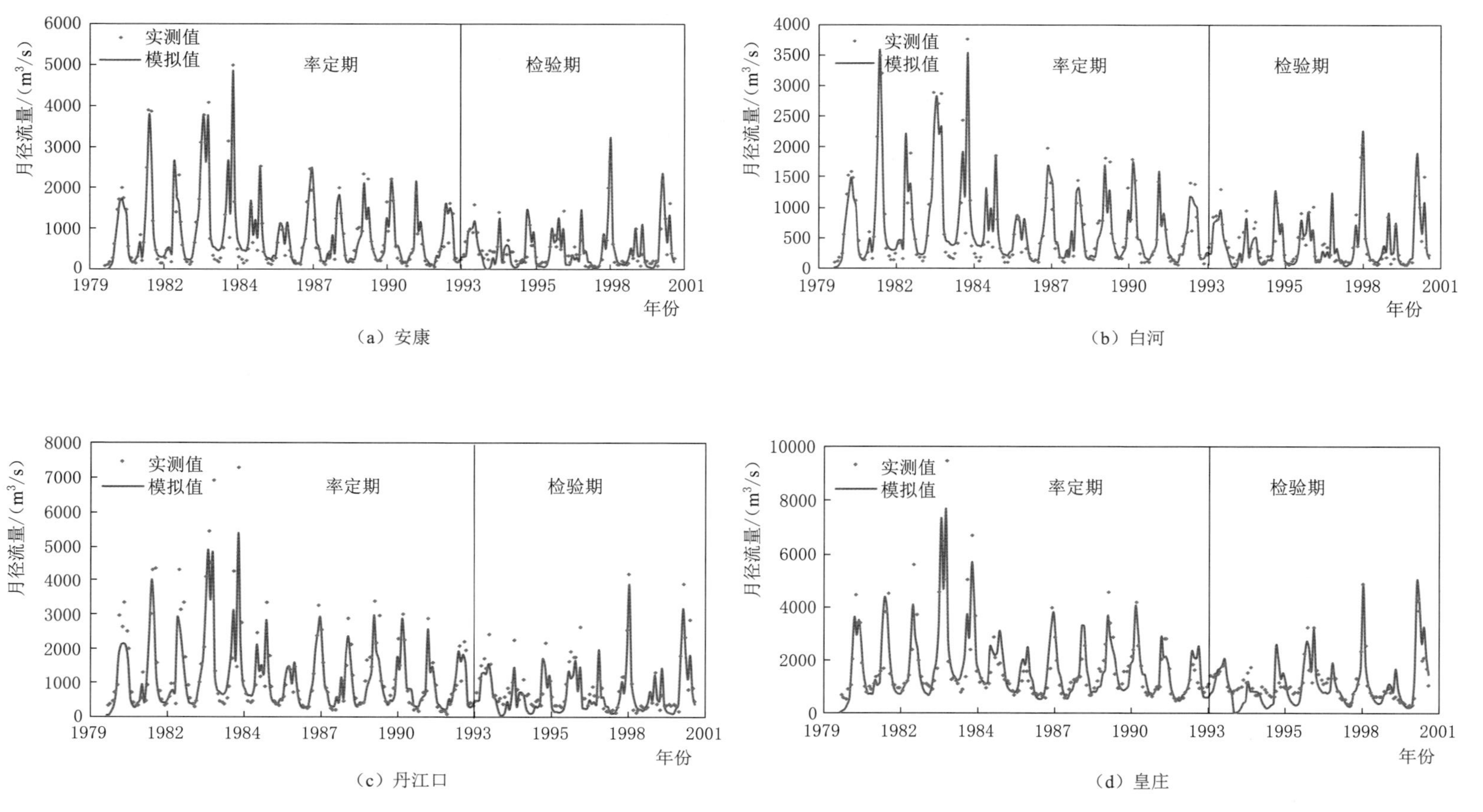

图10.5 各水文站率定期和检验期实测值与模拟值对比图

10.3 汉江中下游地区水资源需求量分析

利用已有的汉江流域水资源需求预测成果，对未来汉江中下游及其子区的河道内外耗水量、各部门需水量及用水定额做全面评估，为对缺水行业、缺水地区、缺水性质做出合理判断打好基础。

基于湖北省水利水电规划勘测设计院提供的各片区的水资源需求量细化成果，现将需水预测的用水部门分为生活、生产和生态环境三大类，按城镇和农村两种供水系统分别进行统计与汇总。

生活需水统计为城镇生活需水和农村生活需水，其中城镇生活需水包含城镇居民生活需水和城镇河道外需水；农村生活需水包含农村居民生活需水和农村河道外需水。

生产需水为有经济产出的各类生产活动所需的水量，按城镇和农村两种供水系统分别进行统计与汇总，分为城镇工业需水和农业灌溉需水。其中城镇工业需水分为工业需水、建筑业需水和第三产业需水；农业灌溉需水分为农田灌溉需水和林牧渔业需水。

生态环境需水是指为维持生态与环境基本功能所需要的水量，按照修复和美化生态环境的要求，分别对河道内与河道外两类生态环境需水进行统计。河道外生态环境需水包括城镇生态环境需水中的城镇公共绿地需水、环境卫生需水及城镇河湖补水等。河道内生态环境需水，包括河道基本功能需水、河口生态环境需水、通河湖泊与湿地需水和其他河道内需水。

10.3.1 用水户及需水统计口径

现将需水预测的用水部门分为生活、生产和生态三大类，按城镇和农村两种供水系统分别进行统计与汇总。

生活需水统计为城镇生活需水和农村生活需水，其中城镇生活需水包含城镇居民生活需水和城镇河道外生态环境需水；农村生活需水包含农村居民生活需水和农村河道外生态环境需水。

生产需水为有经济产出的各类生产活动所需的水量，按城镇和农村两种供水系统分别进行统计与汇总，分为城镇工业需水和农业灌溉需水。其中城镇工业需水分为工业需水、建筑业需水和第三产业需水；农业灌溉需水分为农田灌溉需水和林牧渔业需水。

生态需水，即河道内生态环境需水，包括河道基本功能需水、河口生态环境需水、通河湖泊与湿地需水和其他河道内需水。

10.3.2 需水预测方法

本书采用指标分析法预测需水量，具体步骤：一是分析影响用水的主要因素发展趋势，确定用水指标及用水定额；二是根据用水定额和用水指标（如人口或工业产值等）计算出2035规划水平年的需水量。根据确定的用水户分类口径，在分析各部门的用水影响因素（如人口、工业产值、农业产值等）及用水定额的基础上分别预测各部门的需水量。

总需水量即为各部分之和。

10.3.2.1 生活需水量预测

采用指标分析法进行生活需水预测。影响生活需水的主要影响因素为人口变化，以此确定生活需水的用水指标为居民人口。首先根据城镇和农村居民人口的变化趋势，推测未来城镇和农村居民总人口。结合复核后的生活用水定额，预测出 2035 规划水平年的生活需水量。具体公式如下：

$$W^t_{\text{li1},i}=q^t_{\text{ci},i}\times P^t_{\text{ci},i}\times 365/1000 \tag{10.1}$$

$$W^t_{\text{li2},i}=q^t_{\text{co},i}\times P^t_{\text{co},i}\times 365/1000 \tag{10.2}$$

$$P^t_i=P^0_i\times(1+\varepsilon_{p,i})^t \tag{10.3}$$

$$P^t_{\text{ci},i}=P^t_i\times\gamma^t_i \tag{10.4}$$

$$P^t_{\text{co},i}=P^t_i\times(1-\gamma^t_i) \tag{10.5}$$

式中：$W^t_{\text{li1},i}$、$W^t_{\text{li2},i}$ 分别为 2035 规划水平年第 i 子区的城镇居民家庭用水量、农村居民家庭用水量，m^3；$q^t_{\text{ci},i}$、$q^t_{\text{co},i}$ 分别为 2035 规划水平年第 i 子区的城镇居民生活用水定额和农村居民生活用水定额，L/(人·d)；P^t_i、P^0_i 分别为 2035 规划水平年和基准年第 i 子区的总人口数量，人；$P^t_{\text{ci},i}$、$P^t_{\text{co},i}$ 分别为 2035 规划水平年第 i 子区的城镇人口数量和农村人口数量，人；$\varepsilon_{p,i}$ 为第 i 子区人口自然增长率，‰；γ^t_i 为 2035 规划水平年第 i 子区的城镇化率，%。

则有 2035 规划水平年第 i 子区生活需水总量为

$$W^t_{\text{li},i}=W^t_{\text{li1},i}+W^t_{\text{li2},i} \tag{10.6}$$

10.3.2.2 城镇工业需水量预测

工业需水量的主要影响因素是经济发展，采用各产业产值作为用水指标，计算公式如下：

$$W^t_{\text{in},i}=q^t_{\text{in},i}\times A^t_{\text{in},i} \tag{10.7}$$

$$q^t_{\text{in},i}=q^0_{\text{in},i}\times(1-\varepsilon_i)^t \tag{10.8}$$

式中：$W^t_{\text{in},i}$ 为 2035 规划水平年第 i 子区工业需水量，m^3；$q^t_{\text{in},i}$ 为 2035 规划水平年第 i 子区万元工业增加值用水量，m^3/万元；$A^t_{\text{in},i}$ 为 2035 规划水平年第 i 子区工业增加值，万元；$q^0_{\text{in},i}$ 为基准年第 i 子区万元工业增加值用水量，m^3/万元；ε_i 为第 i 子区万元工业增加值用水量年均下降率，%。

建筑业及第三产业需水量预测方法与工业相同。

10.3.2.3 农业灌溉需水量预测

农业灌溉需水包括农田灌溉和林牧渔（含牲畜）需水，主要采用定额法进行预测。

农田灌溉定额主要包括灌溉净定额和灌溉毛定额。灌溉毛定额是考虑农田作物得到所需用水量过程中的输水损失及水量蒸发问题。灌溉水利用系数包含田间水利用系数和渠系水利用系数。计算灌区灌溉综合毛定额公式如下：

$$W^t_{\text{ag1},i}=\sum_{j=1}^{k}\frac{q^t_{ij}\times A^t_{ij}}{\eta^t_i} \tag{10.9}$$

式中：$W^t_{\text{ag1},i}$ 为 2035 规划水平年第 i 子区农业毛灌溉需水量，m^3；q^t_{ij} 为 2035 规划水平年第 i 子区第 j 种作物净灌溉定额，m^3/亩；A^t_{ij} 为 2035 规划水平年第 i 子区第 j 种作物灌溉

面积，亩；η_i^t 为 2035 规划水平年第 i 子区灌溉水有效利用系数。

或

$$W_{ag1,i}^t=\frac{q_i^t\times A_i^t}{\eta_i^t} \tag{10.10}$$

$$q_i^t=\sum_{j=1}^{k}\alpha_{ij}^t q_{ij}^t \tag{10.11}$$

$$A_i^t=\sum_{j=1}^{k}A_{ij}^t \tag{10.12}$$

式中：q_i^t 为 2035 规划水平年第 i 子区综合净灌溉定额，m^3/亩；α_{ij}^t 为 2035 规划水平年第 i 子区第 j 种作物灌溉面积占全灌区灌溉面积比值；A_i^t 为全灌区的灌溉面积，亩。

林牧渔需水。林牧渔需水包括林地灌溉、草场灌溉、鱼塘补水和牲畜四类需水。林地灌溉、草场灌溉相应的用水指标为种植面积。林地灌溉、草场灌溉均应考虑用水过程的输水损失和蒸发损失。公式如下：

$$W_{ag2,i}^t=\frac{q_{fo,i}^t\times A_{fo,i}^t}{\eta_{fo,i}^t} \tag{10.13}$$

$$W_{ag3,i}^t=\frac{q_{gr,i}^t\times A_{gr,i}^t}{\eta_{gr,i}^t} \tag{10.14}$$

式中：$W_{ag2,i}^t$、$W_{ag3,i}^t$ 分别为规划水平年第 i 子区林果地、草地毛灌溉需水量，m^3；$q_{fo,i}^t$、$q_{gr,i}^t$ 分别为规划水平年第 i 子区林果地、草地净灌溉定额，m^3/亩；$A_{fo,i}^t$、$A_{gr,i}^t$ 分别为 2035 规划水平年第 i 子区林果地、草地灌溉面积，亩；$\eta_{fo,i}^t$、$\eta_{gr,i}^t$ 分别为 2035 规划水平年第 i 子区林果地、草地灌溉渠系水有效利用系数。

鱼塘的耗水主要为蒸发和渗漏，因此，鱼塘补水的用水指标为鱼塘水面面积，根据鱼塘亩均的渗漏损失和水面蒸发损失确定鱼塘亩均用水定额。鱼塘需水量计算公式如下：

$$W_{ag4,i}^t=q_{fi,i}^t\times A_{fi,i}^t \tag{10.15}$$

式中：$W_{ag4,i}^t$ 为 2035 规划水平年第 i 子区鱼塘补水量，m^3；$q_{fi,i}^t$ 为 2035 规划水平年第 i 子区鱼塘补水定额，m^3/亩；$A_{fi,i}^t$ 为 2035 规划水平年第 i 子区鱼塘补水面积，亩。

牲畜用水的用水指标为牲畜的头数。牲畜需水应按大牲畜（猪牛羊）和小牲畜分别预测：

$$W_{ag5,i}^t=(q_{big,i}^t\times P_{big,i}^t+q_{small,i}^t\times P_{small,i}^t)\times 365/1000 \tag{10.16}$$

式中：$W_{ag5,i}^t$ 为 2035 规划水平年第 i 子区牲畜需水量，m^3；$q_{big,i}^t$、$q_{small,i}^t$ 分别为 2035 规划水平年第 i 子区的大、小牲畜用水定额，L/(头·d)；$P_{big,i}^t$、$P_{small,i}^t$ 分别为 2035 规划水平年第 i 子区的大、小牲畜数量，头（只）。

综上，2035 规划水平年第 i 子区农业需水总量为

$$W_{ag,i}^t=W_{ag1,i}^t+W_{ag2,i}^t+W_{ag3,i}^t+W_{ag4,i}^t+W_{ag5,i}^t \tag{10.17}$$

10.3.2.4 生态环境需水量预测

生态环境需水是指为维持生态与环境功能和进行生态环境建设所需要的最小需水量，按照修复和美化生态环境的要求，分河道内与河道外两类生态环境需水分别进行预测。

河道外生态需水主要考虑生活环境绿化以及公共设施用水，其用水指标为生活绿化面

积和公共设施水面面积。

$$W_{eco1,i}^{t}=q_{vge,i}^{t}\times A_{vge,i}^{t} \tag{10.18}$$

$$W_{eco2,i}^{t}=\max(A_{water,i}^{t}\times(E_{water,i}^{t}-P_{water,i}^{t}),0) \tag{10.19}$$

式中：$W_{eco1,i}^{t}$、$W_{eco2,i}^{t}$ 分别为 2035 规划水平年以植被需水为主体的生态环境需水量和以规划水面面积为水体的生态环境需水量，m^3；$q_{vge,i}^{t}$ 为 2035 规划水平年第 i 子区植被生态用水定额，m^3/亩；$A_{vge,i}^{t}$，$A_{water,i}^{t}$ 分别为 2035 规划水平年第 i 子区植被和水面面积，亩；$E_{water,i}^{t}$ 为 2035 规划水平年第 i 子区水面蒸发量，mm；$P_{water,i}^{t}$ 为 2035 规划水平年第 i 子区降水量，mm。

河道内生态需水量采用多年平均径流量乘以最小生态流量的百分比的方法计算：

$$W_{eco3,i}^{t}=R_{aa,i}\times\varepsilon_{eco,i} \tag{10.20}$$

式中：$W_{eco3,i}^{t}$ 为 2035 规划水平年河道内生态需水量，m^3；$R_{aa,i}$ 为第 i 子区多年平均径流量，m^3；$\varepsilon_{eco,i}$ 为第 i 子区最小生态环境需水量比例系数。

10.3.3 用水指标分析

10.3.3.1 人口数目预测

2016 现状水平年研究区域总人口为 1993.5 万人，城镇化率为 63.51%，其中汉江中下游干流供水区 1595.1 万人，引江沿线供水区 398.4 万人。随着社会经济发展与城市化步伐的加快，研究区域内的人口总数逐渐上升，农村人口数目有所减少，至 2035 规划水平年汉江中下游地区总人口为 2215.6 万人，城镇化率为 79.94%，其中汉江中下游干流供水区 1772.5 万人，引江沿线供水区 443.1 万人。现状水平年与规划水平年汉江中下游地区总人口和城镇化率见表 10.9。

人口增长率和城镇化率是在近 20 年增长趋势基础上，与相关规划的增长率指标对比和协调后的预测结果。城镇化率及城镇人口预测以《湖北省城镇化与城镇发展战略规划(2012—2030 年)》为依据，并与产业规划相协调，符合湖北省及区域发展战略。受水区基准年城镇化率为 68.78%，2035 年城镇化率 79.94%，年均增长 5.6‰。与《长江流域及西南诸河水资源综合规划（2012—2030 年)》成果相比，年均增长速度略低于长江流域的平均增长速度 7‰，这与受水区所在的区域是县城或地级行政区中心城区所在地，城镇相对集中是相符的。

表 10.9　现状水平年与规划水平年汉江中下游地区总人口和城镇化率变化过程

水平年	片　区	城镇人口/万人	乡村人口/万人	总人口/万人	城镇化率/%
现状水平年	引江沿线供水区	253.0	145.4	398.4	63.51
	汉江中下游干流供水区	1118.1	477.0	1595.1	70.09
	合　计	1371.1	622.4	1993.5	68.78
规划水平年	引江沿线供水区	356.3	86.8	443.1	80.41
	汉江中下游干流供水区	1414.8	357.7	1772.5	79.82
	合　计	1771.1	444.5	2215.6	79.94

10.3.3.2 国民经济发展预测

根据引江补汉工程范围各地市GDP增长率及产业结构预测成果，可得GDP及第一、第二、第三产业增加值。工业增加值以2016现状水平年为基础，根据工业产业发展布局、工业占第二产业比重，得到各地市工业增加值。根据预测的引江补汉工程范围各地市工业增加值，统计其平均增长率，2016—2035年为7.3%，见表10.10，均低于现状2010—2016年实际增长率11.6%。综合反映了我国经济发展到一定阶段，经济结构调整，工业增长将逐步放缓，而第三产业比重逐步提升的趋势，因此总体上是工业增加值预测是比较合理的。将各地市经济指标分解到受水区范围内，统计得到引江补汉工程范围2035年预测成果，见表10.11。

表10.10　各地市工业增加值及增长率预测成果

地市	工业增加值（不含水、火电）	增长率/%	地市	工业增加值（不含水、火电）	增长率/%
武汉市	2400	8.0	荆州市	200	7.2
宜昌市	3254	7.3	随州市	773	6.8
襄阳市	3917	6.8	仙桃市	869	7.1
十堰市	55	7.6	潜江市	850	7.0
荆门市	2131	7.6	天门市	746	7.1
孝感市	1718	7.6	合计	16913	7.3

表10.11　现状水平年与规划水平年引江补汉工程范围GDP与工业增加值　单位：亿元

水平年	现状水平年			规划水平年		
片区	引江沿线供水区	汉江中下游干流供水区	合计	引江沿线供水区	汉江中下游干流供水区	合计
GDP	4063.0	8242.8	12305.8	15924.6	31784.8	47709.4
工业增加值	1875.2	3467.1	5342.3	6455.0	12343.2	18798.2

2016现状水平年引江补汉工程范围GDP达12305.8亿元，工业增加值达5342.3亿元，其中汉江中下游干流供水区的GDP与工业增加值分别占8242.8亿元与3467.1亿元，引江沿线供水区的GDP与工业增加值分别占4063.0亿元与1875.2亿元。随着社会经济不断进步，研究区域内的GDP与工业增加值逐渐上升，至2035规划水平年研究区域GDP达47709.4亿元，工业增加值达18798.2亿元，其中汉江中下游干流供水区的GDP与工业增加值分别占31784.8亿元与12343.2亿元，引江沿线供水区的GDP与工业增加值分别占15924.6亿元与6455.0亿元。现状水平年与规划水平年研究区域GDP与工业增加值变化过程如图10.6所示。

10.3.3.3 农业灌溉发展

2016现状水平年研究区域灌溉面积达到1576.6万亩，大牲畜83.8万头，小牲畜1122.6万头，其中汉江中下游干流供水区的灌溉面积达1140.4万亩，引江沿线供水区的灌溉面积达436.2万亩；根据国家大型灌区续建配套及节水改造规划，计划在2020年完

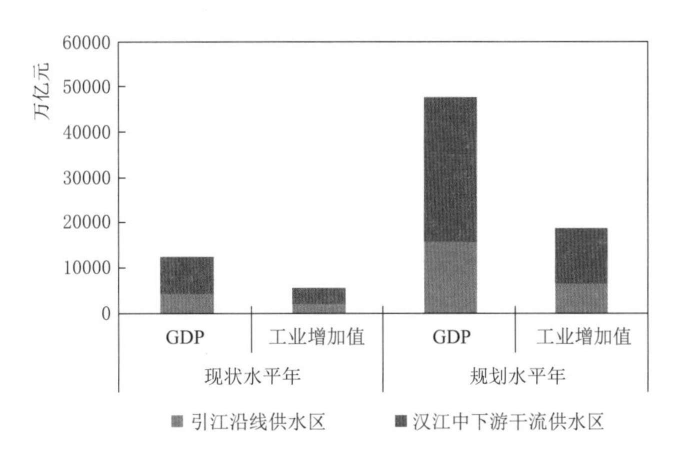

图 10.6　现状水平年与规划水平年研究区域 GDP 与工业增加值变化过程

成列入国家计划的 32 个大型灌区改造，另外中型灌区的节水配套改造也在进行之中，故至 2020 年，随着国家对农田水利的投入，全省灌溉面积仍呈增加趋势。2020 年以后，考虑各灌区耕地面积、续建配套及节水改造情况、水源工程可供水量、农田灌溉用水总量控制红线指标和灌溉用水效率控制红线等指标，粮食增长等因素，2035 年全省灌溉面积将基本稳定。预测至 2035 规划水平年研究区域灌溉面积达到 1648.6 万亩，大牲畜 91.1 万头，小牲畜 1452.5 万头，其中汉江中下游干流供水区的灌溉面积达 1160.6 万亩，引江沿线供水区的灌溉面积达 488.0 万亩。现状水平年与规划水平年汉江中下游地区农业灌溉状况见表 10.12。

表 10.12　　现状水平年与规划水平年汉江中下游地区农业灌溉状况

水平年	现状水平年			规划水平年		
片区	引江沿线供水区	汉江中下游干流供水区	合计	引江沿线供水区	汉江中下游干流供水区	合计
灌溉面积/万亩	436.2	1140.4	1576.6	488.0	1160.6	1648.6
大牲畜/万头	39.6	44.2	83.8	44.4	46.7	91.1
小牲畜/万头	426.4	696.2	1122.1	533.0	919.5	1452.5

10.3.3.4　河道外水利用系数分析

在调查分析现状城镇水利用系数、农田灌溉水利用系数基础上，根据节约用水、渠道防渗、管网改造等措施，现状水平年与规划水平年各个灌区的灌溉面积及其水利用系数见表 10.13。

10.3.4　需水预测结果

10.3.4.1　生活需水量

2016 现状水平年的生活总需水约为 11.48 亿 m^3，其中城镇生活总需水约为 9.59 亿 m^3，农村生活需水约为 1.90 亿 m^3；2035 规划水平年的生活总需水约为 14.14 亿 m^3，其中城镇生活总需水约为12.54亿m³，农村生活需水约为1.61亿m³。表10.14展示了各个片区的在2016现状水平年与2035规划水平年中的城镇生活需水与农村生活需水。由表可知：引江沿线直供区、汉江中下游干流城市供水区与汉江中下游干流灌区供水区的在2016现状水平年与2035规划水平年的生活需水分别约为2.07亿m³、6.58亿m³、2.83亿m³与2.55亿m³、7.98亿m³、3.62亿m³。从不同的片区来看，汉江中下游干流城市供水区的生活需水量最大，在2016现状水平年与2035规划水平年中分别约为6.58亿m³与7.98亿m³，其次是汉江中下游干流灌区供水区与引江沿线直供区，这是因为汉江中下游干流城市供水区内人口集中，数目庞大，生活用水需求较大；从不同水平年来看，2035规划水平年的生活需水均要大于2016现状水平年的生活需水，这是由于居民生活水平不断提高，人口数目不断增长，增大了生活用水需求。

表10.13　现状水平年与规划水平年各个灌区的灌溉面积及其水利用系数

序号	分片	现状水平年		规划水平年	
		灌溉面积/万亩	灌溉水利用系数	灌溉面积/万亩	灌溉水利用系数
1	东风渠灌区	107.1	0.50	116.2	0.60
2	巩河灌区	18.0	0.52	18.0	0.62
3	远安东干渠灌区	5.5	0.52	5.5	0.62
4	漳河灌区	132.1	0.48	180.4	0.59
5	仙居河灌区	5.0	0.55	5.0	0.65
6	小南河灌区	6.4	0.53	6.4	0.62
7	宜城沙河冷泉片	6.7	0.55	6.7	0.62
8	三道河灌区	6.3	0.51	6.3	0.58
9	石门集灌区	16.7	0.56	16.7	0.62
10	云台山灌区	15.1	0.52	15.1	0.62
11	谷城南河片	13.1	0.52	15.0	0.62
12	上游引提水区	88.7	0.52	91.6	0.60
13	荆钟左区	49.7	0.53	56.1	0.62
14	荆钟右区	42.3	0.48	44.6	0.56
15	沙洋引汉区	22.4	0.51	22.4	0.56
16	天门引汉灌区	145.4	0.50	159.9	0.56
17	兴隆灌区	74.7	0.49	74.9	0.56
18	谢湾灌区	25.9	0.49	26.4	0.56
19	东荆河灌区	136.4	0.50	138.3	0.56
20	泽口灌区	175.7	0.48	178.6	0.56
21	沉湖灌区	23.4	0.50	24.7	0.62
22	汉川二站	181.1	0.49	190.9	0.56
23	江尾提水灌区	106.8	0.48	120.5	0.56
24	一江三河黄陂片	32.0	0.51	32.0	0.56

表 10.14 2016 现状水平年与 2035 规划水平年生活需水成果 单位：万 m^3

分片	片　　区	2016 现状水平年			2035 规划水平年		
		城镇生活	农村生活	合计	城镇生活	农村生活	合计
引江沿线直供区	东风渠供水片	8188	1586	9774	10629	1072	11701
	东干渠供水片	446	70	516	537	49	586
	巩河供水片	864	155	1019	1012	132	1144
	漳河供水片	4293	2065	6358	6945	1071	8016
	仙居河供水片	68	56	124	162	10	172
	小南河供水片	118	43	161	157	43	200
	宜城沙河冷泉供水片	145	51	196	185	51	236
	云台山供水片	183	187	370	469	122	591
	三道河供水片	1099	212	1311	1207	260	1467
	石门集供水片	61	79	140	191	47	239
	谷城南河供水片	462	303	765	893	228	1121
	小计	15927	4808	20734	22387	3085	25472
汉江中下游干流供水区（城市）	武汉城区	25542	0	25542	32172	0	32172
	襄阳城区	9151	0	9151	10902	0	10902
	孝感城区	4146	0	4146	4462	0	4462
	丹江口市	1391	0	1391	1526	0	1526
	老河口市	1778	0	1778	1957	0	1957
	宜城市	1057	0	1057	1088	0	1088
	钟祥市	2986	0	2986	4038	0	4038
	应城市	1094	0	1094	1129	0	1129
	汉川市	3007	0	3007	3135	0	3135
	仙桃市	3727	0	3727	4460	0	4460
	天门市	2738	0	2738	3007	0	3007
	潜江市	5118	0	5118	6789	0	6789
	谷城县	1062	0	1062	1098	0	1098
	沙洋县	1585	0	1585	2141	0	2141
	云梦县	923	0	923	952	0	952
	胡集工业区	525	0	525	915	0	915
	小计	65830	0	65830	79771	0	79771
汉江中下游干流供水区（灌区）	上游引提水区	367	1055	1422	1503	980	2483
	荆钟左区	1306	881	2187	1564	813	2377
	荆钟右区	186	408	594	352	332	684

续表

分片	片　区	2016 现状水平年			2035 规划水平年		
		城镇生活	农村生活	合计	城镇生活	农村生活	合计
汉江中下游干流供水区（灌区）	沙洋引汉区	218	232	450	151	284	435
	天门引汉灌区	1399	988	2387	1592	1439	3031
	兴隆灌区	470	761	1231	1707	455	2162
	谢湾灌区	533	279	812	83	687	770
	东荆河灌区	1733	1675	3408	2945	1343	4288
	泽口灌区	1776	1101	2877	2222	1466	3688
	沉湖灌区	218	277	495	503	152	655
	汉川二站区	3484	2956	6440	5313	2408	7721
	江尾提水灌区	964	2524	3488	2817	1840	4657
	一江三河黄陂片	1449	1040	2489	2464	776	3240
	小计	14103	14177	28279	23216	12975	36191
合　计		95859	18985	114843	125374	16060	141434

10.3.4.2 工业生产需水量

2016 现状水平年和 2035 规划水平年的工业总需水分别约为 35.95 亿 m^3 和 62.67 亿 m^3。表 10.15 展示了各个片区在 2016 现状水平年与 2035 规划水平年中的工业生产需水。从表中可以看出：引江沿线直供区、汉江中下游干流城市供水区与汉江中下游干流灌区供水区的在 2016 现状水平年与 2035 规划水平年的工业生产需水分别约为 11.50 亿 m^3、15.84 亿 m^3、8.61 亿 m^3 与 21.38 亿 m^3、26.90 亿 m^3、14.39 亿 m^3。从不同的片区来看，汉江中下游干流城市供水区的工业生产需水量最大，在 2016 现状水平年与 2035 规划水平年中分别约为 15.84 亿 m^3 与 26.90 亿 m^3，其次是引江沿线直供区与汉江中下游干流灌区供水区，这是因为汉江中下游干流城市供水区内经济发展水平高，工业发达，对工业用水有较大需求；从不同水平年来看，2035 规划水平年的工业生产需水均要远远大于 2016 现状水平年的工业生产需水，这是由于随着科技的不断进步，社会经济的高速推进，工业生产发展迅速，大大增加了工业生产用水的需求。

表 10.15　2016 现状水平年与 2035 规划水平年工业生产需水成果　单位：万 m^3

分　片	分　区	2016 现状水平年	2035 规划水平年
引江沿线直供区	东风渠供水片	56330	110946
	东干渠供水片	4653	9216
	巩河供水片	6755	13095
	漳河供水片	32376	57465
	仙居河供水片	79	125
	小南河供水片	574	826

续表

分片	分区	2016 现状水平年	2035 规划水平年
引江沿线直供区	宜城沙河冷泉供水片	703	1017
	云台山供水片	746	1225
	三道河供水片	5797	9138
	石门集供水片	250	414
	谷城南河供水片	6746	10320
	小计	115009	213787
汉江中下游干流供水区（城市）	武汉城区	34887	79241
	襄阳城区	51599	67847
	孝感城区	4739	11284
	丹江口市	1770	2775
	老河口市	4800	7765
	宜城市	2201	3457
	钟祥市	4660	7027
	应城市	1940	4464
	汉川市	8440	12645
	仙桃市	12093	19508
	天门市	10677	17083
	潜江市	11758	18725
	谷城县	2960	4918
	沙洋县	1477	2658
	云梦县	2534	6310
	胡集工业区	1887	3300
	小计	158422	269007
汉江中下游干流供水区（灌区）	上游引提水区	11931	16685
	荆钟左区	2533	3849
	荆钟右区	4997	7531
	沙洋引汉区	1914	3249
	天门引汉灌区	6818	10458
	兴隆灌区	9856	15555
	谢湾灌区	652	616
	东荆河灌区	5222	7583
	泽口灌区	12399	18847
	沉湖灌区	4287	7333
	汉川二站区	11292	22182
	江尾提水灌区	9220	17697
	一江三河黄陂片	4957	12356
	小计	86078	143941
合计		359509	626735

10.3.4.3 农业灌溉需水量

2016 现状水平年的农业灌溉需水约为 74.69 亿 m^3；2035 规划水平年的农业灌溉需水为 73.36 亿 m^3。表 10.16 展示了各个分片内各个片区在 2016 现状水平年与 2035 规划水平年中的农业灌溉需水。从表中可以看出：引江沿线直供区与汉江中下游干流灌区供水区的在 2016 现状水平年与 2035 规划水平年的农业灌溉需水量分别约为 20.56 亿 m^3、54.14 亿 m^3 与 19.33 亿 m^3、54.02 亿 m^3。从不同的片区来看，汉江中下游干流灌区供水区的农业灌溉需水量要大于引江沿线直供区，这是因为汉江中下游干流灌区供水区地势平坦，土壤肥沃，历来是湖北省粮、棉、油的主产区和商品粮基地，农业发达，灌溉需水大；从不同水平年来看，2035 规划水平年的农业灌溉需水均略小于 2016 现状水平年的农业灌溉需水，这是由于随着科技的不断进步，改进了传统工作模式，提高了灌溉效率，推动了各项节水措施的落实，逐步减少了农业灌溉用水的需求。

表 10.16　2016 现状水平年与 2035 规划水平年农业灌溉需水成果　单位：万 m^3

分片	分区	2016 现状水平年	2035 规划水平年
引江沿线直供区	东风渠供水片	44186	41310
	东干渠供水片	1713	2282
	巩河供水片	7408	6225
	漳河供水片	110396	107101
	仙居河供水片	3011	2653
	小南河供水片	2861	2329
	宜城沙河冷泉供水片	2908	2421
	云台山供水片	6675	5416
	三道河供水片	11975	10521
	石门集供水片	7372	6149
	谷城南河供水片	7069	6904
	小计	205574	193311
汉江中下游干流供水区（灌区）	上游引提水区	39978	34157
	荆钟左区	26925	23031
	荆钟右区	21165	19548
	沙洋引汉区	12465	10032
	天门引汉灌区	68210	63112
	兴隆灌区	32774	28726
	谢湾灌区	11323	10124
	东荆河灌区	80318	98522
	泽口灌区	89114	77599
	沉湖灌区	10578	11385
	汉川二站区	79013	96532
	江尾提水灌区	46610	48539
	一江三河黄陂片	22878	18933
	小计	541351	540240
合计		746925	733551

10.3.4.4 河道外毛需水量

根据河道外的净需水量和各地水利用系数计算得出河道外的毛需水量。图 10.7 与图 10.8 展示了研究区域河道外毛需水量的组成：2016 现状水平年的河道外毛需水为 122.13 亿 m^3。其中城镇生活需水、农村生活需水、农村生活需水、农业灌溉需水分别为 9.59 亿 m^3、1.90 亿 m^3、35.95 亿 m^3、74.69 亿 m^3，其所占河道外毛需水的比例分别为 7.85%、1.55%、29.44%和 61.16%；规划水平年的河道外毛需水为 150.18 亿 m^3，其中城镇生活需水、农村生活需水、农村生活需水、农业灌溉需水分别为 12.54 亿 m^3、1.61 亿 m^3、62.67 亿 m^3、73.36 亿 m^3，其所占河道外毛需水的比例分别为 8.35%、1.07%、41.73%和 48.85%。可以发现：从总体上来看，2035 规划水平年的河道外毛需水量要大于 2016 现状水平年；从河道外毛需水量的组成部分来看，在 2016 现状水平年与 2035 规划水平年中，农业灌溉需水均占有主导地位，所占比例分别为 61.16%与 48.85%，其次是工业生产需水、城镇生活需水与农村生活用水，这是因为汉江流域中下游地区地势平

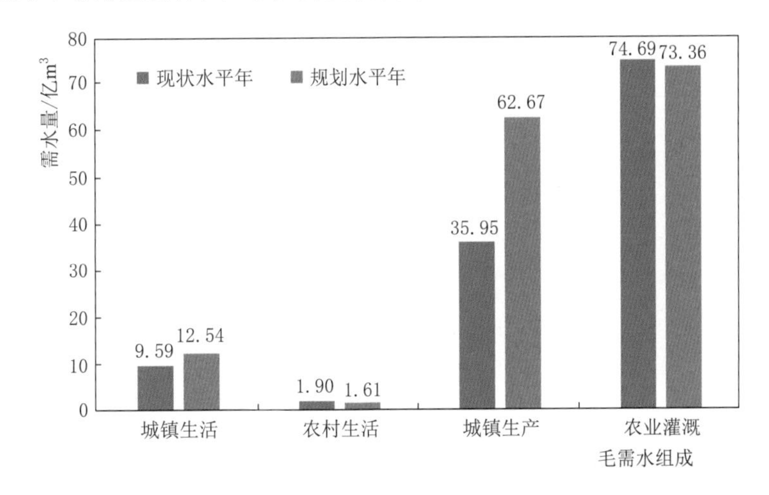

图 10.7 2016 现状水平年与 2035 规划水平年河道外毛需水成果

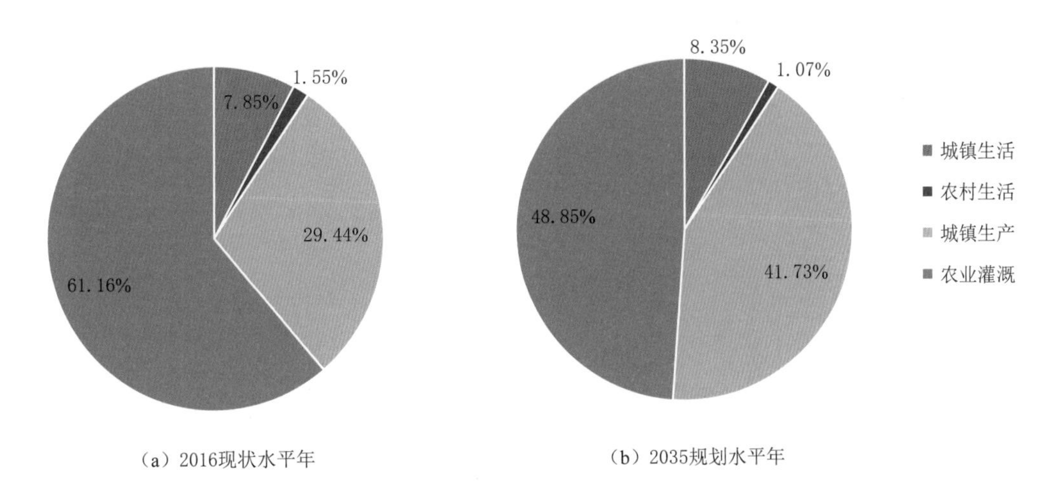

图 10.8 2016 现状水平年与 2035 规划水平年河道外毛需水组成比例

坦，土壤肥沃，历来是湖北省粮、棉、油的主产区和商品粮基地，乃至在全国农业生产上占有重要地位，农业灌溉需水占有比例较大；在不同的水平年中，2035规划水平年的农业灌溉需水较2016现状水平年的农业灌溉需水小，2035规划水平年的工业生产需水较2016现状水平年的工业生产需水大，这是因为科技发展，生产技术逐渐成熟，农业生产逐渐走上机械化与节水化的道路，农业用水需求逐渐减少，而整个区域内的经济不断进步，城镇化进程加速，工业化程度不断提高，工业用水需求逐渐增大。

10.3.5 需水结果合理性分析

10.3.5.1 人均需水量分析

2035规划水平年人均需水量指标比较见表10.17。由表可知，受水区2035规划水平年年人均需水量高于长江流域和湖北省人均需水量。分析原因主要是受水区为国家粮食主产区，人均灌溉面积大，相应农田灌溉需水量较大所致。

表10.17 2035规划水平年年人均需水量指标比较表

项目	人均需水量/m^3	人均灌溉面积/亩	备注
受水区	628	0.86	
汉江流域（湖北省）	588		《汉江干流综合规划报告》
湖北省	505	0.51	《长江流域及西南诸河水资源综合规划（2012—2030年）》
长江流域	463	0.53	

10.3.5.2 2035规划水平年地级行政区需水量与“三条红线”指标关系

本次受水区规划水平年需水量199.3亿m^3，扣除河湖补水量为198.3亿m^3，涉及46个县级行政区2035年全县域用水红线合计247.12亿m^3，涉及11个地市级行政区2035年全市域用水红线合计280.14亿m^3。从表10.18可以看出，从涉及的县域行政区用水红线考虑，考虑到扣除超保证率需水外，其各县域供用水量均未超过红线水量，因此，从总体来看，2035规划水平年受水区需水总量较为合理。

表10.18 2035规划水平年受水区需水总量与红线指标对比表

序号	行政区	2035规划水平年受水区需水总量/亿m^3	2035规划水平年涉及县域行政区用水红线（按地市合计）/亿m^3	2035规划水平年全市域行政区用水红线/亿m^3
1	武汉市	16.6	31.52	51.55
2	宜昌市	20.0	17.78	23.26
3	襄阳市	40.9	40.69	41.79
4	十堰市	0.50	23.10	12.92
5	荆门市	31.7	28.33	28.33
6	孝感市	31.2	34.45	34.45
7	荆州市	12.5	25.06	41.65
8	随州市	11.1	13.14	13.14

续表

序号	行政区	2035规划水平年受水区需水总量/亿 m^3	2035规划水平年涉及县域行政区用水红线（按地市合计）/亿 m^3	2035规划水平年全市域行政区用水红线/亿 m^3
9	仙桃市	12.9	12.51	12.51
10	潜江市	9.10	8.72	8.72
11	天门市	11.8	11.82	11.82
合　计		198.3	247.12	280.14

10.4 各行业用水情况和节水潜力评价

10.4.1 现状用水节水水平评价

10.4.1.1 生活用水水平评价

湖北省高度重视节约用水工作，在城市用水方面，已制定《湖北省城市供水价格管理办法》，明确城镇居民生活用水按照1∶1.5∶3阶梯式分级标准计量水价，制定推进城市非居民生活超定额用水实行累进加价收费制度，在全省推行阶梯式水价，促进了居民节约用水。大力推进城镇节水器具推广应用，对不符合用水效率等级的生活用水器具进行清理，公布节水型生活用水器具名录，积极开展公共场所及新建居民小区节水型生活器具推广，全省节水器具普及率达到了80%以上。大力推进城镇供水管网改造，城市供水管网漏失率逐步下降，受水区现状供水管网漏失率平均约为16.8%。

1. 城镇居民生活用水水平

根据实际用水调查分析，受水区2016现状水平年各地市生活用水毛定额为150～176L/(人·d)。在考虑自来水厂供水管网渗漏损失、水厂自用水量（占比为5%）、水源地供水至水厂的渗漏损失（占比为5%）后，得受水区各地市到户生活用水定额。依据《省人民政府办公厅关于印发湖北省工业与生活用水定额（修订）的通知》（鄂政办发〔2017〕3号），该通知中发布的城市生活用水定额为123～137L/(人·d)（单元住宅到用户定额）。由表10.19可知，受水区十堰市、孝感市、荆州市、仙桃市和潜江市略超2017年修订的城镇生活用水定额。天门市、随州市城镇生活用水定额与2017年修订的城镇生活用水定额相当。武汉市、襄阳市、荆门市和宜昌市城镇生活用水定额均小于2017年修订的城镇生活用水定额。

根据2016现状水平年各地市水资源公报和实际用水调查分析，湖北省2016年城镇居民生活用水定额163L/(人·d)，华中地区城镇居民生活用水定额平均水平为152L/(人·d)，长江流域城镇生活用水定额为154L/(人·d)，全国城镇居民生活用水定额163L/(人·d)。除武汉市、荆门市和宜昌市以外，其余地市城镇生活用水定额均超过湖北省2016年城镇居民生活用水水平和全国城镇居民生活用水水平。受水区除武汉市以外，其余地市城镇生活用水定额均超过长江流域城镇居民生活用水水平和华中地区城镇居民生活用水平均水平，现状受水区城镇生活用水仍有一定的节水空间。

表 10.19　受水区现状城镇居民生活用水定额情况表

行政区	城镇居民生活用水毛定额 /[L/(人·d)]	城镇居民生活用水净定额 /[L/(人·d)]	2017 年修订城市生活定额 /[L/(人·d)]
武汉市	150	121	137
十堰市	170	144	131
襄阳市	169	117	131
荆门市	156	121	131
孝感市	173	140	131
荆州市	175	139	131
仙桃市	176	130	123
潜江市	176	140	123
天门市	174	126	123
随州市	174	132	131
宜昌市	154	127	131

2. 农村生活用水水平

受水区 2016 现状水平年农村生活用水定额为 59～100L/(人·d)，见表 10.20。依据《省人民政府办公厅关于印发湖北省工业与生活用水定额（修订）的通知》（鄂政办发〔2017〕3 号)，该通知中发布的农村生活用水净定额为 90～100L/(人·d)。受水区各地市农村生活用水定额均在 2017 年修订的农村生活定额范围内，其中武汉市、荆门市和宜昌市农村生活用水定额较高，除以上三个地市外，受水区其余地市农村生活用水定额均低于全省平均农村生活定额 94L/(人·d)，且低于华中地区平均水平 [91L/(人·d)]。仙桃市、襄阳市、随州市等地市处于华中地区先进水平 [73L/(人·d)]。

根据上述对比分析，引江补汉供水区农村生活用水节水程度一般。

表 10.20　2016 现状水平年受水区农村生活用水定额情况表

单位：L/(人·d)

分片	地市	农村居民
汉江中下游干流供水区	武汉市	100
	十堰市	—
	襄阳市	64
	荆门市	100
	孝感市	90
	荆州市	90
	仙桃市	70
	潜江市	70
	天门市	70
引江沿线直供区	宜昌市	100
	襄阳市	64
	荆门市	100
	荆州市	90

10.4.1.2 工业用水水平评价

近年来，湖北省大力推进工业节水，选择用水量大、污染严重的企业进行节水技术改造，加强用水计量设施管理，提高用水效率。重点狠抓火力发电、石油石化、钢铁、纺织、化工、食品等高用水行业的节水工作，逐步关闭小水电、小造纸厂等高耗水、高污染企业。随着全省经济规模的不断扩大，工业用水量仍有所增长，但用水效率有了很大提高。从2005年到2015年工业万元增加值用水量呈减少趋势，年均减少了7.51%，工业节水水平得到明显提高。

现状工业用水重复率较高的为武汉市。其中武汉市工业用水重复利用率为89.2%，孝感市工业用水重复利用率为47.41%，荆门市工业用水重复利用率为40%，襄阳市工业用水重复率为33.14%，随州市工业用水重复率较低，为12.7%。

根据实际用水调查分析，2016年受水区万元工业增加值用水量（2010年可比价）为42～87m^3/万元。各地市现状工业用水定额均满足最严格水资源管理制度工业用水效率控制指标要求。具体情况见表10.21。且受水区武汉市和随州市万元工业增加值用水量达到华中区工业用水先进水平［55m^3/万元（2010年可比价）］。

全省2016年工业用水定额75m^3/万元（当年价），长江流域工业用水定额71m^3/万元（当年价）。受水区仅荆州市工业用水定额超全省和长江流域工业用水水平，其余地市均低于全省和长江流域用水水平。

随着最严格水资源管理制定的实施，受水区工业节水水平大为提高，万元工业增加值用水定额降低较快，2016年实际用水定额远小于用水效率控制指标，现状节水程度已较高。

表10.21　2016年各地市工业用水定额情况表　单位：m^3/万元

行政区	万元工业增加值用水量（当年价）	万元工业增加值用水量（2010年可比价）	2015年万元工业增加值用水量控制指标（2010年可比价）
武汉市	37	42	73
十堰市	68	69	137
襄阳市	61	76	123
荆门市	66	71	120
孝感市	58	60	131
荆州市	77	87	131
仙桃市	68	82	131
潜江市	68	68	125
天门市	68	75	131
随州市	52	56	98
宜昌市	54	64	86

10.4.1.3　农业用水水平评价

1. 农业节水现状

引江补汉工程太平溪自流引水方案湖北省受益范围是湖北省重要的粮棉油产区，关系国家粮食安全，涉及23个粮食生产重点，总耕地面积3754万亩，现状有效灌溉面积

2307万亩。区内已形成较为完善的灌溉体系，涉及30万亩以上大型灌区17处，5万～30万亩中型灌区41处。其中汉江中下游大型灌区有天门引汉灌区、潜江兴隆灌区、东荆河灌区、泽口灌区、沙洋引汉灌区等；清泉沟供水区大型灌区有引丹灌区、枣阳大岗坡、石台寺、熊河灌区，随中、黑花飞灌区，温峡口灌区、石门灌区、惠亭灌区、徐家河灌区等；引江沿线直供区大型灌区有宜昌东风渠灌区、省管漳河灌区、襄阳三道河灌区等。

自2000年以来，列入国家计划的大型灌区均已基本实施完成了续建配套与节水改造工程，对灌区骨干渠系进行了节水改造，灌区渠系水利用系数得到较大提高，现状大型灌区灌溉水利用系数大约在0.49。由于受资金限制，我省大量的中型灌区尚未开展节水配套改造，使得全省灌溉水利用系数仍维持在较低的水平，2016年全省农田灌溉水有效利用系数为0.505。

从节水灌溉方面来看，受水区各地市现状节水灌溉面积占有效灌溉面积的比值为2.43%～56.77%，仙桃市、潜江市和宜昌市节水灌溉面积占比较高，已达到华中区先进水平（24.8%）。而荆门市、孝感市、荆州市节水灌溉面积占比较低不足5%。高效节水灌溉面积占有效灌溉面积的比值在0.04%～56.8%。受水区大部分地市高效节水灌溉面积占比已超过华中地区平均水平（4.9%），除十堰市、荆门市、孝感市和天门市高效节水灌溉率较低以外，其余地市的高效节水灌溉面积占比均达到华中区先进水平。具体情况见表10.22。

表10.22　受水区各地市现状节水灌溉情况表

行政区	节水灌溉面积占比/%	高效节水灌溉面积占比/%	行政区	节水灌溉面积占比/%	高效节水灌溉面积占比/%
武汉市	10.0	10.0	仙桃市	56.8	56.8
十堰市	12.7	12.7	潜江市	51.4	51.4
襄阳市	17.8	11.4	天门市	24.0	1.43
荆门市	2.4	2.43	随州市	18.3	18.3
孝感市	3.8	0.04	宜昌市	39.9	33.0
荆州市	4.6	4.65			

2. *农业用水水平评价*

受水区农业用水占总用水比例较大。2016年，受水区农业用水量81.47亿m^3，占总用水量的62.8%。其中，汉江中下游干流供水区农业用水40.19亿m^3，占总用水量的31%；清泉沟供水区农业用水26.95亿m^3，占总用水量的20.8%；引江沿线直供区农业用水14.33亿m^3，占总用水量的11%。各地市农业灌溉定额，现状农田灌溉定额较低，主要原因是现状实灌面积无统计或部分农田由于其他原因没有灌溉，造成实际的亩均灌溉用水量偏低。

为便于分析现状的农业用水水平，本次根据受水区内21个气象站1956—2017年长系列逐日降雨与蒸发资料，按照湖北省各作物灌溉制度计算现状主要作物的灌溉定额（水稻采用“浅灌适蓄”灌溉方式，蔬菜定额已考虑复种指数），并与湖北省2003年发布的《湖北省用水定额（试行）》进行对比，除荆门站以外，其他各气象站水稻所采用的灌溉定额均在2003年灌溉定额标准值左右，均不超过其10%。各气象站其他旱作物普遍低于2003年定额标准。本次计算成果和2003年定额标准存在差异的原因，一是现状年灌水采用的模式为“浅灌适蓄”，而非“薄浅湿晒”节水模式；二是两者因系列长度原因，丰、平、枯分布不一致存在差异。本次受水区各气象站的蔬菜定额为313～450m^3/亩，平均定额为334m^3/亩。经查阅资料，湖南省各农业分区蔬菜灌溉定额为240～430m^3/亩，平均定额为333m^3/亩；北京市山丘区蔬菜灌溉定额为260m^3/亩（露地）和530m^3/亩（设施）。由此可见，本次采用的蔬菜灌溉定额与其他省份相比量级相当。

综上所述，本次采用的主要作物灌溉定额适中、基本属平均水平。根据本次计算的基准年受水区综合净定额成果，按照现状农田灌溉水利用系数，计算得受水区农田灌溉亩均用水量为479.9m^3，其中汉江中下游干流供水区农田灌溉亩均用水量470.4m^3，清泉沟供水区农田灌溉亩均用水量488.5m^3，引江沿线直供区农田灌溉亩均用水量477.5m^3。本次受水区范围内农田灌溉亩均用水量成果略高于长江流域的成果411m^3，主要是因为受水区内农田灌溉水利用系数较低。

10.4.2 现状供用水节水潜力

10.4.2.1 用水端节水可能性分析

在生活用水方面，随着受水区社会经济发展水平的提高，受水区居民节水意识显著增强，居民生活用水定额基本满足节水要求，新建公共建筑和新建小区节水器具达到全覆盖，节水器具普及率大幅提高。在节水水平较高的武汉市，根据其水平衡测试资料，大部分重点企事业单位、居民小区节水器具使用率都基本达到100%。生活用水端节水潜力主要是在老旧城区及农村的节水型设备及器具的推广、使用上，总体来看，受水区生活用水端节水潜力较小。

在工业用水方面，2016年受水区万元工业增加值用水量为37～79m^3/万元（当年价），区域差异较大，其中，武汉市万元工业增加值用水量为37m^3/万元（当年价）、荆州市监利县万元工业增加值用水量为79m^3/万元（当年价），各地市现状工业用水定额均满足最严格水资源管理制度工业用水效率控制指标要求，其中，新建企业均按用水定额控制，主要节水潜力在老旧企业当中。随着用水工艺的改进、废污水处理回用技术的推广，工业用水重复利用率提高，受水区万元工业增加值用水量将减少。另外，随着受水区经济不断发展，各地市将进一步调整经济结构，促进产业优化升级，淘汰高耗水产业。因此，受水区工业用水端节水具有一定空间。

在农业用水方面，引江补汉工程受水区2016年农田有效灌溉面积2307万亩，约占全省的49%，农田灌溉亩均用水量479.47m^3，高于华中区平均水平395m^3，作物灌溉净定额均满足节水要求。受水区各地市现状节水灌溉面积占有效灌溉面积的比值为2.43%～56.77%，大部分地市高效节水灌溉面积占比已超过华中地区平均水平（4.9%）。各地市中，仙桃市、潜江市和宜昌市节水灌溉面积占比较高，达24.8%；而荆门市、孝感市、荆州市节水灌溉面积占比较低不足5%。受水区农业用水可以从以下三方面进行节水：一是调整灌溉方式，受水区目前大部分灌区均采用“浅灌适蓄”的灌溉方式，可调整为“薄浅湿晒”的灌溉方式；二是调整作物种植结构，通过减少中稻、晚稻的种植面积，增加经济作物种植比例；三是未来随着大中型灌区续建配套与节水改造工程的推进以及高效节水灌溉技术的推广，受水区节水灌溉比例将有所提升，故受水区农业用水端有较大节水空间。

10.4.2.2 供水端节水可能性分析

引江补汉工程受水区较广、地区差异较大，根据城市建设年鉴及相关资料统计，受水区 2016 年现状供水管网漏失率为 8%～35%。在供水管网建设较好的丹江口市、老河口市、宜城市等县市管网漏损率不到 10%，但在襄阳市、汉川市等县市城乡供水管网长而分散，管网漏损率超过 30%，部分管网老化严重，存在“跑、冒、滴、漏”等现象，供水损失严重。

工程受水区现状灌溉工程建设年代较远，由于原工程设计、施工标准低、质量差，加上工程自然老化，不少渠段也未进行防渗处理，致使渠道漏损严重，渠系水利用系数较低。2016 年，受水区农田灌溉水有效利用系数均值为 0.52，高于《湖北省实行最严格水资源管理制度考核办法》2015 年要求的全省平均水平 0.50，也略高于长江流域平均水平 0.50，但低于全国平均水平 0.536，远低于发达国家的 0.80。根据《国家节水行动方案》，到 2020 年农田灌溉水有效利用系数要提高到 0.55 以上，到 2022 年农田灌溉水有效利用系数要提高到 0.56 以上。

未来通过城镇供水管网改造、田间渠系防渗处理、喷灌、微灌、滴灌技术的推广应用（根据节水灌溉工程技术标准，喷灌、微灌、滴灌的灌溉水利用系数分别不应低于 0.80、0.85 和 0.90），能有效减少输水过程中蒸发渗漏损失，大幅提升供水效率。

加强非常规水资源开发利用是落实节水优先治水思路的重要措施。受水区现状无中水回用工程，未来可通过城市污水处理厂污水处理再利用，用于城市绿化、浇洒道路等城市生态环境和部分工业用水，提高再生水利用率，促进水资源可持续利用。

10.4.2.3 现状节水潜力分析

1. 生活节水潜力分析

城乡生活用水包括城镇生活、城镇公共、农村生活，其定额的变化是城乡用水正常需求增加与采取节水措施减少需求共同作用的结果，本次主要根据管网漏失率及生活用水定额的变化来分析城乡生活用水的节水潜力，其计算公式：

$$W_{生潜}=W_{o}\times(L_{o}-L_{t})+0.365[P_{城镇}\times(Q_{o城镇}-Q_{t城镇})+P_{农村}\times(Q_{o农村}-Q_{t农村})] \tag{10.21}$$

式中：W_{o}、$W_{生潜}$分别为现状城乡生活用水量、生活节水潜力，万 m^3；L_{o}、L_{t} 分别为现状供水管网漏失率未来节水指标条件下城镇供水管网漏失率，%；$P_{城镇}$、$P_{农村}$分别为现状城镇人口、现状农村人口，万人；$Q_{o城镇}$、$Q_{t城镇}$分别为现状城镇生活用水净定额、未来节水指标条件下城镇生活用水净定额，L/(人・d)；$Q_{o农村}$、$Q_{t农村}$分别为现状农村生活用水净定额、未来节水指标条件下农村生活用水净定额，L/(人・d)。

引江补汉工程受水区较广、地区差异较大，根据城市建设年鉴及相关资料统计，受水区 2016 年现状供水管网漏失率为 8%～35%。《汉江生态经济带发展规划》、《水污染防治行动计划》以及 2019 年 4 月国家发展改革委印发的《国家节水行动方案》均提出强化城镇节水，对使用超过 50 年和材质落后的供水管网进行更新改造，到 2020 年城市公共供水管网漏损率控制在10%以内。

2016年引江补汉工程受水区城乡生活用水量（包括城镇生活、城镇公共、第三产业用水、农村生活）为18.03亿m^3，其中，汉江中下游干流供水区生活用水量11.36亿m^3、清泉沟供水区生活用水量3.96亿m^3、引江沿线直供区生活用水量2.71亿m^3。按管网漏失率降低至不超过10%、城镇居民用水净定额123～137L/(人·d)、农村居民用水净定额90～100L/(人·d）计算，初步估算引江补汉工程受水区城乡生活用水可节水1.39亿m^3，其中，汉江中下游干流供水区生活节水量0.89亿m^3、清泉沟供水区生活节水量0.41亿m^3、引江沿线直供区生活节水量0.09亿m^3。受水区各分片地市生活节水潜力见表4.22。

2. 工业节水潜力分析

引江补汉工程受水区现状工业用水水平在湖北省以及长江流域来看总体处于中等水平，有工业较发达、节水水平较高的武汉市（万元工业增加值用水量为37m^3/万元，2016年当年价），也有工业较落后、节水水平较低的荆州市（监利县万元工业增加值用水量为79m^3/万元，2016年当年价），相比于国内外先进水平差距仍较大。本次工业节水潜力分析主要针对通过实施工程措施的节水潜力，即通过工艺改进提高工业用水重复利用率以降低工业用水定额，工业节水潜力计算公式：

$$W_{qo}=P_o\times Q_o \tag{10.22}$$

$$W_{工潜}=P_o\times(Q_o-Q_t) \tag{10.23}$$

式中：W_{qo}、$W_{工潜}$分别为现状工业用水量、工业节水潜力，万m^3；P_o为现状工业增加值，亿元；Q_o、Q_t分别为现状工业用水定额、未来节水指标条件下工业用水定额，m^3/万元。

2016年引江补汉受水区工业用水量为35.92亿m^3，其中，汉江中下游干流供水区工业用水量20.41亿m^3、清泉沟供水区工业用水量5.55亿m^3、引江沿线直供区工业用水量9.96亿m^3；受水区工业增加值6164.91亿元，其中，汉江中下游干流供水区工业增加值3454.28亿元、清泉沟供水区工业增加值973.77亿元、引江沿线直供区工业增加值1736.85亿元；受水区万元工业增加值用水量为38～71m^3/万元（2010年可比价）。各地市万元工业增加值用水量按《国家节水行动方案》要求2022年较2015年降低28%、预计2030年较2022年降低8%～15%。初步估算引江补汉受水区工业可节水12.29亿m^3，其中，汉江中下游干流供水区可节水6.91亿m^3、清泉沟供水区可节水1.89亿m^3、引江沿线直供区可节水3.49亿m^3。受水区各分片地市工业节水潜力见表4.23。

3. 农业节水潜力分析

农业节水主要是指通过灌区渠系改造、改变灌溉方式、加强节水目标规划的管理和协调，以提高灌溉水利用系数产生节水量。尽管目前已采取多种非工程措施进行节水管理，农业用水效率得到较大提高，但由于节水意识不强，节水工程缺乏规模化，因而农业节水仍然具有较大的潜力。本次计算主要根据提高灌溉水利用系数和节水定额来分析农业节水潜力，计算公式：

$$W_{农潜}=A_o\times Q_o/S_o-A_o\times Q_t/S_t \tag{10.24}$$

式中：$W_{农潜}$为农业灌溉通过工程措施的节水潜力，万m^3；A_o为现状农田有效灌溉面积，万亩；Q_o、Q_t 分别为现状综合净灌溉定额、未来节水指标条件下综合净灌溉定额，m^3/亩；S_o、S_t 分别为现状农田灌溉水利用系数、未来节水指标条件下农田灌溉水利用系数。

2016 年引江补汉受水区现状有效灌溉面积 2307 万亩，其中，汉江中下游干流供水区 1140.4 万亩、清泉沟供水区 730.5 万亩、引江沿线直供区 436.2 万亩；受水区总体灌溉水利用系数为 0.52，农田灌溉亩均用水量 479.9m^3。据湖北省用水效率分解指标，2030 年湖北省灌溉水利用系数达 0.60 以上。《国家节水行动方案》、《汉江生态经济带发展规划》以及《水污染防治行动计划》均提出大力发展农业节水，实施灌区续建配套与节水改造，因地制宜发展高效节水灌溉。若通过节水措施，灌溉水有效利用系数达到 0.56，亩均灌溉用水量（净定额）控制在 266m^3/亩以下，初步估算引江补汉受水区农业节水潜力为 16.55 亿 m^3，其中，汉江中下游干流供水区可节水 6.66 亿 m^3、清泉沟供水区可节水 6.81 亿 m^3、引江沿线直供区可节水 3.08 亿 m^3。受水区各分片地市农业节水潜力见表 10.23。

表 10.23　　引江补汉受水区节水潜力表　　单位：亿 m^3

片区	地市	生活节水潜力	工业节水潜力	农业节水潜力	合计
汉江中下游干流供水区	武汉市	0.08	0.65	0.67	1.40
	十堰市	0.01	0.05	0.00	0.06
	襄阳市	0.20	2.56	0.58	3.34
	荆门市	0.00	0.38	0.49	0.87
	孝感市	0.32	0.95	1.25	2.52
	荆州市	0.04	0.16	0.86	1.06
	仙桃市	0.09	0.80	1.23	2.12
	潜江市	0.04	0.79	0.57	1.40
	天门市	0.10	0.57	1.01	1.68
	小计	0.88	6.91	6.66	14.45
清泉沟供水区	襄阳市	0.19	0.84	4.03	5.06
	随州市	0.13	0.38	0.97	1.48
	孝感市	0.06	0.16	0.50	0.72
	荆门市	0.01	0.39	0.94	1.34
	天门市	0.02	0.12	0.36	0.50
	小计	0.41	1.89	6.80	9.10
引江沿线直供区	宜昌市	0.03	1.74	0.81	2.58
	襄阳市	0.01	0.58	0.75	1.34
	荆门市	0.04	1.11	1.41	2.56
	荆州市	0.01	0.06	0.11	0.18
	小计	0.09	3.49	3.08	6.66
合计		1.38	12.29	16.54	30.21
占比		4.57%	40.68%	54.75%	100.00%

4. 总节水潜力

总节水潜力由城乡生活节水潜力、工业节水潜力和农业节水潜力三部分组成。加强节水情况下基准年总节水潜力为30.23亿m^3，其中，生活节水潜力1.38亿m^3，工业节水潜力12.29亿m^3，农业节水潜力16.54亿m^3，分别占总节水潜力的4.57%、40.68%和54.75%，可见农业节水和工业节水潜力较大。基准年2016年引江补汉受水区总用水量为170.7亿m^3，节水潜力占比达18.78%。将来随着受水区涉及地市经济社会的快速发展，用水需求将进一步增加，节水效益也将更加凸显。

10.4.3 2035规划水平年需水预测成果节水分析

10.4.3.1 社会经济现状及发展预测合理性分析

1. 人口增长率和城镇化率

人口增长率和城镇化率是在近20年增长趋势基础上，与相关规划的增长率指标对比和协调后的预测结果。受水区基准年总人口2615.3万人，预测2035规划水平年人口2848.7万人，受水区2016—2035年总常住人口年均增长率为6.21‰。结合全省人口基准年总人口自然增长率逐年增加的趋势以及我国人口政策的逐步放开，人口自然增长率远期应大于5.5‰，因此引江补汉工程范围各地区常住人口远期增长率应大于6‰。

城镇化率及城镇人口预测以《湖北省城镇化与城镇发展战略规划（2012—2030年）》为依据，并与产业规划相协调，符合湖北省及区域发展战略。受水区基准年城镇化率为65.7%，2035年城镇化率74.9%，年均增长9.7‰个百分点。与《长江流域及西南诸河水资源综合规划（2012—2030年）》成果相比，年均增长速度略高于长江流域的平均增长速度7‰，这与受水区所在的区域是县城或地级行政区中心城区所在地，城镇相对集中是相符的。

2. 产业结构

以2016现状水平年产业结构为基础，根据相关经济发展规划和产业布局，预测引江补汉工程范围各地市2035规划水平年GDP的产业结构比例。工业增加值以2016现状水平年为基础，根据工业产业发展布局、工业占第二产业比重，得到各地市工业增加值。

3. 工业增加值增长率

“十二五”期间，湖北省工业增加值年均增速为12.4%，增速高出全国（7.9%）4.5个百分点，工业发展速度快，后劲强。当前及今后一段时期湖北处于一带一路、长江中游城市群、长江经济带等多项重大战略叠加的机遇期，国家将湖北省作为“中部地区崛起的重要战略支点”，“十三五”期间乃至今后一定时期内湖北的工业将保持快速平稳高质量发展。

根据预测的引江补汉工程范围各地市工业增加值，统计其平均增长率，2016—2035年为7.3%，均低于现状2010—2016年实际增长率11.6%。综合反映了我国经济发展到一定阶段，经济结构调整，工业增长将逐步放缓，而第三产业比重逐步提升的趋势，因此总体上是工业增加值预测是比较合理的。

10.4.3.2 需水预测成果节水符合性分析

1. 生活、工业需水预测成果节水符合性分析

将本次规划三个供水区需水定额与湖北省人民政府批复用水定额和华中地区用水定额列于表10.24。对比各种需水定额，预测的成果基本是合适的。

表10.24 2035年需水定额比较表

项目	单位	受水区（汉江中下游干流供水区）	受水区（引江沿线直供区）	受水区（清泉沟供水区）	湖北省人民政府批复用水定额	华中地区用水定额
城镇生活	L/(人·d)	151～163	151～160	151～160	123（县级市） 131（地级市） 137（武汉市）	152（平均） 121（先进）
农村生活	L/(人·d)	90～100	100	90～100	100	91（平均） 73（先进）
万元工业增加值	m^3/万元	29～48	37～40	33～44	—	74（平均） 55（先进）
大牲畜	L/(头·d)	45	45	45	45	
小牲畜	L/(头·d)	18	18	18	17	

注 表中湖北省用水定额和华中地区用水定额中的城镇居民生活用水定额为净定额。

对于城镇生活用水定额，本次是依据《省人民政府办公厅关于印发湖北省工业与生活用水定额（修订）的通知》（鄂政办发〔2017〕3号），该通知中城市生活用水定额2017年为123～137L/(人·d)（单元住宅到用户定额），因此在考虑自来水厂供水管网渗漏损失（占比为10%）、水厂自用水量（占比为5%）、水源地供水至水厂的渗漏损失（占比为5%）后，发布的城市生活用水定额2017年的毛定额为149～166L/(人·d)。本次预测的毛定额151～163L/(人·d)在此区间内，因此，本次生活用水定额是满足湖北省人民政府批复的用水定额要求的。华中地区平均用水水平为152L/(人·d)，先进用水水平为121L/(人·d)，换算成毛定额后，本次预测的成果接近华中地区先进水平。

对于农村生活用水定额，本次预测的定额为90～100L/(人·d)，符合湖北省人民政府批复的用水定额要求和华中地区平均用水水平，但定额大于华中地区先进用水水平。

对于万元工业增加值用水定额，本次预测的设计水平年与基准年相比，降低幅度为28.0%～44.0%，根据湖北省用水效率控制指标的相关规划和国家节水行动的相关要求。另外，本次预测的万元工业增加值定额为29～48m^3/万元，节水水平已达到华中地区的平均水平74m^3/万元和先进水平55m^3/万元。

2. 农业需水预测成果节水符合性分析

（1）作物种植结构。本书供水区主要为汉江流域，汉江流域是湖北省重要农业生产区域，农业基础良好，是当地的主导产业，粮食、棉花、油料产量占全省40%以上。流域内土地资源富集，耕地面积占全省耕地面积的1/3，其中水田和旱地的比例，分别为6∶4。在地域分布上，耕地主要分布在流域东南部，尤其是水田较为集中，而西北部由于地

势较高，多为丘陵山地，土地利用主要以林地、草地为主。

规划水平年，考虑水资源条件和城镇化的发展，适当考虑汉江流域农业发展方向和种植结构的变化，减小早、晚稻种植比例，增加中稻、蔬菜、瓜果等经济作物种植比例。

（2）灌溉制度及灌溉定额。受水区中稻“浅灌适蓄”和“薄浅湿晒”控制灌溉两种灌溉方式，现状水平年已有部分面积采用了“薄浅湿晒”节水灌溉方式，设计水平年则全部采用“薄浅湿晒”节水灌溉方式。与常规的“浅灌适蓄”相比，中稻“薄浅湿晒”节水灌溉方式可节水11.0%左右（10.3%～12.3%）。旱作物主要采取畦灌。综合灌溉定额主要受灌区作物种植结构和灌溉方式双重影响，结合《规划和建设项目节水评价技术要求（试行）》附表不同地区用水总量及效率指标，受水区属华中区，片区灌溉定额接近且局部超过先进水平（$296m^3$/亩），符合节水要求。

（3）灌溉水利用系数。根据湖北省最严格管理制度，受水区灌溉水利用系数（0.56～0.64）基本达到湖北省用水效率分解指标（0.56～0.61）要求。受水区主要为大中型灌区，规划水平年均要完成续建配套与节水改造，灌溉水利用系数能达到控制指标要求。

（4）农业需水预测成果节水符合性分析。本次灌溉需水量预测，考虑随着项目区农业现代化进程的发展，传统的灌溉模式会向着精细化节水灌溉模式转变。引江沿线直供区现状年水稻灌溉方式为部分采用“浅灌适蓄”、部分采用“薄浅湿晒”，到设计水平年2035年全部采用“薄浅湿晒”的节水灌溉方式，结合作物种植结构变化（经济作物种植比例提高），设计水平年农业灌溉净定额较现状年有所降低。

受水区基准年灌溉水利用系数0.51～0.54，设计水平年随着灌区配套设施的建设以及节水改造工作的推进，灌溉水利用系数提高到0.56～0.64，已达到湖北省水资源管理三条红线的要求。

10.5 本章小结

本章首先将研究区域划分为汉江中下游干流供水区和引江沿线直供区；其次根据湖北省水资源公报以及上报流域委各流域分区的供用水量成果，经过合理性分析得到汉江中下游干流供水区各县市区供用水量情况，摸清汉江中下游地区的水资源开发利用程度及存在的主要问题；最后采用指标分析法，预测在规划水平年下对各行业的水资源需求量，分析评价节水水平和潜力，主要结论如下：

（1）按照“考虑现状及规划水利工程的分布情况、考虑现状情况的实际分区及能反映水资源的合理利用”的分区原则，将汉江中下游干流供水区划分了13个灌区和16个城市片区，将引江沿线直供区划分了11个灌区，研究区域内共划分片区40个。按照节点网络图构建的原则，绘制了研究区域水资源系统节点网络图。

（2）汉江干流片供水主要以地表供水为主，占比达97%以上。供水量总体呈波动趋势，2015年较2014年有所增长，增长率为2.14%，个别区域略有下降，2016年较2015年有所下降，下降7.29%，除武汉市有所增长，其他城市供水量均下降。引江沿线直供区供水量主要以地表水供水为主，多年平均地表供水量占97.4%。供水量主要集中在引江沿线直供区，以宜昌市和襄阳市为主。

(3) 汉江流域2016年水资源开发利用率达34.7%，为长江流域除太湖水系外水资源开发利用率最高的水资源二级区；引江沿线直供区内沮漳河流域水资源开发利用程度在50%左右，蛮河流域在40%左右，黄柏河流域东支水资源开发利用程度在70%左右。

(4) 从总体上来看，河道外总需水量，随着现状向规划水平年的推进，河道外总需水量均呈增加的趋势。2016现状水平年和2035规划水平年下，研究区域河道外的总需水量，分别为122.13亿m^3和150.18亿m^3。

(5) 各用水部门需水中，以农业灌溉需水量最大，2016现状水平年与2035规划水平年所占比例分别为61.16%与48.85%，其次是工业生产需水、城镇生活需水与农村生活用水，2035规划水平年的工业生产需水较2016现状水平年的工业生产需水大，这是因为整个区域内的经济不断进步，城镇化进程加速，工业化程度不断提高，工业用水需求逐渐增大。

(6) 从各个片区的统计角度来看，2016现状水平年和2035规划水平年下，漳河供水片区的需水量均为最大，河道外的总需水量分别为14.91亿m^3、17.15亿m^3，分别占研究区域总需水量的12.20%和11.40%。

(7) 从各个部门来看，现状受水区城镇生活用水仍有一定的节水空间，农村生活用水节水程度一般。从2005年到2015年，由于湖北省大力推广工业节水，工业节水水平得到明显提高。农业用水中由于主要作物灌溉定额适中，因此节水程度与其他省份相比基本属于平均水平。

参考文献

[1] 王俊，郭生练．南水北调中线工程水源区汉江水文水资源分析关键技术研究与应用[M]．北京：中国水利水电出版社，2010.

[2] 刘德地，郭生练，郭海晋，等．实施最严格水资源管理制度面临的技术问题与挑战[J]．水资源研究，2014，3(3)：179-188.

[3] 田晶，郭生练，刘德地，等．汉江中下游地区多目标水资源优化配置[J]．水资源研究，2018，7(3)：223-235.

[4] 李丹，郭生练，田晶，等．基于三步优化的多目标水资源配置研究及应用[J]．水资源研究，2018，7(5)：433-444.

[5] 陈华，郭家力，郭生练，等．统计降尺度方法及其评价指标比较研究[J]．水利学报，2012，43(8)：891-897.

[6] 郭生练，李兰，曾光明．气候变化对水文水资源评价的不确定性分析[J]．水文，1995，(6)：1-5.

[7] 陈强，秦大庸，苟思，等．SWAT模型与水资源配置模型的耦合研究[J]．灌溉排水学报，2010，29(1)：19-22.

汉江中下游水资源优化配置和水量调度

水资源优化配置是人类可持续开发、利用水资源的有效调控措施。随着社会经济的发展，人类活动对水资源系统的干预越来越强烈，人类活动与自然水资源系统之间的相互关系日趋紧密，动摇了传统的水资源分析理论方法的科学基础，基于历史长系列数据的水资源优化配置技术面临严峻的挑战。因此，研究在供给和需求两端都面临巨大变化的条件下以水循环模拟为基础的水资源优化配置问题就成为了水资源科学中重要的科学问题，这也是区域动态水资源安全评价、水资源可持续利用和适应性管理等重大需求的应用基础性问题[1]。

水资源配置模型主要分为模拟模型和优化模型两种，而将两者相结合的模拟优化模型是水资源配置模型的发展趋势，也是目前进行配置工作的主要手段。国外对水资源配置研究多是在水资源系统模拟的框架下进行的。Shafer 等[2] 提出在水资源系统模拟框架下的水资源配置和管理，并建立了流域管理模型；Mckinney 等[3] 提出基于 GIS 系统的水资源模拟系统框架，做了流域水资源配置研究的尝试。20 世纪 90 年代以来，为推动水资源系统规划的发展与应用，国外开发了一系列水资源系统模拟软件，如：丹麦水利与环境研究所（DHI）的 MIKE BASIN、美国 Brigham Young 大学与陆军工程兵团共同开发的 WMS、奥地利环境软件与服务公司开发的流域综合管理软件 Waterware、以美国农业部（USDA）为主开发的流域水资源模拟模型 Aquarius、澳大利亚研制的 ICMS（Interactive Component Modeling System）水资源系统管理模型等，水资源配置对象从单纯的水量配置逐步发展为考虑水质因素的水资源配置。Zhou 等[4-5] 论述了复杂适应性水资源管理系统的综合优化配置模型方法和应用实例。

11.1 汉江中下游地区水资源配置模型

在南水北调中线步入达产运行，“引汉济渭”工程、鄂北地区水资源配置工程即将建成通水，汉江中下游未来水资源保障面临着紧张的局面。按照水利部提出的“水利工程补短板、水利行业强监管”改革发展工作总基调，落实汉江流域实施最严格水资源管理制度，急需对汉江中下游区域的水资源进行优化配置，Hong 和田晶等[6-8] 建立了汉江中下游区域的水资源优化配置模型，Liu 等[9-11] 分析比较了各种水资源优化配置模型和算法，Zhou 等[12] 对汉江跨流域调水工程进行了系统影响评价。

11.1.1 MIKE BASIN 模型软件

研究基于 MIKE BASIN 软件[13]，以汉江中下游地区为研究对象，按划分的供水片区建立水资源配置模型，结合流域内水库的运行调度，开展基于模拟的汉江中下游地区水资源配置研究，为今后汉江中下游地区，乃至汉江流域实施水资源总量控制的流域水资源综合管理提供示范，为长江流域实现水资源管理决策支持系统的建立提供技术支撑。

11.1.1.1 MIKE BASIN 功能和特点

MIKE BASIN 是由丹麦水利与环境研究所（DHI）开发的、完全与 ArcGIS 整合的多种管理规划工具。软件基于 GIS 平台，主要采用数学模型技术解决流域的地表水产汇流计算，地下水资源的计算与评价，流域水环境状况分析等具体问题。它是一个综合河网模拟系统，用于流域或区域的水资源综合规划和管理，尤其对流域的水资源分配、水权和环境研究非常有效[14-15]。

MIKE BASIN 以河流为主干，用户、工程以及分汇水点等为节点和相应水力连线组建流域系统图，以各类对象相应的属性建立的系统实现动态模拟。模型还考虑了地表水和地下水的联合调度，并对系统中的水电站、农业灌区和污水处理厂设置了相关计算，通过可调整修改的优先序或规则进行水量分配计算，用户可选择不同的扩展专业模块。MIKE BASIN 以用户简单易用、内部专业模块深入全面处理为开发理念，做到了用户界面友好、使用过程简洁，高级用户还可以通过编写 Visual Basic 等程序进行二次开发，从而实现模型中复杂的调度方式和控制规则。

MIKE BASIN 的运行建立在一个数字化河网基础上，模型借助 ArcGIS 平台管理数据输入输出，所有信息如河流、河网、用水户、水库等都能在 GIS 平台上直接编辑和定义，同时可以灵活地进行模拟结果可视化处理。MIKE BASIN 在模拟过程中，既考虑了空间要素的影响，又考虑了时间要素的影响，可以使用不同时间尺度（年、月、日、小时等）、空间尺度（用水户、工程点、河流、流域）对若干方案进行研究，通过快速计算、数据交互、结果分析展示等功能，增强了模型的可移植性和可扩展性。模型的基本输入包括各种不同类型的时间序列数据，值得一提的是即使仅有流域径流的时间序列也不影响模型运行。其他输入文件包括：定义水库特征和每个水库的操作规则、气象资料序列、每个供水或灌溉计划数据，例如分流点要求和描述回流的其他信息；河流、水渠、发电站特性和地下水特性等水动力条件。在水文学方面，模型通过空间分析可以在已有的 DEM 基础上，在流域中自上而下自动追踪并生成河道，从而建立河网。此外还可根据流域出口点位置自动划分子流域。MIKE BASIN 的河网有两大要素：一是概括各种天然河道河流及连接渠道；二是代表汇流点、分流点、水库或用水户的河流节点。MIKE BASIN 能模拟一定程度的河道演算，采用的是稳态水量平衡方程。MIKE BASIN 水资源配置模型物理概念如图 11.1 所示。

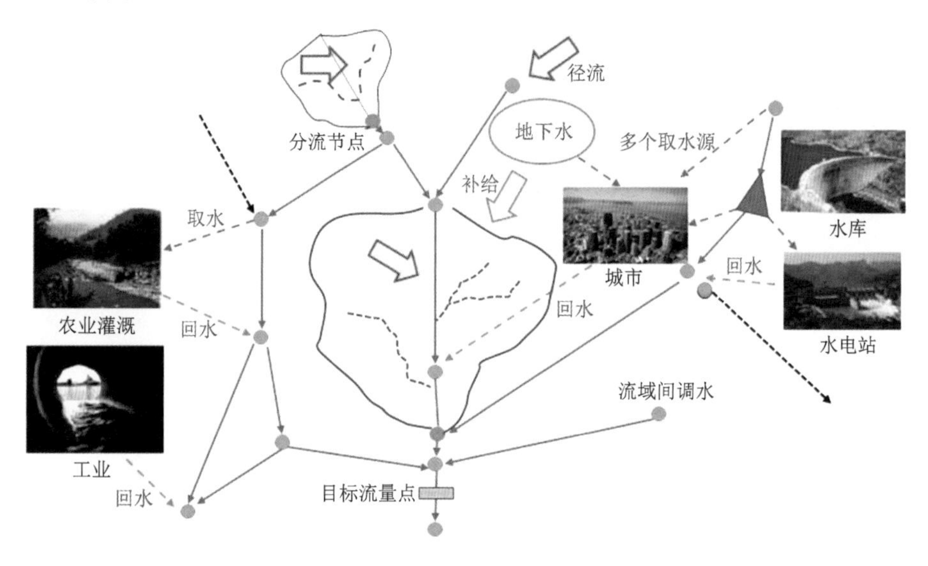

图 11.1 MIKE BASIN 水资源配置模型物理概念图

1. MIKE BASIN 的主要功能

包括：①利用 DEM 自动概化流域；②水资源分配的局部及全局优先算法；③降雨径流模拟；④各种规模的水质模拟，包括耦合衰减（DO、BOD、NO_3、NH_4、大肠杆菌、磷、COD 及其他物质）；⑤在空间维数上添加了时间维数，使空间数据与时间数据紧密结合在一起，并能进行直观显示；⑥ COM/. NET 编程功能，提供强大的二次开发及扩展空间。

2. MIKE BASIN 的主要特点

（1）以节点和连线控件构建流域水系图，以流域河流水系为主干，用户、工程、汇水点为节点动态模拟水资源配置系统，使系统自动生成“数字化”的模拟网络，从而可以方便地定义各类对象相应的属性和特征值等。

（2）考虑地表水和地下水联合供水，并且以地下水水库模块模拟地下水变化过程。模型中考虑了不同方式下的水库运行及水库联合调度供水，考虑了河道最大过流能力和最大流量要求等约束。对于灌溉类用户可以专门制定灌溉制度，并对系统中的水电站和污水处理厂设置了相关计算。

（3）系统水量分配以用户优先级为基准。优先序分为全局和局部优先序，其中全局优先序由一系列规则组成，主要与用户的可利用水源以及用户可能的缺水程度相关联。局部优先序是定义在全局性规则下各用户对水源利用更为详细的规则，主要针对水源的具体配置。模型既可以基于默认的优先序或规则进行模拟，也可以按照用户自定义的规则完成计算。

（4）规范的模式开发软件，具有较强的扩展性、可移植性。能够按照不同的需求和条件植入其他功能模块，如以流域 DEM 自动生成流域水系图、降雨径流模型、点源与非点源污染计算、水质模拟模块及生态娱乐需水模块等。

11.1.1.2 MIKE BASIN 主要模块

MIKE BASIN 包括 NAM（降雨径流模型）模块、Temporal Analyst（时间序列分析）模块及 Water Quality（水环境质量）模块。具体参见 DHI 中国水资源模型软件 MIKE BASIN 主要产品。

1. NAM 模块

NAM 是丹麦语“Nedbør - afstrømningmodel”的缩写，意为“降雨-径流模型”。最初由丹麦科技大学流体力学与水资源系在 1973 年开发，后经 DHI 逐步完善，形成一套集模拟与率定计算为一体的菜单式计算系统。

NAM 模型是一个集总式的概念性降雨径流模型，可以在每个子流域中使用，也可以用于代表一个或多个产生旁侧入流到河网的集水区。该模型通过将包含有众多子流域和复杂河网的大流域建立在同一模型框架里，从而完成复杂的大型流域模拟计算。NAM 将含水层分为四个相互作用的储水层，即融雪储水层（snow storage）、地表储水层（surface storage）、浅层或根区储水层（lower or root zone storage）和地下水储水层（groundwater storage），坡面流、壤中流和基流则作为相应储水层中含水量的函数来进行模拟。另外，还可以在水文循环中加入人为干预，如灌溉和地下水抽水。模型通过将水循环中的土壤状态用数学语言描述成一系列简化的量的形式，进行流域产汇流模拟计算，以模拟流域中各种相应的水文过程。NAM 的输入为降雨、蒸发能力及温度，其输出结果为径流、地下水位和土壤含水量等。结合具体研究目标，本次对该模块不做详述。

2. Temporal Analyst 模块

Temporal Analyst 模块是 DHI 独创的一个 GIS 扩展模块，该模块将时间维数添加到 GIS 空间技术中，使空间与时间紧密结合起来，可直观显示与图形要素相关联的时间序列，并可进行各种统计计算、图表绘制，是一个非常便利的前后处理模块。该模块可以演示空间数据在时间上的变化情况，其优点是能够集成 NAM 的输出结果，并在 GIS 中显示水资源管理的各种方案以及其他相关信息。

3. Water Quality 模块

Water Quality 模块可以模拟一些对水质造成重要影响的物质的传输过程，如氮、磷、溶解氧（DO）、生化需氧量（BOD）、大肠杆菌等。该模块采用一级降解率来描述各种物质的降解过程，其中还包括硝化和反硝化等转换过程。模块通过河流演算反映物质在河流中的滞留过程及与水流的混合影响，同时还可以宏观地模拟地下水及水库的水质问题。结合具体研究目标，本次对该模块不做详述。

11.1.2 水资源分配原则

本次汉江中下游地区水资源配置模型的分配原则主要依据与参考中华人民共和国水利

部 2016 年第 262 号令《水利部关于汉江流域水量分配方案的批复》和《汉江流域水量分配方案》。《汉江流域水量分配方案》有以下规定："第二条水量分配是对水资源可利用总量或者可分配的水量向行政区域进行逐级分配，确定行政区域生活、生产可消耗的水量份额或者取用水水量份额。第三条本办法适用于跨省、自治区、直辖市的水量分配和省、自治区、直辖市以下其他跨行政区域的水量分配。跨省、自治区、直辖市的水量分配是指以流域为单元向省、自治区、直辖市进行的水量分配。省、自治区、直辖市以下其他跨行政区域的水量分配是指以省、自治区、直辖市或者地市级行政区域为单元，向下一级行政区域进行的水量分配。第六条水量分配应当以水资源综合规划为基础。"

《汉江流域水量分配方案》按照水量分配的指导思想和有关法律法规等相关规定，结合汉江流域实际情况，进一步明确与细化了水量分配的具体要求：

（1）公平公正、科学合理的原则。

（2）统筹考虑流域内用水与跨流域调水的原则。在优先保障流域内城乡居民生活、生产、生态用水安全前提下，合理配置跨流域调水；水源区与受水区和谐发展，互利双赢。

（3）水资源节约保护与可持续利用的原则。充分考虑全面建设节水型社会的要求，以节水促减排，以限排促节水。转变生产、生活用水模式，促进经济结构调整和企业优化升级；严格控制用水总量，合理确定用水定额，在水资源不足地区，应当对城市规模和建设耗水量大的工业、农业和服务业项目加以限制。提高工业和城市用水的重复利用率和循环利用水平，全面加强农业高效节水，抑制用水过快增长，提高水资源的利用效率和效益，统筹水资源利用的经济效益、社会效益和生态效益，发挥水资源的多种功能。

（4）兼顾上下游及现状、未来用水需求的原则。水量分配应考虑不同区域历史背景、自然条件、人口分布、经济结构、发展水平、战略地位以及现状用水情况等，统筹城乡共同发展，保障上下游地区和谐发展。

充分考虑流域和区域水资源的承载能力，统筹考虑流域和区域用水要求，统筹代际公平，使水资源的开发利用与经济社会发展相互协调。统筹协调好防洪减灾，水资源利用和生态环境保护的关系，统筹协调好生活、生产和生态用水，在保障水资源可持续利用的前提下，着力提高水资源对经济社会的保障能力，促进经济社会与水资源及生态环境的协调发展。

（5）优先保证生活和基本生态用水原则。按照人与自然和谐，建设生态文明的要求，在开发中促保护，在保护中谋发展。维护河湖及地下水生态系统良性循环，合理安排河道内与河道外用水，避免对生态环境的破坏，改善生态环境，保障水资源的可持续利用和生态环境的良性循环。

11.1.3 水资源配置模型构建

11.1.3.1 计算分区

汉江中下游干流供水区和引江沿线直供区内配置模型采用按照灌区进行分区的方式，共形成了 40 个计算分区，具体计算分区见表 10.1。

11.1.3.2 地形资料

本书采用水资源规划中的汉江水系、流域内行政区等 GIS 数据资料，构建汉江中下游干流供水区和引江沿线直供区、主要河流水系的图层。

11.1.3.3 取用水节点与用水户

由于缺乏汉江流域取用水户地理位置及相关设计资料，现阶段采用概化的方法，在每个计算分区内的一段河流上设一个入流节点、一个取水点和一个退水点。与入流节点相连的是“输水户”（径流的输入），与取、退水节点相连的是“用水户”。每个计算分区用水分 5 大类：城镇生活（含河道外环境用水）、城镇工业、农村生活（含河道外环境用水）、农业灌溉、河道内生态环境用水。即每个分区都有 1 个“输水户”和 5 个“用水户”，即城镇生活用水、农村生活用水、城镇工业用水、农业灌溉用水、河道内生态用水，如图 11.2 所示。

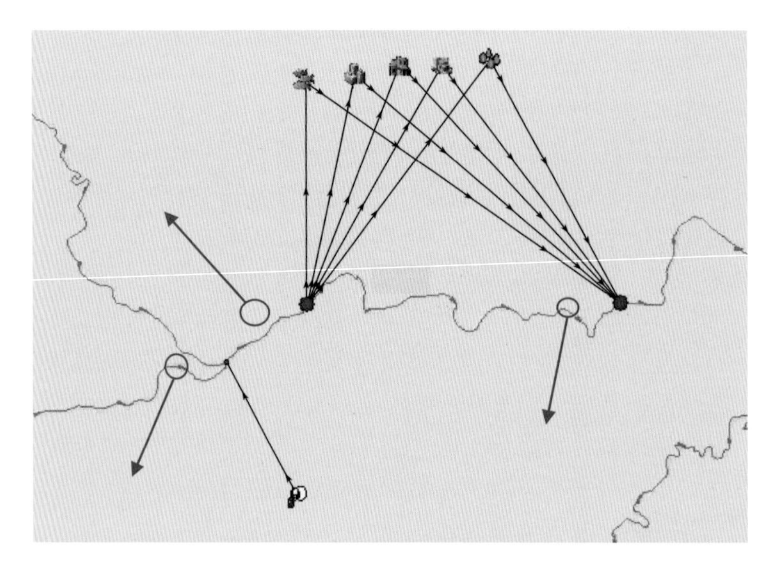

图 11.2 河流节点示意图

11.1.3.4 用水户优先权

为响应《汉江流域水量分配方案》中关于“优先保证生活和生态基本用水原则”的要求，首先满足城镇生活和农村生活用水，两者均具有最高的优先权（设定等级为 1 和 2）；其次满足河道内生态需水，具有第二高的优先权（设定等级为 3）；再次，满足城镇工业用水，设定优先级为 4，最后，协调农业灌溉用水，设定等级为 5，以此分析汉江中下游地区的水资源供需情况。在应急情况下（特枯年份），用水户优先权应进行调整。

11.1.3.5 水库调度模拟

考虑包括丹江口水库在内的湖北省研究区内水利设施的运行调度对研究区水资源分配的影响。其中，丹江口水库供水调度如图 5.5 所示，运行调度规则为：中线受水区供水目标按照“以供定需”的方式，根据水库水位的高低，分区进行调度，尽可能使供水均匀，提高枯水年的调水量。湖北省研究区域内大中小型水库、湖泊、塘堰的具体情况见表 11.1，按照湖北省水利厅制定的调度方案运行。

MIKE BASIN 模型水库模块的功能具有设置水库面积库容曲线图、特征水位曲线、初始水位、最小下泄要求、最大下泄要求、最小运行水位、汛限水位，以及溢洪道和水质特性等。这种水库模块具有通用性强的特点，但过于简单，无法实现水库按实际调度图运行。为了解决这个问题，经反复建模尝试，通过将水库模块、水电站模块、用水户模块相互耦合，能实现水库按照调度规则运行。其他水库按照MIKE BASIN内置的水库模块进行设置，按照各类供水调度控制线进行供水量和折减系数的设置。

表 11.1　　湖北省研究区域内水利设施汇总表

片区	大型水库			中型水库			小型水库			湖泊			塘堰		
	数量/座	承雨面积/km^2	兴利库容/万 m^3	数量/座	承雨面积/km^2	兴利库容/万 m^3	数量/座	承雨面积/km^2	兴利库容/万 m^3	数量/个	承雨面积/km^2	兴利容积/万 m^3	数量/口	承雨面积/km^2	容积/万 m^3
汉江中下游干流供水区	1	110	8728	12	567	20395	164	540	11688	22	3530	19926	40570	752	16559
引江沿线直供区	5	3649	135680	41	7928	54726	—	1374	40116	—	—	—	—	975	34774
合计	6	3759	144408	53	8495	75121	—	1914	51804	—	—	—	—	1727	51333

11.1.4　水资源配置模型输入

（1）水平年及计算步长。本书取2016年为现状水平年，2035年为规划水平年，计算步长为“旬”，输入各计算单元各用水户需水长系列、径流过程、供水工程的特性等进行供需平衡计算。

（2）径流过程。根据湖北省水利水电规划勘测设计院提供的研究区域内各片区的径流深成果，基于GCM耦合SWAT分布式水文模型模拟得到的径流结果，分别按照历史时期和未来时期进行水资源配置模拟调算，历史时期各计算分区输入水资源量采用1956—2016年各分区本地水资源量逐旬长系列径流过程进行调算，未来时期则主要依据分布式水文模型2020—2050年模拟的计算分区水资源量。采用水文年进行水库调节计算。

（3）需水过程。本书以2016年为基准年，以2035年为规划水平年，需水的基础数据主要由湖北省规划勘测设计院提供。

城镇生活、城镇工业、农村生活年需水过程均是由年需水总量按36个旬平均分配到每个旬。农业灌溉需水过程是由逐旬的灌溉定额乘以灌溉面积得到逐旬的需水量。河道内生态需水量采用多年平均径流量乘以最小生态流量的百分比的方法计算，详细过程见第10章。

（4）耗水过程。根据《长江流域不同行业耗水率初步研究报告》，汉江流域的城镇生活、城镇工业、农村生活、农业灌溉用水的耗水系数、回归系数见表11.2，各用水户用水过程乘以耗水系数，即得到耗水过程。

表 11.2 汉江流域各类用水的耗水系数、回归系数

项目	城镇生活	城镇工业	农村生活	农业灌溉	河道内生态用水
耗水系数	0.233	0.286	0.984	0.595	0
回归系数	0.767	0.714	0.016	0.405	1

11.1.5 调水工程

根据《汉江流域水量分配方案》，本书考虑的水量调出和调入过程如下：

(1) 南水北调中线工程（含刁河灌区）。根据《南水北调工程总体规划》《南水北调中线一期工程可行性研究总报告》《长江流域及西南诸河水资源综合规划》等成果，2035 规划水平年南水北调中线工程调水工程的调水需求过程按 117 亿 m^3 控制，过程参考表 11.3。

表 11.3 南水北调中线工程丹江口水库调水过程 单位：亿 m^3

频率	水量类型	1月	2月	3月	4月	5月	6月	7月	8月	9月	10月	11月	12月	合计
多年平均(50%)	陶岔渠首北调水量	7.86	7.58	7.37	7.81	7.19	8.81	7.36	8.23	7.51	8.86	8.09	8.08	94.75
	其中：刁河灌区	0.12	0.08	0.37	0.33	0.74	1.44	0.83	1.07	0.08	0.08	0.08	0.79	6.01
75%	陶岔渠首北调水量	8.32	2.72	0.00	0.00	6.95	8.49	7.24	10.36	8.58	9.61	8.61	8.63	79.51
	其中：刁河灌区	0.75	0.25	0.00	0.00	0.63	0.77	0.66	0.94	0.78	0.87	0.78	0.78	7.21
95%	陶岔渠首北调水量	0.00	0.00	0.00	8.70	7.32	9.42	6.71	8.55	6.66	9.30	5.37	0.00	62.03
	其中：刁河灌区	0.00	0.00	0.00	0.67	0.57	0.73	0.52	0.66	0.52	0.72	0.42	0.00	4.81

(2) 引江济汉工程。引江济汉工程是从长江荆江河段引水至汉江高石碑镇兴隆河段的大型输水工程，属于南水北调中线一期汉江中下游治理工程之一。渠道全长约 67.23km，年平均输水 37 亿 m^3，其中补汉江水量 31 亿 m^3，补东荆河水量 6 亿 m^3。

(3) 引汉济渭工程。国务院批复的《长江流域综合规划（2012—2030 年）》中，提出“引汉济渭工程近期从汉江引水 10 亿 m^3，远期调水可在从长江干流补水或其他可能的补水方案实施后，扩大至 15 亿 m^3”；国家发展改革委关于陕西省引汉济渭工程项目建议书的批复（发改农经〔2011〕1559 号）中提出“工程规划近期多年平均调水量 10 亿 m^3，远期在南水北调后续水源工程建成后，多年平均调水量 15 亿 m^3”。本次水量分配中 2035 年引汉济渭工程按照调出 15 亿 m^3 考虑，将来可根据南水北调后续水源工程的建设进行调整。引汉济渭工程 2035 规划水平年调水过程见表 11.4。

表 11.4 引汉济渭工程 2035 规划水平年调水过程 单位：亿 m^3

频率	1月	2月	3月	4月	5月	6月	7月	8月	9月	10月	11月	12月	合计
多年平均(50%)	0.84	0.59	0.68	0.67	0.76	0.66	0.82	0.90	0.92	0.99	0.97	0.99	9.79
75%	0.50	0.39	0.52	0.47	0.51	0.47	0.80	0.48	0.34	0.38	0.98	0.70	6.54
95%	0.55	0.42	0.55	0.51	0.55	0.00	0.25	0.40	0.39	0.40	0.39	0.40	4.81

（4）清泉沟引水（鄂北调水）工程。根据《南水北调中线工程规划》（2001年修订），2020年和2035年清泉沟引水工程引水量分别为6.28亿m^3和11.07亿m^3。根据水利部和湖北省人民政府《关于湖北省鄂北地区水资源配置工程规划的批复》（水规计〔2013〕349号），2035年清泉沟引水工程引水量增加至13.98亿m^3，其中向汉江流域供水量11.07亿m^3，调出汉江流域水量2.91亿m^3。调水过程分别按照调水受益区的农业灌溉分配系数进行分配。

需要指出，丹江口水库需要向湖北清泉沟隧洞引水和河南刁河灌区引水，两处引水的在汉江流域内受益范围分别是唐白河流域内襄阳市和南阳市，总计灌溉面积360万亩，湖北清泉沟和河南刁河灌区分别作为丹江口水库的两个用水户。

11.2 汉江中下游地区水资源优化配置结果分析

针对不同来水条件（历史来水条件、未来RCP4.5情景和未来RCP8.5情景）与不同需水条件（2016现状水平年、2035规划水平年），形成了6种组合情景。根据建立的水资源优化配置模型，计算得到研究区内各计算单元在不同组合情景下的水资源供需情况。

11.2.1 历史来水条件下汉江中下游地区水资源供需平衡分析

11.2.1.1 2016现状水平年供需平衡分析

在2016现状水平年，采用各计算分区1956—2016年逐旬长系列径流过程，对各水库1956—2016年长系列入库径流进行研究区域水库调节和水资源分配计算。各计算分区的供需平衡分析结果，见表11.5。由表可知：历史来水条件下，2016现状水平年引江沿线直供区总缺水率为7.08%，城镇生活、农村生活、城镇工业、农业灌溉及河道生态用水的缺水率分别为0.03%、0.06%、1.55%、12.40%和0.43%，河道外缺水率为7.99%，略高于总缺水率。汉江中下游干流供水区（城市）城镇生活、城镇工业需水均能得到满足，不发生缺水。汉江中下游干流供水区（灌区）总缺水率为0.11%，表明用水基本得到满足，不发生缺水。

表11.5　历史来水条件下2016年水资源供需平衡分析

片区	项目	城镇生活	农村生活	河道生态	城镇工业	农业灌溉	小计
引江沿线直供区	需水量/万m^3	15927	4807	46852	115009	205574	388169
	供水量/万m^3	15923	4804	46652	113224	180089	360692
	缺水量/万m^3	4	3	200	1785	25485	27477
	缺水率/%	0.03	0.06	0.43	1.55	12.40	7.08
汉江中下游干流供水区（城市）	需水量/万m^3	65830	—	—	158422	—	224252
	供水量/万m^3	65830	—	—	158422	—	224252
	缺水量/万m^3	0	—	—	0	—	0
	缺水率/%	0	—	—	0	—	0

续表

片区	项目	城镇生活	农村生活	河道生态	城镇工业	农业灌溉	小计
汉江中下游干流供水区（灌区）	需水量/万 m^3	14103	14177	31283	86078	541351	686992
	供水量/万 m^3	14103	14177	31283	86078	540614	686255
	缺水量/万 m^3	0	0	0	0	737	737
	缺水率/%	0	0	0	0	0.14	0.11
合计	需水量/万 m^3	95860	18984	78135	359509	746925	1299413
	供水量/万 m^3	95856	18981	77935	357724	720703	1271199
	缺水量/万 m^3	4	3	200	1785	26222	28214
	缺水率/%	0	0.02	0.26	0.50	3.51	2.17

历史来水条件下 2016 现状水平年引江沿线直供区缺水率如图 11.3 所示，在引江沿线直供区范围内，宜城沙河冷泉灌区、巩河灌区、漳河灌区及东风渠灌区的缺水率较大，而其他片区的缺水率较小。其中宜城沙河冷泉灌区的缺水率最大，为 25.45%，巩河灌区、漳河灌区及东风渠灌区的缺水率次之，分别为 9.64%、7.61%、7.55%，其余灌区的缺水率均在 7%以内。一方面是因为这些片区基本上只能使用本地来水，没有考虑从长江与汉江干流取水，且水库总库容较小，水资源有限，无法满足自身需求；另一方面是由于这些灌区农业发达，以农业灌溉用水为主，用水十分集中，水库缺乏有效调节。在汉江中下游干流供水区（灌区和城市）范围内，各个片区内的用水户基本上不存在缺水情况，这是由于本模型中设置的干流取水条件为：紧邻汉江干流的片区在河道内有水的时候可以不受限制直接取水，而不考虑河道内生态用水的需求；另外由于位于上游的丹江口水库的调蓄能力强大，为下游的用水提供了保障，且随着引江济汉工程的实施，进一步保障了下游各个灌区的用水。

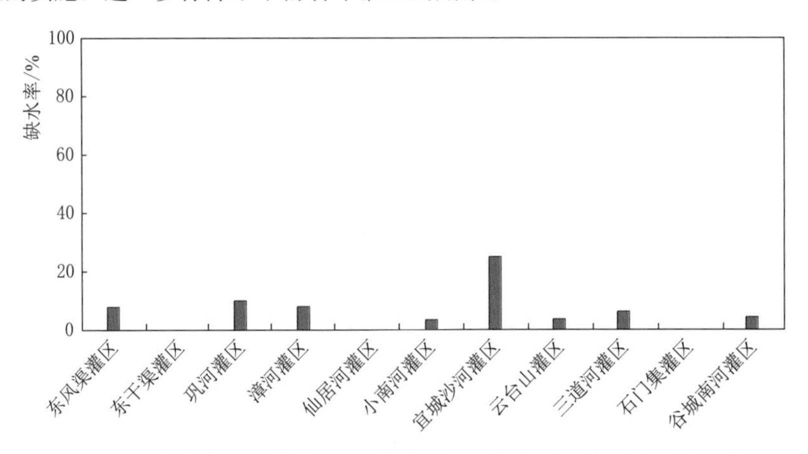

图 11.3 历史来水条件下 2016 现状水平年引江沿线直供区缺水率图

11.2.1.2 规划水平年供需平衡分析

2035 规划水平年研究区域内各计算分区的供需平衡分析结果，见表 11.6。由表可知，2035 规划水平年引江沿线直供区缺水率为 19.88%，城镇生活、农村生活、城镇工业、农业灌溉及河道生态用水的缺水率分别为 0.04%、0.10%、20.52%、26.42%和 0.76%，河道外缺水率为 21.95%，略高于总缺水率。汉江中下游干流供水区（城市及灌区）均不发生缺水。

表 11.6　　历史来水条件下 2035 规划水平年水资源供需平衡分析

片区	项目	城镇生活	农村生活	河道生态	城镇工业	农业灌溉	小计
引江沿线直供区	需水量/万 m^3	22387	3085	46852	213787	193311	479422
	供水量/万 m^3	22377	3082	46496	169913	142236	384104
	缺水量/万 m^3	10	3	356	43874	51075	95318
	缺水率/%	0.04	0.10	0.76	20.52	26.42	19.88
汉江中下游干流供水区（城市）	需水量/万 m^3	79771	—	—	269007	—	348778
	供水量/万 m^3	79771	—	—	268992	—	348763
	缺水量/万 m^3	0	—	—	15	—	15
	缺水率/%	0	—	—	0.01	—	0
汉江中下游干流供水区（灌区）	需水量/万 m^3	23216	12975	31283	143941	540240	751655
	供水量/万 m^3	23216	12975	31282	143919	538682	750074
	缺水量/万 m^3	0	0	1	22	1558	1581
	缺水率/%	0	0	0	0.02	0.29	0.21
合计	需水量/万 m^3	125374	16060	78135	626735	733551	1579855
	供水量/万 m^3	125364	16057	77778	582824	680918	1482941
	缺水量/万 m^3	10	3	357	43911	52633	96914
	缺水率/%	0.01	0.02	0.46	7.01	7.18	6.13

历史来水条件下 2035 规划水平年引江沿线直供区缺水率如图 11.4 所示，在引江沿线直供区范围内，东风渠灌区的缺水率最大，为 34.30%；巩河灌区、宜城沙河冷泉灌区、漳河灌区的缺水率次之，分别为 24.66%、22.43%、13.56%，其余灌区的缺水率均在 10%以内。

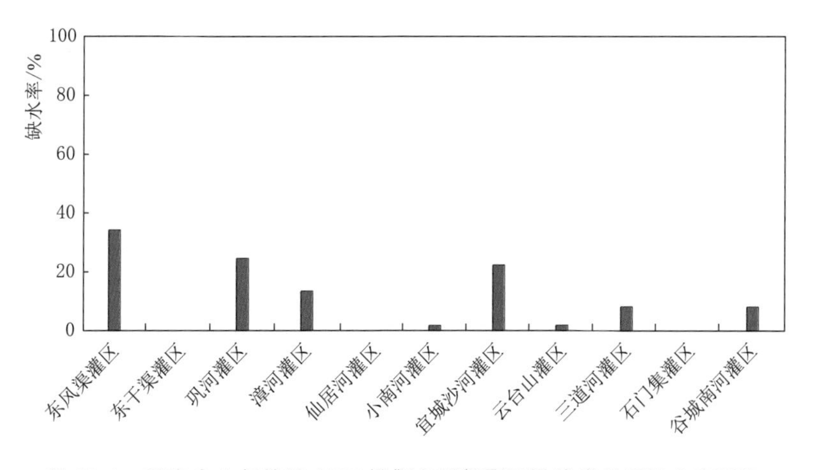

图 11.4　历史来水条件下 2035 规划水平年引江沿线直供区缺水率对比

11.2.1.3　2016 现状水平年 VS 2035 规划水平年

历史来水条件下 2016 现状水平年与 2035 规划水平年下研究区域内三大片区总缺水率对比情况如图 11.5 所示，从不同用水部门来看，各大片区的缺水部门较为一致，河道生态用水、城镇生活用水和农村生活用水缺口较小，城镇生产和农业灌溉缺水严重，且所有片区内农业灌溉的缺水率均为最大。这一方面是由于城镇生活、农村生活与河道生态用水的优先级别要高于城镇生产与农业灌溉用水的优先级别；另一方面是因为农业灌溉用水十分集中，水库缺乏有效调节，导致农业灌溉缺水最为严重。

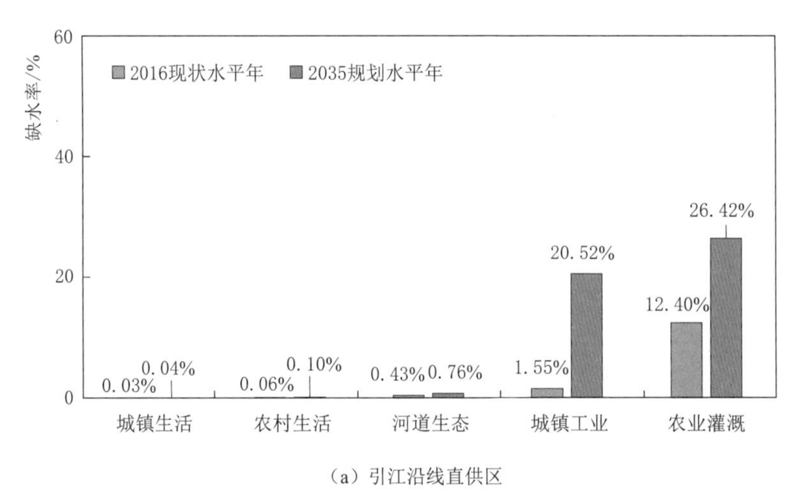

（a）引江沿线直供区

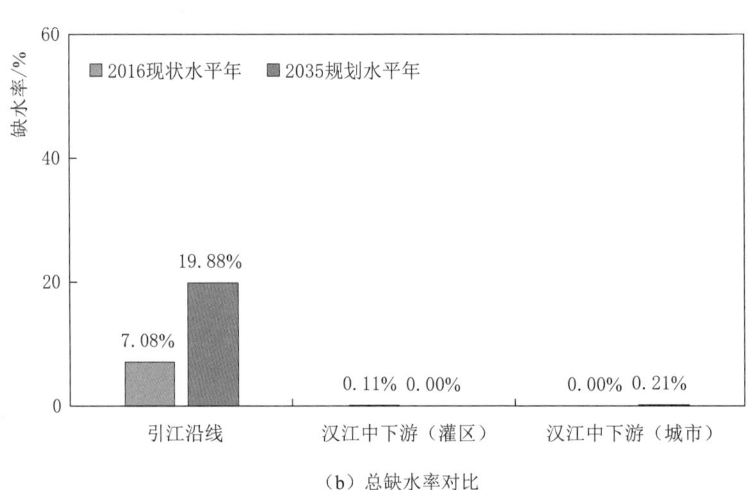

（b）总缺水率对比

图 11.5 历史来水条件下 2016 现状水平年与 2035 规划水平年各部门缺水率对比图

从不同片区来看，三大供水片区中，以 2016 现状水平年为例，引江沿线直供区的缺水情况最为严重，缺水率为 7.08%，汉江中下游（城市）不缺水，汉江中下游（灌区）的缺水率为 0.11%。这是由于引江沿线直供区内的片区基本上只能使用本地来水，远离汉江干流，水库数目较为稀少，无法满足自身需求，且这些片区以农业灌溉用水为主，用水十分集中，水库缺乏有效调节，因而影响了总体的缺水率。而汉江中下游干流城市几乎不存在缺水情况，这一方面是因为该片区内只有城镇生活和城镇工业两个用水部门，整体需水量较小，且需水的年内分布较为均匀，利于水库进行调节；另一方面是由于位于上游侧的丹江口水库调蓄能力强大，为下游侧的用水提供了保障，且随着引江济汉工程的实施，进一步保障了下游侧各个城市与灌区的用水。

从不同水平年来看，不同片区的规划水平年与现状水平年缺水情况不一致。引江沿线直供片区内，2035 规划水平年的总缺水率（19.88%）大于 2016 现状水平年（7.08%），且各个用水部门的缺水率均呈现相同的趋势。这是由于社会经济的高速推进，工业生产发展迅速，引江沿线直供片区内的工业生产用水的需求增长迅猛，导致了片区内城镇生产缺水较为严重；虽然农业灌溉需水有所减少，但是城镇生产用水的优先级别高于农业灌溉用水的优先级别，导致了片区内的农业灌溉缺水也有所增长。

历史来水条件下，2016 现状水平年各片区缺水程度的空间分布情况如图 11.6（a）所

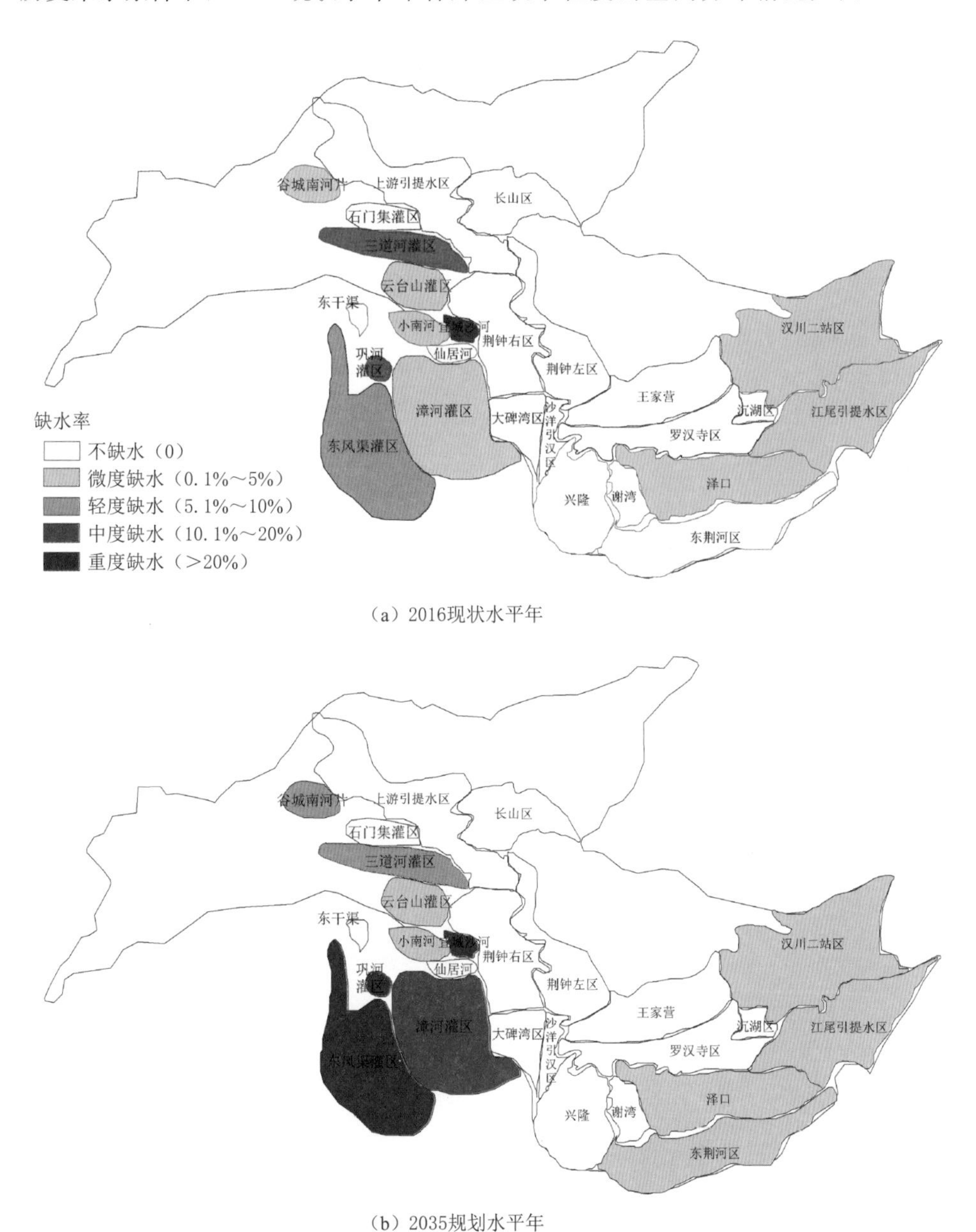

（a）2016现状水平年

（b）2035规划水平年

图 11.6　历史来水条件下 2016 现状水平年与 2035 规划水平年各片区缺水率空间分布图

示。由图可知，汉江干流供水区的大部分片区为不缺水或微度缺水；引江沿线直供区的部分片区（宜城沙河片区）呈现重度缺水的情况，巩河灌区和三道河灌区呈现中度缺水的情况，其余片区为微度缺水。2035 规划水平年各片区缺水程度的空间分布情况如图 11.6（b）所示。由图可知，与 2016 现状水平年相比，引江沿线直供区内的东风渠灌区、巩河灌区、漳河灌区缺水程度均有较大程度的增加，三道河灌区和谷城南河灌区缺水率小幅增加。

11.2.2 未来来水条件下汉江中下游地区水资源供需平衡分析

11.2.2.1 2016 现状水平年供需平衡分析

为分析气候变化对汉江中下游地区水资源配置的影响，分别采用 RCP4.5 情景和 RCP8.5 情景下的 2020—2050 年各计算分区的长系列逐旬本地水资源量径流过程、需水过程和水库入库径流过程，在 2016 现状水平年下进行汉江中下游地区水资源配置模拟计算。统计得到 2016 现状水平年研究区域的水资源供需平衡分析结果见表 11.7 和表 11.8。由表可知：在 RCP4.5 情景下，2016 年引江沿线直供区总缺水率为 10.34%，城镇生活、农村生活、城镇工业、农业灌溉及河道生态用水的缺水率分别为 0.50%、1.33%、3.97%、16.37%和 3.82%，河道外缺水率为 11.24%，略高于总缺水率。在 RCP8.5 情景下，2016 年引江沿线直供区总缺水率为 15.47%，城镇生活、农村生活、城镇工业、农业灌溉及河道内最小生态用水的缺水率分别为 0.31%、1.04%、5.09%、25.33%和 4.34%，河道外缺水率为 17.00%。两种情景下，汉江中下游干流供水区（城市及灌区）的需水仅 RCP8.5 情景下灌区出现 0.13%缺水，其他情况不发生缺水。对比两种情景下的供需平衡结果可知：在未来来水条件下，各水平年的全区域缺水量均不大，RCP8.5 情景下的缺水率（8.31%）稍大于 RCP4.5 情景（6.69%）。

表 11.7 未来来水条件下（RCP4.5 情景）2016 现状水平年水资源供需平衡分析

片　区	项目	城镇生活	农村生活	河道生态	城镇工业	农业灌溉	小计
引江沿线直供区	需水量/万 m^3	15927	4807	46852	115009	205574	388169
	供水量/万 m^3	15847	4743	45060	110441	171931	348022
	缺水量/万 m^3	80	64	1792	4568	33643	40147
	缺水率/%	0.50	1.33	3.82	3.97	16.37	10.34
汉江中下游干流供水区（城市）	需水量/万 m^3	65830	—	—	158422	—	224252
	供水量/万 m^3	65830	—	—	158422	—	224252
	缺水量/万 m^3	0	—	—	0	—	0
	缺水率/%	0	—	—	0	—	0
汉江中下游干流供水区（灌区）	需水量/万 m^3	14103	14177	31283	86078	541351	686992
	供水量/万 m^3	14103	14177	31283	86078	541351	686992
	缺水量/万 m^3	0	0	0	0	0	0
	缺水率/%	0	0	0	0	0	0
合计	需水量/万 m^3	95860	18984	78135	359509	746925	1299413
	供水量/万 m^3	95780	18920	76343	354941	713282	1259266
	缺水量/万 m^3	80	64	1792	4568	33643	40147
	缺水率/%	0.08	0.34	2.29	1.27	4.50	3.09

表 11.8　未来来水条件下（RCP8.5 情景）2016 现状水平年水资源供需平衡分析

片　区	项目	城镇生活	农村生活	河道生态	城镇工业	农业灌溉	小计
引江沿线直供区	需水量/万 m^3	15927	4807	46852	115009	205574	388169
	供水量/万 m^3	15877	4757	44820	109156	153511	328121
	缺水量/万 m^3	50	50	2032	5853	52063	60048
	缺水率/%	0.31	1.04	4.34	5.09	25.33	15.47
汉江中下游干流供水区（城市）	需水量/万 m^3	65830	—	—	158422	—	224252
	供水量/万 m^3	65830	—	—	158416	—	224246
	缺水量/万 m^3	0	—	—	6	—	6
	缺水率/%	0	—	—	0	—	0
汉江中下游干流供水区（灌区）	需水量/万 m^3	14103	14177	31283	86078	541351	686992
	供水量/万 m^3	14103	14177	31283	86078	540427	686068
	缺水量/万 m^3	0	0	0	0	924	924
	缺水率/%	0	0	0	0	0.17%	0.13%
合计	需水量/万 m^3	95860	18984	78135	359509	746925	1299413
	供水量/万 m^3	95810	18934	76103	353650	693938	1238435
	缺水量/万 m^3	50	50	2032	5859	52987	60978
	缺水率/%	0.05	0.26	2.60	1.63	7.09	4.69

两种气候情景下，未来来水条件下 2016 年引江沿线直供区缺水率对比如图 11.7 所示。在引江沿线直供区范围内，RCP4.5 情景下，宜城沙河冷泉灌区的缺水率最大，为 26.91%，谷城南河灌区、东风渠灌区和三道河灌区的缺水率次之，分别为 15.23%、13.98%、13.70%。RCP8.5 情景下，宜城沙河冷泉灌区的缺水率仍为最大，为 32.14%，巩河灌区、三道河灌区、东风渠灌区的缺水率分别为 19.27%、18.94%、18.28%。对比两种情景下的供需平衡结果可知：与 RCP4.5 情景相比，RCP8.5 情景下各灌区的缺水率均增加。

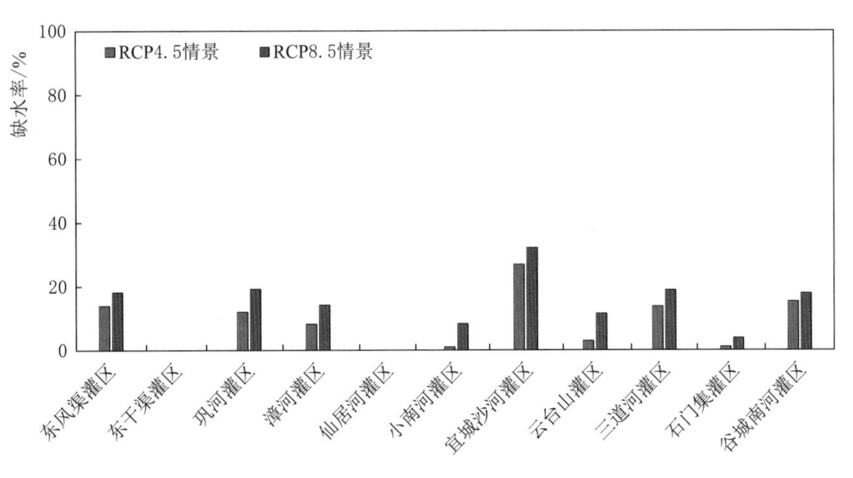

图 11.7　未来来水条件下 2016 现状水平年引江沿线直供区缺水率对比

11.2.2.2 2035规划水平年供需平衡分析

在2035规划水平年，研究区域的水资源供需平衡分析结果见表11.9和表11.10。从表11.9可以看出，在RCP4.5情景下，引江沿线直供区缺水较为严重，总缺水率为23.41%，城镇生活、农村生活、城镇工业、农业灌溉及河道生态用水的缺水率分别为1.05%、2.82%、26.40%、27.15%和6.39%，河道外缺水率为25.25%，略高于总缺水率。从表11.10可以看出，RCP8.5情景下研究区域总的缺水率（8.40%）大于RCP4.5情景（7.11%）。其中引江沿线直供区的总缺水率为27.50%，城镇生活、农村生活、城镇工业、农业灌溉及河道生态用水的缺水率分别为0.72%、2.20%、27.64%、35.97%和6.35%，河道外缺水率为29.79%。两种情景下，汉江中下游干流供水区（城市）的需水均能得到满足，不发生缺水。汉江中下游干流供水区（灌区）的缺水率在0.15%以内。

表11.9 未来来水条件下（RCP4.5情景）2035规划水平年水资源供需平衡分析

片区	项目	城镇生活	农村生活	河道生态	城镇工业	农业灌溉	小计
引江沿线直供区	需水量/万 m^3	22387	3085	46852	213787	193311	479422
	供水量/万 m^3	22152	2998	43858	157356	140829	367193
	缺水量/万 m^3	235	87	2994	56431	52482	112229
	缺水率/%	1.05	2.82	6.39	26.40	27.15	23.41
汉江中下游干流供水区（城市）	需水量/万 m^3	79771	—	—	269007	—	348778
	供水量/万 m^3	79771	—	—	269007	—	348778
	缺水量/万 m^3	0	—	—	0	—	0
	缺水率/%	0	—	—	0	—	0
汉江中下游干流供水区（灌区）	需水量/万 m^3	23216	12975	31283	143941	540240	751655
	供水量/万 m^3	23216	12975	31283	143941	540152	751567
	缺水量/万 m^3	0	0	0	0	88	88
	缺水率/%	0	0	0	0	0.02	0.01
合计	需水量/万 m^3	125374	16060	78135	626735	733551	1579855
	供水量/万 m^3	125139	15973	75141	570304	680981	1467538
	缺水量/万 m^3	235	87	2994	56431	52570	112317
	缺水率/%	0.19	0.54	3.83	9.00	7.17	7.11

表11.10 未来来水条件下（RCP8.5情景）2035规划水平年水资源供需平衡分析

片区	项目	城镇生活	农村生活	河道生态	城镇工业	农业灌溉	小计
引江沿线直供区	需水量/万 m^3	22387	3085	46852	213787	193311	479422
	供水量/万 m^3	22226	3017	43878	154699	123768	347588
	缺水量/万 m^3	161	68	2974	59088	69543	131834
	缺水率/%	0.72	2.20	6.35	27.64	35.97	27.50
汉江中下游干流供水区（城市）	需水量/万 m^3	79771	—	—	269007	—	348778
	供水量/万 m^3	79771	—	—	269007	—	348778
	缺水量/万 m^3	0	—	—	0	—	0
	缺水率/%	0	—	—	0	—	0

续表

片　区	项目	城镇生活	农村生活	河道生态	城镇工业	农业灌溉	小计
汉江中下游干流供水区（灌区）	需水量/万 m^3	23216	12975	31283	143941	540240	751655
	供水量/万 m^3	23216	12975	31283	143941	539318	750733
	缺水量/万 m^3	0	0	0	0	922	922
	缺水率/%	0	0	0	0	0.17	0.12
合计	需水量/万 m^3	125374	16060	78135	626735	733551	1579855
	供水量/万 m^3	125213	15992	75161	567647	663086	1447099
	缺水量/万 m^3	161	68	2974	59088	70465	132756
	缺水率/%	0.13	0.42	3.81	9.43	9.61	8.40

两种气候情景下，未来来水条件下2035规划水平年各片区缺水率对比如图11.8所示。由图11.8（a）可知：在RCP4.5情景下，引江沿线直供区范围内东风渠灌区的缺水率最大，

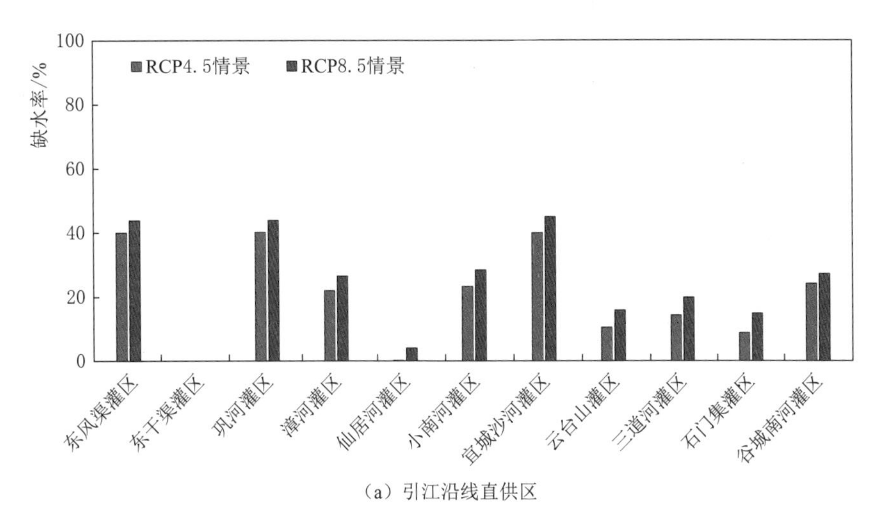

（a）引江沿线直供区

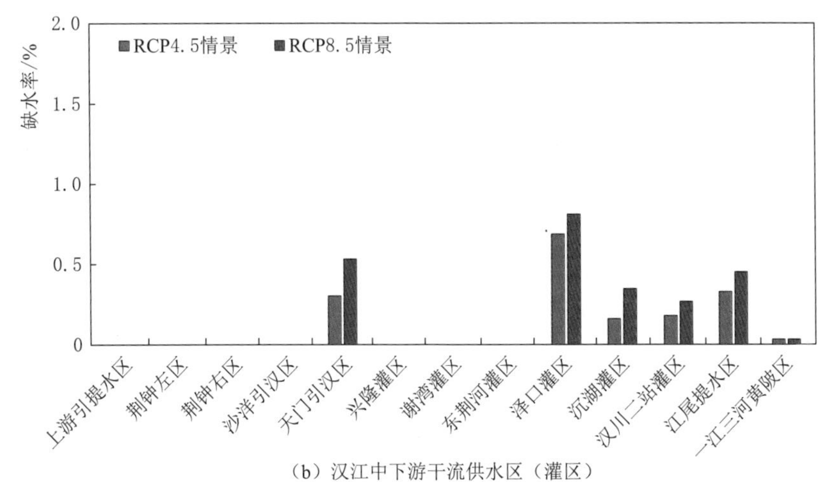

（b）汉江中下游干流供水区（灌区）

图11.8　未来来水条件下2035规划水平年各片区缺水率对比

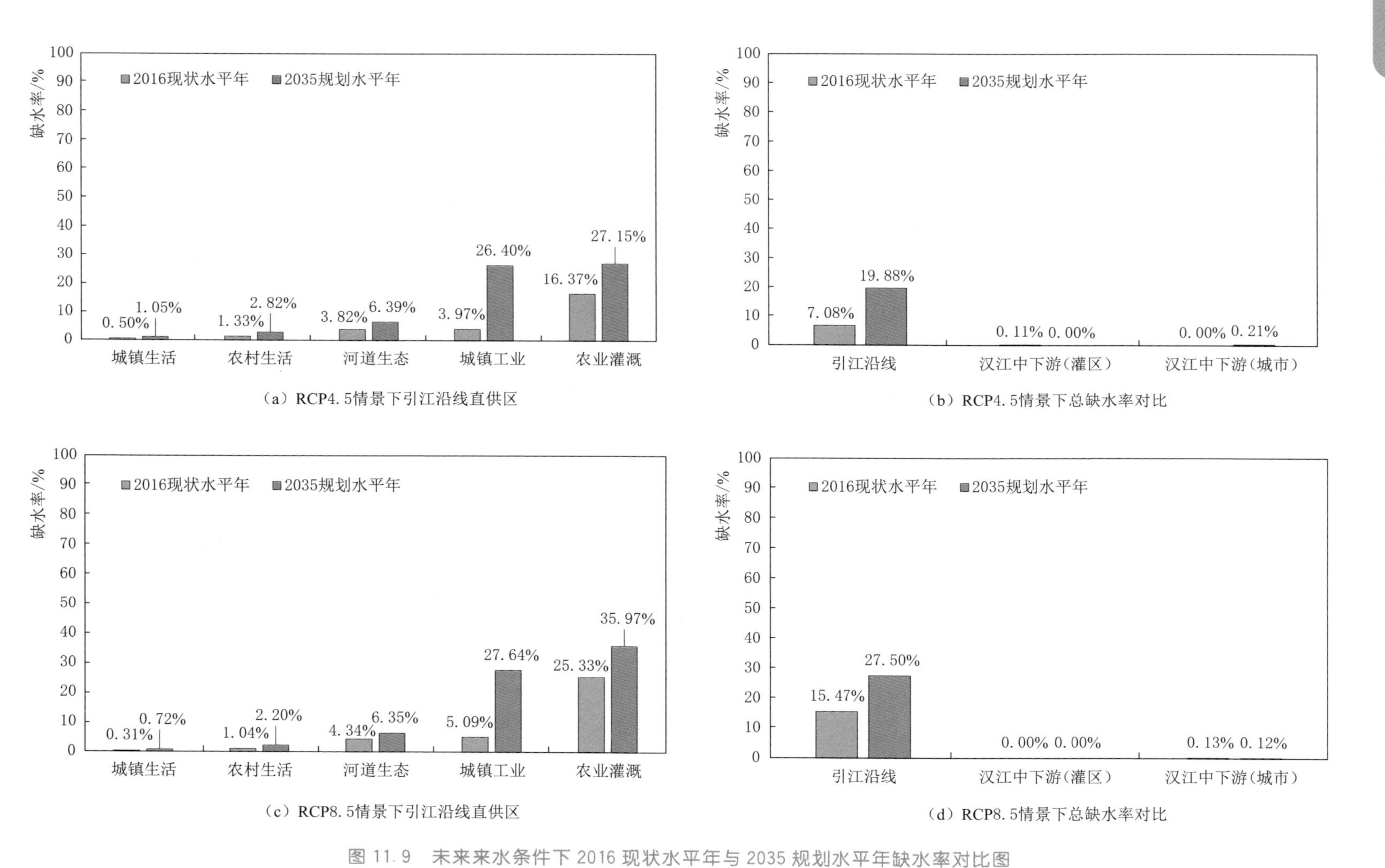

图 11.9 未来来水条件下 2016 现状水平年与 2035 规划水平年缺水率对比图

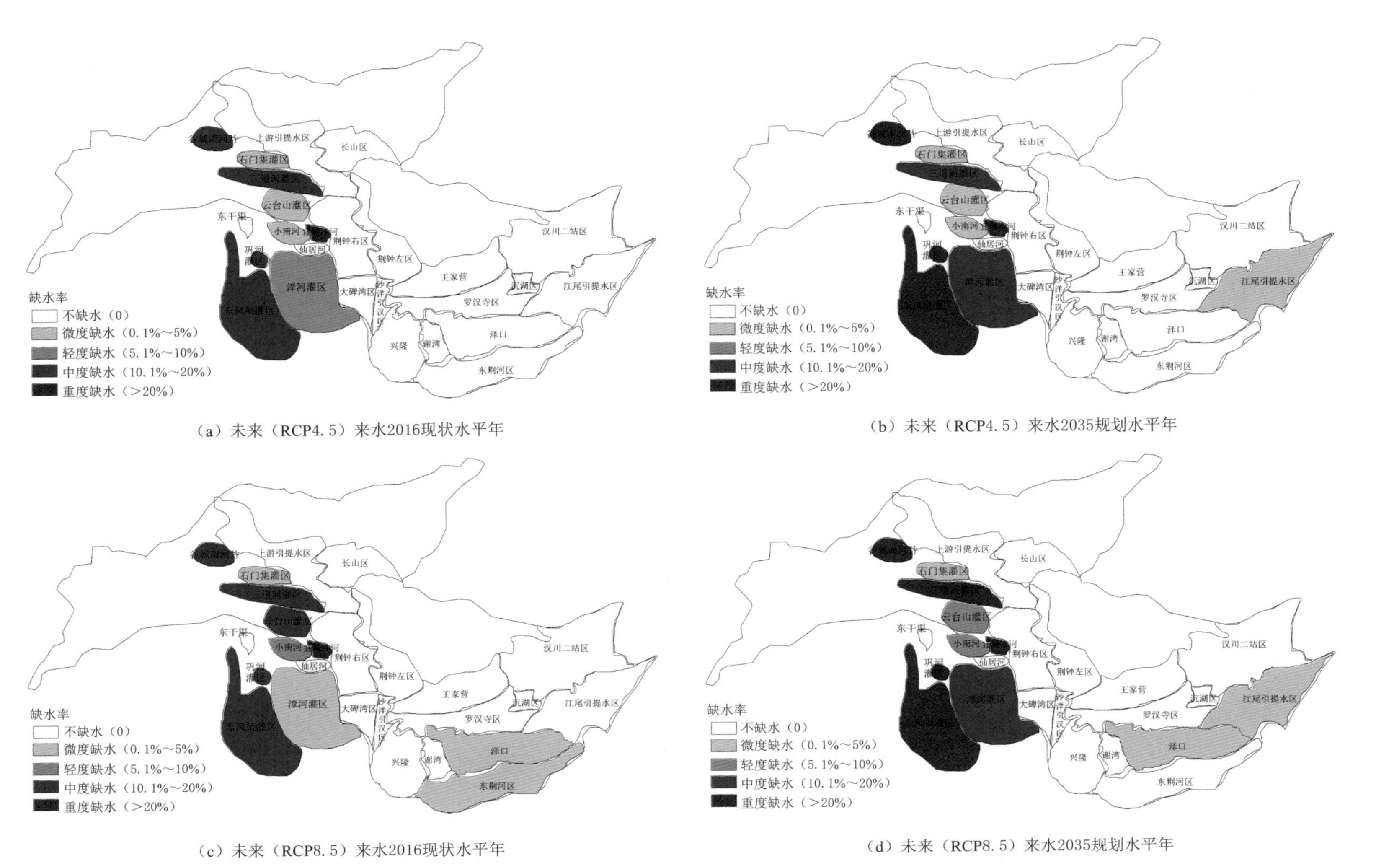

（a）未来（RCP4.5）来水2016现状水平年

（b）未来（RCP4.5）来水2035规划水平年

（c）未来（RCP8.5）来水2016现状水平年

（d）未来（RCP8.5）来水2035规划水平年

图 11.10 未来来水条件下 2016 现状水平年与 2035 规划水平年各片区缺水率空间分布图

为39.19%，巩河灌区、宜城沙河冷泉灌区、谷城南河灌区的缺水率次之，分别为28.58%、23.97%、22.02%，其余灌区的缺水率均在20%以内。在RCP8.5情景下，东风渠灌区的缺水率为42.17%，巩河灌区、宜城沙河冷泉灌区、谷城南河灌区的缺水率分别为33.90%、29.35%、24.50%，其余灌区的缺水率均在20%以内。

11.2.2.3 2016现状水平年VS 2035规划水平年

研究区域内三大片区在2016现状水平年与2035规划水平年的总缺水率对比情况，如图11.9所示。可以看出：引江沿线直供片区内，RCP4.5情景下2035规划水平年的总缺水率（23.41%）大于2016现状水平年（10.34%），RCP8.5情景下2035规划水平年的总缺水率（27.50%）大于2016现状水平年（15.47%），且各个用水部门的缺水率均呈现相同的趋势。表明在未来同一来水条件下，随着基准年向规划年的推进，研究区域的总缺水率呈增加的趋势。而同一水平年下，RCP8.5情景下的总缺水率大于RCP4.5情景。

两种气候情景，2016现状水平年和2035规划水平年各大片区缺水程度的空间分布情况如图11.10所示。由图可知，在RCP4.5情景下，2016现状水平年，汉江干流供水区的所有片区均为不缺水；引江沿线直供区的部分片区（宜城沙河灌区）呈现重度缺水的情况，东风渠灌区、巩河灌区、三道河灌区及谷城南河灌区呈现中度缺水的情况，其余片区为轻度或微度缺水。与2016现状水平年相比，2035规划水平年引江沿线直供区内的东风渠灌区、巩河灌区、漳河灌区、谷城南河灌区缺水程度均有较大程度的增加。在RCP8.5情景下，2016现状水平年汉江干流供水区除泽口灌区及江尾提水灌区轻度缺水外，其余片区均不缺水；引江沿线直供区的部分片区（东干渠、东风渠灌区、巩河和宜城沙河灌区、三道河灌区、谷城南河灌区）呈现重度缺水的情况，漳河灌区呈现中度缺水的情况，其余片区为轻度或微度缺水。与2016现状水平年相比，2035规划水平年引江沿线直供区内的漳河灌区、宜城沙河灌区、谷城南河灌区、巩河灌区缺水程度均有较大程度的增加；汉江干流供水区中的江尾引提水区由不缺水变为轻度缺水的情况。

11.3 汉江中下游地区供水风险评估

在已建水利工程信息化系统的基础上，通过水资源多元耦合模型与智能控制系统分析，进行汉江中下游水资源实时风险调度与智能化管理系统研究，提出汉江中下游水资源实时风险调度与智能化管理系统建设思路和基本框架，为后续汉江中下游水资源实时风险调度与智能化管理系统的开发提供技术支撑。

11.3.1 供水风险概述

水资源系统在开发、利用及获得经济效益的同时，也存在一定的风险（如干旱、洪水、水污染、经济亏损、生态环境破坏）。有关水资源系统风险的定义甚多，许多学者试图用简明扼要的语言对风险的含义做出描述，例如，风险是未来损失的不确定性；风险是在特定的客观情况下，在特定的时期内，某种损失的可能性。概括起来，水资源系统风险泛指在特定时空环境条件下，水资源系统中所发生的非期望事件。具体讲，是指水体及其环境和人类水事活动过程中潜在的对人的财产、健康、生命安全以及环境构成不利影响或危害的非期望事件，是人们所不愿发生的事件。从结构工程的角度可应用广义荷载λ与广义阻尼p的关系来定义系统风险。广义荷载反映系统在某一外部压力作用下的行为，广义阻尼是描述系统克服外部荷载能力的特征变量。当系统荷载超过阻尼（$\lambda>p$）时，系统发生失事事件，系统风险即为系统荷载大于阻尼的可能性$P=P(\lambda>p)$。例如，在水库为满足各用户需要而供水的情况下，广义荷载就是用户总需水量，而广义阻尼就是水库库容，则供水事故风险率为供水库容不能满足总需水量的事件发生的可能性。

风险具有三个基本特征：客观性、损失性和不确定性。客观性是指不论人们是否意识到，风险都是客观存在的，如地震、风暴、洪水等。损失性是指有可能带来损失的事件才称为有风险，即风险总是与损失相联系的，如洪水灾害、干旱灾害、地震灾害等。不确定性是指无法准确预知损失的后果，即风险是由不确定性产生的。

正是由于水资源系统中客观存在着不确定性，这就要求人们不仅要科学合理地对待不确定性，而且要在实际应用中，识别、评估不确定性因素带来的风险，并在此基础上优化组合各种风险管理技术，做出风险决策，包括水资源系统风险规划与管理，对风险实施有效的控制，以期以最少的投入获得最大的安全保障。

11.3.2 风险分析模型

这里主要是通过一些风险指标的基本定义方法，建立水资源风险计算模型。风险的主要指标有稳定性、回弹性、脆弱性等。

11.3.2.1 稳定性

根据风险理论，荷载是使研究系统“失事”的动力，而抗力则是研究对象抵抗“失事”的能力。针对供水系统，荷载L就是供水区域的需水量，抗力R则是供水系统的供水能力。如果把供水系统干旱状态记为$F\in(L>R)$，正常状态记为$S\in(L\leqslant R)$，那么，供水系统的风险为

$$r=P(L>R)=P\{X_t\in F\} \tag{11.1}$$

式中：X_t为供水系统状态变量。相应的供水系统的稳定性为

$$\alpha=P(L\leqslant R)=P\{X_t\in S\}=1-r \tag{11.2}$$

如果对供水系统的工作状态有长期的记录，稳定性也可以定义为供水系统能够正常供水的时间与整个供水期历时之比，即

$$\alpha=\frac{1}{NS}\sum_{t=1}^{NS}I_t \tag{11.3}$$

式中：NS为供水期的总历时；I_t为供水系统的状态变量。

$$I_t=\begin{cases}1, & \text{不缺水}(X_t\subset S)\\0, & \text{缺水}(X_t\subset S)\end{cases} \tag{11.4}$$

11.3.2.2 回弹性

回弹性是描述系统从事故状态返回到正常状态的可能性，系统的回弹性越高，表明该系统能较快地从事故状态转变为正常运行状态。因而它可以由如下的条件概率来定义：

$$\beta=P(X_t\in S/X_{t-1}\in F) \tag{11.5}$$

为便于统计，可利用全概率公式把上式改写为

$$\beta=\frac{P\{X_{t-1}\subset F，X_t\subset S\}}{P\{X_{t-1}\subset F\}} \tag{11.6}$$

引入整数变量

$$Y_t=\begin{cases}1, & X_t\subset F\\0, & X_t\subset S\end{cases} \tag{11.7}$$

及

$$Z_t=\begin{cases}1, & X_{t-1}\subset F，X_t\subset S\\0, & \text{其他}\end{cases} \tag{11.8}$$

这样，回弹性 β 可表示为

$$\beta=\sum_{t=1}^{NS}Z_t/\sum_{t=1}^{NS}Y_t \tag{11.9}$$

记

$$T_{FS}=\sum_{t=1}^{NS}Z_t \quad T_F=\sum_{t=1}^{NS}Y_t \tag{11.10}$$

有

$$\beta=\begin{cases}T_{FS}/T_F, & T_F\neq 0\\1\qquad, & T_F=0\end{cases} \tag{11.11}$$

从式（11.11）可以看出，当 $T_F=0$，即供水系统在整个干旱期一直处于正常供水状态，则 $\beta=1$；而当 $T_{FS}=0$，即供水系统一直处于干旱状态（$T_F=NS$），则 $\beta=0$。一般来讲，$0<\beta<1$，这表明供水系统有时会无法满足需水要求，但有可能恢复正常供水。并且干旱缺水的历时越长，恢复性越小，也就是说供水系统在经历了一个较长时期的干旱缺水之后，能进行正常供水是比较困难的。

11.3.2.3 脆弱性

脆弱性是描述供水系统干旱损失程度的重要指标。为了定量表示系统的易损性，假定系统第 i 次干旱的损失程度为 S_i，其相应的发生概率为 P_i，那么系统的脆弱性可表达为

$$\mu=E(S)=\sum_{t=1}^{NF}P_iS_i \tag{11.12}$$

式中：NF 为系统干旱的总次数。

在供水系统的风险分析中，可以用缺水量来描述系统干旱失事的损失程度。类似洪水分析，在此假定 $P_1=P_2=\cdots=P_{NF}=1/NF$，即不同缺水量的干旱事件是同频率的，这样易损性可表示为

$$\mu=\frac{1}{NF}\sum_{t=1}^{NF}VE_i \tag{11.13}$$

式中：VE_i 为第 i 次干旱的缺水量。式（11.13）说明干旱的期望缺水量可以用来表示供水系统的易损性。并且为了消除需水量不同的影响，一般采用相对值，即

$$\mu=\sum_{t=1}^{NF}VE_i/\sum_{t=1}^{NF}VD_i \tag{11.14}$$

式中：VD_i 为第 i 次干旱缺水期的需水量。

如果 $VE_i = VD_i$，则 $\mu = 1$，这表明供水系统无水可供，处于非常易损的状态；而当 $NF = 0$，有 $VE_i = 0$，则 $\mu = 0$，这表明供水系统始终处于正常状态，没有出现干旱缺水现象，一般来讲，$0 \leqslant \mu \leqslant 1$。在一定的供水期间，干旱缺水量越大，供水系统的脆弱性也越大，即干旱的损失程度也越严重，这与实际情况是吻合的。

11.3.3 供水风险结果与分析

在2016现状水平年和2035规划水平年下，采用汉江中下游干流供水区1956—2016年逐旬长系列来水和需水过程，结合汉江中下游的水资源利用现状、社会经济发展和水资源规划等情况，对汉江中下游的水资源配置结果进行供水风险分析。

需要说明的是，这里的风险计算是单纯从水量方面进行的，没有考虑各区的引提水能力等因素，假定供水设施是可靠的，以及供水区域是限定的，这样供水系统的“失事”就可以简单地定义为供水水源不能满足供水要求，导致出现缺水现象。

对两种水平年，采用上述供水风险评估方法进行计算，得到整个汉江中下游区域的结果，见表11.11。由表可知：2016现状水平年和2035规划水平年的风险值分别为0.872和0.951，可靠性值分别为0.128和0.049，可以看出：风险值+可靠性指标值=1。2016现状水平年的可靠性和回弹性指标值要明显高于2035规划水平年，脆弱性指标值要明显低于2035规划水平年。这是由于同样的来水条件下，2035规划水平年的需求增加，缺水量增加，因此水资源系统的稳定性和回弹性降低，脆弱性增高。

表11.11　　不同水平年下汉江中下游的供水风险

年份	风险	稳定性	回弹性	脆弱性
2016	0.872	0.128	0.042	0.047
2035	0.951	0.049	0.022	0.079

汉江中下游不同缺水流量下的风险如图11.11所示，由图可知：2035规划水平年的

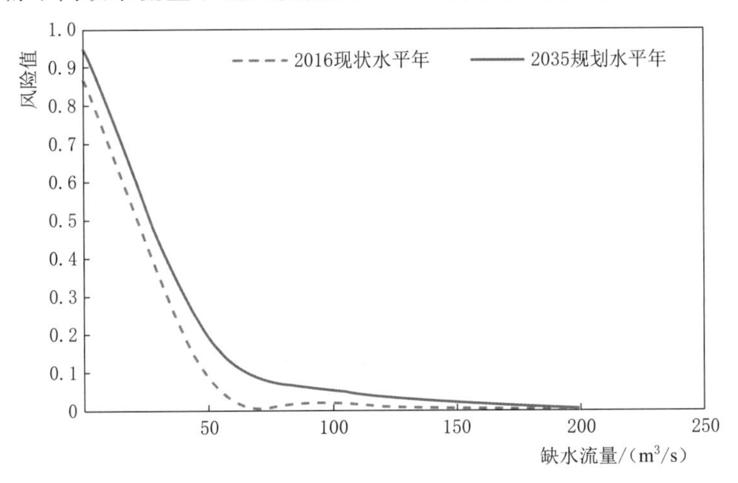

图11.11　汉江中下游地区不同缺水流量下的风险

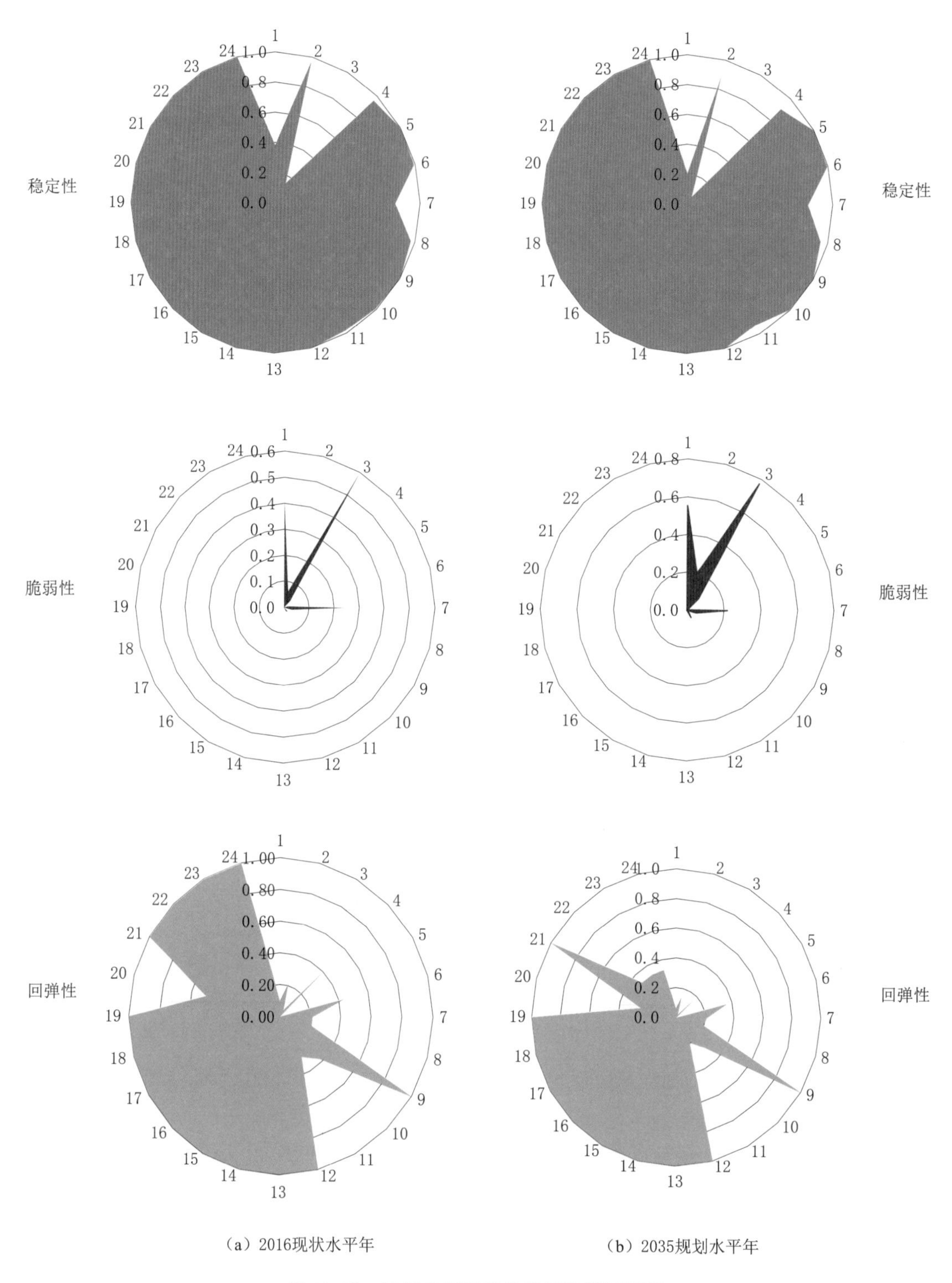

图 11.12 汉江中下游各片区风险指标情况

风险值一直高于 2016 现状水平年。缺水流量为 0、50m³/s、100m³/s、200m³/s 时，2016 现状水平年的风险值分别为 0.872、0.087、0.019、0.002；2035 规划水平年的风险值分别为 0.951、0.194、0.054、0.07；两种水平年下，从 0 向 50m³/s 过渡时风险值均骤降，表明整个片区的缺水流量集中在 0～50m³/s。

在对研究区域内的 40 个小片区进行风险分析时，发现汉江中下游干流供水区内 16 个城市片区均不存在缺水情况，无供水风险。因此，仅对剩余 24 个片区（表 11.12）在 2016 现状水平年和 2035 规划水平年的可靠性、回弹性和脆弱性指标进行分析，如图 11.12 所示。由图可以看出：①从同一水平年来看，以 2016 现状水平年为例，除 1～4 片区、6～8 片区外，其余片区的稳定性均接近于 1，表明这些片区几乎不存在缺水情况；从水资源系统的回弹性来看，12～19 片区、21～24 片区的回弹性为 1，其余片区的回弹性很低；②从不同水平年来看，各个小片区的稳定性和回弹性均是 2016 现状水平年高于 2035 规划水平年，脆弱性为 2016 现状水平年低于 2035 规划水平年；③各片区的稳定性和脆弱性呈现互补的关系，稳定性高（低）的片区，脆弱性低（高）。

表 11.12　汉江中下游地区存在供水风险的片区

编号	片区	编号	片区	编号	片区
1	东风渠灌区	9	石门集灌区	17	兴隆区
2	巩河灌区	10	云台山灌区	18	谢湾区
3	远安东干灌区	11	谷城南河灌区	19	东荆河区
4	漳河灌区	12	上游引提水区	20	泽口区
5	仙居河灌区	13	荆钟左区	21	沉湖区
6	小南河灌区	14	荆钟右区	22	汉川二站区
7	宜城沙河冷泉灌区	15	沙洋引汉区	23	江尾引提水区
8	三道河灌区	16	天门引汉区	24	一江三河黄陂片

11.4　引江补汉工程引水规模初步分析

随着经济的快速发展，城镇化进程的加快，京津冀协同发展战略的实施、雄安新区的设立以及引汉济渭工程的建设等，使得南水北调中线一期工程的外部条件发生了变化，给中线一期工程供水提出了更高的要求。在目前丹江口水库来水减少、上游水资源利用开发加大、下游生态环境用水要求增加的背景下，预计今后可调水量将呈下降趋势。实施引江补汉工程，长江和汉江连通后，水资源配置、供水调度将更加灵活，可以提高中线一期工程的供水稳定性和保证程度，特别是汉江遇到枯水年或连续枯水年时，其作用更加明显，对保障中线一期工程的供水安全、支撑京津冀协同发展和雄安新区建设具有十分重要的战略作用。

由于之前的配置模型设置的取水原则为：紧邻汉江干流的片区在河道内有水的时候可以不受限制直接取水，而不考虑干流河道内生态用水的需求，因此得到汉江干流灌区和城市片区的缺水率都很小，缺水集中暴露在干流的河道内生态，因此本章对干流的河道内生态缺水进行重点分析，以确定引江补汉工程的必要性和规模。

11.4.1 引江补汉工程引水配置原则

11.4.1.1 引水配置原则

（1）三峡水库、丹江口水库服从防洪总体安排、优先满足本流域用水的前提下实施跨流域调水。

（2）引江补汉工程补水后，丹江口水库优先满足汉江中下游用水的前提下再实施北调。

（3）引江补汉引水规模应经济合理、且引江补水后应不明显增加丹江口水库弃水。

（4）丹江口水库最小下泄流量 490m^3/s 的保证率不小于 95%。

（5）中线受水区供水目标分为“以需定供”和“以供定需”两种情况。“以需定供”：按照中线受水区需水要求，对中线一期输水工程按需扩建以确定引江补汉引水规模。“以供定需”：根据中线工程供水能力确定中线受水区用水需求，从而确定引江补汉引水规模，在引江补水规模经济合理的前提下，尽可能提高北调水量和保障中线工程供水基流。

引江补汉工程引水规模与工程的任务和定位密切相关，受到中线受水区需调水量、中线工程输水能力及汉江中下游需下泄要求等因素影响。本书中，选择“以需定供”情况来计算引水规模。

11.4.1.2 汉江中下游控制断面河道内需水

黄家港作为丹江口水库的出库流量监测站，该断面的河道内控制流量为汉江中下游需丹江口水库下泄的最小流量，其需水过程见表11.13。

表 11.13　黄家港河道内生态流量需水过程　单位：m^3/s

月份	生态需水	月份	生态需水
1	528	7	490
2	490	8	490
3	490	9	490
4	490	10	490
5	490	11	490
6	490	12	490

11.4.2 引江补汉工程规模的计算成果

11.4.2.1 模型验证

在本书建立的配置模型中，丹江口水库的供水顺序为：引汉济渭工程、汉江中下游干流、南水北调工程，最后为清泉沟引水工程。由于配置原则第4条为：丹江口水库最小下泄流量 490m^3/s 的保证率不小于 95%，因此对黄家港断面的时段保证率进行验证。

为了确定引江补汉工程的规模，需分析同系列条件下工程实施前2016现状水平年和2035规划水平年各个调水工程的调水量以及汉江中下游的供水情况。按照上述两种水平年下考虑的工况（表 11.14）和丹江口的调度规程。采用 1956—2016 年的来水过程进行长系列调节计算，得到上述 2016 现状水平年和 2035 规划水平年的水资源配置结果，统计得到各个用水户的缺水量，见表 11.15。由表可知，在丹江口天然入库径流采用 1956—2016 年系列、不实施引江补汉工程时，2016 现状水平年南水北调、清泉沟、黄家港断面的多年平均缺水量分别为 14.00 亿 m^3、8.02 亿 m^3、1.00 亿 m^3；2035 水平年南水北调、清泉沟、黄家港断面的多年平均缺水量分别为 30.85 亿 m^3、12.97 亿 m^3、1.13 亿 m^3。

表 11.14　　工况条件设置　　单位：亿 m^3

水平年	调（补）水工程			
	南水北调	清泉沟	引汉济渭	引江济汉
2016 现状水平年	95.00	11.07	10.00	31.00
2035 规划水平年	117.00	16.78	15.00	31.00

表 11.15　　多年平均缺水量和缺水流量

水平年	项目	南水北调	清泉沟	黄家港	合计
2016 现状水平年	缺水量/亿 m^3	14.00	8.02	1.00	23.01
	缺水流量/(m^3/s)	44.38	25.43	3.16	72.97
2035 规划水平年	缺水量/亿 m^3	30.85	12.97	1.13	44.95
	缺水流量/(m^3/s)	97.82	41.12	3.59	142.53

注　引汉济渭工程调水直接从丹江口水库的入库流量中扣除，不存在缺水情况，因此不列入表中。

将黄家港断面的配置结果与丹江口水库最小下泄流量 490m^3/s 进行比较，得到该断面河道内生态的时段保证率见表 11.16。由表可知：丹江口水库最小下泄流量在 2016 现状水平年和 2035 规划水平年的时段保证率分别为 97.54％和 97.18％，满足配置原则第 4 条：丹江口水库最小下泄流量 490m^3/s 的保证率不小于 95％的要求，因此引江补汉工程可在此方案基础上开展引水规模的计算。

表 11.16　　黄家港断面的时段保证率

水平年	2016 现状水平年	2035 规划水平年
保证率/％	97.54	97.18

11.4.2.2　引水规模分析

1. 北调水量分析

无引江补汉工程时，2016 现状水平年陶岔多年平均北调水量为 80.11 亿 m^3，2035 规划水平年陶岔多年平均北调水量为 85.05 亿 m^3。2016 现状水平年和 2035 规划水平年北调水量过程对比如图 11.13 所示。图中可以看出，两种北调水量除水量有差异外，调水过程趋势几乎完全一致，这是由于两种情景下的丹江口来水趋势、丹江口水库对各个工况的供水顺序完全一致。两种水平年下的最大北调水量年份均为 1984 年，分别为 102.88 亿 m^3（2016 现状水平年）、111.89 亿 m^3（2035 规划水平年）。

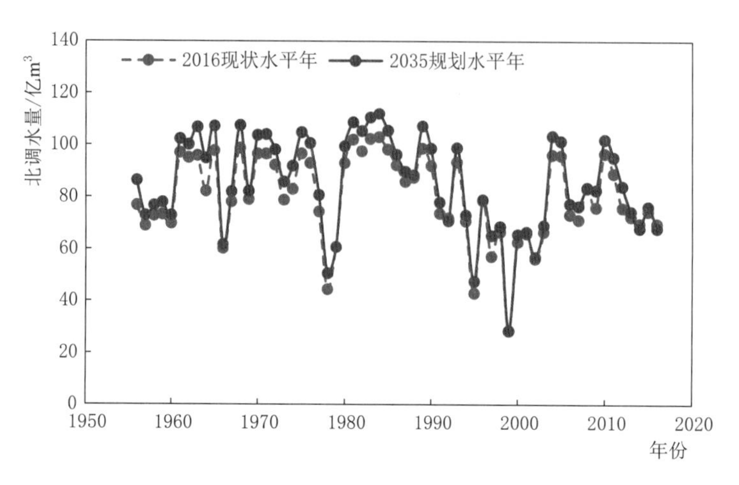

图 11.13　2016 现状水平年和 2035 规划水平年北调水量过程对比

2. 各控制断面缺水情况

河道内生态环境需水和航运需水取外包即得到各控制断面河道内最小流量需求，汉江中下游各控制断面的河道内逐月最小需水流量，见表 11.17。

表 11.17　　各控制断面河道内逐月最小需水流量表　　单位：m^3/s

断面名称	1月	2月	3月	4月	5月	6月	7月	8月	9月	10月	11月	12月
黄家港	528	490	490	490	490	490	490	490	490	490	490	490
皇庄	794	698	752	596	545	639	639	639	639	639	544	500
沙洋	806	709	764	620	670	648	648	648	648	648	566	515

经分析计算，2016 现状水平年和 2035 规划水平年各个断面的多年平均缺水量和时段保证率见表 11.18。

表 11.18　　各控制断面河道内逐月最小需水流量缺水情况及保证率

断面	2016 现状水平年		2035 规划水平年	
	缺水量/亿 m^3	保证率/%	缺水量/亿 m^3	保证率/%
黄家港	2.93	96.27	3.10	95.99
皇庄	15.03	61.96	16.28	59.30
沙洋	17.54	46.12	18.80	43.97

3. 引江水量分析

在本次的水资源配置模型中，各调水工程及汉江中下游均为丹江口水库的用水户，其缺水量总和为需丹江口水库补偿的下泄过程，即需要引江补汉工程的补水量。2016 现状水平年和 2035 规划水平年引江补水过程对比如图 11.14 所示。两种水平年下的最大引江水量年份均为 2000 年，分别为 89.57 亿 m^3（2016 现状水平年）、119.57 亿 m^3（2035 规划水平年）；引江水量较小的年份有 1965 年、1996 年和 1998 年。这是由于引江水量受丹江口水库入库径流量的影响较大，当丹江口入库径流量较大（小）时，需要的引江水量较小（大）。对比两种水平年下的引水量过程，可以看出引江水量的变化趋势完全相同，二者的区别在于：2016 现状水平年下，多年平均引江水量均值为 23.01 亿 m^3；2035 规划水平年下，多年平均引江水量均值为 44.95 亿 m^3。

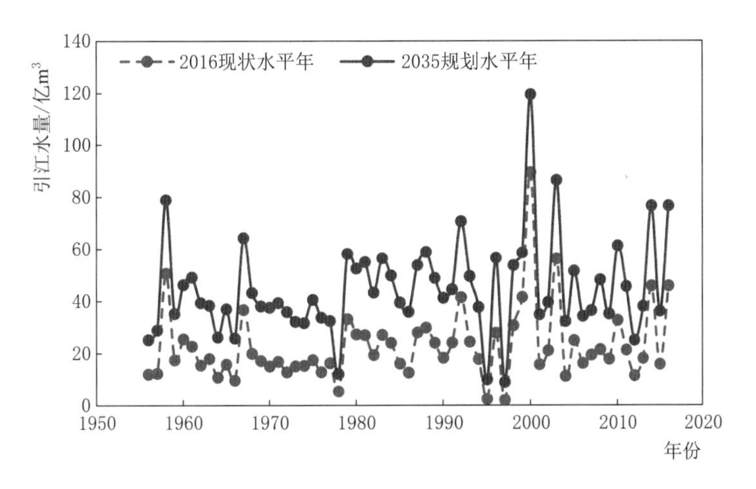

图 11.14　2016 现状水平年和 2035 规划水平年引江补水过程对比

4. 引水规模分析

对 1956—2016 年来水调算后得到各年的总缺水量结果进行排频后列于表 11.19。由表可知：若要满足黄家港和各调水工程均为 90%的供水保证率，则需在 2016 现状水平年和 2035 规划水平年分别给汉江补水 132m^3/s、225m^3/s。若要满足黄家港和各调水工程均为 95%的供水保证率，则需在 2016 现状水平年和 2035 规划水平年分别给汉江补水 161m^3/s、251m^3/s。此时，丹江口下泄、引江补汉过程、引江济汉过程与汉江中下游当地水资源共同供水，可满足南水北调、清泉沟、汉江中下游各用水户及干流生态流量的用水需求。

表 11.19　　**总缺水流量排频**　　单位：m^3/s

供水保证率/%	2016 现状水平年	2035 规划水平年	供水保证率/%	2016 现状水平年	2035 规划水平年
2	7	29	19	41	103
3	8	32	21	48	107
5	17	39	23	48	109
6	31	80	24	49	111
8	35	80	26	50	112
10	36	82	27	50	112
11	37	84	29	51	114
13	38	92	31	51	114
15	40	101	32	51	115
16	41	102	34	52	116
18	41	103	35	52	118

续表

供水保证率/%	2016现状水平年	2035规划水平年	供水保证率/%	2016现状水平年	2035规划水平年
37	54	120	69	80	159
39	55	120	71	81	164
40	56	121	73	86	167
42	56	121	74	86	171
44	57	122	76	87	171
45	57	125	77	89	175
47	58	125	79	89	180
48	58	126	81	95	180
50	58	126	82	98	185
52	62	129	84	104	186
53	62	131	85	106	187
55	64	138	87	117	195
56	67	138	89	132	204
58	68	142	90	132	225
60	69	145	92	146	243
61	73	147	94	146	243
63	77	153	95	161	251
65	77	155	97	179	274
66	77	156	98	284	379
68	78	158			

11.5 本章小结

本章首先系统介绍了MIKE BASIN软件的功能与模块，依据汉江流域水资源综合规划成果和汉江水量分配方案等，构建了汉江中下游地区水资源模拟配置模型。按照研究区域内灌区的分布将汉江干流和引江补汉沿线共划分为40个子区。以各分区为用水单元，结合以丹江口水库和区域内大、中、小型水库和湖泊塘堰等水利设施，考虑引汉济渭、南水北调中线工程、清泉沟、引江济汉等跨流域调（补）水工程，分析了现状水平年和规划水平年下各分区内各行业的供需平衡关系。其次采用风险分析的方法，综合考虑缺水现象发生的可能性大小、历时长短、系统恢复正常供水的能力，以及缺水的严重程度等多种因素，分析了不同水平年的供水风险，以便反映干旱缺水现象的真实程度。最后对引江补汉工程的引水配置原则及丹江口出库黄家港断面的河道内生态流量进行分析，在设定的现状和规划水平年调水工况下，根据配置模型得到的配置结果，统计得到各工况的多年平均缺水量、1956—2016年的引江水量及北调水量过程，确定引江补汉工程的初步规模。主要结论如下：

（1）MIKE BASIN模型软件可以利用ArcGIS平台引导用户自主建立模型，提供不同时空尺度的水资源系统模拟计算以及结果分析展示、数据交互等功能。该模型可用于构建汉江中下游地区水资源配置模型。

（2）历史来水条件下，整个研究区域在2016现状水平年和2035规划水平年的缺水率分别为2.17%和6.13%；RCP4.5情景来水条件下，整个研究区域在2016现状水平年和2035规划水平年的缺水率分别为3.09%和7.11%；同一来水条件下（以历史来水条件为例），2035规划水平年在各个用水部门的缺水率均大于现状水平年；不同来水情景的缺水率结果为：历史情景<RCP4.5情景<RCP8.5情景。

（3）从用水户类型来看，各地区的缺水部门较为一致，河道生态需水、城镇生活用水和农村生活用水基本不存在缺口，城镇生产和农业灌溉缺水较大，以历史来水和2016需水水平为例，整个研究区域的城镇生活、农村生活、城镇工业、农业灌溉及河道内最小生态需水的缺水率分别为0、0.02%、0.50%、3.51%和0.26%。

（4）不考虑引江补汉工程，2016现状水平年调水工况和需水水平下，研究区域的风险值、可靠性、回弹性和脆弱性分别为0.872、0.128、0.042、0.047；2035规划水平年调水工况和需水水平下，比2016现状水平年的风险值增加0.079、可靠性降低0.080、回弹性降低0.021、脆弱性升高0.032。从不同片区来看，汉江中下游干流供水区内大部分片区的稳定性和回弹性均接近于1，明显高于位于引江沿线直供区的1～4片区、6～8片区，脆弱性明显低于引江沿线直供区。

（5）2016现状水平年和2035规划水平年丹江口水库最小下泄流量490m^3/s的时段保证率分别为96.27%和95.99%，满足保证率不小于95%的要求。若要满足黄家港和各调水工程均为90%的供水保证率，则需在2016现状水平年和2035规划水平年分别给汉江补水132m^3/s、225m^3/s。若要满足黄家港和各调水工程均为95%的供水保证率，则需在2016现状水平年和2035规划水平年分别给汉江补水161m^3/s、251m^3/s。

参考文献

[1] 王浩，游进军. 水资源合理配置研究历程与进展［J］. 水利学报，2008，39（10）：1168-1175.

[2] SHAFER J M, LABADIE J. Synthesis and calibration of a river basin water management model [R]. Colorado State University, 1978.

[3] MCKINNEY D C, CAI X. Linking GIS and water resources management models: an object-oriented method [J]. Environmental Modelling & Software, 2002, 17 (5): 413-425.

[4] ZHOU Y L, GUO S L, XU CY, et al. Integrated optimal allocation model for complex adaptive system of water resources management (I): Methodologies. Journal of Hydrology, 2015, 531: 964-976.

[5] ZHOU Y L, GUO S L, XU CY, et al. Integrated optimal allocation model for complex adaptive system of water resources management (Ⅱ): Case study. Journal of Hydrology, 2015, 531: 977-991.

[6] HONG X J, GUO S L, WANG L, et al. Evaluating water supply risk in the middle and lower reaches of Hanjiang River basin based on an integrated optimal water resources allocation model

[J]. Water, 2016, 8: 364 - 381.

[7] 田晶，郭生练，刘德地，等．汉江中下游地区多目标水资源优化配置［J］．水资源研究，2018，7（3）：223－235.

[8] TIAN J, GUO S L, LIU D D, et al. A fair approach for multi－objective water resources allocation [J]. Water Resources Management, 2019, 33: 3633－3653.

[9] LIU D D, GUO S L, CHEN X H, et al. A macro－evolutionary multi－objective immune algorithm with application to optimal allocation of water resources in Dongjiang River basins, South China [J]. Stochastic Environmental Research and Risk Assessment, 2012, 26 (4): 491－507.

[10] LIU D D, GUO S L, LIU P, et al. Rational function method for allocating water resources in the coupled natural－human systems [J]. Water Resources Management, 2018, 8 (24): 1－17.

[11] LIU D D, GUO S L, SHAO Q X, et al. Assessing the effects of adaptation measures on optimal water resources allocation under varied water availability conditions [J]. Journal of Hydrology, 2018, 556: 759－774.

[12] ZHOU Y L, GUO S L, HONG X J, et al. Systematic impact assessment on inter－basin water transfer projects of the Hanjiang River Basin in China [J]. Journal of Hydrology, 2017, 553: 584－595.

[13] DHI (Danish Hydraulic Institute). Mike Basin User's Guide [M]. DHI, 2009.

[14] 顾世祥，李远华，何大明，等．以 MIKE BASIN 实现流域水资源三次供需平衡［J］．水资源与水工程学报，2007，18（1）：5－10.

[15] 孙栋元，卢书超，李元红，等．基于 MIKE BASIN 的石羊河流域水资源管理模拟模型［J］．水文，2015，35（6）：50－56.